科学与工程
计算技术丛书

MATLAB
优化算法

（第2版）

张岩◎编著

清华大学出版社

北京

内 容 简 介

本书基于 MATLAB 2020a 软件，根据常用优化算法进行编写，包含多种优化算法的 MATLAB 实现方法，可以帮助读者掌握 MATLAB 在优化算法中的应用。

全书分为 4 部分，包括 MATLAB 基础知识、常规优化算法、智能优化算法和拓展应用。第一部分从初识 MATLAB 开始详细介绍 MATLAB 基础、程序设计、图形绘制等内容；第二部分介绍线性规划、非线性规划、无约束一维极值、无约束多维极值、约束优化方法、二次规划、多目标优化方法的 MATLAB 实现；第三部分介绍遗传算法、免疫算法、粒子群优化算法、小波变换、神经网络等在 MATLAB 中的实现；第四部分介绍 MATLAB 在分形维数和经济金融优化中的应用。

本书以 MATLAB 优化实现为主线，结合各种优化算法函数的说明、优化模型案例的讲解，使读者易看懂、会应用。本书讲解翔实，深入浅出，既可作为高等院校数学建模和数学实验的参考教材，也可作为广大科研、工程技术人员的参考用书。

图书在版编目（CIP）数据

MATLAB优化算法/张岩编著. —2版. —北京：清华大学出版社，2023.4
（科学与工程计算技术丛书）
ISBN 978-7-302-60313-9

Ⅰ．①M… Ⅱ．①张… Ⅲ．①Matlab软件—应用—最优化算法 Ⅳ．①O242.23-39

中国版本图书馆CIP数据核字（2022）第039236号

策划编辑：盛东亮
责任编辑：钟志芳
封面设计：李召霞
责任校对：时翠兰
责任印制：刘海龙

出版发行：清华大学出版社
   网 址：http://www.tup.com.cn, http://www.wqbook.com
   地 址：北京清华大学学研大厦A座   邮 编：100084
   社 总 机：010-83470000   邮 购：010-62786544
   投稿与读者服务：010-62776969，c-service@tup.tsinghua.edu.cn
   质量反馈：010-62772015，zhiliang@tup.tsinghua.edu.cn
   课件下载：http://www.tup.com.cn，010-83470236
印 装 者：三河市铭诚印务有限公司
经 销：全国新华书店
开 本：203mm×260mm 印 张：30 字 数：863千字
版 次：2017年11月第1版 2023年4月第2版 印 次：2023年4月第1次印刷
印 数：1～1500
定 价：118.00元

产品编号：095121-01

序言
FOREWORD

致力于加快工程技术和科学研究的步伐——这句话总结了 MathWorks 坚持超过 30 年的使命。

在这期间，MathWorks 有幸见证了工程师和科学家使用 MATLAB 和 Simulink 在多个应用领域中的无数变革和突破：汽车行业的电气化和不断提高的自动化；日益精确的气象建模和预测；航空航天领域持续提高的性能和安全指标；由神经学家破解的大脑和身体奥秘；无线通信技术的普及；电力网络的可靠性；等等。

与此同时，MATLAB 和 Simulink 也帮助了无数大学生在工程技术和科学研究课程里学习关键的技术理念并应用于实际问题，培养他们成为栋梁之材，更好地投入科研、教学以及工业应用，指引他们致力于学习、探索先进的技术，融合并应用于创新实践。

如今，工程技术和科研创新的步伐令人惊叹。创新进程以大量的数据为驱动，结合相应的计算硬件和用于提取信息的机器学习算法。软件和算法几乎无处不在——从孩子的玩具到家用设备，从机器人和制造体系到每一种运输方式——让这些系统更具功能性、灵活性、自主性。最重要的是，工程师和科学家推动了这些进程，他们洞悉问题，创造技术，设计革新系统。

为了支持创新的步伐，MATLAB 发展成为一个广泛而统一的计算技术平台，将成熟的技术、方法（如控制设计和信号处理）融入令人激动的新兴领域，如深度学习、机器人、物联网开发等。对于现在的智能连接系统，Simulink 平台可以让您实现模拟系统，优化设计，并自动生成嵌入式代码。

"科学与工程计算技术丛书"系列主题反映了 MATLAB 和 Simulink 汇集的领域——大规模编程、机器学习、科学计算、机器人等。我们高兴地看到"科学与工程计算技术丛书"支持 MathWorks 一直以来追求的目标：助您加速工程技术和科学研究。

期待着您的创新！

Jim Tung
MathWorks Fellow

序言
FOREWORD

To Accelerate the Pace of Engineering and Science. These eight words have summarized the MathWorks mission for over 30 years.

In that time, it has been an honor and a humbling experience to see engineers and scientists using MATLAB and Simulink to create transformational breakthroughs in an amazingly diverse range of applications: the electrification and increasing autonomy of automobiles; the dramatically more accurate models and forecasts of our weather and climates; the increased performance and safety of aircraft; the insights from neuroscientists about how our brains and bodies work; the pervasiveness of wireless communications; the reliability of power grids; and much more.

At the same time, MATLAB and Simulink have helped countless students in engineering and science courses to learn key technical concepts and apply them to real-world problems, preparing them better for roles in research, teaching, and industry. They are also equipped to become lifelong learners, exploring for new techniques, combining them, and applying them in novel ways.

Today, the pace of innovation in engineering and science is astonishing. That pace is fueled by huge volumes of data, matched with computing hardware and machine-learning algorithms for extracting information from it. It is embodied by software and algorithms in almost every type of system — from children's toys to household appliances to robots and manufacturing systems to almost every form of transportation — making those systems more functional, flexible, and autonomous. Most important, that pace is driven by the engineers and scientists who gain the insights, create the technologies, and design the innovative systems.

To support today's pace of innovation, MATLAB has evolved into a broad and unifying technical computing platform, spanning well-established methods, such as control design and signal processing, with exciting newer areas, such as deep learning, robotics, and IoT development. For today's smart connected systems, Simulink is the platform that enables you to simulate those systems, optimize the design, and automatically generate the embedded code.

The topics in this book series reflect the broad set of areas that MATLAB and Simulink bring together: large-scale programming, machine learning, scientific computing, robotics, and more. We are delighted to collaborate on this series, in support of our ongoing goal: to enable you to accelerate the pace of your engineering and scientific work.

I look forward to the innovations that you will create!

Jim Tung
MathWorks Fellow

前 言
PREFACE

MATLAB 是美国 MathWorks 公司出品的商业数学软件，常用于算法开发、数据可视化、数据分析以及数值计算的高级技术计算语言和交互式环境。MATLAB 在优化算法的实现上有着卓越的优势。

优化算法有很多，针对不同的优化问题，如可行解变量的取值（连续还是离散）、目标函数和约束条件的复杂程度（线性还是非线性）等，需应用不同的算法。

对于连续和线性等较简单的问题，可以选择一些经典算法，如梯度、Hessian 矩阵、拉格朗日乘数、单纯形法、梯度下降法等。而对于更复杂的问题，则可考虑用一些智能优化算法，如遗传算法和蚁群算法、模拟退火算法、禁忌搜索算法、粒子群优化算法等。

本书特点

（1）由浅入深，循序渐进：本书以有优化算法应用需求的读者为对象，首先从 MATLAB 基础知识讲起，再详细讲解利用 MATLAB 求解各种优化问题，帮助读者尽快掌握利用 MATLAB 处理生活、工作中的优化问题。

（2）步骤详尽，内容新颖：本书结合作者多年 MATLAB 优化算法的使用经验与解决实际问题的案例，将优化算法的分析及其 MATLAB 的实现方法和函数应用详细地介绍给读者。本书在讲解过程中步骤详尽、内容新颖，讲解过程辅以相应的图片，使读者在阅读时一目了然，从而快速掌握书中所讲内容。

（3）实例典型，轻松易学：书中多种优化算法求解案例，是掌握 MATLAB 优化算法和优化函数应用最好的方式。本书通过典型案例的求解，透彻详尽地讲解了 MATLAB 在优化算法中的各种应用，以及 MATLAB 优化函数的使用。

本书内容

本书共分为 18 章，包括 MATLAB 基础知识、常规优化算法、智能优化算法、拓展应用 4 部分，可以帮助初、中级读者快速掌握 MATLAB 优化算法应用。本书基于 MATLAB R2020a，详细讲解 MATLAB 优化算法的基础知识和经典案例。具体内容如下。

第一部分为 MATLAB 基础知识。主要介绍 MATLAB 各种基础运算、编程和程序设计、二维绘图、三维绘图等内容。具体的章节如下：

第 1 章　初识 MATLAB　　　　　　　　　第 2 章　MATLAB 基础
第 3 章　程序设计　　　　　　　　　　　第 4 章　图形绘制

第二部分为常规优化算法。主要介绍线性规划、非线性规划、无约束一维极值、无约束多维极值、约束优化方法、二次规划、多目标优化方法的 MATLAB 实现等内容。具体的章节如下：

第 5 章　线性规划　　　　　　　　　　　第 6 章　非线性规划
第 7 章　无约束一维极值　　　　　　　　第 8 章　无约束多维极值
第 9 章　约束优化方法　　　　　　　　　第 10 章　二次规划

第 11 章　多目标优化方法

第三部分为智能优化算法。主要介绍几种典型的智能优化算法、小波变换、神经网络等在 MATLAB 中的实现等内容。具体的章节如下：

第 12 章　遗传算法　　　　　　　　　　第 13 章　免疫算法

第 14 章　粒子群优化算法　　　　　　　第 15 章　小波变换

第 16 章　神经网络

第四部分为拓展应用。主要介绍分形维数的应用、经济金融优化的应用等内容。具体的章节如下：

第 17 章　分形维数应用　　　　　　　　第 18 章　经济金融优化应用

读者对象

本书适合 MATLAB 初学者和希望掌握 MATLAB 优化应用的读者，具体如下：

★　参加数学建模大赛的人员　　　　　　★　初学优化算法的技术人员

★　大中专院校的教师和在校生　　　　　★　相关培训机构的教师和学员

★　参加工作实习的"菜鸟"　　　　　　★　广大科研工作人员

本书介绍的智能算法是智能算法领域中非常经典的算法，读者可以通过"算法仿真"微信公众号与作者联系，获取更多相关的学习资源，本书公众号未来会定期分享不同的优化算法及其 MATLAB 实现案例。

本书作者

本书由张岩编著，虽然作者在本书的编写过程中力求叙述准确、完善，但由于水平有限，书中欠妥之处在所难免，希望读者和同人能够及时指出，共同促进本书质量的提高。最后再次希望本书能为读者的学习和工作提供帮助！

编者

2022 年 12 月

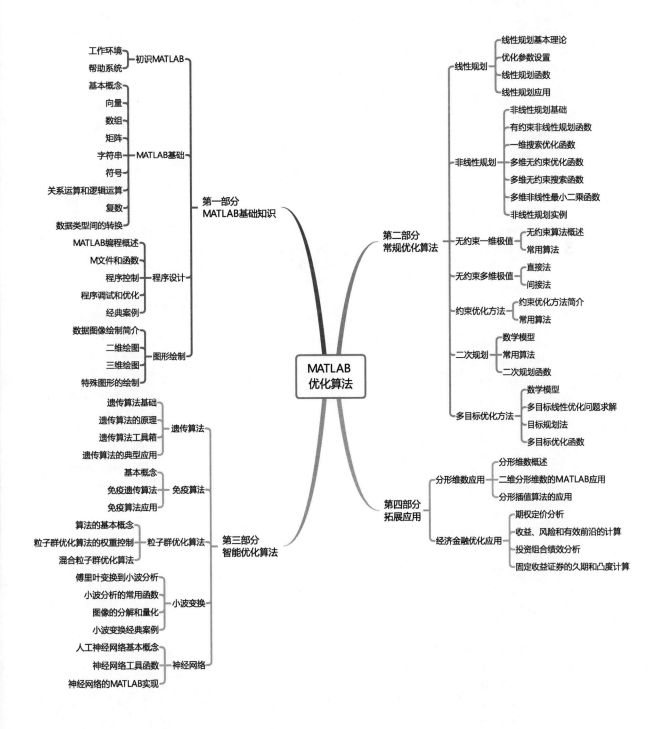

知识结构图内容:

第一部分 MATLAB基础知识

- 初识MATLAB
  - 工作环境
  - 帮助系统
- MATLAB基础
  - 基本概念
  - 向量
  - 数组
  - 矩阵
  - 字符串
  - 符号
  - 关系运算和逻辑运算
  - 复数
  - 数据类型间的转换
- 程序设计
  - MATLAB编程概述
  - M文件和函数
  - 程序控制
  - 程序调试和优化
  - 经典案例
- 图形绘制
  - 数据图像绘制简介
  - 二维绘图
  - 三维绘图
  - 特殊图形的绘制

第二部分 常规优化算法

- 线性规划
  - 线性规划基本理论
  - 优化参数设置
  - 线性规划函数
  - 线性规划应用
- 非线性规划
  - 非线性规划基础
  - 有约束非线性规划函数
  - 一维搜索优化函数
  - 多维无约束优化函数
  - 多维无约束搜索函数
  - 多维非线性最小二乘函数
  - 非线性规划实例
- 无约束一维极值
  - 无约束算法概述
  - 常用算法
- 无约束多维极值
  - 直接法
  - 间接法
- 约束优化方法
  - 约束优化方法简介
  - 常用算法
- 二次规划
  - 数学模型
  - 常用算法
  - 二次规划函数
- 多目标优化方法
  - 数学模型
  - 多目标线性优化问题求解
  - 目标规划法
  - 多目标优化函数

MATLAB 优化算法

第三部分 智能优化算法

- 遗传算法
  - 遗传算法基础
  - 遗传算法的原理
  - 遗传算法工具箱
  - 遗传算法的典型应用
- 免疫算法
  - 基本概念
  - 免疫遗传算法
  - 免疫算法应用
- 粒子群优化算法
  - 算法的基本概念
  - 粒子群优化算法的权重控制
  - 混合粒子群优化算法
- 小波变换
  - 傅里叶变换到小波分析
  - 小波分析的常用函数
  - 图像的分解和量化
  - 小波变换经典案例
- 神经网络
  - 人工神经网络基本概念
  - 神经网络工具函数
  - 神经网络的MATLAB实现

第四部分 拓展应用

- 分形维数应用
  - 分形维数概述
  - 二维分形维数的MATLAB应用
  - 分形插值算法的应用
- 经济金融优化应用
  - 期权定价分析
  - 收益、风险和有效前沿的计算
  - 投资组合绩效分析
  - 固定收益证券的久期和凸度计算

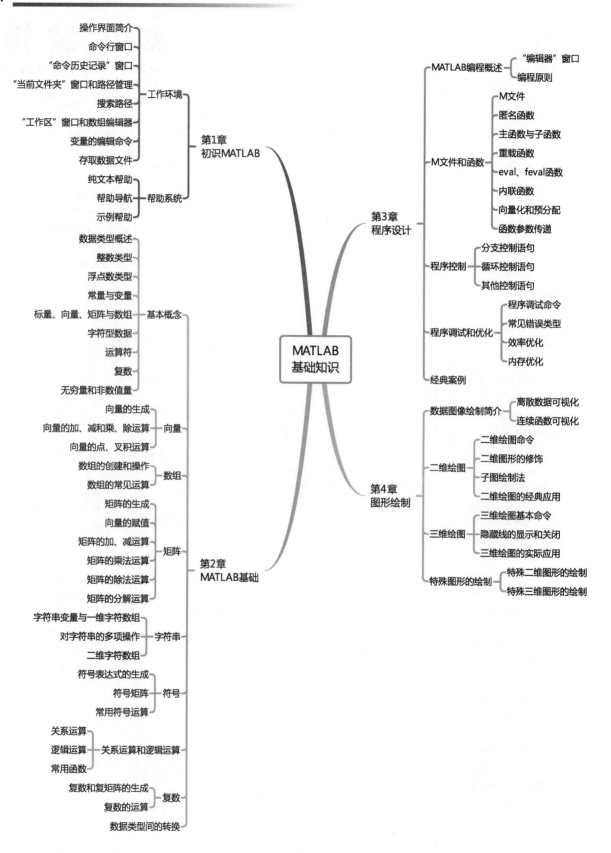

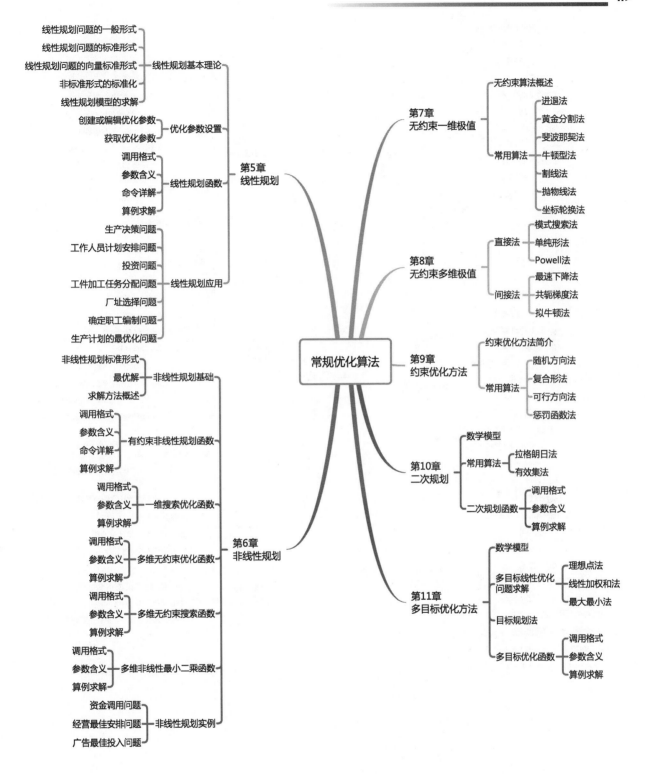

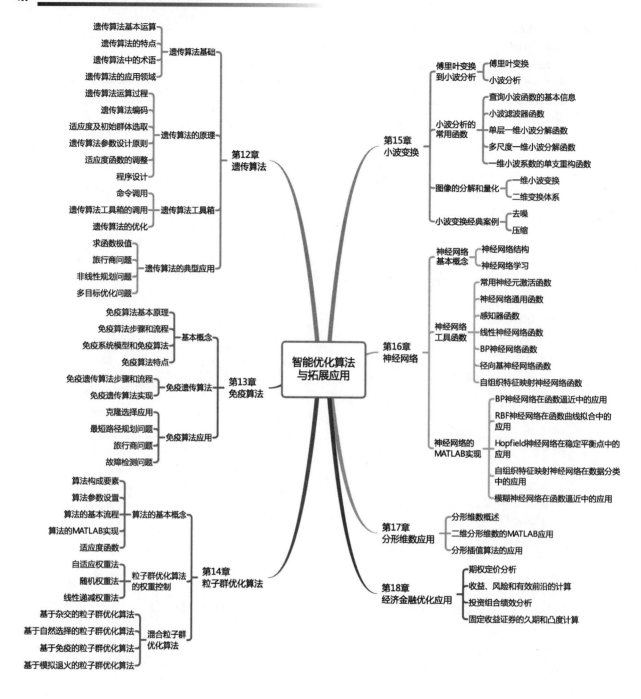

遗传算法基本运算
遗传算法的特点
遗传算法中的术语 ── 遗传算法基础
遗传算法的应用领域
遗传算法运算过程
遗传算法编码
适应度及初始群体选取
遗传算法参数设计原则 ── 遗传算法的原理
适应度函数的调整
程序设计
命令调用
遗传算法工具箱的调用 ── 遗传算法工具箱
遗传算法的优化
求函数极值
旅行商问题
非线性规划问题 ── 遗传算法的典型应用
多目标优化问题

第12章 遗传算法

免疫算法基本原理
免疫算法步骤和流程
免疫系统模型和免疫算法 ── 基本概念
免疫算法特点
免疫遗传算法步骤和流程
免疫遗传算法实现 ── 免疫遗传算法
克隆选择应用
最短路径规划问题
旅行商问题 ── 免疫算法应用
故障检测问题

第13章 免疫算法

算法构成要素
算法参数设置
算法的基本流程 ── 算法的基本概念
算法的MATLAB实现
适应度函数
自适应权重法
随机权重法 ── 粒子群优化算法的权重控制
线性递减权重法
基于杂交的粒子群优化算法
基于自然选择的粒子群优化算法
基于免疫的粒子群优化算法 ── 混合粒子群优化算法
基于模拟退火的粒子群优化算法

第14章 粒子群优化算法

智能优化算法与拓展应用

傅里叶变换
傅里叶变换到小波分析
小波分析
查询小波函数的基本信息
小波滤波器函数
单层一维小波分解函数 ── 小波分析的常用函数
多尺度一维小波分解函数
一维小波系数的单支重构函数
一维小波变换
图像的分解和量化 ── 二维变换体系
去噪
小波变换经典案例 ── 压缩

第15章 小波变换

神经网络结构
神经网络基本概念 ── 神经网络学习
常用神经元激活函数
神经网络通用函数
感知器函数
线性神经网络函数 ── 神经网络工具函数
BP神经网络函数
径向基神经网络函数
自组织特征映射神经网络函数
BP神经网络在函数逼近中的应用
RBF神经网络在函数曲线拟合中的应用
Hopfield神经网络在稳定平衡点中的应用 ── 神经网络的MATLAB实现
自组织特征映射神经网络在数据分类中的应用
模糊神经网络在函数逼近中的应用

第16章 神经网络

分形维数概述
二维分形维数的MATLAB应用
分形插值算法的应用

第17章 分形维数应用

期权定价分析
收益、风险和有效前沿的计算
投资组合绩效分析
固定收益证券的久期和凸度计算

第18章 经济金融优化应用

目 录
CONTENTS

第一部分　MATLAB 基础知识

第 1 章　初识 MATLAB ··· 3
　1.1　工作环境 ·· 3
　　1.1.1　操作界面简介 ·· 3
　　1.1.2　命令行窗口 ·· 4
　　1.1.3　"命令历史记录"窗口 ··· 6
　　1.1.4　"当前文件夹"窗口和路径管理 ··· 8
　　1.1.5　搜索路径 ·· 8
　　1.1.6　"工作区"窗口和数组编辑器 ··· 10
　　1.1.7　变量的编辑命令 ·· 11
　　1.1.8　存取数据文件 ··· 12
　1.2　帮助系统 ·· 13
　　1.2.1　纯文本帮助 ·· 13
　　1.2.2　帮助导航 ··· 13
　　1.2.3　示例帮助 ··· 14
　1.3　本章小结 ·· 15
第 2 章　MATLAB 基础 ·· 16
　2.1　基本概念 ·· 16
　　2.1.1　数据类型概述 ··· 16
　　2.1.2　整数类型 ··· 17
　　2.1.3　浮点数类型 ·· 19
　　2.1.4　常量与变量 ·· 20
　　2.1.5　标量、向量、矩阵与数组 ·· 21
　　2.1.6　字符型 ·· 22
　　2.1.7　运算符 ·· 23
　　2.1.8　复数 ··· 25
　　2.1.9　无穷量和非数值量 ·· 26
　2.2　向量 ·· 26
　　2.2.1　向量的生成 ·· 26
　　2.2.2　向量的加、减和乘、除运算 ··· 28
　　2.2.3　向量的点、叉积运算 ··· 29

2.3 数组 ·· 30

2.3.1 数组的创建和操作 ··· 31

2.3.2 数组的常见运算 ·· 34

2.4 矩阵 ·· 37

2.4.1 矩阵的生成 ·· 37

2.4.2 向量的赋值 ·· 40

2.4.3 矩阵的加、减运算 ··· 41

2.4.4 矩阵的乘法运算 ·· 42

2.4.5 矩阵的除法运算 ·· 43

2.4.6 矩阵的分解运算 ·· 43

2.5 字符串 ··· 44

2.5.1 字符串变量与一维字符数组 ·· 44

2.5.2 对字符串的多项操作 ··· 45

2.5.3 二维字符数组 ·· 46

2.6 符号 ·· 47

2.6.1 符号表达式的生成 ··· 47

2.6.2 符号矩阵 ·· 48

2.6.3 常用符号运算 ·· 49

2.7 关系运算和逻辑运算 ·· 50

2.7.1 关系运算 ·· 50

2.7.2 逻辑运算 ·· 51

2.7.3 常用函数 ·· 53

2.8 复数 ·· 54

2.8.1 复数和复矩阵的生成 ··· 54

2.8.2 复数的运算 ·· 55

2.9 数据类型间的转换 ··· 56

2.10 本章小结 ·· 57

第 3 章 程序设计 ··· 58

3.1 MATLAB 编程概述 ·· 58

3.1.1 "编辑器"窗口 ·· 58

3.1.2 编程原则 ·· 59

3.2 M 文件和函数 ·· 61

3.2.1 M 文件 ··· 61

3.2.2 匿名函数 ·· 63

3.2.3 主函数与子函数 ·· 63

3.2.4 重载函数 ·· 65

3.2.5 eval、feval 函数 ·· 65

3.2.6 内联函数 ·· 67

3.2.7 向量化和预分配 ·· 69

3.2.8 函数参数传递 ·· 70

3.3 程序控制 ·· 72

　3.3.1 分支控制语句 ·· 72

　3.3.2 循环控制语句 ·· 74

　3.3.3 其他控制语句 ·· 76

3.4 程序调试和优化 ·· 80

　3.4.1 程序调试命令 ·· 80

　3.4.2 常见错误类型 ·· 81

　3.4.3 效率优化 ·· 84

　3.4.4 内存优化 ·· 85

3.5 经典案例 ·· 90

3.6 本章小结 ·· 97

第4章　图形绘制 ·· 98

4.1 数据图像绘制简介 ·· 98

　4.1.1 离散数据可视化 ·· 98

　4.1.2 连续函数可视化 ··· 100

4.2 二维绘图 ··· 102

　4.2.1 二维绘图命令 ··· 102

　4.2.2 二维图形的修饰 ··· 104

　4.2.3 子图绘制法 ·· 110

　4.2.4 二维绘图的经典应用 ·· 112

4.3 三维绘制 ··· 116

　4.3.1 三维绘图基本命令 ·· 116

　4.3.2 隐藏线的显示和关闭 ·· 119

　4.3.3 三维绘图的实际应用 ·· 119

4.4 特殊图形的绘制 ··· 120

　4.4.1 特殊二维图形的绘制 ·· 121

　4.4.2 特殊三维图形的绘制 ·· 122

4.5 本章小结 ··· 124

第二部分　常规优化算法

第5章　线性规划 ·· 127

5.1 线性规划基本理论 ··· 127

　5.1.1 线性规划问题的一般形式 ·· 127

　5.1.2 线性规划问题的标准形式 ·· 128

　5.1.3 线性规划问题的向量标准形式 ··· 128

　5.1.4 非标准形式的标准化 ·· 129

　5.1.5 线性规划模型的求解 ·· 130

5.2 优化选项参数设置 ·· 131
　5.2.1 创建或编辑优化选项参数 ·· 131
　5.2.2 获取优化参数 ··· 133
5.3 线性规划函数 ·· 134
　5.3.1 调用格式 ·· 134
　5.3.2 参数含义 ·· 135
　5.3.3 命令详解 ·· 137
　5.3.4 算例求解 ·· 138
5.4 线性规划应用 ·· 141
　5.4.1 生产决策问题 ··· 141
　5.4.2 工作人员计划安排问题 ·· 142
　5.4.3 投资问题 ·· 143
　5.4.4 工件加工任务分配问题 ·· 144
　5.4.5 厂址选择问题 ··· 145
　5.4.6 确定职工编制问题 ··· 147
　5.4.7 生产计划的最优化问题 ·· 148
5.5 本章小结 ··· 149
第 6 章　非线性规划 ··· 150
6.1 非线性规划基础 ·· 150
　6.1.1 非线性规划标准形式 ··· 150
　6.1.2 最优解 ··· 151
　6.1.3 求解方法概述 ··· 151
6.2 有约束非线性规划函数 ··· 153
　6.2.1 调用格式 ·· 153
　6.2.2 参数含义 ·· 154
　6.2.3 命令详解 ·· 160
　6.2.4 算例求解 ·· 161
6.3 一维搜索优化函数 ··· 163
　6.3.1 调用格式 ·· 163
　6.3.2 参数含义 ·· 164
　6.3.3 算例求解 ·· 166
6.4 多维无约束优化函数 ·· 167
　6.4.1 调用格式 ·· 168
　6.4.2 参数含义 ·· 168
　6.4.3 算例求解 ·· 170
6.5 多维无约束搜索函数 ·· 172
　6.5.1 调用格式 ·· 172
　6.5.2 参数含义 ·· 173
　6.5.3 算例求解 ·· 174

6.6　多维非线性最小二乘函数 ·· 176
　　6.6.1　调用格式 ·· 176
　　6.6.2　参数含义 ·· 177
　　6.6.3　算例求解 ·· 180
6.7　非线性规划实例 ·· 182
　　6.7.1　资金调用问题 ·· 182
　　6.7.2　经营最佳安排问题 ·· 184
　　6.7.3　广告最佳投入问题 ·· 184
6.8　本章小结 ··· 186

第 7 章　无约束一维极值 ·· **187**
7.1　无约束算法概述 ·· 187
7.2　常用算法 ··· 188
　　7.2.1　进退法 ·· 188
　　7.2.2　黄金分割法 ·· 191
　　7.2.3　斐波那契法 ·· 194
　　7.2.4　牛顿型法 ··· 196
　　7.2.5　割线法 ·· 199
　　7.2.6　抛物线法 ··· 200
　　7.2.7　坐标轮换法 ·· 201
7.3　本章小结 ··· 204

第 8 章　无约束多维极值 ·· **205**
8.1　直接法 ·· 205
　　8.1.1　模式搜索法 ·· 206
　　8.1.2　单纯形法 ··· 207
　　8.1.3　Powell 法 ·· 210
8.2　间接法 ·· 214
　　8.2.1　最速下降法 ·· 214
　　8.2.2　共轭梯度法 ·· 216
　　8.2.3　拟牛顿法 ··· 218
8.3　本章小结 ··· 220

第 9 章　约束优化方法 ··· **221**
9.1　约束优化方法简介 ··· 221
9.2　常用算法 ··· 222
　　9.2.1　随机方向法 ·· 222
　　9.2.2　复合形法 ··· 223
　　9.2.3　可行方向法 ·· 225
　　9.2.4　惩罚函数法 ·· 228
9.3　本章小结 ··· 230

第 10 章 二次规划 231

10.1 数学模型 231

10.2 常用算法 231

　　10.2.1 拉格朗日法 231

　　10.2.2 有效集法 233

10.3 二次规划函数 236

　　10.3.1 调用格式 236

　　10.3.2 参数含义 237

　　10.3.3 算例求解 240

10.4 本章小结 242

第 11 章 多目标优化方法 243

11.1 数学模型 243

11.2 多目标线性优化问题求解 244

　　11.2.1 理想点法 245

　　11.2.2 线性加权和法 247

　　11.2.3 最大最小法 249

11.3 目标规划法 251

11.4 多目标优化函数 251

　　11.4.1 调用格式 252

　　11.4.2 参数含义 252

　　11.4.3 算例求解 257

11.5 本章小结 258

第三部分　智能优化算法

第 12 章 遗传算法 261

12.1 遗传算法基础 261

　　12.1.1 遗传算法基本运算 261

　　12.1.2 遗传算法的特点 262

　　12.1.3 遗传算法中的术语 262

　　12.1.4 遗传算法的应用领域 263

12.2 遗传算法的原理 263

　　12.2.1 遗传算法运算过程 263

　　12.2.2 遗传算法编码 266

　　12.2.3 适应度及初始群体选取 266

　　12.2.4 遗传算法参数设计原则 267

　　12.2.5 适应度函数的调整 267

　　12.2.6 程序设计 268

12.3 遗传算法工具箱 272

12.3.1 命令调用 ··272
12.3.2 遗传算法工具箱的调用 ··276
12.3.3 遗传算法的优化 ···279
12.4 遗传算法的典型应用 ··285
12.4.1 求函数极值 ···285
12.4.2 旅行商问题 ···297
12.4.3 非线性规划问题 ···302
12.4.4 多目标优化问题 ···309
12.5 本章小结 ···310

第 13 章 免疫算法 ··**311**
13.1 基本概念 ···311
13.1.1 免疫算法基本原理 ···311
13.1.2 免疫算法步骤和流程 ···312
13.1.3 免疫系统模型和免疫算法 ···313
13.1.4 免疫算法特点 ···314
13.2 免疫遗传算法 ···314
13.2.1 免疫遗传算法步骤和流程 ···314
13.2.2 免疫遗传算法实现 ···315
13.3 免疫算法应用 ···321
13.3.1 克隆选择应用 ···321
13.3.2 最短路径规划问题 ···325
13.3.3 旅行商问题 ···327
13.3.4 故障检测问题 ···333
13.4 本章小结 ···339

第 14 章 粒子群优化算法 ···**340**
14.1 算法的基本概念 ···340
14.1.1 算法构成要素 ···341
14.1.2 算法参数设置 ···342
14.1.3 算法的基本流程 ···342
14.1.4 算法的 MATLAB 实现 ··343
14.1.5 适应度函数 ···345
14.2 粒子群优化算法的权重控制 ···348
14.2.1 自适应权重法 ···348
14.2.2 随机权重法 ···351
14.2.3 线性递减权重法 ···353
14.3 混合粒子群优化算法 ··355
14.3.1 基于杂交的粒子群优化算法 ···355
14.3.2 基于自然选择的粒子群优化算法 ···358
14.3.3 基于免疫的粒子群优化算法 ···360

14.3.4　基于模拟退火的粒子群优化算法 ·· 364
14.4　本章小结 ·· 366

第 15 章　小波变换 ··· 367

15.1　傅里叶变换到小波分析 ·· 367
15.1.1　傅里叶变换 ··· 367
15.1.2　小波分析 ··· 369
15.2　小波分析的常用函数 ·· 371
15.2.1　查询小波函数的基本信息 ··· 371
15.2.2　小波滤波器函数 ··· 377
15.2.3　单层一维小波分解函数 ··· 378
15.2.4　多尺度一维小波分解函数 ··· 379
15.2.5　一维小波系数的单支重构函数 ·· 379
15.3　图像的分解和量化 ·· 380
15.3.1　一维小波变换 ··· 380
15.3.2　二维变换体系 ··· 382
15.4　小波变换经典案例 ·· 385
15.4.1　去噪 ··· 385
15.4.2　压缩 ··· 387
15.5　本章小结 ·· 389

第 16 章　神经网络 ··· 390

16.1　神经网络基本概念 ·· 390
16.1.1　神经网络结构 ··· 390
16.1.2　神经网络学习 ··· 391
16.2　神经网络工具函数 ·· 392
16.2.1　常用神经元激活函数 ··· 392
16.2.2　神经网络通用函数 ··· 395
16.2.3　感知器函数 ··· 397
16.2.4　线性神经网络函数 ··· 398
16.2.5　BP 神经网络函数 ··· 400
16.2.6　径向基神经网络函数 ··· 403
16.2.7　自组织特征映射神经网络函数 ·· 407
16.3　神经网络的 MATLAB 实现 ·· 410
16.3.1　BP 神经网络在函数逼近中的应用 ·· 410
16.3.2　RBF 神经网络在函数曲线拟合中的应用 ··· 414
16.3.3　Hopfield 神经网络在稳定平衡点中的应用 ·· 416
16.3.4　自组织特征映射神经网络在数据分类中的应用 ·· 417
16.3.5　模糊神经网络在函数逼近中的应用 ·· 420
16.4　本章小结 ·· 422

第四部分 拓 展 应 用

第 17 章 分形维数应用 ……………………………………………………………………… **425**

17.1 分形维数概述 …………………………………………………………………………425

17.2 二维分形维数的 MATLAB 应用 …………………………………………………………428

17.3 分形插值算法的应用 ……………………………………………………………………434

17.4 本章小结 …………………………………………………………………………………438

第 18 章 经济金融优化应用 ……………………………………………………………… **439**

18.1 期权定价分析 ……………………………………………………………………………439

18.2 收益、风险和有效前沿的计算 …………………………………………………………443

18.3 投资组合绩效分析 ………………………………………………………………………447

18.4 固定收益证券的久期和凸度计算 ………………………………………………………451

18.5 本章小结 …………………………………………………………………………………457

参考文献 ………………………………………………………………………………………… **458**

第一部分
MATLAB 基础知识

❑ 第 1 章　初识 MATLAB
❑ 第 2 章　MATLAB 基础
❑ 第 3 章　程序设计
❑ 第 4 章　图形绘制

初识 MATLAB

MATLAB 是目前在国际上被广泛接受和使用的科学与工程计算软件。随着不断的发展，MATLAB 已经成为一种集数值运算、符号运算、数据可视化、程序设计、仿真等多种功能于一体的集成软件。在介绍优化算法的 MATLAB 实现方法前，本章先来介绍 MATLAB 的工作环境和帮助系统，让读者尽快熟悉 MATLAB 软件。

学习目标：

（1）掌握 MATLAB 的工作环境；

（2）熟练掌握 MATLAB 各窗口的用途；

（3）了解 MATLAB 的帮助系统。

1.1 工作环境

使用 MATLAB 前，需要将安装文件夹（默认路径为 C:\Program Files\Polyspace\R2020a\bin）中的 MATLAB.exe 应用程序添加为桌面快捷方式，以便双击该桌面快捷方式图标可以直接打开 MATLAB 操作界面。

1.1.1 操作界面简介

启动 MATLAB 后的操作界面如图 1-1 所示。在默认情况下，MATLAB 的操作界面包含选项卡、当前文件夹窗口、命令行窗口和工作区窗口 4 个区域。

图 1-1　MATLAB 操作界面

选项卡在组成方式和内容上与一般应用软件基本相同，这里不再赘述。下面重点介绍命令行窗口、命令历史记录窗口和当前文件夹窗口等内容。其中，命令历史记录窗口并不显示在默认窗口中。

1.1.2 命令行窗口

MATLAB 默认主界面的中间部分是命令行窗口。命令行窗口就是接收命令输入的窗口，可输入的对象除 MATLAB 命令之外，还包括函数、表达式、语句以及 M 文件名或 MEX 文件名等，为叙述方便，这些可输入的对象以下统称为语句。

MATLAB 的工作方式之一是：在命令行窗口中输入语句，然后由 MATLAB 逐句解释执行并在命令行窗口中给出结果。命令行窗口可显示除图形以外的所有运算结果。

读者可以将命令行窗口从 MATLAB 主界面中分离出来，以便单独显示和操作，当然该命令行窗口也可重新回到主界面中，其他窗口也有相同的功能。

分离命令行窗口的方法是在窗口右侧  按钮的下拉菜单中选择"取消停靠"命令，也可以直接用鼠标将命令行窗口拖离主界面，其结果如图 1-2 所示。若要将命令行窗口停靠在主界面中，则可选择下拉菜单中的"停靠"命令。

图 1-2 分离的命令行窗口

1. 命令提示符和语句颜色

在分离的命令行窗口中，每行语句前都有一个符号">>"，即命令提示符。在此符号后（也只能在此符号后）输入各种语句并按 Enter 键，方可被 MATLAB 接收和执行。执行的结果通常会直接显示在语句下方。

不同类型的语句用不同的颜色区分。在默认情况下，输入的命令、函数、表达式以及计算结果等用黑色，字符串用红色，if、for 等关键词用蓝色，注释语句用绿色。

2. 语句的重复调用、编辑和运行

在命令行窗口中，不但能编辑和运行当前输入的语句，而且对曾经输入的语句也有快捷的方法进行重复调用、编辑和运行。重复调用和编辑的快捷方法是利用表 1-1 中所列的键盘按键进行操作。

表 1-1 语句行用到的键盘按键

键 盘 按 键	用 途	键 盘 按 键	用 途
↑	向上回调以前输入的语句行	Home	让光标跳到当前行的开头
↓	向下回调以前输入的语句行	End	让光标跳到当前行的末尾
←	光标在当前行中左移一个字符	Delete	删除当前行光标后的字符
→	光标在当前行中右移一个字符	Backspace	删除当前行光标前的字符

其实这些按键与文字处理软件中的同一键盘按键在功能上是大体一致的，不同点主要是在文字处理软件中是针对整个文档使用按键，而在 MATLAB 命令行窗口中以行为单位使用按键。

3. 语句行中使用的标点符号

MATLAB 在输入语句时可能要用到表 1-2 中所列的各种标点符号。在命令行窗口输入语句时，一定要在英文输入状态下输入，尤其是在刚输完汉字后初学者很容易忽视中英文输入状态的切换。

表 1-2 MATLAB 语句中常用的标点符号

名　称	符　号	作　用
空格		变量分隔符；矩阵一行中各元素间的分隔符；程序语句关键词分隔符
逗号	,	分隔要显示计算结果的各语句；变量分隔符；矩阵一行中各元素间的分隔符
点号	.	数值中的小数点；结构数组的域访问符
分号	;	分隔不想显示计算结果的各语句；矩阵行与行的分隔符
冒号	:	用于生成一维数值数组；表示一维数组的全部元素或多维数组某一维的全部元素
百分号	%	注释语句说明符，凡在其后的字符均视为注释性内容而不被执行
单引号	' '	字符串标识符
圆括号	( )	用于矩阵元素引用；用于函数输入变量列表；确定运算的先后次序
方括号	[ ]	向量和矩阵标识符；用于函数输出列表
花括号	{ }	标识细胞数组
续行号	…	长命令行需分行时连接下行用
赋值号	=	将表达式赋值给一个变量

4. 命令行窗口中数值的显示格式

为了适应用户以不同格式显示计算结果的需要，MATLAB 设计了多种数值显示格式以供用户选用，如表 1-3 所示。其中，默认的显示格式是：数值为整数时，以整数显示；数值为实数时，以 short 格式显示；如果数值的有效数字超出了范围，则以科学记数法显示。

表 1-3 命令行窗口中数据的显示格式

格　式	显　示　形　式	格式效果说明
short（默认）	2.7183	保留4位小数，整数部分超过3位的小数用short e格式
short e	2.7183e+000	用1位整数和4位小数表示，倍数关系用科学记数法表示成十进制指数形式
short g	2.7183	保留5位有效数字，数字大小在10的正、负5次幂之间时自动调整数位，超出幂次范围时用short e格式
long	2.71828182845905	保留14位小数，最多2位整数，共16位十进制数，否则用long e格式表示
long e	2.718281828459046e+000	保留15位小数的科学记数法表示
long g	2.71828182845905	保留15位有效数字，数字大小在10的+15和−5次幂之间时，自动调整数位，超出幂次范围时用long e格式
rational	1457/536	用分数有理数近似表示
hex	4005bf0a8b14576a	采用十六进制表示
+	+	正数、负数和零分别用+、−、空格表示
bank	2.72	限两位小数，用于表示元、角、分
compact	不留空行显示	在显示结果之间没有空行的压缩格式
loose	留空行显示	在显示结果之间有空行的稀疏格式

需要说明的是，表 1-3 中最后两个是用于控制屏幕显示格式的，而非数值显示格式。MATLAB 的所有数值均按 IEEE 浮点标准所规定的 long 格式存储，显示的精度并不代表数值实际的存储精度，或者说数值

参与运算的精度。

5. 数值显示格式的设置方法

数值显示格式的设置方法有以下两种：

（1）单击"主页"选项卡"环境"面板中的"预设"按钮⚙ 预设，在弹出的"预设项"对话框中选择"命令行窗口"选项进行显示格式设置，如图 1-3 所示。

图 1-3 "预设项"对话框

（2）在命令行窗口中执行 format 命令，例如要用 long 格式时，在命令行窗口中输入 format long 语句即可。使用命令方便在程序设计时进行格式设置。

不仅数值显示格式可以自行设置，数字和文字的字体显示风格、大小、颜色也可由用户自行挑选。在"预设项"对话框左侧的格式对象树中选择要设置的对象，再配合相应的选项，便可对所选对象的风格、大小和颜色等进行设置。

6. 命令行窗口清屏

当命令行窗口中执行过许多命令后，经常需要对命令行窗口进行清屏操作，通常有如下两种方法：

（1）单击"主页"选项卡"代码"面板中"清除命令"下的"命令行窗口"按钮。

（2）在提示符后直接输入 clc 语句。

两种方法都能清除命令行窗口中的显示内容，也仅仅是清除命令行窗口的显示内容，并不能清除工作区的显示内容。

1.1.3 "命令历史记录"窗口

"命令历史记录"窗口用来存放曾在命令行窗口中用过的语句，借用计算机的存储器来保存信息。其主要目的是方便用户追溯、查找曾经用过的语句，利用这些既有的资源节省编程时间。

　　在下面两种情况下"命令历史记录"窗口的优势体现得尤为明显：一是需要重复处理长的语句；二是选择多行曾经用过的语句形成 M 文件。

　　在命令行窗口中按键盘上的方向键↑，即可弹出"命令历史记录"窗口，同命令行窗口一样，对该窗口也可进行停靠、分离等操作，分离后的窗口如图 1-4 所示，从窗口中记录的时间来看，其中存放的正是曾经用过的语句。

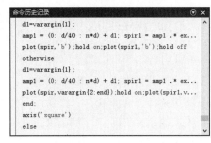

图 1-4　分离的"命令历史记录"窗口

　　对于"命令历史记录"窗口中的内容，可在选中的前提下将它们复制到当前正在工作的命令行窗口中，以供进一步修改或直接运行。

1. 复制、执行"命令历史记录"窗口中的命令

　　"命令历史记录"窗口的主要用途如表 1-4 所示，"操作方法"列中提到的"选中"操作与在 Windows 中选中文件的方法相同，同样可以结合 Ctrl 键和 Shift 键使用。

表 1-4　"命令历史记录"窗口的主要用途

用　　途	操 作 方 法
复制单行或多行语句	选中单行或多行语句，执行"复制"命令，回到命令行窗口，执行粘贴操作即可实现复制
执行单行或多行语句	选中单行或多行语句，右击，在弹出的快捷菜单中选择"执行所选内容"命令，则选中的语句将在命令行窗口中运行，并给出相应结果。双击选择的语句行也可运行
把多行语句写成 M 文件	选中单行或多行语句，右击，在弹出的快捷菜单中选择"创建实时脚本"命令，利用随之打开的 M 文件编辑/调试器窗口，可将选中语句保存为 M 文件

　　用"命令历史记录"窗口完成所选语句的复制操作，步骤如下：

　　（1）利用鼠标选中所需的第 1 行语句。

　　（2）按 Shift 键结合鼠标选择所需的最后一行语句，连续多行语句即被选中。

　　（3）按 Ctrl+C 键或在选中区域右击，选择快捷菜单中的"复制"命令。

　　（4）回到命令行窗口，在该窗口中选择快捷菜单中的"粘贴"命令，所选内容即被复制到命令行窗口中。其操作如图 1-5 所示。

　　用"命令历史记录"窗口执行所选语句，步骤如下：

　　（1）用鼠标选中所需的第 1 行语句。

　　（2）按 Ctrl 键结合鼠标选择所需的行，不连续的多行语句被选中。

　　（3）在选中的区域右击，弹出快捷菜单，选择"执行所选内容"命令，计算结果就会出现在命令行窗口中。

图 1-5　"命令历史记录"窗口中的选中与复制操作

2. 清除命令历史记录窗口中的内容

　　选择"主页"选项卡"代码"面板中"清除命令"下的"命令历史记录"命令。

　　当执行上述命令后，"命令历史记录"窗口中的当前内容就被完全清除了，以前的命令不能被追溯和利用。

1.1.4 "当前文件夹"窗口和路径管理

MATLAB 利用"当前文件夹"窗口组织、管理和使用所有 MATLAB 文件和非 MATLAB 文件，如新建、复制、删除、重命名文件夹和文件等；还可以利用该窗口打开、编辑和运行 M 程序文件以及载入数据文件等。"当前文件夹"窗口如图 1-6 所示。

MATLAB 的当前目录是实施打开、装载、编辑和保存文件等操作时系统默认的文件夹。设置当前目录就是将此默认文件夹改成用户希望使用的文件夹，用来存放文件和数据。具体的设置方法有以下两种：

（1）在当前文件夹的目录设置区设置。该设置方法同 Windows 操作，不再赘述。

（2）用命令设置当前目录。常用命令如表 1-5 所示。

图 1-6　"当前文件夹"窗口

表 1-5　设置当前目录的常用命令

目 录 命 令	含　　义	示　　例
cd	显示当前目录	cd
cd文件夹名	设定当前目录为"文件夹名"	cd f:\matfiles

用命令设置当前目录，为在程序中改变当前目录提供了方便，因为编写完成的程序通常用 M 文件存放，执行这些文件时即可将数据存储到需要的位置。

1.1.5 搜索路径

MATLAB 中大量的函数和工具箱文件是存储在不同文件夹中的。用户建立的数据文件、命令和函数也是由用户存放在指定的文件夹中的。当需要调用这些函数或文件时，就需要找到它们所存放的文件夹。

路径其实就是给出存放某个待查函数和文件的文件夹名称。当然，这个文件夹名称应包括盘符和一级级嵌套的子文件夹名。

例如，现有一文件 E04_01.m 存放在 D 盘"MATLAB 文件"文件夹下的 Char04 子文件夹中，那么描述它的路径是 D:\MATLAB 文件\Char04。若要调用这个 M 文件，可在命令行窗口或程序中将其表达为 D:\MATLAB 文件\Char04\E04_01.m。在使用时，这种路径书写过长，很不方便。MATLAB 为克服这一问题引入了搜索路径机制。搜索路径机制就是将一些可能要被用到的函数或文件的存放路径提前通知系统，而无须在执行和调用这些函数和文件时输入一长串的路径。

说明： 在 MATLAB 中，一个符号出现在程序语句中或命令行窗口的语句中可能有多种解读，它也许是一个变量、特殊常量、函数名、M 文件或 MEX 文件等，应该识别成什么，就涉及一个搜索顺序的问题。

如果在命令提示符"≫"后输入符号 xt，或在程序语句中有一个符号 xt，那么 MATLAB 将试图按下列次序去搜索和识别：

（1）在 MATLAB 内存中进行搜索，看 xt 是否为工作区的变量或特殊常量，如果是，就将其当成变量或特殊常量来处理，不再往下展开搜索。

（2）上一步否定后，检查 xt 是否为 MATLAB 的内部函数，若是，则调用 xt 这个内部函数。

（3）上一步否定后，继续在当前目录中搜索是否有名为 xt.m 或 xt.mex 的文件，若存在，则将 xt 作为文件调用。

（4）上一步否定后，继续在 MATLAB 搜索路径的所有目录中搜索是否有名为 xt.m 或 xt.mex 的文件存在，若存在，则将 xt 作为文件调用。

（5）上述 4 步全搜索完后，若仍未发现 xt 这个符号的出处，则 MATLAB 发出错误信息。必须指出的是，这种搜索是以花费更多执行时间为代价的。

MATLAB 设置搜索路径的方法有两种：一种是用"设置路径"对话框；另一种是用命令。现将两种方法分述如下。

1. 利用"设置路径"对话框设置搜索路径

在主界面中单击"主页"选项卡"环境"面板中的"设置路径"按钮，弹出如图 1-7 所示的"设置路径"对话框。

单击该对话框中的"添加文件夹"或"添加并包含子文件夹"按钮，会弹出一个如图 1-8 所示的浏览文件夹的对话框，利用该对话框可以从树形目录结构中选择要指定为搜索路径的文件夹。

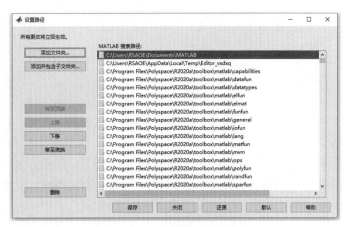

图 1-7　"设置路径"对话框

图 1-8　浏览文件夹对话框

"添加文件夹"和"添加并包含子文件夹"两个按钮的不同之处在于，后者设置某个文件夹成为可搜索的路径后，其下级子文件夹将自动被加入搜索路径中。

2. 利用命令设置搜索路径

MATLAB 中将某一路径设置成可搜索路径的命令有 path 及 addpath 两个。其中，path 用于查看或更改搜索路径，该路径存储在 pathdef.m 文件中。addpath 将指定的文件夹添加到当前 MATLAB 搜索路径的顶层。

下面以将路径"F:\MATLAB 文件"设置成可搜索路径为例进行说明。用 path 和 addpath 命令设置搜索路径。

```
>> path(path,'F:\ MATLAB 文件');
>> addpath F:\ MATLAB 文件-begin          %begin 意为将路径放在路径表的前面
>> addpath F:\ MATLAB 文件-end            %end 意为将路径放在路径表的最后
```

1.1.6 "工作区"窗口和数组编辑器

在默认情况下，"工作区"窗口位于 MATLAB 操作界面的右侧。如同命令行窗口一样，也可对该窗口进行停靠、分离等操作，分离后的窗口如图 1-9 所示。

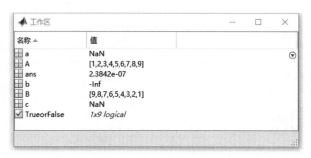

图 1-9 "工作区"窗口

"工作区"窗口拥有许多其他功能，如内存变量的打印、保存、编辑和图形绘制等。这些操作都比较简单，只需要在工作区中选择相应的变量，右击，在弹出的快捷菜单中选择相应的菜单命令即可，如图 1-10 所示。

图 1-10 对变量进行操作的快捷菜单

在 MATLAB 中，数组和矩阵都是十分重要的基础变量，因此 MATLAB 专门提供了变量编辑器工具来编辑数据。

双击"工作区"窗口中的某个变量时，会在 MATLAB 主窗口中弹出如图 1-11 所示的变量编辑器。如同命令行窗口一样，变量编辑器也可从主窗口中分离，分离后的界面如图 1-12 所示。

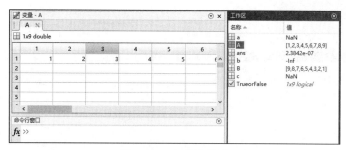

图 1-11 变量编辑器

在该编辑器中可以对变量及数组进行编辑操作，同时利用"绘图"选项卡下的功能命令可以很方便地绘制各种图形。

图 1-12 分离后的变量编辑器

1.1.7 变量的编辑命令

在 MATLAB 中除了可以在工作区中编辑内存变量外，还可以在 MATLAB 的命令行窗口输入相应的命令，查看和删除内存中的变量。

【例 1-1】在命令行窗口中输入以下命令创建 A、i、j、k 4 个变量，然后利用 who 和 whos 命令，查看内存变量的信息。

解： 如图 1-13 所示，在命令行窗口中依次输入：

```
>> clear, clc
>> A(2,2,2)=1;
>> i=6;
>> j=12;
>> k=18;
>> who
   您的变量为:
   A  i  j  k
>> whos
  Name      Size           Bytes  Class     Attributes
  A         2x2x2             64  double
  i         1x1                8  double
```

| j | 1x1 | 8 | double |
| k | 1x1 | 8 | double |

```
命令行窗口                                    工作区
>> clear                                     名称 ▲        值
>> A(2,2,2)=1;                               ⊞ A         2x2x2 double
i=6;                                         ⊞ i         6
j=12;                                        ⊞ j         12
k=18;                                        ⊞ k         18
>> who

您的变量为:

A  i  j  k

>> whos
  Name      Size        Bytes  Class    Attributes

  A         2x2x2          64  double
  i         1x1             8  double
  j         1x1             8  double
  k         1x1             8  double

fx >> |
```

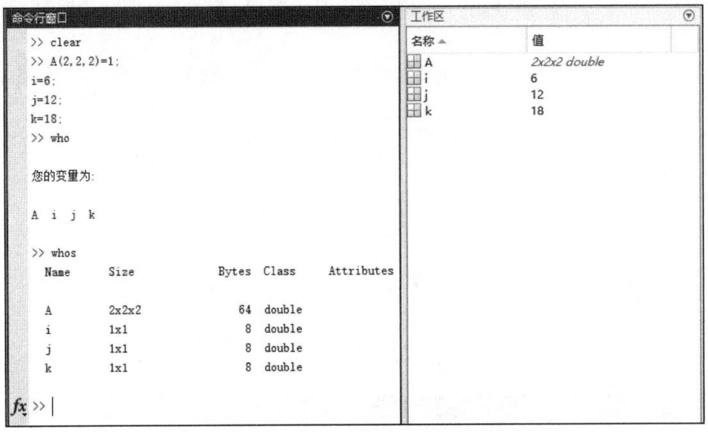

图 1-13　查看内存变量的信息

提示： who 和 whos 两个命令的区别只是内存变量信息的详细程度。

【例 1-2】 删除上例创建的内存变量 k。

解： 在命令行窗口中输入：

```
>> clear k
>> who
   您的变量为:
   A  i  j
```

与例 1-1 相比，运行 clear k 命令后，将 k 变量从工作区删除，而且在工作区浏览器中也将该变量删除。

1.1.8　存取数据文件

MATLAB 提供了 save 和 load 命令来实现数据文件的存取。表 1-6 中列出了这两个命令的常见用法。用户可以根据需要选择相应的存取命令，对于一些较少见的存取命令，可以查阅帮助。

表 1-6　MATLAB文件存取的命令

命　令	功　能
save Filename	将工作区中的所有变量保存到名为Filename的mat文件中
save Filename x y z	将工作区中的x、y、z变量保存到名为Filename的mat文件中
save Filename −regecp pat1 pat2	将工作区中符合表达式要求的变量保存到名为Filename的mat文件中
load Filename	将名为Filename的mat文件中的所有变量读入内存
load Filename x y z	将名为Filename的mat文件中的x、y、z变量读入内存
load Filename −regecp pat1 pat2	将名为Filename的mat文件中符合表达式要求的变量读入内存
load Filename x y z −ASCII	将名为Filename的ASCII文件中的x、y、z变量读入内存

MATLAB 中除了可以在命令行窗口中输入相应的命令之外，也可以在工作区右上角的下拉菜单中选择相应的命令实现数据文件的存取，如图 1-14 所示。

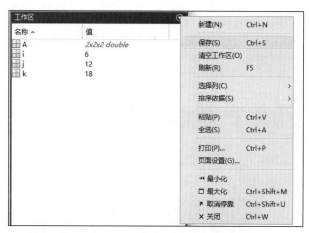

图 1-14　在工作区实现数据文件的存取

1.2　帮助系统

MATLAB 为用户提供了丰富的帮助系统，可以帮助用户更好地了解和运用 MATLAB。本节将详细介绍 MATLAB 帮助系统的使用方法。

1.2.1　纯文本帮助

在 MATLAB 中，所有执行命令或者函数的 M 源文件都有较为详细的注释，这些注释是用纯文本的形式来表示的，一般包括函数的调用格式或者输入函数、输出结果的含义。下面使用简单的例子来说明如何使用 MATLAB 的纯文本帮助。

【例 1-3】在 MATLAB 中查阅帮助信息。

解：根据 MATLAB 的帮助系统，用户可以查阅不同范围的帮助信息，具体如下。

（1）在命令行窗口中输入 help help 命令，然后按 Enter 键，可以查阅如何在 MATLAB 中使用 help 命令，如图 1-15 所示。

界面中显示了如何在 MATLAB 中使用 help 命令的帮助信息，用户可以详细阅读此信息来学习如何使用 help 命令。

（2）在命令行窗口中输入 help 命令，按 Enter 键，可以查阅最近所使用命令主题的帮助信息。

（3）在命令行窗口中输入 help topic 命令，按 Enter 键，可以查阅关于该主题的所有帮助信息。

上面简单地演示了如何在 MATLAB 中使用 help 命令来获得各种函数、命令的帮助信息。在实际应用中，用户可以灵活使用这些命令来搜索所需的帮助信息。

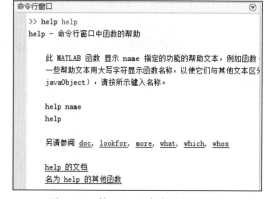

图 1-15　使用 help 命令的帮助信息

1.2.2　帮助导航

在 MATLAB 中提供帮助信息的"帮助"交互界面主要由帮助导航器和帮助浏览器两部分组成。这个帮助文件和 M 文件中的纯文本帮助无关，是 MATLAB 专门设置的独立帮助系统。该系统对 MATLAB 的功能叙述比较全面、系统，而且界面友好，使用方便，是用户查找帮助信息的重要途径。

用户可以在操作界面中单击 ? 按钮，打开"帮助"交互界面，如图 1-16 所示。

图 1-16 "帮助"交互界面

1.2.3 示例帮助

在 MATLAB 中，各个工具包都有设计好的示例程序，对于初学者而言，这些示例对提高自己的 MATLAB 应用能力具有重要的作用。

在 MATLAB 的命令行窗口中输入 demo 命令，就可以进入关于示例程序的帮助窗口，如图 1-17 所示。用户可以打开实时脚本进行学习。

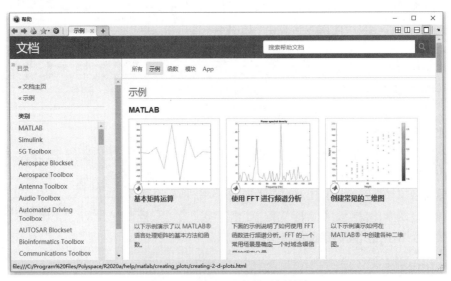

图 1-17 MATLAB 中的示例帮助

1.3 本章小结

MATLAB 是一种功能多样、高度集成、适合科学和工程计算的软件，同时又是一种高级程序设计语言。MATLAB 的主界面集成了命令行窗口、当前文件夹窗口、工作区窗口和选项卡等。它们既可单独使用，又可相互配合，为读者提供了十分灵活方便的操作环境。通过本章的学习，读者能够对 MATLAB 有一个较为直观的印象，为后面学习 MATLAB 优化算法的实现打下基础。

第 2 章

MATLAB 基础

MATLAB 在科学与工程计算中具有极大的优越性，使得其在优化算法中有着广泛的应用。本章主要介绍了 MATLAB 的基础知识，包括基本概念、向量、数组、矩阵、字符串、符号、关系运算和逻辑运算等内容。

学习目标：

（1）了解 MATLAB 基本概念；

（2）掌握 MATLAB 中的向量、数组、矩阵等运算；

（3）熟练掌握 MATLAB 数据类型间的转换。

2.1 基本概念

20 世纪 70 年代中后期，曾在密西根大学、斯坦福大学和新墨西哥大学担任数学与计算机科学教授的 Cleve Moler 博士，为讲授矩阵理论和数值分析课程的需要，和同事用 FORTRAN 语言编写了两个子程序库 EISPACK 和 LINPACK，这便是构思和开发 MATLAB 的起点。MATLAB 一词是 Matrix Laboratory（矩阵实验室）的缩写，由此可看出 MATLAB 与矩阵计算的渊源。

数据类型、常量与变量是 MATLAB 语言入门时必须引入的一些基本概念，MATLAB 虽是一个集多种功能于一体的集成软件，但就其语言部分而言，这些概念不可缺少。

2.1.1 数据类型概述

数据作为计算机处理的对象，在程序语言中可分为多种类型，MATLAB 作为一种可编程的语言当然也不例外。MATLAB 的主要数据类型如图 2-1 所示。

MATLAB 数值型数据划分成整数类型和浮点数类型的用意和 C 语言有所不同。MATLAB 的整数类型数据主要为图像处理等特殊的应用问题提供数据类型，以便节省空间或提高运行速度。对一般数值运算，绝大多数情况是采用双精度浮点数类型的数据。

MATLAB 的构造型数据基本上与 C++的构造型数据相衔接，但它的数组却有更加广泛的含义和不同于一般语言的运算方法。

符号对象是 MATLAB 所特有的一类为符号运算而设置的数据类型。严格地说，它不是某一类型的数据，它可以是数组、矩阵、字符等多种形式及其组合，但它在 MATLAB 的工作区中的确又是另外的一种数据类型。

在使用中，MATLAB 数据类型有一个突出的特点：不同数据类型的变量被引用时，一般不用事先对变量的数据类型进行定义或说明，系统会依据变量被赋值的类型自动进行类型识别，这在高级语言中是极有特色的。

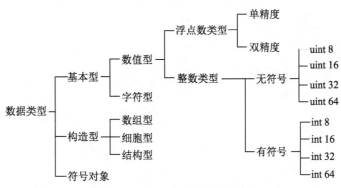

图 2–1　MATLAB 主要数据类型

这样处理的优势是，在书写程序时可以随时引入新的变量而不用担心会出什么问题，这的确给应用带来了很大方便。但缺点是有失严谨，会给搜索和确定一个符号是否为变量名带来更多的时间开销。

2.1.2　整数类型

MATLAB 中提供了 8 种内置的整数类型，表 2–1 中列出了它们各自存储占用位数、数值范围和转换函数。

表 2-1　MATLAB中的整数类型

整 数 类 型	数 值 范 围	转 换 函 数
有符号8位整数	$-2^7 \sim 2^7-1$	int8
无符号8位整数	$0 \sim 2^8-1$	uint8
有符号16位整数	$-2^{15} \sim 2^{15}-1$	int16
无符号16位整数	$0 \sim 2^{16}-1$	uint16
有符号32位整数	$-2^{31} \sim 2^{31}-1$	int32
无符号32位整数	$0 \sim 2^{32}-1$	uint32
有符号64位整数	$-2^{63} \sim 2^{63}-1$	int64
无符号64位整数	$0 \sim 2^{64}-1$	uint64

不同的整数类型所占用的位数不同，因此所能表示的数值范围不同，在实际应用中，应该根据需要的数据范围选择合适的整数类型。有符号的整数类型拿出一位来表示正负，因此表示的数据范围和相应的无符号整数类型不同。

由于 MATLAB 中数值的默认存储类型是双精度浮点类型，因此，必须通过表 2–1 中列出的转换函数将双精度浮点数值转换成指定的整数类型。

在转换中，MATLAB 默认将待转换数值转换为最近的整数，若小数部分正好为 0.5，那么 MATLAB 转换后的结果是绝对值较大的那个整数。另外，应用这些转换函数也可以将其他类型转换成指定的整数类型。

【例 2-1】通过转换函数创建整数类型。

解： 在命令行窗口中依次输入以下语句，同时会显示相关输出结果。

```
>> x=105;y=105.49;z=105.5;
>> xx=int16(x)              %把double型变量x强制转换成int16型
xx =
  int16
    105
>> yy=int32(y)
yy =
  int32
    105
>> zz=int32(z)
zz =
  int32
    106
```

MATLAB 中还有多种取整函数，可以用不同的策略把浮点小数转换成整数，如表 2–2 所示。

表 2-2　MATLAB中的取整函数

函　　数	说　　明	举　　例
round(a)	向最接近的整数取整 小数部分是0.5时，向绝对值大的方向取整	round(4.3)结果为4 round(4.5)结果为5
fix(a)	向0方向取整	fix(4.3)结果为4 fix(4.5)结果为4
floor(a)	向不大于a的最接近整数取整	floor(4.3)结果为4 floor(4.5)结果为4
ceil(a)	向不小于a的最接近整数取整	ceil(4.3)结果为5 ceil(4.5)结果为5

数据类型参与的数学运算与 MATLAB 中默认的双精度浮点运算不同。当两种相同的整数类型进行运算时，结果仍然是这种整数类型；当一个整数类型数值与一个双精度浮点类型数值进行数学运算时，计算结果是这种整数类型，取整采用默认的四舍五入方式。需要注意的是，两种不同的整数类型之间不能进行数学运算，除非提前进行强制转换。

【例 2-2】整数类型数值参与的运算。

解： 在命令行窗口中依次输入以下语句，同时会显示相关输出结果。

```
>> clear,clc
>> x=uint32(367.2)*uint32(20.3)
x =
  uint32
    7340
>> y=uint32(24.321)*359.63
y =
  uint32
    8631
>> z=uint32(24.321)*uint16(359.63)
错误使用  *
整数只能与同类的整数或双精度标量值组合使用。
>> whos
```

```
    Name        Size              Bytes  Class     Attributes
    x           1x1                   4  uint32
    y           1x1                   4  uint32
```

前面表 2-1 中已经介绍了不同的整数类型能够表示的数值范围不同。数学运算中，运算结果超出相应的整数类型能够表示的范围时，就会出现溢出错误，运算结果被置为该整数类型能够表示的最大值或最小值。

MATLAB 提供了 intwarning 函数设置是否显示这种转换或计算过程中出现的溢出，即非正常转换的错误，有兴趣的读者可以参考 MATLAB 的联机帮助。

2.1.3　浮点数类型

MATLAB 中提供了单精度浮点数类型和双精度浮点数类型，它们在存储位宽、各数据位用处、数值范围、转换函数等方面都不同，如表 2-3 所示。

表 2-3　MATLAB中单精度浮点数和双精度浮点数的比较

浮点类型	存储位宽	各数据位的用处	数值范围	转换函数
双精度	64	0～51位表示小数部分 52～62位表示指数部分 63位表示符号（0位正，1位负）	$-1.79769\mathrm{e}{+}308\sim-2.22507\mathrm{e}{-}308$ $2.22507\mathrm{e}{-}308\sim1.79769\mathrm{e}{+}308$	double
单精度	32	0～22位表示小数部分 23～30位表示指数部分 31位表示符号（0位正，1位负）	$-3.40282\mathrm{e}{+}038\sim-1.17549\mathrm{e}{-}038$ $1.17549\mathrm{e}{-}038\sim3.40282\mathrm{e}{+}038$	single

从表 2-3 可以看出，存储单精度浮点数所用的位数少，因此内存占用上开支小，但从各数据位的用处来看，单精度浮点数能够表示的数值范围比双精度小。

和创建整数类型数值一样，创建浮点数类型也可以通过转换函数来实现，当然，MATLAB 中默认的数值类型是双精度浮点数类型。

【例 2-3】浮点数转换函数的应用。

解：在命令行窗口中依次输入以下语句，同时会显示相关输出结果。

```
>> clear,clc
>> x=5.4
x =
    5.4000
>> y=single(x)                         %把 double 型的变量强制转换为 single
y =
  single
    5.4000
>> z=uint32(87563);
>> zz=double(z)
zz =
      87563
>> whos
  Name        Size              Bytes  Class     Attributes
  x           1x1                   8  double
  y           1x1                   4  single
  z           1x1                   4  uint32
  zz          1x1                   8  double
```

双精度浮点数参与运算时，返回值的类型依赖于参与运算中的其他数据类型。双精度浮点数与逻辑型、字符型进行运算时，返回结果为双精度浮点数类型；而与整数类型进行运算时返回结果为相应的整数类型，与单精度浮点数类型运算返回单精度浮点数类型，单精度浮点数类型与逻辑型、字符型和任何浮点数类型进行运算时，返回结果都是单精度浮点数类型。

注意： 单精度浮点数类型不能和整数类型进行算术运算。

【例2-4】 浮点数类型参与的运算。

解： 在命令行窗口中依次输入以下语句，同时会显示相关输出结果。

```
>> clear,clc
>> x=uint32(240);y=single(32.345);z=12.356;
>> xy=x*y
错误使用  *
整数只能与同类的整数或双精度标量值组合使用。
>> xz=x*z
xz =
 uint32
   2965
>> whos
 Name      Size              Bytes  Class     Attributes
 x         1x1                   4  uint32
 xz        1x1                   4  uint32
 y         1x1                   4  single
 z         1x1                   8  double
```

从表2-3可以看出，浮点数只占用一定的存储位宽，其中只有有限位分别用来存储指数部分和小数部分。因此，浮点数类型能表示的实际数值是有限的，而且是离散的。任何两个最接近的浮点数之间都有一个很微小的间隙，而所有处在这个间隙中的值都只能用这两个最接近的浮点数中的一个来表示。MATLAB中提供了eps函数，可以获取一个数值和它最接近的浮点数之间的间隙大小。

2.1.4 常量与变量

1. 常量

常量是程序语句中取不变值的那些量，如表达式 y=0.618*x，其中就包含一个 0.618 这样的数值常数，它便是一数值常量。而另一表达式 s='Tomorrow and Tomorrow'中，单引号内的英文字符串 "Tomorrow and Tomorrow" 则是一字符串常量。

在 MATLAB 中，有一类常量是由系统默认给定一个符号表示的，例如 pi，它代表圆周率 π 这个常数，即 3.1415926…，类似于 C 语言中的符号常量，这些特殊常量如表 2-4 所示，有时又称为系统预定义的变量。

表2-4　MATLAB特殊常量

常 量 符 号	常 量 含 义
i或j	虚数单位，定义为$i^2=j^2=-1$
Inf或inf	正无穷大，由零作除数引入此常量
NaN	不定时，表示非数值量，产生于$0/0, \infty/\infty, 0*\infty$等运算
pi	圆周率π的双精度表示
eps	容差变量，当某量的绝对值小于eps时，可以认为此量为零，即为浮点数的最小分辨率，PC上此值为2^{-52}

续表

常　量　符　号	常　量　含　义
realmin	最小浮点数，2^{-1022}
realmax	最大浮点数，2^{1023}

2. 变量

变量是在程序运行中其值可以改变的量，变量由变量名来表示。在 MATLAB 中变量名的命名有自己的规则，可以归纳成如下几条：

（1）变量名必须以字母开头，且只能由字母、数字或者下画线 3 类符号组成，不能含有空格和标点符号。

（2）变量名区分字母的大小写。例如，"a" 和 "A" 是不同的变量。

（3）变量名不能超过 63 个字符，第 63 个字符后的字符被忽略，对于 MATLAB 6.5 版以前的变量名不能超过 31 个字符。

（4）关键字（如 if、while 等）不能作为变量名。

（5）最好不要用表 2-4 中的特殊常量符号作变量名。

常见的错误命名如 f(x)、y'、y''、A2 等。

在 MATLAB 中，定义变量时应避免与常量名相同，以免改变常数的值，为计算带来不便。

【例 2-5】 显示常量值示例。

解： 在命令行窗口中依次输入以下语句，同时会显示相关输出结果。

```
>> eps
ans =
   2.2204e-16
>> pi
ans =
   3.1416
```

2.1.5　标量、向量、矩阵与数组

标量、向量、矩阵和数组是 MATLAB 运算中涉及的一组基本运算量，它们各自的特点及相互间的关系可以描述如下：

（1）数组不是一个数学量，而是一个用于高级语言程序设计的概念。如果数组元素按一维线性方式组织在一起，那么称其为一维数组，一维数组的数学原型是向量。

如果数组元素分行、列排成一个二维平面表格，那么称其为二维数组，二维数组的数学原型是矩阵。如果元素在排成二维数组的基础上，再将多个行、列数分别相同的二维数组叠成一本立体表格，便形成三维数组。以此类推，便有了多维数组的概念。

在 MATLAB 中，数组的用法与一般高级语言不同，它不借助于循环，而是直接采用运算符，有自己独立的运算符和运算法则。

（2）矩阵是一个数学概念，一般高级语言并未引入将其作为基本的运算量，但 MATLAB 是个例外。一般高级语言是不认可将两个矩阵视为两个简单变量而直接进行加减乘除的，要完成矩阵的四则运算必须借助于循环结构。当 MATLAB 将矩阵引入作为基本运算量后，上述局面改变了。MATLAB 不仅实现了矩阵的简单加减乘除运算，而且许多与矩阵相关的其他运算也因此大大简化了。

（3）向量是一个数学量，一般高级语言中也未引入，它可视为矩阵的特例。从 MATLAB 的工作区窗口可以查看到：一个 n 维的行向量是一个 $1 \times n$ 阶的矩阵，而列向量则当成 $n \times 1$ 阶的矩阵。

（4）标量的提法也是一个数学概念，但在 MATLAB 中，一方面可将其视为一般高级语言的简单变量来处理，另一方面又可把它当成 1×1 阶的矩阵，这一看法与矩阵作为 MATLAB 的基本运算量是一致的。

（5）在 MATLAB 中，二维数组和矩阵其实是数据结构形式相同的两种运算量。二维数组和矩阵的表示、建立、存储根本没有区别，区别只在它们的运算符和运算法则不同。

例如，向命令行窗口中输入 "a=[1 2;3 4]," 这个量，实际上它有两种可能的角色：矩阵 a 或二维数组 a。这就是说，单从形式上是不能完全区分矩阵和数组的，必须再看它使用什么运算符与其他量之间进行运算。

MATLAB 中矩阵以数组的形式存在，矩阵与数组的区别如表 2-5 所示。

表 2-5　矩阵与数组的区别

名　称	矩　阵	数　组
概念	数学元素	程序中数据的存储和管理方式
所属领域	线性代数、高等数学	信息科学、计算机技术
形式	二维	一维、二维、多维
包含元素类型	数字	数字、字符等多种数据类型

（6）数组的维和向量的维是两个完全不同的概念。数组的维是从数组元素排列后所形成的空间结构去定义的：线性结构是一维，平面结构是二维，立体结构是三维，当然还有四维以及多维。向量的维相当于一维数组中的元素个数。

2.1.6　字符型

类似于其他高级语言，MATLAB 的字符型数据（字符和字符串）运算也相当强大。在 MATLAB 中，字符串可以用单引号（'）进行赋值，字符串的每个字符（含空格）都是字符数组的一个元素。MATLAB 还包含很多字符串相关操作函数，具体见表 2-6。

表 2-6　字符串操作函数

函　数　名	说　明	函　数　名	说　明
char	生成字符数组	strsplit	在指定的分隔符处拆分字符串
strcat	水平连接字符串	strtok	寻找字符串中记号
strvcat	垂直连接字符串	upper	转换字符串为大写
strcmp	比较字符串	lower	转换字符串为小写
strncmp	比较字符串的前n个字符	blanks	生成空字符串
strfind	在其他字符串中寻找此字符串	deblank	移去字符串内空格
strrep	以其他字符串代替此字符串		

【例 2-6】字符串应用示例。

解： 在命令行窗口中依次输入以下语句，同时会显示相关输出结果。

```
>> clear, clc
>> syms a b
>> y=2*a+1
```

```
y =
    2*a + 1
>> y1=a+2;
>> y2=y-y1                          %字符串的相减运算操作
y2 =
    a - 1
>> y3=y+y1                          %字符串的相加运算操作
y3 =
    3*a + 3
>> y4=y*y1                          %字符串的相乘运算操作
y4 =
    (2*a + 1)*(a + 2)
y5=y/y1                             %字符串的相除运算操作
>> y5 =
    (2*a + 1)/(a + 2)
```

2.1.7 运算符

MATLAB 运算符可分为三大类，分别是算术运算符、关系运算符和逻辑运算符。下面分别介绍它们的运算符和运算法则。

1. 算术运算符

算术运算因所处理的对象不同，分为矩阵和数组算术运算两类。表 2-7 给出的是矩阵算术运算的运算符、名称、示例、法则或使用说明，表 2-8 给出的是数组算术运算的运算符、名称、示例、法则或使用说明。

表 2-7 矩阵算术运算

运 算 符	名 称	示 例	法则或使用说明
+	加	C=A+B	矩阵加法法则，即C(i,j)=A(i,j)+B(i,j)
−	减	C=A−B	矩阵减法法则，即C(i,j)=A(i,j)−B(i,j)
*	乘	C=A*B	矩阵乘法法则
/	右除	C=A/B	定义为线性方程组X*B=A的解，即C=A/B=A*B−1
\	左除	C=A\B	定义为线性方程组A*X=B的解，即C=A\B=A−1*B
^	乘幂	C=A^B	A、B其中一个为标量时有定义
'	共轭转置	B=A'	B是A的共轭转置矩阵

表 2-8 数组算术运算

运 算 符	名 称	示 例	法则或使用说明
.*	数组乘	C=A.*B	C(i,j)=A(i,j)*B(i,j)
./	数组右除	C=A./B	C(i,j)=A(i,j)/B(i,j)
.\	数组左除	C=A.\B	C(i,j)=B(i,j)/A(i,j)
.^	数组乘幂	C=A.^B	C(i,j)=A(i,j)^B(i,j)
.'	转置	A.'	将数组的行摆放成列，复数元素不做共轭

针对表 2-7 和表 2-8 需要说明以下几点：

（1）矩阵的加减、乘运算是严格按矩阵运算法则定义的，而矩阵的除法虽和矩阵求逆有关系，但却分了左、右除，因此不是完全等价的。乘幂运算更是将标量幂扩展到矩阵，可作为幂指数。总的来说，MATLAB

接受了线性代数已有的矩阵运算规则，但又不仅止于此。

（2）表 2-9 中并未定义数组的加减法，是因为矩阵的加减法与数组的加减法相同，所以未做重复定义。

（3）无论加减乘除还是乘幂，数组的运算都是元素间的运算，即对应下标元素一对一的运算。

（4）多维数组的运算法则，可依元素按下标一一对应参与运算的原则将表 2-9 推广。

2. 关系运算符

MATLAB 关系运算符如表 2-9 所示。

表 2-9　关系运算符

运算符	名称	示例	法则或使用说明
<	小于	A<B	（1）A、B都是标量，结果是为1（真）或为0（假）的标量；
<=	小于或等于	A<=B	（2）A、B若一个为标量，另一个为数组，标量将与数组各元素逐一比较，结果为与运算数组行、列数相同的数组，其中各元素取值1或0；
>	大于	A>B	（3）A、B均为数组时，必须行、列数分别相同，A与B各对应元素相比较，结果为与A或B行、列数相同的数组，其中各元素取值1或0；
>=	大于或等于	A>=B	
==	恒等于	A==B	（4）==和～=运算对参与比较的量同时比较实部和虚部，其他运算只比较实部
～=	不等于	A～=B	

需要明确指出的是，MATLAB 的关系运算虽可看成矩阵的关系运算，但严格地讲，把关系运算定义在数组基础之上更为合理。因为从表 2-9 所列法则不难发现，关系运算是元素一对一的运算结果。数组的关系运算向下可兼容一般高级语言中所定义的标量关系运算。

3. 逻辑运算符

逻辑运算在 MATLAB 中同样需要，为此 MATLAB 定义了自己的逻辑运算符，并设定了相应的逻辑运算法则，如表 2-10 所示。

表 2-10　逻辑运算符

运算符	名称	示例	法则或使用说明
&	与	A&B	（1）A、B都为标量，结果是为1（真）或为0（假）的标量；
|	或	A|B	（2）A、B若一个为标量，另一个为数组，标量将与数组各元素逐一做逻辑运算，结果为与运算数组行、列数相同的数组，其中各元素取值或1或0；
～	非	～A	（3）A、B均为数组时，必须行、列数分别相同，A与B各对应元素做逻辑运算，结果为与A或B行、列数相同的数组，其中各元素取值或1或0；
&&	先决与	A&&B	
||	先决或	A||B	（4）先决与、先决或是只针对标量的运算

同样地，MATLAB 的逻辑运算也是定义在数组的基础之上的，向下可兼容一般高级语言中所定义的标量逻辑运算。为提高运算速度，MATLAB 还定义了针对标量的先决与和先决或运算。

先决与运算是当该运算符的左边为 1（真）时，才继续与该符号右边的量做逻辑运算。先决或运算是当运算符的左边为 1（真）时，就不需要继续与该符号右边的量做逻辑运算，而立即得出该逻辑运算结果为 1（真）；否则，就要继续与该符号右边的量运算。

4. 运算符的优先级

和其他高级语言一样，当用多个运算符和运算量写出一个 MATLAB 表达式时，运算符的优先次序是一个必须明确的问题。表 2-11 列出了运算符的优先次序。

表 2-11　MATLAB运算符的优先次序

优 先 次 序	运 算 符
最高	'（共轭转置）、^（矩阵乘幂）、.'（转置）、.^（数组乘幂）
	~（逻辑非）
	、/（右除）、\（左除）、.（数组乘）、./（数组右除）、.\（数组左除）
	+、-:（冒号运算）
	<、<=、>、>=、==（恒等于）、~=（不等于）
	&（逻辑与）
	|（逻辑或）
	&&（先决与）
最低	||（先决或）

表 2-11 中同一行的各运算符具有相同的优先级，而在同一级别中又遵循有括号先括号运算的原则。

2.1.8　复数

复数是对实数的扩展，每个复数包括实部和虚部两部分。MATLAB 中默认用字符 i 或者 j 表示虚部。创建复数可以直接输入或者利用 complex 函数。

MATLAB 中还有多种对复数操作的函数，如表 2-12 所示。

表 2-12　MATLAB中复数的相关运算函数

函　数	说　明	函　数	说　明
real(z)	返回复数z的实部	imag(z)	返回复数z的虚部
abs(z)	返回复数z的幅度	angle(z)	返回复数z的辐角
conj(z)	返回复数z的共轭复数	complex(a,b)	以a为实部，b为虚部创建复数

【例 2-7】复数的创建和运算。

解：在命令行窗口中依次输入以下语句，同时会显示相关输出结果。

```
>> clear, clc
>> a=2+3i
a =
   2.0000 + 3.0000i
>> x=rand(3)*5;
>> y=rand(3)*-8;
>> z=complex(x,y)          %用complex函数创建以x为实部，y为虚部的复数
z =
   4.0736 - 7.7191i   4.5669 - 7.6573i   1.3925 - 1.1351i
   4.5290 - 1.2609i   3.1618 - 3.8830i   2.7344 - 3.3741i
   0.6349 - 7.7647i   0.4877 - 6.4022i   4.7875 - 7.3259i
>> whos
  Name      Size            Bytes  Class     Attributes
  a         1x1                16  double    complex
  x         3x3                72  double
  y         3x3                72  double
  z         3x3               144  double    complex
```

2.1.9 无穷量和非数值量

MATLAB 中用 Inf 和–Inf 分别代表正无穷和负无穷，用 NaN 表示非数值的值。正负无穷的产生一般是由于 0 做了分母或者运算溢出，产生了超出双精度浮点数数值范围的结果；分数值量则是因为 0/0 或者 Inf/Inf 型的非正常运算。需要注意的是，两个 NaN 彼此是不相等的。

除了运算造成这些异常结果外，MATLAB 也提供了专门函数可以创建这两种特别的量，读者可以用 Inf 函数和 NaN 函数创建指定数值类型的无穷量和非数值量，默认是双精度浮点类型。

【例 2-8】无穷量和非数值量。

解： 在命令行窗口中依次输入以下语句，同时会显示相关输出结果。

```
>> x=1/0
x =
   Inf
>> y=log(0)
y =
  -Inf
>> z=0.0/0.0
z =
   NaN
```

2.2 向量

向量是高等数学、线性代数中讨论过的概念。虽是一个数学的概念，但它同时又在力学、电磁学等许多领域中被广泛应用。电子信息学科的电磁场理论课程就以向量分析和场论作为其数学基础。

向量是一个有方向的量。在平面解析几何中，它用坐标表示成从原点出发到平面上的一点(a,b)，数据对(a,b)称为一个二维向量。立体解析几何中，则用坐标表示成(a,b,c)，数据组(a,b,c)称为三维向量。线性代数推广了这一概念，提出了 n 维向量，在线性代数中，n 维向量用 n 个元素的数据组表示。

MATLAB 讨论的向量以线性代数的向量为起点，多可达 n 维抽象空间，少可应用到解决平面和空间的向量运算问题。下面首先讨论在 MATLAB 中如何生成向量的问题。

2.2.1 向量的生成

在 MATLAB 中，生成向量主要有直接输入法、冒号表达式法和函数法 3 种，下面分别介绍。

1. 直接输入法

在命令提示符后直接输入一个向量，其格式是：

```
向量名=[a1,a2,a3,…]
```

【例 2-9】直接法输入向量。

解： 在命令行窗口中依次输入以下语句，同时会显示相关输出结果。

```
>> A=[2,3,4,5,6],B=[1;2;3;4;5],C=[4 5 6 7 8 9]
A =
   2   3   4   5   6
B =
   1
   2
```

```
         3
         4
         5
C =
     4     5     6     7     8     9
```

2. 冒号表达式法

利用冒号表达式 a1:step:an 也能生成向量，式中 a1 为向量的第 1 个元素，an 为向量最后一个元素的限定值，step 是变化步长，省略步长时系统默认为 1。

【例 2-10】用冒号表达式生成向量。

解： 在命令行窗口中依次输入以下语句，同时会显示相关输出结果。

```
>> A=1:2:10; B=1:10, C=10:-1:1, D=10:2:4, E=2:-1:10
B =
     1     2     3     4     5     6     7     8     9    10
C =
    10     9     8     7     6     5     4     3     2     1
D =
  空的 1×0 double 行向量
E =
  空的 1×0 double 行向量
```

3. 函数法

MATLAB 中有两个函数可用来直接生成向量：线性等分函数 linspace 及对数等分函数 logspace。

线性等分的通用格式为：

```
A=linspace(a1,an ,n)
```

其中，a1 是向量的首元素，an 是向量的尾元素，n 把 a1 至 an 的区间分成向量的首尾之外的其他 n−2 个元素。省略 n 则默认生成 100 个元素的向量。

对数等分的通用格式为：

```
A=logspace(a1,an,n)
```

其中，a1 是向量首元素的幂，即 $A(1)=10^{a1}$；an 是向量尾元素的幂，即 $A(n)=10^{an}$。n 是向量的维数。省略 n 则默认生成 50 个元素的对数等分向量。

【例 2-11】观察用线性等分函数、对数等分函数生成向量的结果。

解： 在命令行窗口中依次输入以下语句，同时会显示相关输出结果。

```
>> A1=linspace(1,50),B1=linspace(1,30,10)
A1 =
 列 1 至 10
   1.0000  1.4949  1.9899  2.4848  2.9798  3.4747  3.9697  4.4646  4.9596  5.4545
 列 11 至 20
                        %省略掉中间数据
 列 91 至 100
  45.5455 46.0404 46.5354 47.0303 47.5253 48.0202 48.5152 49.0101 49.5051 50.0000
B1 =
  1.0000  4.2222  7.4444 10.6667 13.8889 17.1111 20.3333 23.5556 26.7778 30.0000
>> A2=logspace(0,49),B2=logspace(0,4,5)
A2 =
  1.0e+49 *
```

```
    列 1 至 10
    0.0000   0.0000   0.0000   0.0000   0.0000   0.0000   0.0000   0.0000   0.0000   0.0000
    列 11 至 20
    0.0000   0.0000   0.0000   0.0000   0.0000   0.0000   0.0000   0.0000   0.0000   0.0000
    列 21 至 30
    0.0000   0.0000   0.0000   0.0000   0.0000   0.0000   0.0000   0.0000   0.0000   0.0000
    列 31 至 40
    0.0000   0.0000   0.0000   0.0000   0.0000   0.0000   0.0000   0.0000   0.0000   0.0000
    列 41 至 50
    0.0000   0.0000   0.0000   0.0000   0.0000   0.0001   0.0010   0.0100   0.1000   1.0000
B2 =
         1        10       100      1000     10000
```

尽管用冒号表达式和线性等分函数都能生成线性等分向量，但在使用时有几点区别值得注意：

（1）an 在冒号表达式中，它不一定恰好是向量的最后一个元素，只有当向量的倒数第 2 个元素加步长等于 an 时，an 才正好构成尾元素。如果一定要构成一个以 an 为末尾元素的向量，那么最可靠的生成方法是用线性等分函数。

（2）在使用线性等分函数前，必须先确定生成向量的元素个数，但使用冒号表达式将依着步长和 an 的限制生成向量，用不着考虑元素个数的多少。

实际应用时，同时限定尾元素和步长生成向量，有时可能会出现矛盾，此时必须做出取舍。要么坚持步长优先，调整尾元素限制；要么坚持尾元素限制，修改等分步长。

2.2.2 向量的加、减和乘、除运算

在 MATLAB 中，维数相同的行向量之间可以相加减，维数相同的列向量也可相加减，标量数值可以与向量直接相乘除。

【例 2-12】向量的加、减和乘、除运算。

解： 在命令行窗口中依次输入以下语句，同时会显示相关输出结果。

```
>> A=[1 2 3 4 5];
>> B=3:7;
>> C=linspace(2,4,3);
>> AT=A';
>> BT=B';
>> E1=A+B,
E1 =
     4     6     8    10    12
>> E2=A-B,
E2 =
    -2    -2    -2    -2    -2
>> F=AT-BT,
F =
    -2
    -2
    -2
    -2
    -2
>> G1=3*A,
```

```
G1 =
    3    6    9    12    15
>> G2=B/3,
G2 =
   1.0000    1.3333    1.6667    2.0000    2.3333
>> H=A+C
错误使用 -
矩阵维度必须一致。
```

上述实例执行后，H=A+C 显示了出错信息，表明维数不同的向量之间的加减法运算是非法的。

2.2.3　向量的点、叉积运算

向量的点积即数量积，叉积又称向量积或矢量积。点积、叉积甚至两者的混合积在场论中是极其基本的运算。MATLAB 是用函数实现向量点积、叉积运算的。下面举例说明向量的点积、叉积和混合积运算。

1. 点积运算

点积运算（$A \cdot B$）的定义是参与运算的两向量各对应位置上元素相乘后，再将各乘积相加，所以向量点积的结果是一标量而非向量。

点积运算函数是：dot(A,B)，A、B 是维数相同的两向量。

【例 2-13】向量点积运算。

解：在命令行窗口中依次输入以下语句，同时会显示相关输出结果。

```
>> A=1:10;
>> B=linspace(1,10,10);
>> AT=A';BT=B';
>> e=dot(A,B),
e =
   385
>> f=dot(AT,BT)
f =
   385
```

2. 叉积运算

在数学描述中，向量 A、B 的叉积是一新向量 C，C 的方向垂直于 A 与 B 所决定的平面。用三维坐标表示时，即

$$A = A_x i + A_y j + A_z k$$
$$B = B_x i + B_y j + B_z k$$
$$C = A \times B = (A_y B_z - A_z B_y)i + (A_z B_x - A_x B_z)j + (A_x B_y - A_y B_x)k$$

叉积运算的函数是 cross(A,B)，该函数计算的是 A、B 叉积后各分量的元素值，且 A、B 只能是三维向量。

【例 2-14】合法向量叉积运算。

解：在命令行窗口中依次输入以下语句，同时会显示相关输出结果。

```
>> A=1:3,
A =
    1    2    3
>> B=3:5
```

```
B =
     3     4     5
>> E=cross(A,B)
E =
    -2     4    -2
```

【例 2-15】非法向量叉积运算（不等于三维的向量做叉积运算）。

解： 在命令行窗口中依次输入以下语句，同时会显示相关输出结果。

```
>> A=1:4,
A =
     1     2     3     4
>> B=3:6,
B =
     3     4     5     6
>> C=[1 2],
C =
     1     2
>> D=[3 4]
D =
     3     4
>> E=cross(A,B),
错误使用 cross
在获取交叉乘积的维度中，A 和 B 的长度必须为 3。
>> F=cross(C,D)
错误使用 cross
在获取交叉乘积的维度中，A 和 B 的长度必须为 3。
```

3. 混合积运算

综合运用上述两个函数就可实现点积和叉积的混合积运算，该运算也只能发生在三维向量之间，现示例如下。

【例 2-16】向量混合积示例。

解： 在命令行窗口中依次输入以下语句，同时会显示相关输出结果。

```
>> A=[1 2 3]
A =
     1     2     3
>> B=[3 3 4],
B =
     3     3     4
>> C=[3 2 1]
C =
     3     2     1
>> D=dot(C,cross(A,B))
D =
     4
```

2.3 数组

数组运算是 MATLAB 计算的基础。由于 MATLAB 面向对象的特性，数组成为 MATLAB 最重要的一种内置数据类型，而数组运算就是定义这种数据结构的方法。本节将系统地列出具备数组运算能力的函数名称，为兼顾一般性，以二维数组的运算为例，读者可推广至多维数组和多维矩阵的运算。

下面将介绍在 MATLAB 中如何建立数组以及数组的常用操作等，包括数组的算术运算、关系运算和逻辑运算。

2.3.1　数组的创建和操作

在 MATLAB 中一般使用"[ ]""，""；"和空格来创建数组，数组中同一行的元素使用逗号或空格进行分隔，不同行之间用分号进行分隔。

【例 2-17】创建空数组、行向量、列向量示例。

解： 在命令行窗口中依次输入以下语句，同时会显示相关输出结果。

```
>> clear,clc
>> A=[]
A =
     []
>> B=[4 3 2 1]
B =
     6     5     4     3     2     1
>> C=[4,3,2,1]
C =
     6     5     4     3     2     1
>> D=[4;3;2;1]
D =
     6
     5
     4
     3
     2
     1
>> E=B'                          %转置
E =
     6
     5
     4
     3
     2
     1
```

【例 2-18】访问数组示例。

解： 在命令行窗口中依次输入以下语句，同时会显示相关输出结果。

```
>> clear,clc
>> A=[6 5 4 3 2 1]
A =
     6     5     4     3     2     1
>> a1=A(1)                       %访问数组第 1 个元素
a1 =
     6
>> a2=A(1:3)                     %访问数组第 1、2、3 个元素
a2 =
     6     5     4
>> a3=A(3:end)                   %访问数组第 3 个到最后一个元素
a3 =
```

```
         4     3     2     1
>> a4=A(end:-1:1)                      %数组元素反序输出
a4 =
     1     2     3     4     5     6
>> a5=A([1 6])                         %访问数组第 1 个和第 6 个元素
a5 =
     6     1
```

【例 2-19】 子数组的赋值（Assign）示例。

解： 在命令行窗口中依次输入以下语句，同时会显示相关输出结果。

```
>> clear,clc
>> A=[6 5 4 3 2 1]
A =
     6     5     4     3     2     1
>> A(3) = 0
A =
     6     5     0     3     2     1
>> A([1 4])=[1 1]
A =
     1     5     0     1     2     1
```

在 MATLAB 中还可以通过其他各种方式创建数组，具体如下。

1. 通过冒号创建一维数组

在 MATLAB 中，通过冒号创建一维数组的代码如下：

```
X=A:step:B
```

其中，A 是创建一维数组的第 1 个变量，step 是每次递增或递减的数值，直到最后一个元素和 B 的差的绝对值小于或等于 step 的绝对值为止。

【例 2-20】 通过冒号创建一维数组示例。

解： 在命令行窗口中依次输入以下语句，同时会显示相关输出结果。

```
>> clear,clc
>> A=2:6
A =
     2     3     4     5     6
>> B=2.1:1.5:6
B =
    2.1000    3.6000    5.1000
>> C=2.1:-1.5:-6
C =
    2.1000    0.6000   -0.9000   -2.4000   -3.9000   -5.4000
>> D=2.1:-1.5:6
D =
  空的 1×0 double 行矢量
```

2. 通过logspace函数创建一维数组

MATLAB 常用 logspace 函数创建一维数组，该函数的调用方式如下。

```
y = logspace(a,b)
```

创建行向量 y，第 1 个元素为 10^a，最后一个元素为 10^b，总数为 50 个元素的等比数列。

```
y = logspace(a,b,n)
```

创建行向量 y，第 1 个元素为 10^a，最后一个元素为 10^b，总数为 n 个元素的等比数列。

【例 2-21】通过 logspace 函数创建一维数组示例。

解：在命令行窗口中依次输入以下语句，同时会显示相关输出结果。

```
>> clear,clc
>> A=logspace(1,2,20)
A =
 列 1 至 10
   10.0000   11.2884   12.7427   14.3845   16.2378   18.3298   20.6914   23.3572
26.3665   29.7635
 列 11 至 20
   33.5982   37.9269   42.8133   48.3293   54.5559   61.5848   69.5193   78.4760
88.5867   100.0000
>> B=logspace(1,2,10)
B =
   10.0000   12.9155   16.6810   21.5443   27.8256   35.9381   46.4159   59.9484
77.4264   100.0000
```

3. 通过 linspace 函数创建一维数组

MATLAB 常用 linspace 函数创建一维数组，该函数的调用方式如下。

```
y = linspace(a,b)
```

创建行向量 y，第 1 个元素为 a，最后一个元素为 b，总数为 100 个元素的等比数列。

```
y = linspace(a,b,n)
```

创建行向量 y，第 1 个元素为 a，最后一个元素为 b，总数为 n 个元素的等比数列。

【例 2-22】通过 linspace 函数创建一维数组示例。

解：在命令行窗口中依次输入以下语句，同时会显示相关输出结果。

```
>> clear,clc
>> A = linspace(1,100)
A =
 列 1 至 15
    1    2    3    4    5    6    7    8    9   10   11   12   13   14   15
 列 16 至 30
   16   17   18   19   20   21   22   23   24   25   26   27   28   29   30
 列 31 至 45
   31   32   33   34   35   36   37   38   39   40   41   42   43   44   45
 列 46 至 60
   46   47   48   49   50   51   52   53   54   55   56   57   58   59   60
 列 61 至 75
   61   62   63   64   65   66   67   68   69   70   71   72   73   74   75
 列 76 至 90
   76   77   78   79   80   81   82   83   84   85   86   87   88   89   90
 列 91 至 100
   91   92   93   94   95   96   97   98   99  100
>> B = linspace(1,36,12)
B =
    1.0000    4.1818    7.3636   10.5455   13.7273   16.9091   20.0909   23.2727
26.4545   29.6364   32.8182   36.0000
>> C= linspace(1,36,1)
```

```
C =
    36
```

2.3.2 数组的常见运算

1. 数组的算术运算

数组的运算是从数组的单个元素出发，针对每个元素进行的运算。在 MATLAB 中，一维数组的基本运算包括加、减、乘、左除、右除和乘方。

数组的加减运算：通过 $A+B$ 或 $A-B$ 可实现数组的加减运算。但是运算规则要求数组 A 和 B 的维数相同。

提示： 如果两个数组的维数不相同，则将给出错误的信息。

【例 2-23】数组的加减运算示例。

解： 在命令行窗口中依次输入以下语句，同时会显示相关输出结果。

```
>> clear,clc
>> A=[1 5 6 8 9 6]
A =
    1    5    6    8    9    6
>> B=[9 85 6 2 4 0]
B =
    9    85    6    2    4    0
>> C=[1 1 1 1 1]
C =
    1    1    1    1    1
>> D=A+B                           %加法
D =
    10    90    12    10    13    6
>> E=A-B                           %减法
E =
    -8    -80    0    6    5    6
>> F=A*2
F =
    2    10    12    16    18    12
>> G=A+3                           %数组与常数的加法
G =
    4    8    9    11    12    9
>> H=A-C
错误使用  -
矩阵维度必须一致。
```

数组的乘除运算：通过格式 ".*" 或 "./" 可实现数组的乘除运算。但是运算规则要求数组 A 和 B 的维数相同。

乘法：数组 A 和 B 的维数相同，运算为数组对应元素相乘，计算结果与 A 和 B 是相同维数的数组。

除法：数组 A 和 B 的维数相同，运算为数组对应元素相除，计算结果与 A 和 B 是相同维数的数组。

右除和左除的关系：$A./B=B.\backslash A$，其中 A 是被除数，B 是除数。

提示： 如果两个数组的维数不相同，则将给出错误的信息。

【例 2-24】数组的乘除运算示例。

解： 在命令行窗口中依次输入以下语句，同时会显示相关输出结果。

```
>> clear,clc
>> A=[1 5 6 8 9 6]
>> B=[9 5 6 2 4 0]
>> C=A.* B                        %数组的点乘
C =
     9    25    36    16    36     0
>> D=A * 3                        %数组与常数的乘法
D =
     3    15    18    24    27    18
>> E=A.\B                         %数组和数组的左除
 E =
     9.0000    1.0000    1.0000    0.2500    0.4444         0
>> F=A./B                         %数组和数组的右除
F =
     0.1111    1.0000    1.0000    4.0000    2.2500       Inf
>> G=A./3                         %数组与常数的除法
 G =
     0.3333    1.6667    2.0000    2.6667    3.0000    2.0000
>> H=A/3
 H =
     0.3333    1.6667    2.0000    2.6667    3.0000    2.0000
```

通过乘方格式 ".^" 实现数组的乘方运算。数组的乘方运算包括：数组间的乘方运算、数组与某个具体数值的乘方运算，以及常数与数组的乘方运算。

【例 2-25】 数组的乘方示例。

解： 在命令行窗口中依次输入以下语句，同时会显示相关输出结果。

```
>> clear,clc
>> A=[1 5 6 8 9 6];
>> B=[9 5 6 2 4 0];
>> C=A.^B                         %数组的乘方
C =
           1        3125       46656          64        6561           1
>> D=A.^3                         %数组与某个具体数值的乘方
D =
     1   125   216   512   729   216
>> E=3.^A                         %常数与数组的乘方
E =
           3         243         729        6561       19683         729
```

通过函数 dot() 可实现数组的点积运算，但是运算规则要求数组 *A* 和 *B* 的维数相同，其调用格式如下：

```
C= dot(A,B)
C = dot(A,B,dim)
```

【例 2-26】 数组的点积示例。

解： 在命令行窗口中依次输入以下语句，同时会显示相关输出结果。

```
>> clear,clc
>> A=[1 5 6 8 9 6];
>> B=[9 5 6 2 4 0];
>> C=dot(A,B)                     %数组的点积
```

```
C =
    122
>> D=sum(A.*B)                          %数组元素的乘积之和
D =
    122
```

2. 数组的关系运算

在 MATLAB 中提供了 6 种数组关系运算符，即<（小于）、<=（小于或等于）、>（大于）、>=（大于或等于）、==（恒等于）、~=（不等于）。

关系运算的运算法则如下：

当两个比较量是标量时，直接比较两个数的大小。若关系成立，则返回的结果为 1，否则为 0。

当两个比较量是维数相等的数组时，逐一比较两个数组相同位置的元素，并给出比较结果。最终的关系运算结果是一个与参与比较的数组维数相同的数组，其组成元素为 0 或 1。

【例 2-27】 数组的关系运算示例。

解： 在命令行窗口中依次输入以下语句，同时会显示相关输出结果。

```
>> clear,clc
>> A=[1 5 6 8 9 6];
>> B=[9 5 6 2 4 0];
>> C=A<6                                %数组与常数比较，小于
C =
  1×6 logical 数组
   1  1  0  0  0  0
>> D=A>=6                               %数组与常数比较，大于或等于
D =
  1×6 logical 数组
   0  0  1  1  1  1
>> E=A<B                                %数组与数组比较，小于
E =
  1×6 logical 数组
   1  0  0  0  0  0
>> F=A==B                               %数组与数组比较，恒等于
F =
  1×6 logical 数组
   0  1  1  0  0  0
```

3. 数组的逻辑运算

在 MATLAB 中数组提供了 3 种数组逻辑运算符，即&（与）、|（或）和~（非）。逻辑运算的运算法则如下：

如果是非零元素，则为真，用 1 表示；反之是零元素，则为假，用 0 表示。

当两个比较量是维数相等的数组时，逐一比较两个数组相同位置的元素，并给出比较结果。最终的关系运算结果是一个与参与比较的数组维数相同的数组，其组成元素为 0 或 1。

与运算（$a\&b$）时，a、b 全为非零，则运算结果为真（为 1）；或运算（$a|b$）时，只要 a、b 有一个为非零，则运算结果为 1；非运算（$\sim a$）时，若 a 为 0，运算结果为 1，a 为非零，运算结果为 0。

【例 2-28】 数组的逻辑运算示例。

解： 在命令行窗口中依次输入以下语句，同时会显示相关输出结果。

```
>> clear,clc
>> A=[1 5 6 8 9 6];
```

```
>> B=[9 5 6 2 4 0];
>> C=A&B                          %与
C =
  1×6 logical 数组
   1   1   1   1   1   0
>> D=A|B                          %或
D =
  1×6 logical 数组
   1   1   1   1   1   1
>> E=~B                           %非
E =
  1×6 logical 数组
   0   0   0   0   0   1
```

2.4　矩阵

　　MATLAB 简称矩阵实验室，对于矩阵的运算，MATLAB 软件有着得天独厚的优势。

　　生成矩阵的方法有很多种：直接输入矩阵元素；对已知矩阵进行矩阵组合、矩阵转向、矩阵移位操作；读取数据文件；使用函数直接生成特殊矩阵。表 2-13 列出了常用的特殊矩阵生成函数。

表 2-13　常用的特殊矩阵生成函数

函　数　名	说　　　明	函　数　名	说　　　明
zeros	全0矩阵	eye	单位矩阵
ones	全1矩阵	company	伴随矩阵
rand	均匀分布随机矩阵	hilb	Hilbert矩阵
randn	正态分布随机矩阵	invhilb	Hilbert逆矩阵
magic	魔方矩阵	vander	Vander矩阵
diag	对角矩阵	pascal	Pascal矩阵
triu	上三角矩阵	hadamard	Hadamard矩阵
tril	下三角矩阵	hankel	Hankel矩阵

2.4.1　矩阵的生成

　　【例 2-29】随机矩阵输入、矩阵中数据的读取示例。

　　解：在命令行窗口中依次输入以下语句，同时会显示相关输出结果。

```
>> A=rand(5)
A =
    0.0512    0.4141    0.0594    0.0557    0.5681
    0.8698    0.1400    0.3752    0.6590    0.0432
    0.0422    0.2867    0.8687    0.9065    0.4148
    0.0897    0.0919    0.5760    0.1293    0.3793
    0.0541    0.1763    0.8402    0.7751    0.7090
>> A(:,1)                                            %A 中第一列
ans =
    0.0512
    0.8698
    0.0422
```

```
      0.0897
      0.0541
>> A(:,2)                                          %A 中第二列
ans =
      0.4141
      0.1400
      0.2867
      0.0919
      0.1763
>> A(:,3:5)                                        %A 中第三、四、五列
ans =
      0.0594      0.0557      0.5681
      0.3752      0.6590      0.0432
      0.8687      0.9065      0.4148
      0.5760      0.1293      0.3793
      0.8402      0.7751      0.7090
>> A(1,:)                                          %A 中第一行
ans =
      0.0512      0.4141      0.0594      0.0557      0.5681
>> A(2,:)                                          %A 中第二行
ans =
      0.8698      0.1400      0.3752      0.6590      0.0432
>> A(3:5,:)                                        %A 中第三、四、五行
ans =
      0.0422      0.2867      0.8687      0.9065      0.4148
      0.0897      0.0919      0.5760      0.1293      0.3793
      0.0541      0.1763      0.8402      0.7751      0.7090
```

【例 2-30】 矩阵的运算示例。

解： 在命令行窗口中依次输入以下语句，同时会显示相关输出结果。

```
>> A^2                                             %矩阵的乘法运算
ans =
      0.4011      0.2015      0.7194      0.7772      0.4955
      0.2436      0.5555      0.8460      0.5994      0.9364
      0.3919      0.4631      1.7354      1.4175      1.0347
      0.1410      0.2939      0.9334      0.8985      0.6118
      0.2995      0.4842      1.8414      1.5305      1.1836
>> A.^2                                            %矩阵的点乘运算
ans =
      0.0026      0.1715      0.0035      0.0031      0.3227
      0.7565      0.0196      0.1408      0.4343      0.0019
      0.0018      0.0822      0.7547      0.8217      0.1721
      0.0080      0.0085      0.3318      0.0167      0.1439
      0.0029      0.0311      0.7059      0.6008      0.5026
>> A^2\A.^2                                        %矩阵的除法运算
ans =
      0.2088      0.5308     -0.4762      0.8505     -0.0382
      1.3631     -0.1769      1.1661      0.8143     -4.2741
     -0.3247     -0.0898      1.5800      2.7892     -1.0326
     -0.5223      0.0537     -0.5715     -2.4802      0.4729
      0.5725      0.0345     -1.4792     -1.1727      3.1778
>> A^2-A.^2                                        %矩阵的减法运算
ans =
      0.3984      0.0300      0.7159      0.7741      0.1728
```

```
   -0.5129    0.5359    0.7052    0.1652    0.9345
    0.3901    0.3810    0.9807    0.5958    0.8626
    0.1330    0.2854    0.6016    0.8818    0.4679
    0.2965    0.4531    1.1355    0.9297    0.6809
>> A^2+A.^2                                          %矩阵的加法运算
ans =
    0.4037    0.3730    0.7229    0.7803    0.8182
    1.0001    0.5751    0.9868    1.0337    0.9383
    0.3937    0.5453    2.4901    2.2392    1.2068
    0.1491    0.3023    1.2652    0.9152    0.7558
    0.3024    0.5153    2.5473    2.1314    1.6862
```

【例 2-31】Hankel 矩阵求解。

解： 在命令行窗口中依次输入以下语句，同时会显示相关输出结果。

```
>> clear,clc
>> c=[1:3],r=[3:9]
c =
    1    2    3
r =
    3    4    5    6    7    8    9
>> H=hankel(c,r)
H =
    1    2    3    4    5    6    7
    2    3    4    5    6    7    8
    3    4    5    6    7    8    9
```

【例 2-32】Hilbert 矩阵及 Hilbert 逆矩阵生成。

解： 在命令行窗口中依次输入以下语句，同时会显示相关输出结果。

```
>> A=hilb(5)
A =
    1.0000    0.5000    0.3333    0.2500    0.2000
    0.5000    0.3333    0.2500    0.2000    0.1667
    0.3333    0.2500    0.2000    0.1667    0.1429
    0.2500    0.2000    0.1667    0.1429    0.1250
    0.2000    0.1667    0.1429    0.1250    0.1111
>> format rat                                        %更改输出格式
>> A
A =
       1          1/2         1/3         1/4         1/5
      1/2         1/3         1/4         1/5         1/6
      1/3         1/4         1/5         1/6         1/7
      1/4         1/5         1/6         1/7         1/8
      1/5         1/6         1/7         1/8         1/9
>> format short                                      %还原输出格式
```

【例 2-33】Hilbert 逆矩阵求解。

解： 在命令行窗口中依次输入以下语句，同时会显示相关输出结果。

```
>> A=invhilb(5)
A =
      25        -300        1050       -1400         630
    -300        4800      -18900       26880      -12600
    1050      -18900       79380     -117600       56700
   -1400       26880     -117600      179200      -88200
     630      -12600       56700      -88200       44100
```

2.4.2　向量的赋值

向量是指单行或单列的矩阵，是组成矩阵的基本元素之一。在求某些函数值或曲线时，常常要设定自变量的一系列值，因此除了直接使用："[]"生成向量，MATLAB 还提供了两种为等间隔向量赋值的简单方法。

1.　使用冒号表达式赋值

冒号表达式的格式为：

```
x=[初值 x₀:增量:终值 xₙ]
```

注意：

（1）生成的向量尾元素并不一定是终值 x_n，当 $x_n - x_0$ 恰好为增量的整数倍时，x_n 才为尾元素。

（2）当 $x_n > x_0$ 时，增量必须为正值；当 $x_n < x_0$ 时，增量必须为负值；当 $x_n = x_0$ 时，向量只有一个元素。

（3）当增量为 1 时，增量值可以略去，直接写成 x=[初值 x₀:终值 xₙ]。

（4）方括号"[]"可以删去。

2.　使用linspace()函数赋值

linspace()函数的调用格式为：

```
x=linspace(初值 x₁,终值 xₙ,点数 n)
```

点数 n 可不写，此时默认 n=100。

【例 2-34】等间隔向量赋值。

解： 在命令行窗口中依次输入以下语句，同时会显示相关输出结果。

```
>>  t1=1:3:20
t1 =
    1     4     7    10    13    16    19
>> t2=10:-3:-20
t2 =
   10     7     4     1    -2    -5    -8   -11   -14   -17   -20
>> t3=1:2:1
T3 =
    1
>> t4=1:5
t4 =
    1     2     3     4     5
>> t5=linspace(1,10,5)
t5 =
   1.0000    3.2500    5.5000    7.7500   10.0000
```

如果要生成对数等比向量，可以使用 logspace()函数，其调用格式为：

```
x=logspace(初值 x₁,终值 xₙ,点数 n)
```

表示从 10 的 x_1 次幂到 x_n 次幂等比生成 n 个点。

【例 2-35】生成对数等比向量示例。

解： 在命令行窗口中依次输入以下语句，同时会显示相关输出结果。

```
>> t=logspace(0,1,15)
t =
```

```
列 1 至 8
    1.0000    1.1788    1.3895    1.6379    1.9307    2.2758    2.6827    3.1623
列 9 至 15
    3.7276    4.3940    5.1795    6.1054    7.1969    8.4834   10.0000
```

矩阵的加、减、乘、除、比较运算和逻辑运算等代数运算是 MATLAB 数值计算最基础的部分。本节将重点介绍这些运算。

2.4.3　矩阵的加、减运算

进行矩阵加法、减法运算的前提是参与运算的两个矩阵或多个矩阵必须具有相同的行数和列数，即 A、B、C 等多个矩阵均为 $m \times n$ 矩阵；或者其中有一个或多个矩阵为标量。

在上述前提下，对于同型的两个矩阵，其加、减法定义如下：

$C = A \pm B$，矩阵 C 的各元素 $C_{mn} = A_{mn} + B_{mn}$。

当其中含有标量 x 时，$C = A \pm x$，矩阵 C 的各元素 $C_{mn} = A_{mn} + x$。

由于矩阵的加法运算归结为其元素的加法运算，容易验证，因此矩阵的加法运算满足下列运算律。

（1）交换律：$A+B=B+A$。

（2）结合律：$A+(B+C)=(A+B)+C$。

（3）存在零元：$A+0=0+A=A$。

（4）存在负元：$A+(-A)=(-A)+A$。

【例 2-36】矩阵加减法运算示例。已知矩阵 A= [10 5 79 4 2;1 0 66 8 2;4 6 1 1 1]，矩阵 B= [9 5 3 4 2;1 0 4 -23 2;4 6 -1 1 0]，行向量 C= [2 1]，标量 x=20，试求 $A+B$、$A-B$、$A+B+x$、$A-x$、$A-C$。

解： 在命令行窗口中依次输入以下语句，同时会显示相关输出结果。

```
>> clear,clc
>> A = [10 5 79 4 2;1 0 66 8 2;4 6 1 1 1];
>> B = [9 5 3 4 2;1 0 4 -23 2;4 6 -1 1 0];
>> x = 20;
>> C = [2 1];
>> ApB= A+B
ApB =
    19    10    82     8     4
     2     0    70   -15     4
     8    12     0     2     1
>> AmB= A-B
AmB =
     1     0    76     0     0
     0     0    62    31     0
     0     0     2     0     1
>> ApBpX= A+B+x
ApBpX =
    39    30   102    28    24
    22    20    90     5    24
    28    32    20    22    21
>> AmX= A-x
AmX =
   -10   -15    59   -16   -18
   -19   -20    46   -12   -18
```

```
     -16   -14   -19   -19   -19
>> AmC= A-C
错误使用  -
矩阵维度必须一致。
```

在 A–C 的运算中，MATLAB 返回错误信息，并提示矩阵的维数必须相等。这也证明了矩阵进行加减法运算必须满足一定的前提条件。

2.4.4 矩阵的乘法运算

MATLAB 中矩阵的乘法运算包括两种：数与矩阵的乘法；矩阵与矩阵的乘法。

1. 数与矩阵的乘法

由于单个数在 MATLAB 中是以标量来存储的，因此数与矩阵的乘法也可以称为标量与矩阵的乘法。

设 x 为一个数，A 为矩阵，则定义 x 与 A 的乘积 $C=xA$ 仍为一个矩阵，C 的元素就是用数 x 乘矩阵 A 中对应的元素而得到，即 $C_{mn}x=xA_{mn}$。数与矩阵的乘法满足下列运算律：

$$1A=A$$
$$x(A+B)=xA+xB$$
$$(x+y)A=xA+yA$$
$$(xy)A=x(yA)=y(xA)$$

【例 2-37】矩阵数乘示例。已知矩阵 $A=$ [0 3 3;1 1 0; -1 2 3]，E 是 3 阶单位矩阵，$E=$ [1 0 0;0 1 0;0 0 1]，试求表达式 $2A+3E$。

解： 在命令行窗口中依次输入以下语句，同时会显示相关输出结果。

```
>> A = [0 3 3;1 1 0;-1 2 3];
>> E = eye(3);
>> R=2*A+3*E                                %矩阵的数乘
R =
    3    6    6
    2    5    0
   -2    4    9
```

2. 矩阵与矩阵的乘法

两个矩阵的乘法必须满足被乘矩阵的列数与乘矩阵的行数相等。设矩阵 A 为 $m \times h$ 矩阵，B 为 $h \times n$ 矩阵，则两矩阵的乘积 $C=A \times B$ 为一个矩阵，且 $c_{mn}=\sum_{h=1}^{H}A_{mh} \times B_{hn}$。

矩阵之间的乘法不遵循交换律，即 $A \times B \neq B \times A$。但矩阵乘法遵循下列运算律。

结合律：$(A \times B) \times C=A \times (B \times C)$。

左分配律：$A \times (B+C)=A \times B+A \times C$。

右分配律：$(B+C) \times A=B \times A+C \times A$。

单位矩阵的存在性：$E \times A=A$，$A \times E=A$。

【例 2-38】矩阵乘法示例。已知矩阵 $A=$[2 1 4 0;1 -1 3 4]，矩阵 $B=$ [1 3 1;0 -1 2;1 -3 1;4 0 -2]，试求矩阵乘积 AB 及 BA。

解： 在命令行窗口中依次输入以下语句，同时会显示相关输出结果。

```
>> A = [2 1 4 0;1 -1 3 4];
>> B = [1 3 1;0 -1 2;1 -3 1;4 0 -2];
```

```
>> R1= A*B
R1 =
     6     -7      8
    20     -5     -6
>> R2= B*A            % 由于不满足矩阵的乘法条件，故 BA 无法计算
错误使用  *
用于矩阵乘法的维度不正确。请检查并确保第 1 个矩阵中的列数与第 2 个矩阵中的行数匹配。要执行按元素相乘，
请使用 '.*'。
```

2.4.5　矩阵的除法运算

矩阵的除法是乘法的逆运算，分为左除和右除两种，分别用运算符号 "\" 和 "/" 表示。如果矩阵 A 和矩阵 B 是标量，那么 A/B 和 $A\backslash B$ 是等价的。对于一般的二维矩阵 A 和 B，当进行 $A\backslash B$ 运算时，要求 A 的行数与 B 的行数相等；当进行 A/B 运算时，要求 A 的列数与 B 的列数相等。

【例 2-39】矩阵除法示例。设矩阵 A=[1 2;1 3]，矩阵 B= [1 0;1 2]，试求 $A\backslash B$ 和 A/B。

解： 在命令行窗口中依次输入以下语句，同时会显示相关输出结果。

```
>> A = [1 2;1 3];
>> B = [1 0;1 2];
>> R1=A\B
R1 =
     1    -4
     0     2
>> R2=A/B
R2 =
        0    1.0000
  -0.5000    1.5000
```

2.4.6　矩阵的分解运算

矩阵的分解常用于求解线性方程组，常用的矩阵分解函数如表 2-14 所示。

表 2-14　MATLAB常用的矩阵分解函数

函　数　名	说　　明	函　数　名	说　　明
eig	特征值分解	chol	Cholesky分解
svd	奇异值分解	qr	QR分解
lu	LU分解	schur	Schur分解

【例 2-40】矩阵分解运算。

解： 在命令行窗口中依次输入以下语句，同时会显示相关输出结果。

```
>> A=[8,1,6;3,5,7;4,9,2];
>> [U,S,V]=svd(A)                        %矩阵的奇异值分解，A=U*S*V'
U =
  -0.5774    0.7071    0.4082
  -0.5774    0.0000   -0.8165
  -0.5774   -0.7071    0.4082
S =
  15.0000         0         0
        0    6.9282         0
        0         0    3.4641
```

```
V =
    -0.5774    0.4082    0.7071
    -0.5774   -0.8165   -0.0000
    -0.5774    0.4082   -0.7071
```

2.5 字符串

MATLAB 虽有字符串概念，但和 C 语言一样，仍将其视为一个一维字符数组对待。因此本节针对字符串的运算或操作，对字符数组也有效。

2.5.1 字符串变量与一维字符数组

当把某个字符串赋值给一个变量后，这个变量便因取得这一字符串而被 MATLAB 作为字符串变量来识别。

当观察 MATLAB 的"工作区"窗口时，字符串变量的类型是字符数组类型（即 char array）。而从"工作区"窗口观察一个一维字符数组时，也发现它具有与字符串变量相同的数据类型。由此推知，字符串与一维字符数组在运算处理和操作过程中是等价的。

1. 给字符串变量赋值

用一个赋值语句即可完成字符串变量的赋值操作，现举例如下。

【例 2-41】将 3 个字符串分别赋值给 S1、S2、S3 这 3 个变量。

解：在命令行窗口中依次输入以下语句，同时会显示相关输出结果。

```
>> S1='go home',S2='朝闻道，夕死可矣',S3='go home. 朝闻道，夕死可矣'
S1 =
    'go home'
S2 =
    '朝闻道，夕死可矣'
S3 =
    'go home. 朝闻道，夕死可矣'
```

2. 一维字符数组的生成

因为向量的生成方法就是一维数组的生成方法，而一维字符数组也是数组，与数值数组不同的是，字符数组中的元素是一个个字符而非数值。因此，原则上生成向量的方法就能生成字符数组。当然最常用的还是直接输入法。

【例 2-42】用 3 种方法生成字符数组。

解：在命令行窗口中依次输入以下语句，同时会显示相关输出结果。

```
>> Sa=['I love my teacher,   ' 'I' ' love truths '   'more profoundly.']
Sa =
    'I love my teacher,   I love truths more profoundly.'
>> Sb=char('a':2:'r')
Sb =
    'acegikmoq'
>> Sc=char(linspace('e','t',10))
Sc =
    'efhjkmoprt'
```

在例 2-42 中，char()是一个将数值转换成字符串的函数。另外，请注意观察 Sa 在"工作区"窗口中的各项数据，尤其是 size 的大小，不要以为它只有 4 个元素，从中体会 Sa 作为一个字符数组的真正含义。

2.5.2　对字符串的多项操作

对字符串的操作主要由一组函数实现，这些函数中有求字符串长度和矩阵阶数的 length() 和 size()，有字符串和数值相互转换的 double() 和 char() 等。下面举例说明其用法。

1. 求字符串长度

length() 和 size() 虽然都能测字符串、数组或矩阵的大小，但用法上有区别。length() 只从它们各维中挑出最大维的数值大小，而 size() 则以一个向量的形式给出所有各维的数值大小。两者的关系是：length( )= max(size( ))。请仔细体会下面的示例。

【例 2-43】 length() 和 size() 函数的用法。

解： 在命令行窗口中依次输入以下语句，同时会显示相关输出结果。

```
>> Sa=['I love my teacher,  ' 'I' ' love truths ' 'more profoundly.'];
>> length(Sa)
ans =
    50
>> size(Sa)
ans =
   1    50
```

2. 字符串与一维数值数组互换

字符串是由若干字符组成的，在 ASCII 中，每个字符又可对应一个数值编码，如字符 A 对应 65。如此一来，字符串又可在一个一维数值数组之间找到某种对应关系，这就构成了字符串与数值数组之间可以相互转换的基础。

【例 2-44】 用 abs() 函数、double() 函数和 char() 函数、setstr() 函数实现字符串与数值数组的相互转换。

解： 在命令行窗口中依次输入以下语句，同时会显示相关输出结果。

```
>> S1=' I am a boy.';
>> As1=abs(S1)
As1 =
    73    32    97   109    32   110   111    98   111   100   121
>> As2=double(S1)
As2 =
    73    32    97   109    32   110   111    98   111   100   121
>> char(As2)
ans =
   'I am nobody'
>> setstr(As2)
ans =
   'I am nobody'
```

3. 比较字符串

strcmp(S1,S2) 是 MATLAB 的字符串比较函数，当 S1 与 S2 完全相同时，返回值为 1；否则，返回值为 0。

【例 2-45】 strcmp() 函数的用法。

解： 在命令行窗口中依次输入以下语句，同时会显示相关输出结果。

```
>> S1='I am a boy';
>> S2='I am a boy.';
>> strcmp(S1,S2)
```

```
ans =
  logical
   0
>> strcmp(S1,S1)
ans =
  logical
   1
```

4. 查找字符串

findstr(S,s)是从某个长字符串 S 中查找子字符串 s 的函数，返回的结果值是子串在长串中的起始位置。

【例 2-46】findstr()函数的用法。

解： 在命令行窗口中依次输入以下语句，同时会显示相关输出结果。

```
>> S='I believe that love is the greatest thing in the world.';
>> findstr(S,'love')
ans =
    16
```

5. 显示字符串

disp()是一个原样输出其中内容的函数，它经常在程序中做提示说明用。

【例 2-47】disp()函数的用法。

解： 在命令行窗口中依次输入以下语句，同时会显示相关输出结果。

```
>> disp('两串比较的结果是：'),Result=strcmp(S1,S1),disp('若为 1，则说明两串完全相同；为 0，
则不同。')
两串比较的结果是：
Result =
  logical
   1
若为 1，则说明两串完全相同；为 0，则不同。
```

除了上面介绍的这些字符串操作函数外，相关的函数还有很多，限于篇幅，不再一一介绍，有需要时可通过 MATLAB 帮助获得相关主题的信息。

2.5.3 二维字符数组

二维字符数组其实就是由字符串纵向排列构成的数组。借用构造数值数组的方法，可以用直接输入法生成或连接函数法获得。下面用两个实例加以说明。

【例 2-48】将 S1、S2、S3、S4 分别视为数组的 4 行，用直接输入法沿纵向构造二维字符数组。

解： 在命令行窗口中依次输入以下语句，同时会显示相关输出结果。

```
>> S1='路修远以多艰兮，';
>> S2='腾众车使径侍。';
>> S3='路不周以左转兮，';
>> S4='指西海以为期！';
>> S=[S1;S2,' ';S3;S4,' ']          %此法要求每行字符数相同，不够时要补齐空格
S =
  4×8 char 数组
    '路修远以多艰兮，'
    '腾众车使径侍。 '
    '路不周以左转兮，'
    '指西海以为期！ '
```

```
>> S=[S1;S2,' ';S3;S4]                          %每行字符数不同时，系统提示出错
错误使用 vertcat
要串联的数组的维度不一致。
```

可以将字符串连接生成二维数组的函数有多个，下面主要介绍 char()、strvcat()和 str2mat()这 3 个函数。strcat()和 strvcat()两函数的区别在于，前者是将字符串沿横向连接成更长的字符串，而后者是将字符串沿纵向连接成二维字符数组。

【例 2-49】用 char()、strvcat()和 str2mat()函数生成二维字符数组的示例。

解：在命令行窗口中依次输入以下语句，同时会显示相关输出结果。

```
>> S1a='I''m boy,'; S1b=' who are you?';         %注意字符串中有单引号时的处理方法
>> S2='Are you boy too?';
>> S3='Then there''s a pair of us.';              %注意字符串中有单引号时的处理方法
>> SS1=char([S1a,S1b],S2,S3)
SS1 =
  3×26 char 数组
    'I'm boy, who are you?     '
    'Are you boy too?          '
    'Then there's a pair of us.'
>> SS2=strvcat(strcat(S1a,S1b),S2,S3)
SS2 =
  3×26 char 数组
    'I'm boy, who are you?     '
    'Are you boy too?          '
    'Then there's a pair of us.'
>> SS3=str2mat(strcat(S1a,S1b),S2,S3)
SS3 =
  3×26 char 数组
    'I'm boy, who are you?     '
    'Are you boy too?          '
    'Then there's a pair of us.'
```

2.6　符号

MATLAB 不仅在数值计算方面相当出色，在符号运算方面也提供了专门的符号数学工具箱(Symbolic Math Toolbox)——MuPAD Notebook。

符号数学工具箱是操作和解决符号表达式的符号函数的集合，其功能主要包括符号表达式与符号矩阵的基本操作、符号微积分运算以及求解代数方程和微分方程。

符号运算与数值运算的主要区别在于：数值运算必须先对变量赋值，才能进行运算；符号运算无须事先对变量进行赋值，运算结果直接以符号形式输出。

2.6.1　符号表达式的生成

在符号运算中，数字、函数、算子和变量都是以字符的形式保存并进行运算的。符号表达式包括符号函数和符号方程，两者的区别在于前者不包括等号，后者必须带等号，但它们的创建方式是相同的。

MATLAB 中创建符号表达式的方法有两种：一种是直接使用字符串变量的生成方法对其进行赋值；另一种是根据 MATLAB 提供的符号变量定义函数 sym()和 syms()。

sym()函数用来定义单个符号变量，调用格式为：

| 符号量名=sym('符号变量') | %只能是常量、变量 |
| 符号量名=sym(num) | |

syms()函数用来建立多个符号变量，调用格式为：

| syms 符号量名 1 符号量名 2 … 符号量名 n | %变量名不需加字符串分界符（''），变量间用空格分隔 |

【例 2-50】符号表达式的生成。

解： 在命令行窗口中依次输入以下语句，同时会显示相关输出结果。

```
>> clear,clc
>> y1='exp(x)'                          %直接创建符号函数
y1 =
    'exp(x)'
>> equ='a*x^2+b*x+c=0'                   %直接创建符号方程
equ =
    'a*x^2+b*x+c=0'
>> syms x y                             %建立符号变量 x、y
>> y2=x^2+y^2                           %生成符号表达式
y2 =
    x^2 + y^2
```

2.6.2 符号矩阵

符号矩阵也是一种特殊的符号表达式。MATLAB 中的符号矩阵也可以通过 sym()函数来建立，矩阵的元素可以是任何不带等号的符号表达式，其调用格式为：

| 符号矩阵名=sym(符号字符串矩阵) |

符号字符串矩阵的各元素之间可用空格或逗号隔开。

与数值矩阵输出形式不同，符号矩阵的每一行两端都有方括号。在 MATLAB 中，数值矩阵不能直接参与符号运算，必须先转换为符号矩阵，同样也是通过 sym()函数来转换的。

符号矩阵也是一种矩阵，因此之前介绍的矩阵的相关运算也适用于符号矩阵。很多应用于数值矩阵运算的函数，如 det()、inv()、rank()、eig()、diag()、triu()、tril()等，也能应用于符号矩阵。

【例 2-51】符号矩阵的生成。

解： 在命令行窗口中依次输入以下语句，同时会显示相关输出结果。

```
>> syms aa bb a b
>> A=sym('[aa,bb;1,a+2*b]')
A =
    [ aa,      bb]
    [  1, a + 2*b]
>> B=sym([a,b,0,0;1,a+2*b,1,2;4,5,0,0])
B =
    [ a,       b, 0, 0]
    [ 1, a + 2*b, 1, 2]
    [ 4,       5, 0, 0]
>> inv(A)                               %符号矩阵的逆
ans =
[ (a + 2*b)/(a*aa - bb + 2*aa*b), -bb/(a*aa - bb + 2*aa*b)]
[       -1/(a*aa - bb + 2*aa*b), aa/(a*aa - bb + 2*aa*b)]
```

```
>> rank(A)                              %符号矩阵的秩
ans =
    2
>> triu(A)                              %符号矩阵的上三角
ans =
    [ aa,       bb]
    [  0, a + 2*b]
>> tril(A)                              %符号矩阵的下三角
ans =
    [ aa,        0]
    [  1, a + 2*b]
```

2.6.3　常用符号运算

符号数学工具箱中提供了符号矩阵因式分解、展开、合并、简化和通分等符号运算函数，如表 2-15 所示。

表 2-15　常用符号运算函数

函　数　名	说　　明	函　数　名	说　　明
factor	符号矩阵因式分解	expand	符号矩阵展开
collect	符号矩阵合并同类项	simplify	应用函数规则对符号矩阵进行化简
compose	复合函数运算	numden	分式通分
limit	计算符号表达式极限	finverse	反函数运算
diff	微分和差分函数	int	符号积分（定积分或不定积分）
jacobian	计算多元函数的Jacobi矩阵	gradient	近似梯度函数

由于微积分是大学教学、科研及工程应用中最重要的基础内容之一，这里只对符号微积分运算进行举例说明，其余的符号函数运算，读者可以通过查阅 MATLAB 的帮助文档进行学习。

【例 2-52】符号微积分运算。

解： 在命令行窗口中依次输入以下语句，同时会显示相关输出结果。

```
>> syms t x y                           %定义符号变量
>> f1=sin(2*x);
>> df1=diff(f1)                         %对函数 f1 中变量 x 求导
df1 =
    2*cos(2*x)
>> f2=x^2+y^2;
>> df2=diff(f2,x)                       %对函数 f2 中变量 x 求偏导
df2 =
    2*x
>> f3=x*sin(x*t);
>> int1=int(f3,x)                       %求函数 f3 的不定积分
int1 =
    (sin(t*x) - t*x*cos(t*x))/t^2
>> int2=int(f3,x,0,pi/2)                %求 f3 在[0,pi/2]区间上的定积分
int2 =
    (sin((pi*t)/2) - (pi*t*cos((pi*t)/2))/2)/t^2
```

2.7 关系运算和逻辑运算

MATLAB 中运算包括算术运算、关系运算和逻辑运算。而在程序设计中应用十分广泛的是关系运算和逻辑运算。关系运算是用于比较两个操作数，而逻辑运算则是对简单逻辑表达式进行复合运算。关系运算和逻辑运算的返回结果都是逻辑类型（1 代表逻辑真，0 代表逻辑假）。

2.7.1 关系运算

在程序中经常需要比较两个量的大小关系，以决定程序下一步的工作。比较两个量的运算符称为关系运算符。MATLAB 中的关系运算符如表 2-16 所示。

表 2-16 关系运算符

关系运算符	说　明	关系运算符	说　明
<	小于	>=	大于或等于
<=	小于或等于	==	等于
>	大于	~=	不等于

当操作数是数组形式时，关系运算符总是对被比较的两个数组的各个对应元素进行比较，因此要求被比较的数组必须具有相同的尺寸。

【例 2-53】MATLAB 中的关系运算。

解： 在命令行窗口中依次输入以下语句，同时会显示相关输出结果。

```
>> 5>=4
ans =
  logical
   1
>> x=rand(1,4)
x =
    0.8147    0.9058    0.1270    0.9134
>> y=rand(1,4)
y =
    0.6324    0.0975    0.2785    0.5469
>> x>y
ans =
  1×4 logical 数组
    1    1    0    1
```

注意：

（1）比较两个数是否相等的关系运算符是两个等号"= ="，而单个的等号"="在 MATLAB 中是变量赋值的符号。

（2）比较两个浮点数是否相等时需要注意，由于浮点数的存储形式决定相对误差的存在，在程序设计中最好不要直接比较两个浮点数是否相等，而是采用大于、小于的比较运算将待确定值限制在一个满足需要的区间之内。

2.7.2　逻辑运算

关系运算返回的结果是逻辑类型（逻辑真或逻辑假），这些简单的逻辑数据可以通过逻辑运算符组成复杂的逻辑表达式，这在程序设计中经常用于进行分支选择或者确定循环终止条件。

MATLAB 中的逻辑运算有逐个元素的逻辑运算、捷径逻辑运算和逐位逻辑运算 3 类，只有前两种逻辑运算返回逻辑类型的结果。

1. 逐个元素的逻辑运算

逐个元素的逻辑运算符有 3 种：逻辑与（&）、逻辑或（|）和逻辑非（~）。前两个是双目运算符，必须有两个操作数参与运算，逻辑非是单目运算符，只有对单个元素进行运算，如表 2–17 所示。

表 2-17　逐个元素的逻辑运算符

运　算　符	说　　明	举　　例
&	逻辑与：双目逻辑运算符 参与运算的两个元素值为逻辑真或非零时，返回逻辑真，否则返回逻辑假	1&0返回0 1&false返回0 1&1返回1
|	逻辑或：双目逻辑运算符 参与运算的两个元素都为逻辑假或零时，返回逻辑假，否则返回逻辑真	1|0返回1 1|false返回1 0|0返回0
~	逻辑非：单目逻辑运算符 参与运算的元素为逻辑真或非零时，返回逻辑假，否则返回逻辑真	~1返回0 ~0返回1

注意：这里逻辑与和逻辑非运算，都是逐个元素进行双目运算，因此如果参与运算的是数组，就要求两个数组具有相同的尺寸。

【**例 2-54**】逐个元素的逻辑运算.

解：在命令行窗口中依次输入以下语句，同时会显示相关输出结果。

```
>> x=rand(1,3)
x =
    0.9575    0.9649    0.1576
>> y=x>0.5
y =
  1×3 logical 数组
    1    1    0
>> m=x<0.96
m =
  1×3 logical 数组
    1    0    1
>> y&m
ans =
  1×3 logical 数组
    1    0    0
>> y|m
ans =
  1×3 logical 数组
    1    1    1
>> ~y
```

```
ans =
  1×3 logical 数组
     0    0    1
```

2. 捷径逻辑运算

MATLAB 中捷径逻辑运算符有两个：逻辑与（&&）和逻辑或（||）。实际上它们的运算功能和前面讲过的逐个元素的逻辑运算符相似，只不过在一些特殊情况下，捷径逻辑运算符会少一些逻辑判断的操作。

当参与逻辑与运算的两个数据都同为逻辑真（非零）时，逻辑与运算才返回逻辑真（1），否则都返回逻辑假（0）。

（1）"&&" 运算符就是利用这一特点，当参与运算的第 1 个操作数为逻辑假时，直接返回假，而不再去计算第 2 个操作数。

（2）"&" 运算符在任何情况下都要计算两个操作数的结果，然后进行逻辑与。

（3）"||" 的情况类似，当第 1 个操作数为逻辑真时，直接返回逻辑真，而不再计算第 2 个操作数。

（4）"|" 运算符在任何情况下都要计算两个操作数的结果，然后进行逻辑或。

捷径逻辑运算符如表 2-18 所示。

表 2-18　捷径逻辑运算符

运　算　符	说　　　明
&&	逻辑与：当第一个操作数为假，直接返回假，否则同&
‖	逻辑或：当第一个操作数为真，直接返回真，否则同|

因此，捷径逻辑运算符比相应的逐个元素的逻辑运算符的运算效率更高，在实际编程中，一般都是用捷径逻辑运算符。

【例 2-55】捷径逻辑运算。

解：在命令行窗口中依次输入以下语句，同时会显示相关输出结果。

```
>> x=0
x =
     0
>> x~=0&&(1/x>2)
ans =
  logical
     0
>> x~=0&(1/x>2)
ans =
  logical
     0
```

3. 逐位逻辑运算

逐位逻辑运算能够对非负整数二进制形式进行逐位逻辑运算符，并将逐位运算后的二进制数值转换成十进制数值输出。MATLAB 中逐位逻辑运算函数如表 2-19 所示。

表 2-19　逐位逻辑运算函数

函　　数	说　　　明
bitand(a,b)	逐位逻辑与，a和b的二进制数位上都为1，则返回1；否则，返回0，并将逐位逻辑运算后的二进制数字转换成十进制数值输出

函　　数	说　　明
bitor(a,b)	逐位逻辑或，a和b的二进制数位上都为0，则返回0；否则，返回1，并将逐位逻辑运算后的二进制数字转换成十进制数值输出
bitcmp(a,b)	逐位逻辑非，将数字a扩展成n位二进制形式，当扩展后的二进制数位上都为1，则返回0；否则，返回1，并将逐位逻辑运算后的二进制数字转换成十进制数值输出
bitxor(a,b)	逐位逻辑异或，a和b的二进制数位上相同，则返回0；否则，返回1，并将逐位逻辑运算后的二进制数字转换成十进制数值输出

【例 2-56】逐位逻辑运算函数。

解：在命令行窗口中依次输入以下语句，同时会显示相关输出结果。

```
>> m=8;n=2;
>> mm=bitxor(m,n);
>> dec2bin(m)
ans =
    '1000'
>> dec2bin(n)
ans =
    '10'
>> dec2bin(mm)
ans =
    '1010'
```

2.7.3　常用函数

除上面的关系与逻辑运算操作符外，MATLAB 还提供了关系与逻辑操作函数，具体如表 2–20 所示。

表 2-20　关系与逻辑操作函数

函　　数	说　　明
xor(x,y)	异或运算。x或y非零（真），返回1，x和y都是零（假）或都是非零（真），返回0
any(x)	如果在一个向量x中，任何元素是非零，返回1；矩阵x中的每一列有非零元素，返回1
all(x)	如果在一个向量x中，所有元素非零，返回1；矩阵x中的每一列所有元素非零，返回1

【例 2-57】关系与逻辑操作函数的应用。

解：在命令行窗口中依次输入以下语句，同时会显示相关输出结果。

```
>> A=[0 0 3;0 3 3];
>> B=[0 -2 0;1 -2 0];
>> C=xor(A,B)
C =
  2×3 logical 数组
     0   1   1
     1   0   1
>> D=any(A)
D =
  1×3 logical 数组
     0   1   1
>> E=all(A)
E =
```

```
1×3 logical 数组
    0    0    1
```

除了这些函数，MATLAB 还提供了大量的测试函数，测试特殊值或条件的存在，返回逻辑值，如表 2-21 所示。

表 2-21　测试函数

函 数 名	说　明	函 数 名	说　明
finite	元素有限，返回真值	isnan	元素为不定值，返回真值
isempty	参量为空，返回真值	isreal	参量无虚部，返回真值
isglobal	参量是一个全局变量，返回真值	isspace	元素为空格字符，返回真值
ishold	当前绘图保持状态是 ON，返回真值	isstr	参量为一个字符串，返回真值
isieee	计算机执行IEEE算术运算，返回真值	isstudent	MATLAB为学生版，返回真值
isinf	元素无穷大，返回真值	isunix	计算机为UNIX系统，返回真值
isletter	元素为字母，返回真值	isvms	计算机为VMS系统，返回真值

2.8　复数

复数运算从根本上讲是实数运算的拓展，在自动控制、电路学科等自然科学与工程技术中复数的应用非常广泛。

2.8.1　复数和复矩阵的生成

复数有两种表示方式：一般形式和复指数形式。

一般形式为 $x = a + bi$，其中，a 为实部，b 为虚部，i 为虚数单位。在 MATLAB 中，使用赋值语句即可生成复数 x：

```
>> syms a b
>> x=a+b*i
x =
    a + b*i
```

其中，a、b 为任意实数。

复指数形式为 $x = r \cdot e^{i\theta}$，其中，r 为复数的模，θ 为复数的辐角，i 为虚数单位。在 MATLAB 中，使用赋值语句即可生成复数 x：

```
>> syms r theta
>> x=r*exp(theta*i)
x =
    r*exp(theta*i)
```

其中，r、theta 为任意实数。

选取合适的表示方式能够便于复数运算，一般形式适合处理复数的代数运算，复指数形式适合处理复数旋转等涉及辐角改变的问题。

复数的生成有两种方法：一种是直接赋值，如上所述；另一种是通过符号函数 syms()构造，将复数的实部和虚部看作自变量，用 subs()函数对实部和虚部进行赋值。

【例 2-58】复数的生成。

解：在命令行窗口中依次输入以下语句，同时会显示相关输出结果。

```
>> clear,clc
>> x1=-1+2i                      %直接赋值
x1 =
  -1.0000 + 2.0000i
>> x2=sqrt(2)*exp(i*pi/4)
x2 =
   1.0000 + 1.0000i
>> syms a b real
>> x3=a+b*i                      %构造符号函数
x3 =
   a + b*i
>> subs(x3,{a,b},{-1,2})         %使用 subs() 函数对实部和虚部赋值
ans =
   - 1 + 2*i
>> syms r theta real
>> x4=r*exp(theta*i);
>> subs(x4,{r,theta},{sqrt(20),pi/8})
ans =
   2*5^(1/2)*((2^(1/2) + 2)^(1/2)/2 + ((2 - 2^(1/2))^(1/2)*i)/2)
```

复数矩阵的生成也有两种方法：一种直接输入复数元素生成；另一种将实部矩阵和虚部矩阵分开建立，再写成和的形式，此时实部矩阵和虚部矩阵的维度必须相同。

【例 2-59】复数矩阵的生成。

解：在命令行窗口中依次输入以下语句，同时会显示相关输出结果。

```
>> clear,clc
>> A=[-1+20i, -3+40i;1-20i,30-4i]      %复数元素
A =
  -1.0000 +20.0000i  -3.0000 +40.0000i
   1.0000 -20.0000i  30.0000 - 4.0000i
>> real(A)                             %矩阵 A 的实部
ans =
   -1   -3
    1   30
>> imag(A)                             %矩阵 A 的虚部
ans =
   20   40
  -20   -4
>> B=real(A);
>> C=imag(A);
>> D=B+C*i                             %由矩阵 A 的实部和虚部构造复向量矩阵
D =
  -1.0000 +20.0000i  -3.0000 +40.0000i
   1.0000 -20.0000i  30.0000- 4.0000i
```

2.8.2　复数的运算

复数的基本运算与实数相同，都是使用相同的运算符或函数。此外，MATLAB 还提供了一些专门用于复数运算的函数，如表 2–22 所示。

表 2-22　复数运算函数

函 数 名	说　　明	函 数 名	说　　明
abs	求复数或复数矩阵的模	angle	求复数或复数矩阵的辐角，单位为弧度
real	求复数或复数矩阵的实部	imag	求复数或复数矩阵的虚部
conj	求复数或复数矩阵的共轭	isreal	判断是否为实数
unwrap	去掉辐角突变	cplxpair	按复数共轭对排序元素群

2.9　数据类型间的转换

MATLAB 支持不同数据类型间的转换，这给数据处理带来极大方便，常用的数据类型转换函数如表 2-23 所示。

表 2-23　数据类型转换函数

函 数 名	说　　明	函 数 名	说　　明
int2str	整数→字符串	dec2hex	十进制数→十六进制数
mat2str	矩阵→字符串	hex2dec	十六进制数→十进制数
num2str	数字→字符串	hex2num	十六进制数→双精度浮点数
str2num	字符串→数字	num2hex	浮点数→十六进制数
base2dec	以 n 为基数的整数文本→十进制数	cell2mat	元胞数组→数值数组
bin2dec	二进制数→十进制数	cell2struct	元胞数组→结构体数组
dec2base	十进制数→以 n 为基数的整数文本	mat2cell	数值数组→元胞数组
dec2bin	十进制数→二进制数	struct2cell	结构体数组→元胞数组

【例 2-60】数据类型之间的切换，特别对于图像本身而言，有较多的应用，本例将讲解图像读入的多位 uint8 型数据，转换成 double 型数据进行处理。

解： 在命令行窗口中依次输入以下语句，同时会显示相关输出结果，如图 2-2 所示。

```
clear,clc
im = imread('cameraman.tif');
imshow(im)
im1=im2double(im);
imshow(im)
```

图 2-2　数据类型转换

【例 2-61】字符型变量转换。

解：在命令行窗口中依次输入以下语句，同时会显示相关输出结果。

```
>> clear,clc
>> a = '2'
a =
    '2'
>> b=double(a)
b =
    50
>> b1=str2num(a)
b1 =
    2
>> c=2*a
c =
    100
>> d=2*b
d =
    100
>> d=2*b1
d =
    4
```

2.10　本章小结

MATLAB 的功能非常庞大，涵盖面极广。学习 MATLAB 优化算法前需要先掌握 MATLAB 的基本操作。本章主要围绕向量、矩阵、字符串、符号、关系运算和逻辑运算、复数等内容进行介绍，通过本章基础知识学习，用户可以根据自身需求，进行简单的优化程序的编写。

第 3 章

程 序 设 计

类似于其他的高级语言编程，MATLAB 提供了非常方便易懂的程序设计方法，利用 MATLAB 编写的程序简洁、可读性强，而且调试十分容易。本章重点讲解 MATLAB 中最基础的程序设计，包括编程原则、分支结构、循环结构、其他控制程序命令及程序调试等内容。

学习目标：

（1）了解 MATLAB 编程基础知识；

（2）掌握 MATLAB 编程原则；

（3）掌握 MATLAB 各种控制指令；

（4）熟悉 MATLAB 程序的调试。

3.1 MATLAB 编程概述

MATLAB 拥有强大的数据处理能力，能够很好地解决绝大部分的工程问题，作为一款科学计算软件，MATLAB 可供用户任意编写函数、调用和修改脚本文件，还提供了可以根据需要修改 MATLAB 工具箱的函数等功能。

3.1.1 "编辑器"窗口

在 MATLAB 中，单击 MATLAB 主界面"文件"选项卡下的"新建"按钮或者选择"新建"按钮下的"脚本"选项，此时的界面会出现"编辑器"窗口，如图 3-1 所示。

在"编辑器"窗口中，可以进行注释的书写，字体默认为绿色，新建文件系统默认为 Untitled 文件，依次为 Untitled 1、Untitled 2、Untitled 3…，单击"保存"按钮可以另存为需要的文件名称。在编写代码时，要及时保存阶段性成果，单击"保存"按钮保存当前的 M 文件。

进行程序书写或注释文字或字符时，光标是随字符而动的，可以更加轻松地定位书写程序所在位置。完成代码书写之后，要试运行代码，看看有没有运行错误，然后根据针对性的错误提示对程序进行修改。

MATLAB 运行程序代码，如果程序有误，MATLAB 像 C 语言编译器一样报错，并给出相应的错误信息；用户单击错误信息，MATLAB 工具能够自动定位到脚本文件（M-文件），供用户修改；此外用户还可以进行断点设置，进行逐行或者逐段运行，查找相应的错误和查看相应的运行结果，整体上使得编程更加简易。

MATLAB 程序编辑是在编辑器中进行的，程序运行结果或错误信息显示在命令行窗口，程序运行过程产生的参数信息显示在工作区，如图 3-1 所示，如果程序有问题，命令行窗口中会出现程序错误提示。

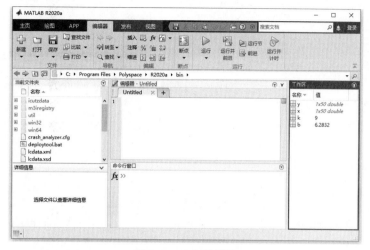

图 3-1　M 文件编辑

【例 3-1】请修改图 3-2 中的程序代码，使得命令行窗口无错误提示，并给出正确结果。

解：由图 3-2 中代码可知，第 8 行中乘号运用有问题，修改如下：

```
clear,clc
n=3;
N=10000;
theta=2*pi*(0:N)/N;
r=cos(n*theta);
x=r.*cos(theta);
y=r.*sin(theta);
comet(x,y)
```

运行程序后，得到优化后的程序运行界面如图 3-3 所示，正确结果如图 3-4 所示。

图 3-2　MATLAB 编辑器错误提示

图 3-3　优化后的程序运行界面

3.1.2　编程原则

　　MATLAB 软件提供了一个供用户自己书写代码的文本文件，用户可以通过文本文件轻松地对程序代码进行注释，并对程序框架进行封装，真正地给用户提供一个人机交互的平台。MATLAB 一个具体的编程程序脚本文件如图 3-5 所示。

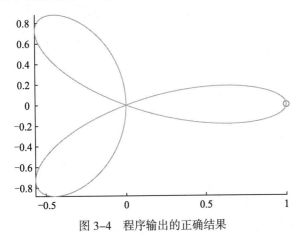

图 3-4　程序输出的正确结果

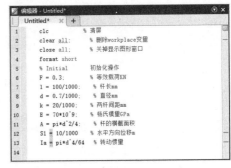

图 3-5　编程程序脚本文件

前文中已经用到了%、clc、clear、close 等符号及命令，下面进行详细说明。

（1）%：表示注释符号，在注释符号后面可以写相应的文字或者字母，表示该程序语句的作用，使得程序更加具有可读性。

（2）clc：表示清屏操作，程序运行界面常常暂存运行过的程序代码，使得屏幕不适合用户进行程序编写，用 clc 命令把前面的程序全部从命令行窗口中清除，方便后续程序书写。

（3）clear：表示清除工作区中的所有数据，使得后续程序的运行变量之间不相互冲突，编程时应该注意清除某些变量的值，以免造成程序运行错误，此类错误在复杂的程序中较难查找。

（4）close all：表示关闭所有的图形窗口，便于下一程序运行时更加直观地观察图形的显示，为用户提供较好的图形显示界面。特别在图像和视频处理中，能够较好地实现图形参数化设计，以提高执行速度。

程序应该尽量清晰，多设计可调用的执行程序，使编程逻辑化，达到提升编程效率的目的，设计好程序后可进行运行调试。

编写 MATLAB 代码通常强调的是效率，譬如有关"尽量不要用循环"等建议，除此之外，还要考虑代码（格式）的正确性、清晰性与通用性。

（1）正确：程序能准确地实现原有仿真目的。

（2）高效：循环向量化，少用或不用循环，尽量调用 MATLAB 自带函数。

（3）清晰：养成良好的编程习惯，程序具有良好的可读性。

（4）通用：程序具有高度的可移植性和可扩展性，便于后续开发调用。

在 MATLAB 编程中，还需要遵循以下几个规则：

（1）定义变量，以英文单词小写缩写开头表示类别名，再接具体变量的英文名称。例如，定义变量存储临时数组 TempArray 的最大值 maxTempArray。根据工程大小确定变量名长短，小范围应用的变量应该用短的变量名。定义要清晰，避免混淆。

（2）循环变量使用常用变量 i、j、k：程序中使用复数时，采用 i、j 以外的循环变量以避免和虚数单位冲突，同时要在注释部分说明变量的意义。

（3）编写的程序应该高内聚、低耦合、模块函数化，便于移植、重复使用。

（4）使用 if 语句判断变量是否等于某一常数时，将常变量数写在等号之前，常数写在等号后。例如，判断变量 i 是否等于 10，写为 if i==10。

（5）用常数代替数字，少用或不用数字。例如，上一条示例中，如果要定义期望常量，写为 if i==10 则不标准。应该先定义 meanConst=10，同时在注释中说明，然后在程序部分写为：if i==const。如果后续要修改期望常量，则在程序定义部分修改。

【例 3-2】在编辑器中编写程序代码示例。

解： 在"编辑器"窗口中输入以下代码。

```
clc,clear,close          %clc清屏，clear用于删除工作区中的变量，close用于关掉显示图形窗口
format short
% Initial                初始化操作
F = 0.3;                 %等效载荷 kN
l = 100/1000;            %杆长 m
d = 0.7/1000;            %直径 m
k = 20/1000;             %两杆间距 m
E = 70*10^9;             %杨氏模量 GPa
A = pi*d^2/4;            %杆的横截面积 m²
S1 = 10/1000             %水平方向位移 m
Ia = pi*d^4/64           %转动惯量 kg.m²
```

单击主界面"编辑器"选项卡"运行"面板中的"运行"按钮运行程序，输出结果如下：

```
S1 =
    0.0100
Ia =
  1.1786e-14
```

通过上述程序可知，程序采用清晰化编程，可以很清晰地知道每句程序代码是什么意思，通过一系列的求解，最终得到相应的输出结果，然后将所有子程序合并在一起来执行全部的操作。

调试过程中应特别注意错误提示，通过断点设置、单步执行等操作对程序进行修改，以便程序运行。当然，更复杂的程序还需要调用子程序或与其他应用程序相结合，后面会进行相应的讲解。

3.2　M 文件和函数

M 文件和函数是 MATLAB 中非常重要的内容，下面进行讲解。

3.2.1　M 文件

M 文件通常就是供用户编写程序代码的文件，通过代码调试可以得到优化的 MATLAB 可执行代码。

1. M文件的类型

MATLAB 程序文件分为函数调用文件和主函数文件，主函数文件通常可单独写成简单的 M 文件，执行 run，得到相应的结果。

1）脚本文件

脚本文件通常即所谓的.m 文件，脚本文件也是主函数文件，用户可以将脚本文件写为主函数文件。在脚本文件中可以进行主要程序的编写，遇到需要调用函数来求解某个问题时，则需要调用该函数文件，输入该函数文件相应的参数值，即可得到相应的结果。

2）函数文件

函数文件即可供用户调用的程序文件，能够避免变量之间的冲突，函数文件一方面可以节约代码行数，另一方面也可以通过调用函数文件使得整体程序清晰明了。

函数文件和脚本文件有差别，函数文件通过输入变量得到相应的输出变量，它也是为了实现一个单独功能的代码块，返回后的变量显示在命令行窗口或者供主函数继续使用。

函数文件里面的变量将作为函数文件独立变量，不和主函数文件冲突，因此极大地扩展了函数文件的通用性，通过封装代码的函数文件，在主函数中可以多次调用，达到精简优化程序的目的。

2．M 文件的结构

脚本文件和函数文件均属于 M 文件，函数名称一般包括文件头、躯干、end 结尾。文件头首先是清屏及清除工作区变量。代码如下：

```
clc                           %清屏
clear all;                    %清除工作区变量
clf;                          %清空图形窗口
close all;                    %关掉显示图形窗口
```

对于躯干部分，即编写脚本文件中各变量的赋值，以及公式的运算，代码如下：

```
l = 100/1000;                 %杆长 mm
d = 0.7/1000;                 %直径 mm
x=linspace(0,l,200);
y=linspace(-d/2,d/2,200);
```

对于躯干部分，一般为程序主要部分，注释是必要的，通过注释可以清晰地看出程序要解决的问题以及解决问题的思路。

end 结尾常用于主函数文件中，一般的脚本文件不需要加 end，end 常和 function 搭配，代码如下：

```
function ysw
...
end
```

end 语句表示该函数已经结束。在一个函数文件中可以同时嵌入多个函数文件，具体如下：

```
function ysw1
...
End
function ysw2
...
End
...
function ysw3
...
end
```

函数文件实现了代码的精简操作，用户可以多次调用，在 MATLAB 编程中，函数名称不用刻意去声明，因此使得整个程序可操作性极大。

3．M 文件的创建

脚本文件的创建较容易，可以直接在"编辑器"窗口中编写。MATLAB 能够快捷地实现矩阵的基本运算。通过编写函数文件，可以方便用户直接调用。

【例 3-3】编写函数文件。

解： 在"编辑器"窗口中输入以下代码。

```
function main
clc,clear,close
x=[1:4]
```

```
    mean(x)
    end

    function y = mean(x,dim)
    if nargin==1
        dim = find(size(x)~=1, 1 );
        if isempty(dim), dim = 1; end
        y = sum(x)/size(x,dim);
    else
        y = sum(x,dim)/size(x,dim);
    end
    end
```

单击主界面"编辑器"选项卡"运行"面板中的"运行"按钮运行程序，输出结果如下：

```
x =
    1    2    3    4
ans =
    2.5000
```

从主函数可看出，该函数包括主函数 function main 和被调用函数 function y = mean(x,dim)，该函数主要用于求解数组的平均值，可以调用多次，达到精简程序的目的。

3.2.2　匿名函数

匿名函数没有函数名，也不是函数 M 文件，只包含一个表达式和输入/输出参数。用户可以在命令行窗口中输入代码，创建匿名函数。匿名函数的创建方法如下：

```
    f = @(input1,input2,…) expression
```

f 为创建的函数句柄。函数句柄是一种间接访问函数的途径，可以使用户调用函数过程变得简单，减少了程序设计中的烦杂，而且可以在执行函数调用过程中保存相关信息。

【例 3-4】当给定实数 x、y 的具体数值后，计算表达式 x^y+3xy 的结果，请用创建匿名函数的方式求解。

解：在命令行窗口中输入：

```
>> clear,clc
>> Fxy = @(x,y) x.^y + 3*x*y          %创建一个名为 Fxy 的函数句柄
Fxy =
    包含以下值的 function_handle:
    @(x,y)x.^y+3*x*y
>> whos Fxy                           %调用 whos 函数查看变量 Fxy 的信息
  Name      Size            Bytes  Class            Attributes
  Fxy       1x1                32  function_handle
>> Fxy(2,5)                           %求当 x=2、y=5 时表达式的值
ans =
    62
>> Fxy(1,9)                           %求当 x=1、y=9 时表达式的值
ans =
    28
```

3.2.3　主函数与子函数

1. 主函数

主函数可以写为脚本文件也可以写为主函数文件，主要是格式上的差异。当写为脚本文件时，直接将

程序代码保存为 M 文件即可。如果写为主函数文件，代码主体需要采用函数格式，如下：

```
function main
...
end
```

主函数是 MATLAB 编程中的关键环节，几乎所有的程序都在 main 文件中操作完成。

2. 子函数

在 MATLAB 中，多个函数的代码可以同时写到一个 M 函数文件中。其中，出现的第 1 个函数称为主函数（Primary Function），该文件中的其他函数称为子函数（Sub Function）。保存时所用的函数文件名应当与主函数定义名相同，外部程序只能对主函数进行调用。

子函数的书写规范有如下几条：

（1）每个子函数的第 1 行是其函数声明行。

（2）在 M 函数文件中，主函数的位置不能改变，但是多个子函数的排列顺序可以任意改变。

（3）子函数只能被处于同一 M 文件中的主函数或其他子函数调用。

（4）在 M 函数文件中，任何指令通过"名称"对函数进行调用时，子函数的优先级仅次于 MATLAB 内置函数。

（5）同一 M 文件的主函数、子函数的工作区都是彼此独立的。各个函数间的信息传递可以通过输入/输出变量、全局变量或跨空间指令来实现。

（6）help、lookfor 等帮助指令都不能显示一个 M 文件中的子函数的任何相关信息。

【例 3-5】M 文件中的子函数示例。

解： 在"编辑器"窗口中输入以下代码。

```
function F = mainfun (n)
A = 1; w = 2; phi = pi/2;
signal = createsig(A,w,phi);
F = signal.^n;
end
% ---------子函数---------
function signal = createsig(A,w,phi)
x = 0: pi/3 : pi*2;
signal = A * sin(w*x+phi);
end
```

在命令行窗口中输入：

```
>> mainfun (1)
ans =
    1.0000   -0.5000   -0.5000    1.0000   -0.5000   -0.5000    1.0000
```

3. 私有函数与私有目录

私有函数是指位于私有目录 private 下的 M 函数文件，它的主要性质如下：

（1）私有函数的构造与普通 M 函数完全相同。

（2）私有函数只能被 private 直接父目录下的 M 文件所调用，而不能被其他目录下的任何 M 文件或 MATLAB 指令窗口中的命令所调用。

（3）在 M 文件中，任何指令通过"名称"对函数进行调用时，私有函数的优先级仅次于 MATLAB 内置函数和子函数。

（4）help、lookfor 等帮助指令都不能显示一个私有函数文件的任何相关信息。

3.2.4　重载函数

重载是计算机编程中非常重要的概念，经常用于处理功能类似但变量属性不同的函数。例如，实现两个相同的计算功能，输入的变量数量相同，不同的是其中一个输入变量类型为双精度浮点数类型，另一个输入变量类型为整数类型，这时就可以编写两个同名函数，分别处理这两种不同情况。当实际调用函数时，MATLAB 就会根据实际传递的变量类型选择执行哪　个函数。

MATLAB 的内置函数中就有许多重载函数，放置在不同的文件路径下，文件夹通常命名为"@+代表MATLAB 数据类型的字符"。例如，@int16 路径下的重载函数的输入变量应为 16 位整型变量，而@double路径下的重载函数的输入变量应为双精度浮点数类型。

3.2.5　eval、feval 函数

1. eval函数

eval 函数可以与文本变量一起使用，实现有力的文本宏工具。函数调用格式为：

```
eval(s)                    %使用 MATLAB 的注释器求表达式的值或执行包含文本字符串 s 的语句
```

【例 3-6】eval 函数的简单运用示例。

解： 在"编辑器"窗口中输入以下代码。

```
clear,clc
Array = 1:5;
String = '[Array*2; Array/2; 2.^Array]';
Output1 = eval(String)                          % "表达式"字符串

theta = pi;
eval('Output2 = exp(sin(theta))');              % "指令语句"字符串
who

Matrix = magic(3)
Array = eval('Matrix(5,:)','Matrix(3,:)')       % "备选指令语句"字符串
% errmessage=lasterr

Expression = {'zeros','ones','rand','magic'};
Num = 2;
Output3 = [];
for i=1:length(Expression)
    Output3 = [Output3 eval([Expression{i},'(',num2str(Num),')'])];  % "组合"字符串
end
Output3
```

运行 M 文件，输出结果如下：

```
Output1 =
    2.0000    4.0000    6.0000    8.0000   10.0000
    0.5000    1.0000    1.5000    2.0000    2.5000
    2.0000    4.0000    8.0000   16.0000   32.0000
Output2 =
    1.0000
```

```
您的变量为:
Array     Output1   Output2   String   theta
Matrix =
     8     1     6
     3     5     7
     4     9     2
Array =
     4     9     2
Output3 =
          0          0     1.0000     1.0000     0.8491     0.6787     1.0000     3.0000
          0          0     1.0000     1.0000     0.9340     0.7577     4.0000     2.0000
```

2. feval函数

feval 函数的具体句法形式如下：

```
[y1, y2, …] = feval('FN', arg1, arg2, …)     %用变量 arg1,arg2,…来执行函数 FN 指定的计算
```

说明：

（1）在 eval 函数与 feval 函数通用的情况下（使用这两个函数均可以解决问题），feval 函数的运行效率比 eval 函数高。

（2）feval 函数主要用来构造"泛函"型 M 函数文件。

【例 3-7】 feval 函数的简单运用示例。

解：（1）在"编辑器"窗口中输入以下代码。

```
Array = 1:5;
String = '[Array*2; Array/2; 2.^Array]';
Outpute = eval(String)          %使用 eval 函数运行表达式
Outputf = feval(String)         %使用 feval 函数运行表达式，FN 不可以是表达式
```

运行 M 文件，结果如下：

```
Outpute =
     2.0000     4.0000     6.0000     8.0000    10.0000
     0.5000     1.0000     1.5000     2.0000     2.5000
     2.0000     4.0000     8.0000    16.0000    32.0000
错误使用 feval
函数名称 '[Array*2; Array/2; 2.^Array]' 无效。
```

（2）继续在"编辑器"窗口中输入以下代码。

```
j = sqrt(-1);
Z = exp(j*(-pi:pi/100:pi));
eval('plot(Z)');
set(gcf,'units','normalized','position',[0.2,0.3,0.
2,0.2])
title('Results by eval');axis('square')
figure
set(gcf,'units','normalized','position',[0.2,0.3,0.
2,0.2])
feval('plot',Z);                    %feval 函数中的 FN 只接受函数名，不接受表达式
title('Results by feval');axis('square')
```

运行 M 文件，结果如图 3-6 所示。

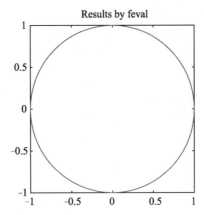

图 3-6　feval_exp2.m 文件的运行结果

3.2.6　内联函数

内联函数（Inline Function）的属性和编写方式与普通函数文件相同，但相对来说，内联函数的创建简单得多。调用格式如下：

```
inline('CE')            %将字符串表达式 CE 转换为输入变量自动生成的内联函数。本语句将自动对由字母和数字
                        %组成的连续字符辨识为变量，预定义变量名（如圆周率 pi）、常用函数名（如 sin、rand）
                        %等不会被辨识，连续字符后紧接左括号的，也不会被识别（如 array(1)）
inline('CE', arg1, arg2, …)    %把字符串表达式 CE 转换为 arg1、arg2 等指定的输入变量的内联
                        %函数。本语句创建的内联函数最为可靠，输入变量的字符串可以随
                        %意改变，但是由于输入变量已经规定，因此生成的内联函数不会出
                        %现辨识失误
inline('CE', n)         %把字符串表达式 CE 转换为 n 个指定的输入变量的内联函数。本语句对输入变量的字
                        %符是有限制的，其字符只能是 x，P1，…，Pn 等，其中，P 一定为大写字母
```

说明：

（1）字符串 CE 中不能包含赋值符号 "="。

（2）内联函数是沟通 eval 和 feval 两个函数的桥梁，只要是 eval 可以操作的表达式，都可以通过 inline 指令转换为内联函数，这样，内联函数总是可以被 feval 调用。MATLAB 中的许多内置函数就是通过转换变为内联函数，从而具备了根据被处理的方式不同而变换不同函数形式的能力。

MATLAB 中关于内联函数属性的相关指令如表 3-1 所示，读者可以根据需要使用。

表 3-1　内联函数属性的相关指令

指 令 句 法	功　　能
class(inline_fun)	提供内联函数的类型
char(inline_fun)	提供内联函数的计算公式
argnames(inline_fun)	提供内联函数的输入变量
vectorize(inline_fun)	使内联函数适用于数组运算的规则

【例 3-8】内联函数的简单运用示例。

解：（1）示例说明：内联函数的第 1 种创建格式是使内联函数适用于 "数组运算"。

在命令行窗口中输入以下代码：

```
>> Fun1=inline('mod(12,5)')
Fun1 =
    内联函数：
    Fun1(x) = mod(12,5)
>> Fun2=vectorize(Fun1)
Fun2 =
    内联函数：
    Fun2(x) = mod(12,5)
>> Fun3=char(Fun2)
Fun3 =
    'mod(12,5)'
```

（2）示例说明：第 1 种内联函数创建格式的缺陷在于不能使用多标量构成的向量进行赋值，而使用第 2 种内联函数创建格式则可以。

继续在命令行窗口中输入以下代码：

```
>> Fun4 = inline('m*exp(n(1))*cos(n(2))'), Fun4(1,[-1,pi/2])
Fun4 =
     内联函数：
     Fun4(m) = m*exp(n(1))*cos(n(2))
错误使用 inline/subsref (line 14)
内联函数的输入数目太多。
>> Fun5 = inline('m*exp(n(1))*cos(n(2))','m','n'), Fun5(1,[-1,pi/2])
Fun5 =
    内联函数：
    Fun5(m,n) = m*exp(n(1))*cos(n(2))
ans =
    2.2526e-017
```

（3）示例说明：产生向量输入、向量输出的内联函数。

继续在命令行窗口中输入以下代码：

```
>> y = inline('[3*x(1)*x(2)^3;sin(x(2))]')
y =
     内联函数：
     y(x) = [3*x(1)*x(2)^3;sin(x(2))]
>> Y = inline('[3*x(1)*x(2)^3;sin(x(2))]')
Y =
     内联函数：
     Y(x) = [3*x(1)*x(2)^3;sin(x(2))]
>> argnames(Y)
ans =
  1×1 cell 数组
    {'x'}
>> x=[10,pi*5/6];y=Y(x)
y =
  538.3034
    0.50000
```

（4）示例说明：用最简练的格式创建内联函数，内联函数可被 feval 指令调用。

继续在命令行窗口中输入以下代码：

```
>> Z=inline('floor(x)*sin(P1)*exp(P2^2)',2)
Z =
    内联函数:
    Z(x,P1,P2) = floor(x)*sin(P1)*exp(P2^2)
>> z = Z(2.3,pi/8,1.2), fz = feval(Z,2.3,pi/8,1.2)
z =
    3.2304
fz =
    3.2304
```

3.2.7　向量化和预分配

1. 向量化

要想让 MATLAB 高速地工作，重要的是在 M 文件中把算法向量化。其他程序语言可能用 for 或 do 循环，MATLAB 则可用向量或矩阵运算。下面的代码用于创立一个算法表：

```
x = 0.01;
for k = 1:1001
    y(k) = log10(x);
    x = x + 0.01;
end
```

代码的向量化实现如下：

```
x = 0.01:0.01:10;
y = log10(x);
```

对于更复杂的代码，矩阵化选项不总是那么明显。当速度重要时，应该想办法把算法向量化。

2. 预分配

若一条代码不能向量化，则可以通过预分配任何输出结果空间保存其中的向量或数组，以加快 for 循环。下面的代码用 zeros 函数把 for 循环产生的向量预分配，这使得 for 循环的执行速度显著加快。

```
r = zeros(32,1);
for n = 1:32
    r(n) = rank(magic(n));
end
```

上述代码中若没有使用预分配，MATLAB 的注释器会利用每次循环扩大 *r* 向量，向量预分配排除了该步骤以使执行加快。

一种以标量为变量的非线性函数称为"函数的函数"，即以函数名为自变量的函数，这类函数包括求零点、最优化、求积分和常微分方程等。

【例 3-9】简化的 humps() 函数的简单运用示例（humps 函数可在路径 MATLAB\demos 下获得）。

解： 在"编辑器"窗口中输入以下代码：

```
clear,clc
a = 0:0.002:1;
b = humps(a);
plot(a,b)                                      %作出图像
function b = humps(x)
b =1./((x-.3).^2 +.01) + 1./((x-.9).^2 +.04)-6;   %在区间[0,1]求此函数的值
end
```

运行程序后输出如图 3-7 所示的图形。

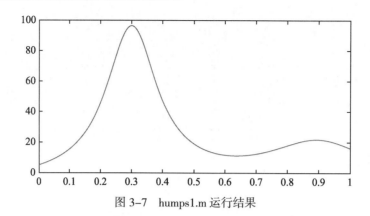

图 3-7　humps1.m 运行结果

图形表明函数约在 $x=0.6$ 附近有局部最小值。接下来用函数 fminsearch 可以求出局部最小值及此时 x 的值。函数 fminsearch 第 1 个参数是函数句柄，第 2 个参数是此时 x 的近似值。

在命令行窗口中输入：

```
>> p = fminsearch(@humps,.5)
p =
    0.6370
>> humps(p)                                        %求出此局部最小值
ans =
    11.2528
```

3.2.8　函数参数传递

用 MATLAB 编写函数，在函数文件头需要写明输入和输出变量，方能构成一个完整的可调用函数，在主函数中调用时，通过满足输入关系，选择输出的变量，也就是相应的函数参数传递，MATLAB 将这些实际值传回给相应的形式参数变量，每个函数调用时变量之间互不冲突，均有自己独立的函数空间。

1. 函数的直接调用

对于如下求解变量的均值程序：

```
function y = mean(x,dim)
```

在命令中，x 为输入的变量，dim 为数据的维数，默认为 1。直接调用该函数即可得到相应的均值解。MATLAB 在输入变量和输出变量的对应上，优选第 1 变量值作为输出变量。当然也不可以不指定输出变量，MATLAB 默认用 ans 表示输出变量对应的值。

MATLAB 中可以通过 nargin 和 nargout 函数确定输入和输出的变量的个数，有些参数可以避免输入，从而提高程序的可执行性。

【例 3-10】函数的直接调用示例。

解：（1）在"编辑器"窗口中编写 mean 函数：

```
function y = mean(x,dim)
    if nargin==1
        %确定采用的求和维度
        dim = find(size(x)~=1, 1);
        if isempty(dim)
            dim = 1;
```

```
        end
         y = sum(x)/size(x,dim);
      else
         y = sum(x,dim)/size(x,dim);
      end
   end
```

nargin=1 时，系统默认 dim=1，则根据 y = sum(x)/size(x,dim)进行求解；若 dim 为指定的一个值，则根据 y = sum(x,dim)/size(x,dim)进行求解。

（2）在命令行窗口中输入：

```
>> clear,clc
>> format short
>> x=1:4;
>> mean(x)
ans =
    2.5000
>> mean(x,1)
ans =
    1     2     3     4
>> mean(x,2)
ans =
    2.5000
>> mean(x,3)
ans =
    1     2     3     4
>> mean(x,4)
ans =
    1     2     3     4
>> a=mean(x)
a =
    2.5000
```

由上述分析可知，对于该均值函数，dim 的赋值需要匹配矩阵的维数，当 dim=1 时，求解的为列平均；当 dim=2 时，求解的为行平均。如果没有指定输出的变量，MATLAB 系统默认为 ans 变量替代，如果指定了输出变量，则显示输出对应的子母变量对应的值。

2. 全局变量

通过全局变量可以实现 MATLAB 工作区变量空间和多个函数的函数空间共享，这样，多个使用全局变量的函数和 MATLAB 工作区共同维护这一全局变量，任何一处对全局变量的修改，都会直接改变此全局变量的取值。

全局变量在大型的编程中较常用到，特别是在 APP 设计中，对于每个按钮功能模块下的运行程序，都需要调用前面对应的输出和输入的变量。全局变量在 MATLAB 中用 global 表示，指定全局变量后，该变量能够分别在私有函数、子函数、主函数中使用，全局变量在整个程序设计阶段基本保持一致。

在应用全局变量时，通常在各个函数内部通过 global variable 语句声明，在命令行窗口或脚本 M 文件中也要先通过 global 声明，然后进行赋值。

【例 3-11】全局变量应用示例。

解： 在"编辑器"窗口中输入以下代码。

```
clear,clc
global a
a =2;
x=3;
y=ysw(x)

function y=ysw(x)
    global a
    y= a*(x^2);
end
```

运行程序输出结果如下：

```
y =
    18
```

从程序运行结果可知，全局变量只需要在主函数中进行声明，然后使用 global 在主函数和子函数中分别进行定义即可，然后调用对应的函数，即可完成函数的计算求解。

3.3 程序控制

与 C、C++等语言相似，MATLAB 具有很多函数程序编写句柄，采用这些控制语句可以轻松地进行程序书写。具体的程序控制语句包括分支控制语句（if 结构和 switch 结构）、循环控制语句（for 循环、while 循环、continue 语句和 break 语句）和程序终止语句（return 语句）。

3.3.1 分支控制语句

MATLAB 程序结构一般可分为顺序结构、循环结构和分支结构 3 种。顺序结构是指按顺序逐条执行，循环结构与分支结构都有其特定的语句，这样可以增强程序的可读性。在 MATLAB 中常用的分支程序结构包括 if 结构和 switch 结构。

1. if结构

如果在程序中需要根据一定条件来执行不同的操作时，可以使用条件语句，在 MATLAB 中提供 if 结构，或者称为 if-else-end 语句。

根据不同的条件情况，if 结构有多种形式，其中最简单的用法是：如果条件表达式为真，则执行语句 1，否则跳过该组命令。

if 结构是一个条件分支语句，若满足表达式的条件，则往下执行；若不满足，则跳出 if 结构。else if 表达式 2 与 else 为可选项，这两条语句可依据具体情况取舍。

if 结构语法调用格式如下：

```
if  表达式 1
    语句 1
    else if 表达式 2 （可选）
        语句 2
    else （可选）
        语句 3
    end
end
```

注意:

(1) 每个 if 都对应一个 end, 即有几个 if, 就应有几个 end。

(2) if 结构是所有程序结构中最灵活的结构之一, 可以使用任意多个 else if 语句, 但是只能有一个 if 语句和一个 end 语句。

(3) if 语句可以相互嵌套, 可以根据实际需要将各个 if 语句进行嵌套, 从而解决比较复杂的实际问题。

【例 3-12】 思考下列程序及其运行结果, 说明原因。

解: 在 MATLAB 命令行窗口中输入以下程序:

```
clear,clc
a=100;
b=20;
if a<b
    fprintf ('b>a')             %在 Word 中输入 'b>a', 单引号不可用, 要在编辑器中输入
else
    fprintf ('a>b')             %在 Word 中输入 'a>b', 单引号不可用, 要在编辑器中输入
end
```

运行后得到:

```
a>b
```

在程序中, 我们用到了 if…else…end 的结构, 如果 a<b, 则输出 b>a; 反之, 输出 a>b。由于 a=100, b=20, 比较可得结果 a>b。

在分支结构中, 多条语句可以放在同一行, 但语句间要用 ";" 隔开。

2. switch 结构

和 C 语言中的 switch 结构类似, 在 MATLAB 中适用于条件多而且比较单一的情况, 类似于一个数控的多个开关。其一般的语法调用格式如下:

```
switch  表达式
case 常量表达式 1
    语句组 1
    case 常量表达式 2
        语句组 2
        …
    otherwise
        语句组 n
end
```

其中, switch 后面的表达式可以是任何类型, 如数字、字符串等。

当表达式的值与 case 后面常量表达式的值相等时, 就执行这个 case 后面的语句组, 如果所有的常量表达式的值都与这个表达式的值不相等时, 则执行 otherwise 后的语句组。

表达式的值可以重复, 在语法上并不错误, 但是在执行时, 后面符合条件的 case 语句将被忽略。

各个 case 和 otherwise 语句的顺序可以互换。

【例 3-13】 输入一个数, 判断它能否被 5 整除。

解: 在 MATLAB "编辑器" 窗口中输入以下程序:

```
clear,clc
n=input('输入 n=');          %输入 n 值
switch mod(n,5)              %mod 是求余函数, 余数为 0, 得 0, 余数不为 0, 得 1
case 0
```

```
    fprintf ('%d是 5 的倍数',n)
otherwise
    fprintf('%d不是 5 的倍数',n)
end
```

运行后得到结果为：

```
输入 n=12
12 不是 5 的倍数>>
```

在 switch 结构中，case 命令后的检测不仅可以为一个标量或者字符串，还可以为一个元胞数组。如果检测值是一个元胞数组，MATLAB 将把表达式的值和该元胞数组中的所有元素进行比较；如果元胞数组中某个元素和表达式的值相等，MATLAB 认为比较结构为真。

3.3.2 循环控制语句

在 MATLAB 程序中，循环结构主要包括 while 和 for 两种。下面对两种循环结构做详细介绍。

1. while循环结构

除了分支结构之外，MATLAB 还提供多个循环结构。和其他编程语言类似，循环语句一般用于有规律的重复计算。被重复执行的语句称为循环体语句，控制循环语句流程的语句称为循环条件。

在 MATLAB 中，while 循环结构的语法格式如下：

```
while 逻辑表达式
    循环体语句
end
```

while 循环结构依据逻辑表达式的值判断是否执行循环体语句。若表达式的值为真，则执行循环体语句一次，在反复执行时，每次都要进行判断。若表达式为假，则程序执行 end 之后的语句。

为了避免因逻辑上的失误而陷入死循环，建议在循环体语句的适当位置加 break 语句，以便程序能正常执行。

while 循环也可以嵌套，其语法格式如下：

```
while 逻辑表达式 1
    循环体语句 1
while 逻辑表达式 2
    循环体语句 2
end
循环体语句 3
end
```

【例 3-14】请设计一段程序，求 1～100 的偶数和。

解： 在 MATLAB 命令行窗口输入以下程序：

```
clear,clc
x=0;                        %初始化变量 x
sum=0;                      %初始化 sum 变量
    while x<101              %当 x<101，执行循环体语句
      sum=sum+x;            %进行累加
      x=x+2;
    end                     % while 循环结构的终点
sum                         %显示 sum
```

运行后得到的结果为：

```
sum =
      2550
```

【例 3-15】请设计一段程序，求 1～100 的奇数和。

解： 在 MATLAB 命令行窗口输入以下程序：

```
clear,clc
x=1;                          %初始化变量 x
sum=0;                        %初始化 sum 变量
   while x<101                %当 x<101，执行循环体语句
      sum=sum+x;              %进行累加
      x=x+2;
   end                        %while 循环结构的终点
sum                          %显示 sum
```

运行后得到的结果为：

```
sum =
      2500
```

2. for循环结构

在 MATLAB 中，另外一种常见的循环结构是 for 循环结构，其常用于已知循环次数的情况，其语法格式如下：

```
for ii=初值:增量:终值
    语句 1
    …
    语句 n
end
```

ii=初值:终值，则增量为 1。初值、增量、终值可正可负，可以是整数，也可以是小数，只需符合数学逻辑。

【例 3-16】请设计一段程序，求 1+2+…+100。

解： 程序设计如下：

```
clear,clc
sum=0;                        %设置初值（必须要有）
for ii=1:100;                 %for 循环，增量为 1
    sum=sum+ii;
end
sum
```

运行后得到结果为：

```
sum =
      5050
```

【例 3-17】比较以下两个程序的区别。

解： MATLAB 程序 1 设计如下：

```
for ii=1:100;                 %for 循环，增量为 1
    sum=sum+ii;
end
sum
```

运行后得到的结果为：

```
sum =
       10100
```

程序 2 设计如下：

```
clear,clc
for ii=1:100;                          %for 循环，增量为 1
    sum=sum+ii;
end
sum
```

运行结果如下：

```
错误使用 sum
输入参数的数目不足。
```

一般的高级语言中，变量若没有设置初值，程序会以 0 作为其初始值，然而这在 MATLAB 中是不允许的。所以，在 MATLAB 中，应给出变量的初值。

程序 1 没有 clear，则程序可能会调用到内存中已经存在的 sum 值，其结果就成了 sum =10100。程序 2 中与例 3-16 的差别是少了 sum=0，由于程序中有 clear 语句，因此会出现错误信息。

注意：while 循环和 for 循环都是比较常见的循环，但是两个循环还是有区别的，其中最明显的区别在于，while 循环的执行次数是不确定的，而 for 循环的执行次数是确定的。

3.3.3 其他控制语句

在使用 MATLAB 设计程序时，经常遇到提前终止循环、跳出子程序、显示错误等情况，因此需要其他的控制语句实现上面的功能。在 MATLAB 中，对应的控制语句有 continue、break、return 等。

1. continue 语句

continue 语句通常用于 for 或 while 循环体中，其作用是终止一次循环的执行，也就是说它可以跳过本次循环中未被执行的语句，去执行下一轮的循环。下面使用一个简单的实例，说明 continue 语句的使用方法。

【例 3-18】请思考下列程序及其运行结果，说明原因。

解：在 MATLAB "编辑器"窗口中输入以下程序：

```
clear,clc
a=3;
b=6;
for ii=1:3
  b=b+1
  if ii<2
    continue
  end                                  %if 语句结束
  a=a+2
end                                    %for 循环结束
```

运行后得到结果为：

```
b =
    7
```

```
b =
     8
a =
     5
b =
     9
a =
     7
```

当 if 条件满足时，程序将不再执行 continue 后面的语句，而是开始下一轮的循环。continue 语句常用于循环体中，与 if 语句一同使用。

2．break语句

break 语句也通常用于 for 或 while 循环体中，与 if 语句一同使用。当 if 表达式的值为真时就调用 break 语句，跳出当前的循环，它只终止最内层的循环。

【例 3-19】请思考下列程序及其运行结果，说明原因。

解： 在 MATLAB "编辑器" 窗口中输入以下程序：

```
clear,clc
a=3;
b=6;
for ii=1:3
   b=b+1
   if ii>2
        break
   end
   a=a+2
end
```

运行后得到结果为：

```
b =
     7
a =
     5
b =
     8
a =
     7
b =
     9
```

从以上程序可以看出，当 if 表达式的值为假时，程序执行 a=a+2；当 if 表达式的值为真时，程序执行 break 语句，跳出循环。

3．return语句

在通常情况下，当被调用函数执行完毕后，MATLAB 会自动地把控制转至主调用函数或者指定窗口。如果在被调函数中插入 return 语句后，可以强制 MATLAB 结束执行该函数并把控制转出。

return 语句是终止当前命令的执行，并且立即返回到上一级调用函数或等待键盘输入命令，可以用来提前结束程序的运行。

在 MATLAB 的内置函数中，很多函数的程序代码中引入了 return 语句，下面引用一个简要的 det 函数，代码如下：

```
function d=det(A)
if isempty(A)
    a=1;
    return
else
    ...
end
```

在上面的程序代码中，首先通过函数语句判断函数 A 的类型，当 A 是空数组时，直接返回 a=1，然后结束程序代码。

4. input语句

在 MATLAB 中，input 语句的功能是将 MATLAB 的控制权暂时借给用户，然后，用户通过键盘输入数值、字符串或者表达式，通过按 Enter 键将输入的内容输入工作空间中，同时将控制权交换给 MATLAB，其常用的调用格式如下：

```
user_entry=input('prompt')        %将用户输入的内容赋给变量 user_entry
user_entry=input('prompt','s')    %将用户输入的内容作为字符串赋给变量 user_entry
```

【例 3-20】在 MATLAB 中演示如何使用 input 函数。

解： 在命令行窗口输入并运行以下代码：

```
>> clear,clc
>> a=input('input a number: ')    %输入数值给 a
input a number: 45
a =
    45
>> b=input('input a number: ','s')  %输入字符串给 b
input a number: 45
b =
    '45'
>> input('input a number: ')        %将输入值进行运算
input a number: 2+3
ans =
    5
```

5. keyboard语句

在 MATLAB 中，将 keyboard 语句放置到 M 文件中，将使程序暂停运行，等待键盘命令。通过提示符 k 显示一种特殊状态，只有当用户使用 return 语句结束输入后，控制权才交还给程序。在 M 文件中使用该命令，对程序的调试和在程序运行中修改变量都会十分方便。

【例 3-21】在 MATLAB 中，演示如何使用 keyboard 语句。

解： keyboard 语句使用过程如下：

```
>> keyboard
K>> for i=1:9
    if i==3
        continue
    end
    fprintf('i=%d\n',i)
    if i==5
        break
    end
end
```

```
i=1
i=2
i=4
i=5
K>> return
>>
```

从上面的程序代码中可以看出，当输入 keyboard 语句后，在提示符的前面会显示 k 提示符，而当用户输入 return 语句后，提示符恢复正常的提示效果。

在 MATLAB 中，keyboard 语句和 input 语句的不同在于，keyboard 语句运行用户输入任意多个 MATLAB 命令，而 input 语句则只能输入赋值给变量的数值。

6. error和warning语句

在 MATLAB 中，编写 M 文件时，经常需要提示一些警告信息。为此，MATLAB 提供了下面几个常见的语句。

```
error('message')                          %显示出错信息 message，终止程序
errordlg('errorstring','dlgname')         %显示出错信息的对话框，对话框的标题为 dlgname
warning('message')                        %显示出错信息 message，程序继续运行
```

【例 3-22】查看 MATLAB 的不同错误提示模式。

解：在 MATLAB 编辑器中输入以下程序，并将其保存为 Error 文件。

```
n=input('Enter: ');
if n<2
    error('message');
else
    n=2;
end
```

返回 MATLAB 命令行窗口，在命令行窗口输入 "Error"，然后分别输入数值 1 和 2，得到如下结果：

```
>> Error
Enter: 1
尝试将 SCRIPT error 作为函数执行:
D:\MATLAB code\error.m
出错 error (line 3)
    error('message');
 >> Error
Enter: 2
```

将上述编辑器中的程序进行修改：

```
n=input('Enter: ');
if n<2
%     errordlg('Not enough input data','Data Error');
    warning('message');
else
    n=2;
end
```

返回 MATLAB 命令行窗口，在命令行窗口输入 "Error"，然后分别输入数值 1 和 2，得到如下所示结果：

```
>> Error
Enter: 1
```

```
警告: message
> In Error (line 4)
>> Error
Enter: 2
```

在上面的程序代码中，演示了 MATLAB 中不同的错误信息方式。其中，error 和 warning 的主要区别在于 warning 命令指示警告信息后继续运行程序。

3.4 程序调试和优化

程序调试的目的是检查程序是否正确，即程序能否顺利运行并得到预期结果。在运行程序之前，应先设想到程序运行的各种情况，测试在各种情况下程序能否正常运行。

MATLAB 程序调试工具只能对 M 文件中的语法错误和运行错误进行定位，但是无法评价该程序的性能。MATLAB 提供了一个性能剖析指令 profile，使用它可以评价程序的性能指标，获得程序各个环节的耗时分析报告，依据该分析报告可以寻找程序运行效率低下的原因，以便修改程序。

3.4.1 程序调试命令

MATLAB 提供了一系列程序调试命令，利用这些命令，可以在调试过程中设置、清除和列出断点，逐行运行 M 文件，在不同的工作区检查变量，用来跟踪和控制程序的运行，帮助寻找和发现错误。所有的程序调试命令都是以字母 db 开头的，如表 3-2 所示。

表 3-2 程序调试命令

命　　令	功　　能
dbstop in fname	在M文件fname的第1行可执行程序上设置断点
dbstop at r in fname	在M文件fname的第r行程序上设置断点
dbstop if v	当遇到条件v时，停止运行程序；当发生错误时，条件v可以是error 当发生NaN或inf时，也可以是naninf/infnan
dstop if warning	如果有警告，则停止运行程序
dbclear at r in fname	清除文件fname的第r行处断点
dbclear all in fname	清除文件fname中的所有断点
dbclear all	清除所有M文件中的所有断点
dbclear in fname	清除文件fname第一可执行程序上的所有断点
dbclear if v	清除第v行由dbstop if v设置的断点
dbstatus fname	在文件fname中列出所有的断点
Mdbstatus	显示存放在dbstatus中用分号隔开的行数信息
dbstep	运行M文件的下一行程序
dbstep n	执行下n行程序，然后停止
dbstep in	在下一个调用函数的第一可执行程序处停止运行
dbcont	执行所有行程序直至遇到下一个断点或到达文件尾
dbquit	退出调试模式

进行程序调试，要调用带有一个断点的函数。当 MATLAB 进入调试模式时，提示符为 K>>。最重要的区别在于现在能访问函数的局部变量，但不能访问 MATLAB 工作区中的变量。

3.4.2 常见错误类型

1. 输入错误

常见的输入错误除了在写程序时疏忽所导致的手误外，一般还有：

（1）在输入某些标点时没有切换成英文状态。

（2）表循环或判断语句的关键词 for、while、if 的个数与 end 的个数不对应（尤其是在多层循环嵌套语句中）。

（3）左右括号不对应。

2. 语法错误

不符合 MATLAB 语言规定即为语法错误。

例如，在表示数学式 $k_1 \leqslant x \leqslant k_2$ 时，不能直接写成 k1<=x<=k2，而应写成 k1<=x&x<=k2。此外，输入错误也可能导致语法错误。

3. 逻辑错误

在程序设计中逻辑错误也是较为常见的一类错误，这类错误往往隐蔽性较强、不易查找。产生逻辑错误的原因通常是算法设计有误，这时需要对算法进行修改。

4. 运行错误

程序的运行错误通常包括不能正常运行和运行结果不正确，出错的原因一般有：

（1）数据不对，即输入的数据不符合算法要求。

（2）输入的矩阵大小不对，尤其是当输入的矩阵为一维数组时，应注意行向量与列向量在使用上的区别。

（3）程序不完善，只能对某些数据运行正确，而对另一些数据则运行错误，或是根本无法正常运行，这有可能是算法考虑不周所致。

对于简单的语法错误，可以采用直接调试法，即直接运行该 M 文件，MATLAB 将直接找出语法错误的类型和出现的地方，根据 MATLAB 的反馈信息对语法错误进行修改。

当 M 文件很大或 M 文件中含有复杂的嵌套时，则需要使用 MATLAB 调试器对程序进行调试，即使用 MATLAB 提供的大量调试函数以及与之相对应的图形化工具。

【例 3-23】编写一个判断 2000—2010 年的闰年年份的程序并对其进行调试。

解：（1）在"编辑器"窗口输入以下程序代码，并保存为 leapyear.m 文件。

```
%程序为判断 2000 年至 2010 年 10 年间的闰年年份
%本程序没有输入/输出变量
%函数的调用格式为 leapyear，输出结果为 2000 年至 2010 年 10 年间的闰年年份
function  leapyear                    %定义函数 leapyear
for year=2000: 2010                   %定义循环范围
    sign=1;
    a = rem(year,100);                %求 year 除以 100 后的余数
    b = rem(year,4);                  %求 year 除以 4 后的余数
    c = rem(year,400);                %求 year 除以 400 后的余数
    if a =0                           %以下根据 a、b、c 是否为 0 对标志变量 sign 进行处理
        signsign=sign-1;
```

```
        end
        if b=0
            signsign=sign+1;
        end
        if c=0
            signsign=sign+1;
        end
        if sign=1
            fprintf('%4d \n',year)
        end
    end
end
```

（2）运行以上 M 程序，此时 MATLAB 命令行窗口会给出如下错误提示：

```
>> leapyear
错误: 文件: leapyear.m 行: 5 列: 14
文本字符无效。请检查不受支持的符号、不可见的字符或非 ASCII 字符的粘贴。
```

由错误提示可知，在程序的第 5 行存在语法错误，检测可知 "：" 应修改为 ":"，修改后继续运行提示如下错误：

```
>> leapyear
错误: 文件: leapyear.m 行: 10 列: 10
'=' 运算符的使用不正确。要为变量赋值，请使用 '='。要比较值是否相等，请使用 '=='。
```

检测可知 if 选择判断语句中，用户将 "==" 写成了 "="。因此将 "=" 改成 "=="，同时也更改第 13、16、19 行中的 "=" 为 "=="。

（3）程序修改并保存完成后可直接运行，程序运行结果为：

```
>> leapyear
2000
2001
2002
2003
2004
2005
2006
2007
2008
2009
2010
```

显然，2001 年至 2010 年间不可能每年都是闰年，由此判断程序存在运行错误。

（4）分析原因。可能由于在处理年号是否为 100 的倍数时，变量 sign 存在逻辑错误。

（5）断点设置。断点为 MATLAB 程序执行时人为设置的中断点，程序运行至断点时便自动停止运行，等待下一步操作。设置断点只需要用鼠标单击程序行左侧的 "−" 使得 "−" 变成红色的圆点（当存在语法错误时圆点颜色为灰色），如图 3-8 所示。

在可能存在逻辑错误或需要显示相关代码执行数据的附近设置断点，例如本例中的 12、15 和 18 行。再次单击红色圆点可以去除断点。

（6）运行程序。按 F5 快捷键或单击工具栏中的 ▷ 按钮执行程序，此时其他调试按钮将被激活。程序运行至第 1 个断点暂停，在断点右侧出现向右指向的绿色箭头，如图 3-9 所示。

```
4      function leapyear           %定义函数leapyear
5      for year=2000:2010          %定义循环区间
6          sign=1;
7          a = rem(year,100);      %求year除以100后的余数
8          b = rem(year,4);        %求year除以4后的余数
9          c = rem(year,400);      %求year除以400后的余数
10         if a ==0                %以下根据a、b、c是否为0对计
11             signsign=sign-1;
12         end
13         if b==0
14             signsign=sign+1;
15         end
16         if c==0
17             signsign=sign+1;
18         end
19         if sign==1
20             fprintf('%4d \n',year)
21         end
```

图 3-8　断点标记

```
4      function leapyear           %定义函数leapyear
5      for year=2000:2010          %定义循环区间
6          sign=1;
7          a = rem(year,100);      %求year除以100后的余数
8          b = rem(year,4);        %求year除以4后的余数
9          c = rem(year,400);      %求year除以400后的余数
10         if a ==0                %以下根据a、b、c是否为0对
11             signsign=sign-1;
12         end
13         if b==0
14             signsign=sign+1;
15         end
16         if c==0
17             signsign=sign+1;
18         end
19         if sign==1
20             fprintf('%4d \n',year)
21         end
```

图 3-9　程序运行至断点处暂停

程序调试运行时，在 MATLAB 的命令行窗口中将显示如下内容：

```
>> leapyear
K>>
```

此时可以输入一些调试指令，以更加方便地对程序调试的相关中间变量进行查看。

（7）单步调试。可以通过按 F10 键或单击工具栏中相应的单步执行按钮，此时程序将一步一步按照用户需求向下执行，如图 3-10 所示，在单击 F10 键后，程序从第 12 行运行到第 13 行。

（8）查看中间变量。将鼠标停留在某个变量上，MATLAB 将会自动显示该变量的当前值，如图 3-11 所示。也可以在 MATLAB 的工作区中直接查看所有中间变量的当前值，如图 3-12 所示。

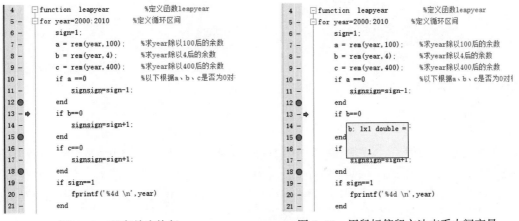

图 3-10　程序单步执行　　　　　　　　图 3-11　用鼠标停留方法查看中间变量

图 3-12　查看 workspace 中所有中间变量的当前值

（9）修正代码。通过查看中间变量可知，在任何情况下 sign 的值都是 1，此时调整并修改程序代码如下。

```
%  程序为判断2000年至2010年10年间的闰年年份
%  本程序没有输入/输出变量
%  函数的调用格式为 leapyear，输出结果为2000年至2010年10年间的闰年年份
function leapyear
for year=2000:2010
    sign=0;                          %修改为0
    a = rem(year,400);               %修改为400
    b = rem(year,4);
    c = rem(year,100);               %修改为100
    if a ==0
        sign=sign+1;                 %signsign 修改为 sign，-修改为+
    end
    if b==0
        sign=sign+1;
    end
    if c==0
        sign=sign-1;                 %signsign 修改为 sign，+修改为-
    end
    if sign==1
        fprintf('%4d \n',year)
    end
end
end
```

按 F5 键再次执行程序，运行结果如下：

```
>> leapyear
2000
2004
2008
```

分析发现，结果正确，此时程序调试结束。

3.4.3 效率优化

在程序编写的起始阶段，往往将精力集中在程序的功能实现、程序的结构、准确性和可读性等方面，很少考虑程序的执行效率问题，而是在程序不能够满足需求或者效率太低的情况下才考虑对程序的性能进行优化。由于程序所解决的问题不同，程序的效率优化存在差异，这对编程人员的经验以及对函数的编写和调用有一定的要求，一些通用的程序效率优化建议如下。

程序编写时依据所处理问题的需要，尽量预分配足够大的数组空间，避免在出现循环结构时增加数组空间，但是也要注意不能太大，太多的大数组会影响内存的使用效率。

例如，声明一个 8 位整型数组 A 时，A＝repmat(int8(0),5000,5000)，要比 A=int8zeros(5000,5000))快 25 倍左右，且更节省内存。因为前者中的双精度 0 仅需一次转换，然后直接申请 8 位整型内存；而后者不但需要为 zeros(5000,5000))申请 double 型内存空间，而且还需要对每个元素都执行一次类型转换。需要注意的是：

（1）尽量采用函数文件而不是脚本文件，通常运行函数文件都比脚本文件效率更高。

（2）尽量避免更改已经定义的变量的数据类型和维数。

（3）合理使用逻辑运算，防止陷入死循环。

（4）尽量避免不同类型变量间的相互赋值，必要时可以使用中间变量解决。

（5）尽量采用实数运算，对于复数运算可以转换为多个实数进行运算。

（6）尽量将运算转换为矩阵的运算。

（7）尽量使用 MATLAB 的 load、save 指令而避免使用文件的 I/O 操作函数进行文件操作。

以上建议仅供参考，针对不同的应用场合，用户可以有所取舍。程序的效率优化通常要结合 MATLAB 的优越性，由于 MATLAB 的优势是矩阵运算，所以尽量将其他数值运算转换为矩阵的运算，在 MATLAB 中处理矩阵运算的效率要比简单四则运算更加高效。

3.4.4　内存优化

内存优化对于普通用户而言可以不用顾及，当前计算机内存容量已能满足大多数数学运算的需求，而且 MATLAB 本身对计算机内存优化提供的操作支持较少，只有遇到超大规模运算时，内存优化才能起到作用。下面给出几个比较常见的内存操作函数，可以在需要时使用。

（1）whos：查看当前内存使用状况函数。

（2）clear：删除变量及其内存空间，可以减少程序的中间变量。

（3）save：将某个变量以 mat 数据文件的形式存储到磁盘中。

（4）load：载入 mat 数据到内存空间。

由于内存操作函数在函数运行时使用较少，合理的优化内存操作往往由用户编写程序时养成的习惯和经验决定，一些好的做法如下：

（1）尽量保证创建变量的集中性，最好在函数开始时创建。

（2）对于含零元素多的大型矩阵，尽量转换为稀疏矩阵。

（3）及时清除占用内存很大的临时中间变量。

（4）尽量少开辟新的内存，而是重用内存。

程序的优化本质上也是算法的优化，如果一个算法描述得比较详细，它几乎也就指定了程序的每一步。若算法本身描述得不够详细，在编程时会给某些步骤的实现方式留有较大空间，这样就需要找到尽量好的实现方式以达到程序优化的目的。如果一个算法设计得足够"优"的话，就等于从源头上控制了程序走向"劣质"。

算法优化的一般要求是：不仅在形式上尽量做到步骤简化、简单易懂，更重要的是用最低的时间复杂度和空间复杂度完成所需计算。这包括巧妙的设计程序流程、灵活的控制循环过程（如及时跳出循环或结束本次循环）、较好的搜索方式及正确的搜索对象等，以避免不必要的计算过程。

例如，在判断一个整数是否为素数时，可以看它能否被 $m/2$ 以前的整数整除，而更快的方法是，只需看它能否被 $\sqrt{m}$ 以前的整数整除就可以了。再如，在求两个整数之间的所有素数时跳过偶数直接对奇数进行判断，这都体现了算法优化的思想。

【例 3-24】编写冒泡排序算法程序。

解： 冒泡排序是一种简单的交换排序，其基本思想是两两比较待排序记录中的元素，如果是逆序则进行交换，直到这个记录中没有逆序的元素。

该算法的基本操作是逐轮进行比较和交换。第一趟比较将最大记录放在 x[n]的位置。一般地，第 i 趟从 x[1]到 x[n–i+1]依次比较相邻的两个记录，将这 n–i+1 个记录中的最大者放在了第 n–i+1 的位置上。其算法程序如下：

```
function s=BubbleSort(x)
% 冒泡排序,x 为待排序数组
n=length(x);
for i=1:n-1                          %最多做 n-1 趟排序
    flag=0;                          %flag 为交换标志,本趟排序开始前,交换标志应为假
    for j=1:n-i                      %每次从前向后扫描,j 从 1 到 n-i
        if x(j)>x(j+1)               %如果前项大于后项则进行交换
            t=x(j+1);
            x(j+1)=x(j);
            x(j)=t;
            flag=1;                  %当发生了交换,将交换标志置为真
        end
    end
    if (~flag)                       %若本趟排序未发生交换,则提前终止程序
        break;
    end
end
s=x;
```

本程序通过使用标志变量 flag 来标志在每一趟排序中是否发生了交换，若某趟排序中一次交换都没有发生则说明此时数组已经为有序（正序），应提前终止算法（跳出循环）。若不使用这样的标志变量来控制循环往往会增加不必要的计算量。

【例 3-25】公交线路查询问题。设计一个查询算法，给出一个公交线路网中从起始站 s1 到终点站 s2 之间的最佳线路。其中一个最简单的情形就是查找直达线路，假设相邻公交车站的平均行驶时间（包括停站时间）为 3 分钟，若以时间最少为择优标准，请在此简化条件下完成查找直达线路的算法，并根据附录数据（见题后数据），利用此算法求出以下起始站到终点站之间的最佳路线。

（1）242→105；（2）117→53；（3）179→201；（4）16→162。

解：为了便于 MATLAB 程序计算，应先将线路信息转换为矩阵形式，导入 MATLAB（可先将原始数据经过文本导入 Excel）。每条线路可用一个一维数组来表示，且将该线路终止站以后的节点用 0 来表示，每条线路从上往下顺序排列构成矩阵 A。

此算法的核心是线路选择问题，要找最佳线路，应先找到所有的可行线路,然后再以所用的时间为关键字选出用时最少的线路。在寻找可行线路时，可先在每条线路中搜索 s1，当找到 s1，则接在该线路中搜索 s2，若又找到 s2，则该线路为一可行线路，记录该线路及所需时间，并结束对该线路的搜索。

另外，在搜索 s1 与 s2 时若遇到 0 节点，则停止对该数组的遍历。

```
%A 为线路信息矩阵,s1,s2 分别为起始站和终点站
%返回值 L 为最佳线路,t 为所需时间
[m,n]=size(A);
L1=[];t1=[];                         %L1 记录可行线路,t1 记录对应线路所需时间
for i=1: m
    for j=1: n
        if A(i,j)==s1                %若找到 s1,则从下一站点开始寻找 s2
            for k=j+1: n
                if A(i,k)==0         %若此节点为 0,则跳出循环
                    break;
                elseif A(i,k)==s2    %若找到 s2,记录该线路及所需时间,然后跳出循环
                    L1=[L1,i];
                    t1=[t1,(k-j)*3];
```

```
                        break;
                   end
              end
          end
      end
end
m1=length(L1);                          %测可行线路的个数
if m1==0                                %若没有可行线路，则返回相应信息
    L='No direct line';
    t='Null';
elseif m1==1                            %否则，存在可行线路，用 L 存放最优线路，t 存放最小的时间
    L=L1;t=t1;
    L=L1(1);t=t1(1);                    %分别给 L 和 t 赋初值为第 1 条可行线路和所需时间
    for i=2: m1
        if t1(i)< t                     %若第 i 条可行线路的时间小于 t
            L=i;                        %则给 L 和 t 重新赋值
            t=t1(i);
        elseif t1(i)==t                 %若第 i 条可行线路的时间等于 t
            L=[L,L1(i)];                %则将此线路并入 L
        end
    end
end
```

首先说明，这个程序能正常运行并得到正确结果。但仔细观察之后就会发现它的不足之处：一是在对 j 的循环中应先判断节点是否为 0，若为 0，则停止向后访问，转向下一条路的搜索；二是对于一个二维的数组矩阵，用两层（不是两个）循环进行嵌套就可以遍历整个矩阵，得到所有需要的信息，而上面的程序中却出现了三层循环嵌套的局面。

其实，在这种情况下，倘若找到了 s2，本该停止对此线路节点的访问，但这里的 break 只能跳出对 k 的循环，而对该线路数组节点的访问（对 j 的循环）将会一直进行到 n，做了大量的无用功。

为了消除第 3 层的循环能否对第 2 个循环内的判断语句做如下修改：

```
if A(i,j)==s1
    continue;
    if A(i,k)==s2
        L1=[L1,i];
        t1=[t1,(k-j)*3];
        break;
    end
end
```

这种做法企图控制流程在搜索到 s1 时能继续向下走，搜索 s2，而不用再嵌套循环。这样却是行不通的，因为即使 s1 的后面有 s2，也会先被 if A(i,j)==s1 拦截，continue 后的语句将不被执行。所以，经过这番修改后得到的其实是一个错误的程序。

事实上，若想消除第 3 层循环可将这第 3 层循环提出来放在第 2 层成为与 j 并列的循环，若在对 j 的循环中找到了 s1，可用一个标志变量对其进行标志，然后再对 s1 后的节点进行访问，查找 s2。综上，可将第一个 for 循环内的语句修改如下：

```
flag=0;                                 %用 flag 标志是否找到 s1，为其赋初值为假
for j=1: n
    if A(i,j)==0                        %若该节点为 0，则停止对该线路的搜索，转向下一条线路
        break;
    elseif A(i,j)==s1                   %否则，若找到 s1，置 flag 为真，并跳出循环
```

```
        flag=1;
        break;
      end
   end
end
if flag                          %若 flag 为真，则找到 s1，从 s1 的下一节点开始搜索 s2
   for k=j+1: n
      if A(i,k)==0
         break;
      elseif A(i,k)==s2          %若找到 s2，记录该线路及所需时间，然后跳出循环
         L1=[L1,i];
         t1=[t1,(k-j)*3];
         break;
      end
   end
end
```

若将程序中重叠的部分合并还可以得到一种形式上更简洁的方案：

```
q=s1;                            %用 q 保存 s1 的原始值
for i=1: m
   s1=q;                         %每一次给 s1 赋初值
   p=0;                          %用 p 值标记是否搜索到 s1 或 s2
   k=0;                          %用 k 记录站点差
   for j=1: n
      if ~A(i,j)
         break;
      elseif A(i,j)==s1          %若搜索到 s1，之后在该线路上搜索 s2，并记 p 为 1
         p=p+1;
         if p==1
            k=j-k;
            s1=s2;
         elseif p==2             %当 p 值为 2 时，说明已搜索到 s2，记录相关信息
            L1=[L1,i];
            t1=[t1,3*k];         %同时 s1 恢复至原始值，进行下一线路的搜索
            break;
         end
      end
   end
end
```

程序运行后得到结果如下：

```
?[L,t]=DirectLineSearch(242,105,A)
L =
    8
t =
   24
?[L,t]=DirectLineSearch(117,53,A)
L =
   10
t =
   15
?[L,t]=DirectLineSearch(179,201,A)
L =
   7 14
t =
```

```
      27
?[L,t]=DirectLineSearch(16,162,A)
L =
    No direct line
t =
    Null
```

在设计算法或循环控制时，应注意信息获取的途径，避免做无用的操作。如果上面这个程序不够优化，它将对后续的转车程序造成不良影响。

附录数据：公交线路信息。

线路 1：219 —114 —88 —48 —392 —29 —36 —16 —312 —19 —324 —20 —314 —128 —76 —113 —110 —213 —14 —301 —115 —34 —251 —95 —184 —92

线路 2：348 —160 —223 —44 —237 —147 —201 —219 —321 —138 —83 —161 —66 —129 —254 —331 —317 —303 —127 —68

线路 3：23 —133 —213 —236 —12 —168 —47 —198 —12 —236 —113 —212 —233 —18 —127 —303 —117 —231 —254 —129 —366 —161 —133 —181 —132

线路 4：201 —207 —177 —144 —223 —216 —48 —42 —280 —140 —238 —236 —158 —53 —93 —64 —130 —77 —264 —208 —286 —123

线路 5：217 —272 —173 —25 —33 —76 —37 —27 —65 —274 —234 —221 —137 —306 —162 —84 —325 —97 —89 —24

线路 6：301 —82 —79 —94 —41 —105 —142 —118 —130 —36 —252 —172 —57 —20 —302 —65 —32 —24 —92 —218 —31

线路 7：184 —31 —69 —179 —84 —212 —99 —224 —232 —157 —68 —54 —201 —57 —172 —22 —36 —143 —218 —129 —106 —101 —194

线路 8：57 —52 —31 —242 —18 —353 —33 —60 —43 —41 —246 —105 —28 —33 —111 —77 —49 —67 —27 —8 —63 —39 —317 —168 —12 —163

线路 9：217 —161 —311 —25 —29 —19 —171 —45 —71 —173 —129 —219 —210 —35 —83 —43 —139 —241 —78 —50

线路 10：136 —208 —23 —117 —77 —130 —68 —45 —53 —51 —78 —241 —139 —343 —83 —333 —190 —237 —251 —291 —129 —173 —171 —90 —42 —179 —25 —311 —161 —17

线路 11：43 —77 —111 —303 —28 —65 —246 —99 —54 —37 —303 —53 —18 —242 —195 —236 —26 —40 —280 —142

线路 12：274 —302 —151 —297 —329 —123 —122 —215 —218 —102 —293 —86 —15 —215 —186 —213 —105 —128 —201 —122 —12 —29 —56 —79 —141 —24 —74

线路 13：135 —74 —16 —108 —58 —274 —53 —59 —43 —86 —85 —47 —246 —108 —199 —296 —261 —203 —227 —146

线路 14：224 —22 —70 —89 —219 —228 —326 —179 —49 —154 —251 —262 —307 —294 —208 —24 —201 —261 —192 —264 —146 —377 —172 —123 —61 —235 —294 —28 —94 —57 —226 —18

线路 15：189 —170 —222 —24 —92 —184 —254 —215 —345 —315 —301 —214 —213 —210 —113 —263 —12 —167 —177 —313 —219 —154 —349 —316 —44 —52 —19

线路 16：233 —377 —327 —97 —46 —227 —203 —261 —276 —199 —108 —246 —227 —45 —346 —

243 —59 —93 —274 —58 —118 —116 —74 —135

事实上，对于编程能力的训练，往往是先从解决一些较为简单的问题入手，然后通过对这些问题修改某些条件，增加难度等进行不断的摸索，在不知不觉中编程能力就会提升到一个新的高度。

3.5 经典案例

计算机程序就是计算机指令的集合，不同的编程语言指令与功能是不一样的。MATLAB 语言是一种面向对象的高级语言，它具有编程效率高、易学易用的优点。本节介绍几种 MATLAB 编程的经典案例。

【例 3-26】全局变量的使用。

解： 在 MATLAB 命令行窗口输入：

```
function y=myt(x)
global a;
a=a+9;
y=cos(x);
end
```

然后在命令行窗口声明全局变量赋值调用：

```
>> global a
>> a=2
a =
     2
>> myt(pi)
ans =
    -1
>> cos(pi)
ans =
    -1
>> a
a =
    11
```

通过上例可见，用 global 将 a 声明为全局变量后，函数内部对 a 的修改也会直接作用到 MATLAB 工作区中，函数调用一次后，a 的值从 2 变为 11。

在 MATLAB 中，函数 polyfit()采用最小二乘法对给定的数据进行多项式拟合，得到该多项式的系数。该函数的调用方式如下：

```
polyfit(x,y,n)
```

找到次数为 n 的多项式系数，对于数据集合{(xi, yi)}，满足差的平方和最小。

```
[p,E]=polyfit(x,y,n)
```

返回多项式 p 和矩阵 E。多项式系数在向量 p 中，矩阵 E 用在 polyval()函数中计算误差。

【例 3-27】某数据的横坐标为 x=[0.2 0.3 0.5 0.6 0.8 0.9 1.2 1.3 1.5 1.8]，纵坐标为 y=[1 2 3 5 6 7 6 5 4 1]，对该数据进行多项式拟合。

解： 在"编辑器"窗口中编写代码如下：

```
clear,clc
x=[0.3 0.4 0.7 0.9 1.2 1.9 2.8 3.2 3.7 4.5];
y=[1 2 3 4 5 2 6 9 2 7];
p5=polyfit(x,y,5);                        %5 阶多项式拟合
```

```
y5=polyval(p5,x);
p5=vpa(poly2sym(p5),5)                %显示 5 阶多项式
p8=polyfit(x,y,8);                    %8 阶多项式拟合
y8=polyval(p8,x);
figure;                               %画图显示
plot(x,y,'bo');
hold on;
plot(x,y5,'r:');
plot(x,y8,'g--');
legend('原始数据','5 阶多项式拟合','8 阶多项式拟合');
xlabel('x');ylabel('y');
```

运行程序后，得到的 5 阶多项式如下：

```
p5 =
    0.8877*x^5 - 10.3*x^4 + 42.942*x^3 - 77.932*x^2 + 59.833*x -11.673
```

运行程序后，得到的输出结果如图 3-13 所示。由图可以看出，使用 5 次多项式拟合时，得到的结果比较差。

当采用 8 次多项式拟合时，得到的结果与原始数据符合得比较好。当使用函数 polyfit()进行拟合时，多项式的阶次最大不超过 length(x)-1。

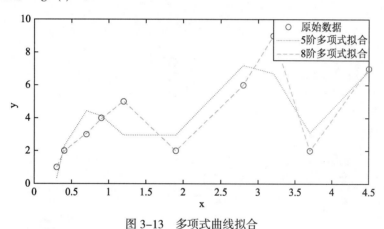

图 3-13　多项式曲线拟合

【例 3-28】可变长度数据量使用示例。

解： 在"编辑器"窗口中创建 M 文件：

```
function varargout = spirallength(d, n, varargin)
%使用 SPIRAL 画出螺旋线或螺旋条带
Nin = length(varargin) + 1;
% error(nargchk(1, Nin, nargin))
if nargout > 1
    error('Too many output arguments!')
end
j = sqrt(-1);
phi = 0: pi/20 : n*2*pi;
amp = 0: d/40 : n*d;
spir = amp .* exp(j*phi);
if nargout==0
```

```
    switch Nin
        case 1
            plot(spir,'b')
        case 2
            d1=varargin{1};
            amp1 = (0: d/40 : n*d) + d1; spir1 = amp1 .* exp(j*phi);
            plot(spir,'b');hold on;plot(spir1,'b');hold off
        otherwise
            d1=varargin{1};
            amp1 = (0: d/40 : n*d) + d1; spir1 = amp1 .* exp(j*phi);
            plot(spir,varargin{2:end});hold on;plot(spir1,varargin{2:end});
    end;
    axis('square')
else
    phi0 = 0: pi/1000 : n*2*pi;
    amp0 = 0: d/2000 : n*d;
    spir0 = amp0 .* exp(j*phi0);
    varargout{1} = sum(abs(diff(spir0)));
    if Nin>1
        d1=varargin{1};
        amp1 = (0: d/2000 : n*d) + d1; spir1 = amp1 .* exp(j*phi);
        varargout{2} = sum(abs(diff(spir1)));
    end;
end
```

在命令行窗口中输入：

```
subplot(1,3,1), spirallength(2,2,1)
subplot(1,3,2), spirallength(2,2,1,'Marker','o')
subplot(1,3,3), spirallength(2,2,1,'r--', 'LineWidth',2)
```

输出结果如图 3-14 所示。

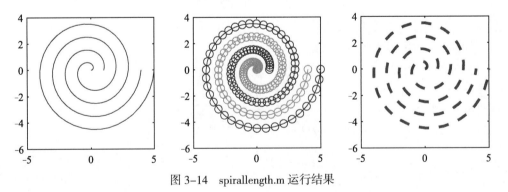

图 3-14　spirallength.m 运行结果

【例 3-29】完整的 M 文件示范。

解：在"编辑器"窗口中创建 M 文件：

```
function spir_len = spirallengthA(d, n, lcolor)
%以选定的颜色绘制半径为 r 的圆，并计算其面积
```

```
%  d: 螺旋的旋距
%  n: 螺旋的圈数
%  lcolor: 画图线的颜色
%  spir_len: 螺旋的周长
%  spirallength(d, n): 利用蓝色以预设参数画螺旋线
%  spirallength(d, n,lcolor): 利用 lcolor 颜色以预设参数画螺旋线
%  spir_len = spirallength(d, n): 计算螺旋线的周长，并用蓝色填充螺旋线
%  spir_len = spirallength(d, n,lcolor): 计算螺旋线的周长，并用 lcolor 颜色填充螺旋线
%  编写于 2009.7.6，修改于 2011.8.8        程序员：01
if nargin > 3
    error('输入变量过多! ');
elseif nargin == 2
    lcolor = 'b';
end
j = sqrt(-1);
phi = 0: pi/1000 : n*2*pi;
amp = 0: d/2000 : n*d;
spir = amp .* exp(j*phi);
if nargout == 1
    spir_len = sum(abs(diff(spir)));
    fill(real(spir), img(spir), lcolor)
elseif nargout == 0
    plot(spir,lcolor)
else
    error('输出变量过多! ');
end
axis('square')
```

在命令行窗口输入：

```
spirallengthA(0.25, 4, 'k:')
```

输出结果如图 3-15 所示。

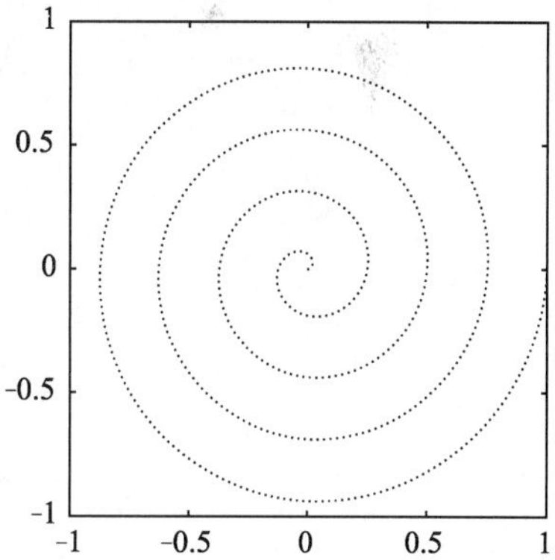

图论算法在计算机科学中扮演着很重要的角色，它提供了对很多问题都有效的一种简单而系统的建模方式。图论中的图是由若干给定的点及连接两点的线所构成的图形，这种图形通常用来描述某些事物之间的某种特定关系，用点代表事物，用连接两点的线表示相应两个事物间具有这种关系。

【例 3-30】很多问题都可以转换为图论问题，然后用图论的基本算法加以解决。利用 MATLAB 编程，实现图论算法中的最小生成树、最短路径的 Dijkstra 算法、Ford 最短路径算法、层次分析、灰色关联性分析和灰色预测。

图 3-15　spirallength.m 运行结果

解：（1）最小生成树函数 MinTree()，编程如下：

```
function [w,E]=MinTree(A)
% 避圈法求最小生成树
% A 为图的赋权邻接矩阵
% w 记录最小树的权值之和，E 记录最小树上的边
n=size(A,1);
for i=1:n
    A(i,i)=inf;
end
```

```
    s1=[];s2=[];                          %s1,s2 记录一条边上的两个顶点
    w=0; k=1;                             %k 记录顶点数
    T=A+inf;
    T(1,:)=A(1,:);
    A(:,1)=inf;
    while k<n
        [p1,q1]=min(T);                   %q1 记录行下标
        [p2,q2]=min(p1);
        i=q1(q2);
        s1=[s1,i];s2=[s2,q2];
        w=w+p; k=k+1;
        A(:,q2)=inf;                      %若此顶点已被连接，则切断此顶点的入口
        T(q2,:)=A(q2,:);                  %在 T 中并入此顶点的出口
        T(:,q2)=inf;
    end
    E=[s1;s2];                            %E 记录最小树上的边
```

（2）最短路径的 Dijkstra 算法函数 ShortPath()，编程如下：

```
function [d,path]=ShortPath(A,s,t)
% Dijkstra 最短路径算法实现，A 为图的赋权邻接矩阵
% 当输入参数含有 s 和 t 时，求 s 到 t 的最短路径
% 当输入参数只有 s 时，求 s 到其他顶点的最短路径
% 返回值 d 为最短路径权值，path 为最短路径
if nargin==2
    flag=0;
elseif nargin==3
    flag=1;
end
n=length(A);
for i=1:n
    A(i,i)=inf;
end
V=zeros(1,n);                        %存储 lamda 标号值
D=zeros(1,n);                        %用 D 记录权值
T=A+inf;                            %T 为标号矩阵
T(s,:)=A(s,:);                      %先给起点标号
A(:,s)=inf;                        %关闭进入起点的边
for k=1:n-1
    [p,q]=min(T);                   %p 记录各列最小值，q 为对应的行下标
    q1=q;                           %用 q1 保留行下标
    [p,q]=min(p);                   %求最小权值及其列下标
    V(q)=q1(q);                     %求该顶点 lamda 值
    if flag&q==t                    %求最短路径权值
        d=p;
        break;
    else                            %修改 T 标号
        D(q)=p;                     %求最短路径权值
        A(:,q)=inf;                 %将 A 中第 q 列的值改为 inf
        T(q,:)=A(q,:)+p;            %同时修改从顶点 q 出去的边上的权值
        T(:,q)=inf;                 %顶点 q 点已完成标号，将进入 q 的边关闭
    end
end
if flag                             %输入参数含有 s 和 t，求 s 到 t 的最短路径
    path=t;                         %逆向搜索路径
    while path(1)~=s
```

```
            path=[V(t),path];
            t=V(t);
        end
else                                %输入参数只有 s，求 s 到其他顶点的最短路径
    for i=1:n
        if i~=s
            path0=i;v0=i;           %逆向搜索路径
            while path0(1)~=s
                path0=[V(i),path0];
                i=V(i);
            end
            d=D; path(v0)={path0};  %将路径信息存放在元胞数组中
            % 在命令行窗口显示权值和路径
            disp([int2str(s),'->',int2str(v0),' d=', int2str(D(v0)),' path= ',int2str
(path0)]);
        end
    end
end
```

（3）Ford 最短路径算法函数 Ford()。该算法用于求解一个赋权图中 sv 到的最短路径，并且对于权值的情况同样适用。编程如下：

```
function [w,v]=Ford(W,s,t)
%W 为图的带权邻接矩阵，s 为发点，t 为终点
%返回值 w 为最短路径的权值之和，v 为最短路径线上的顶点下标
n=length(W);
d(:,1)=(W(s,:))';                   %求 d(vs,vj)=min{d(vs,vi)+wij}的解，用 d 存放
%d(t)(v1,vj)，赋初值为 W 的第 s 行，以列存放
j=1;
while j
    for i=1:n
        b(i)=min(W(:,i)+d(:,j));
    end
    j=j+1;
    d=[d,b'];
    if d(:,j)==d(:,j-1)             %若找到最短路径，跳出循环
        break ;
    end
end
w=d(t,j);                           %记录最短路径的权值之和
v=t;                                %用数组 v 存放最短路径上的顶点，终点为 t
while v(1)~=s
    for i=n:-1:1
        if i~=t&W(i,t)+d(i,j)==d(t,j)
            break;
        end
    end
    v=[i,v];
    t=i;
end
```

（4）层次分析函数 ccfx()。在层次分析中，该算法用于根据成对比较矩阵求近似特征向量。编程如下：

```
function [w,lam,CR]=ccfx(A)
%A 为成对比较矩阵，返回值 w 为近似特征向量
%lam 为近似最大特征值 max λ，CR 为一致性比率
```

```
n=length(A(:,1));
a=sum(A);
B=A;                                    %用 B 代替 A 做计算
for j=1:n                               %将 A 的列向量归一化
    B(:,j)=B(:,j)./a(j);
end
s=B(:,1);
for j=2:n
    s=s+B(:,j);
end
c=sum(s);                               %用求和法计算近似最大特征值 max λ
w=s./c;
d=A*w;
lam=1/n*sum((d./w));
CI=(lam-n)/(n-1);                       %一致性指标
RI=[0,0,0.58,0.90,1.12,1.24,1.32,1.41,1.45,1.49,1.51];
%RI 为随机一致性指标
CR=CI/RI(n);                            %求一致性比率
if CR>0.1
    disp('没有通过一致性检验');
else
    disp('通过一致性检验');
end
```

（5）灰色关联性分析函数 Glfx()。当系统的行为特征只有一个因子 x0 时，该算法用于求解各种因素 xi 对 x0 的影响大小。编程如下：

```
function s=Glfx(x0,x)                    %x0（行向量）为因子，x 为因素集
[m,n]=size(x);
B=[x0;x];
k=m+1;                                   %k 为 B 的行数
c=B(:,1);                                %对序列进行无量纲化处理
for j=1:n
    B(;,j)=B(:,j)./c;
end
for i=2:k                                %求参考序列对各比较序列的绝对差
    B(i,:)=abs(B(i,:)-B(1,:));
end
A=B(2:k,:);                              %求关联系数
a=min(min(A));
b=max(max(A));
for i=1:m
    for j=1:n
        r1(i,j)=r1(i,j)*(a+0.5*b)/(A(i,j)+0.5*b);
    end
end
s=1/n*(r1*ones(m,1));                    %比较序列对参考序列 x0 的灰关联度
```

（6）灰色预测算法函数 huiseyc()。该算法用灰色模型中的 GM(1,1)模型做预测。编程如下：

```
function [s,t]=huiseyc(x,m)
%x 为待预测变量的原值，为其预测 m 个值
[m1,n]=size(x);
if m1~=1                                 %若 x 为列向量，则将其变为行向量放入 x0
```

```
        x0=x';
    else
        x0=x;
    end
    n=length(x0);
    c=min(x0);
    if c<0                              %若 x0 中有小于 0 的数，则做平移，使每个数字都大于 0
        x0=x0-c+1;
    end
    x1=(cumsum(x0))';                   %x1 为 x0 的 1 次累加生成序列，即 AGO
    for k=2:n
        r(k-1)=x0(k)/x1(k-1);
    end
    rho=r,                              %光滑性检验
    for k=2:n
        z1(k-1)=0.5*x1(k)+0.5*x1(k-1);
    end
    B=[-z1',ones(n-1,1)];
    YN=(x0(2:n))';
    a=(inv(B'*B))*B'*YN;
    y1(1)=x0(1);
    for k=2:n+m                         %预测 m 个值
        y1(k)=(x0(1)-a(2)/a(1))*exp(-a(1)*(k-1))+a(2)/a(1);
    end
    y(1)=y1(1);
    for k=2:n+m
        y(k)=y1(k)-y1(k-1);            %还原
    end
    if c<0
        y=y+c-1;
    end
    y;
    e1=x0-y(1:n);
    e=e1(2:n),                          % e 为残差
    for k=2:n
        dd(k-1)=abs(e(k-1))/x0(k);
    end
    dd;
    d=1/(n-1)*sum(dd);
    f=1/(n-1)*abs(sum(e));
    s=y;
    t=e;
```

3.6　本章小结

本章首先简单介绍了 MATLAB 编程概述和编程原则，然后详细讲述了分支结构、循环结构以及其他控制程序指令，并通过案例说明如何用 MATLAB 进行程序设计，如何编写清楚、高效的程序，最后对 MATLAB 程序调试做了简单介绍，并指出了一些使用技巧和编程者常犯的错误。

第 4 章

图 形 绘 制

强大的绘图功能是 MATLAB 的鲜明特点之一，它提供了一系列的绘图函数，读者不需要过多地考虑绘图的细节，只需要给出一些基本参数就能得到所需图形。此外，MATLAB 还对绘出的图形提供了各种修饰方法，使图形更加美观、精确。

学习目标：

（1）了解 MATLAB 数据绘图；

（2）熟练掌握 MATLAB 二维绘图；

（3）熟练掌握 MATLAB 三维绘图；

（4）了解 MATLAB 多种特殊图形的绘制。

4.1 数据图像绘制简介

数据可视化的目的在于：通过图形，从一堆杂乱的离散数据中观察数据间的内在关系，感受由图形所传递的内在本质。

MATLAB 一向注重数据的图形表示，并不断地采用新技术改进和完备其可视化功能。

4.1.1 离散数据可视化

任何二元实数标量对 (x_a, y_a) 可以在平面上表示一个点；任何二元实数向量对 $(\boldsymbol{X}, \boldsymbol{Y})$ 可以在平面上表示一组点。

对于离散实函数 $y_n = f(x_n)$，当 $\boldsymbol{X} = [x_1, x_2, \cdots, x_n]$ 以递增或递减的次序取值时，有 $\boldsymbol{Y} = [y_1, y_2, \cdots, y_n]$，这样，该向量对用直角坐标序列点图示时，实现了离散数据的可视化。

在科学研究中，当处理离散量时，可以用离散序列图来表示离散量的变化情况。MATLAB 用 stem 命令来实现离散图形的绘制，stem 命令有以下几种：

```
stem(y)
```

表示以 x=1,2,3…作为各个数据点的 x 坐标，以向量 y 的值为 y 坐标，在(x,y)坐标点画一个空心小圆圈，并连接一条线段到 x 轴。

```
stem(x,y,'option')
```

表示以 x 向量的各个元素为 x 坐标，以 y 向量的各个对应元素为 y 坐标，在(x,y)坐标点画一个空心小圆圈，并连接一条线段到 x 轴。option 选项表示绘图时的线型、颜色等设置。

```
stem(x,y,'filled')
```

表示以 x 向量的各个元素为 x 坐标，以 y 向量的各个对应元素为 y 坐标，在(x,y)坐标点画一个空心小圆圈，并连接一条线段到 x 轴。

【例 4-1】用 stem()函数绘制一个离散序列图。

解：在"编辑器"窗口中编写如下代码。

```
clear,clc
X = linspace(0,2*pi,25)';
Y = (cos(2*X));
stem(X,Y,'LineStyle','-.','MarkerFaceColor',
'red','MarkerEdgeColor','green')
```

执行程序后，输出如图 4-1 所示的图形。

【例 4-2】用 stem()函数绘制一个线型为圆圈的离散序列图。

解：在"编辑器"窗口中编写如下代码：

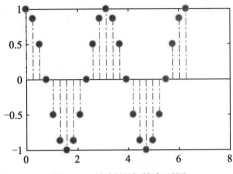

图 4-1 绘制的离散序列图

```
clear,clc
x = 0:25;
y = [exp(-.04*x).*cos(x);exp(.04*x).*cos(x)]';
h = stem(x,y);
set(h(1),'MarkerFaceColor','blue')
set(h(2),'MarkerFaceColor','red','Marker','square')
```

执行程序后，输出如图 4-2 所示的图形。

除了可以使用 stem 命令之外，使用离散数据也可以画离散图形。

【例 4-3】用离散数据绘制离散图形。

解：在"编辑器"窗口中编写如下代码：

```
clear,clc
n=0:10;                          %产生一组 10 个自变量函数 Xn
y=1./abs(n-6);                   %计算相应点的函数值 Yn
plot(n,y,'r*','MarkerSize',15)   %用尺寸 15 的红星号标出函数点
grid on                          %画出坐标方格
```

执行程序后，输出如图 4-3 所示的图形。

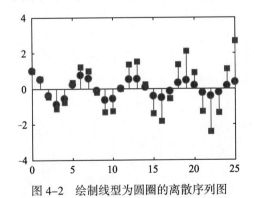

图 4-2 绘制线型为圆圈的离散序列图

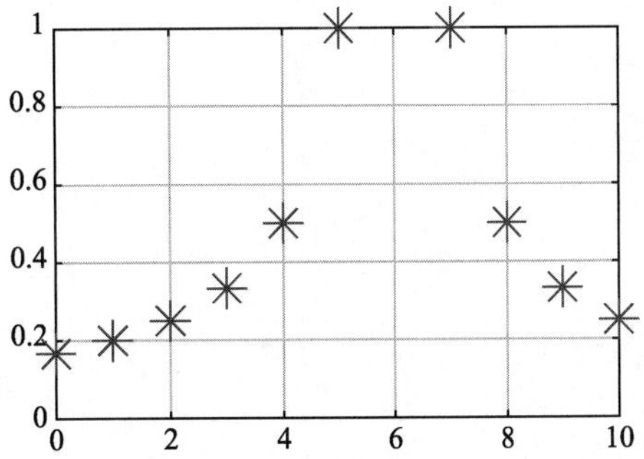

图 4-3 绘制的离散图形

【例 4-4】画出函数 $y = e^{-\alpha t} \sin \beta t$ 的茎图。

解：依据题意，在"编辑器"窗口中编写如下代码：

```
clear,clc
a=0.03; b=0.8;
```

```
t = 0:1:60;
y = exp(-a*t).*sin(b*t) ;
plot(t,y)                              %利用函数 plot(t,y)绘制
title('茎图')

figure, stem(t,y)                      %利用二维的函数 stem(t,y)绘制
xlabel('Time'),ylabel('stem'),title('茎图')
```

执行程序后，得到 plot()函数绘制的图形如图 4-4 所示，stem()函数绘制的二维茎图如图 4-5 所示。

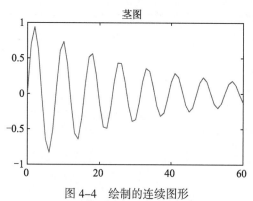

图 4-4　绘制的连续图形

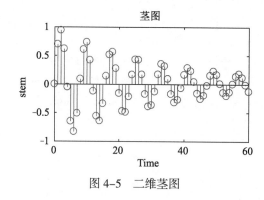

图 4-5　二维茎图

4.1.2　连续函数可视化

对于连续函数可以取一组离散自变量，然后计算函数值，与离散数据的显示方式一样。

一般画函数或方程式的图形，都是先标上几个图形上的点，然后再将点连接即为图形，其点越多图形越平滑。MATLAB 在简易二维画图中也是采用相同的做法，必须先画出 x 和 y 坐标向量（离散数据），再将这些点连接，命令如下：

```
plot(x,y)
```

x 为图形上 x 坐标向量，y 为其对应的 y 坐标向量。

【例 4-5】绘制图形表示连续调制波形 $y = \sin(t)\sin(7t)$ 。

解： 依据题意，在"编辑器"窗口中编写如下代码：

```
clear,clc
t1=(0:13)/13*pi;                      %自变量取 13 个点
y1=sin(t1).*sin(7*t1);                %计算函数值
t2=(0:40)/40*pi;                      %自变量取 51 个点
y2=sin(t2).*sin(7*t2);
subplot(2,2,1);                       %在子图 1 上画图
plot(t1,y1,'r.');                     %用红色的点显示
axis([0,pi,-1,1]); title('子图 1');   %定义坐标大小，显示子图标题
subplot(2,2,2);                       %子图 2 用红色的点显示
plot(t2,y2,'r.');
axis([0,pi,-1,1]); title('子图 2')
subplot(2,2,3);                       %子图 3 用直线连接数据点和红色的点显示
plot(t1,y1,t1,y1,'r.')
axis([0,pi,-1,1]); title('子图 3')
subplot(2,2,4);                       %子图 4 用直线连接数据点
plot(t2,y2);
axis([0,pi,-1,1]); title('子图 4')
```

执行程序后，输出图形如图 4-6 所示。

【例 4-6】分别取 8、40、80 个点，绘制 $y = 2\sin(x), x \in [0, 2\pi]$ 图形。

解：依据题意，在"编辑器"窗口中编写如下代码：

```
clear,clc
x8= linspace(0,2*pi,8);          %将 0~2π 等分取 8 个点
y8 =2* sin(x8);                  %计算 x 的正弦函数值
plot(x8,y8);                     %进行二维平面描点作图
title('8 个点绘图')

x40= linspace(0,2*pi,40);        %将 0~2π 等分取 40 个点
y40 =2* sin(x40);                %计算 x 的正弦函数值
plot(x40,y40);                   %进行二维平面描点作图
title('40 个点绘图')

x80 = linspace(0,2*pi,80);       %将 0~2π 等分取 80 个点
y80 = 2*sin(x80);                %计算 x 的正弦函数值
plot(x80,y80);                   %进行二维平面描点作图
title('80 个点绘图')
```

执行程序后，输出 8 个点的图形如图 4-7 所示，输出 40 个点的图形如图 4-8 所示，输出 80 个点的图形如图 4-9 所示。

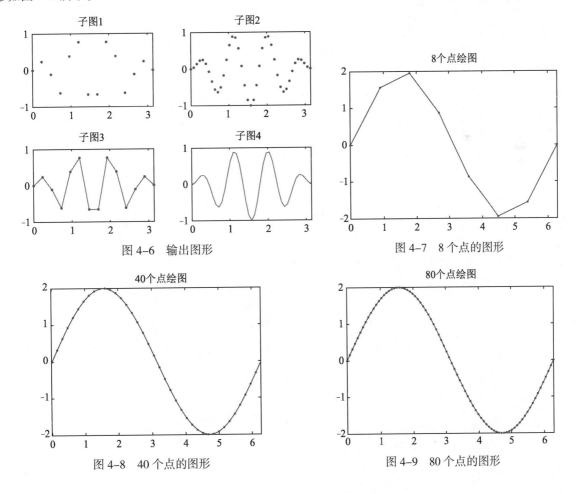

图 4-6　输出图形

图 4-7　8 个点的图形

图 4-8　40 个点的图形

图 4-9　80 个点的图形

4.2 二维绘图

MATLAB 不但擅长与矩阵相关的数值运算，而且还提供了许多在二维和三维空间内显示可视信息的函数，利用这些函数可以绘制出所需的图形。本节重点介绍二维绘图的基础内容。

4.2.1 二维绘图命令

二维绘图命令 plot 的调用格式如下：

```
plot(X,'s')
```

X 是实向量时，以向量元素的下标为横坐标，元素值为纵坐标画一连续曲线；X 是实矩阵时，按列绘制每列元素值对应其下标的曲线，曲线数目等于 X 矩阵的列数；X 是复数矩阵时，按列，分别以元素实部和虚部为横、纵坐标绘制多条曲线。

```
plot(X,Y,'s')
```

X、Y 是同维向量时，则绘制以 X、Y 元素为横、纵坐标的曲线；X 是向量，Y 是有一维与 X 等维的矩阵时，则绘出多根不同彩色的曲线。曲线数等于 Y 的另一维数，X 作为这些曲线的共同坐标；X 是矩阵，Y 是向量时，情况与上相同，Y 作为共同坐标；X、Y 是同维实矩阵时，则以 X、Y 对应的元素为横、纵坐标分别绘制曲线，曲线数目等于矩阵的列数。

```
plot(X1,Y1,'s1',X2,Y2,'s2',…)
```

s、s1、s2 用来指定线型、色彩、数据点形的字符串。

【例 4-7】绘制一组幅值不同的正弦函数。

解：依据题意，在"编辑器"窗口中编写如下代码：

```
clear,clc
t=(0:pi/8:2*pi)';          %横坐标列向量
k=0.2:0.1:1;               %9 个幅值
Y=sin(t)*k;                %9 条函数值矩阵
plot(t,Y)
title('函数值曲线')
```

执行程序后，输出如图 4-10 所示的图形。

【例 4-8】用图形表示连续调制波形及其包络线。

解：依据题意，在"编辑器"窗口中编写如下代码：

```
clear,clc
t=(0:pi/100:3*pi)';
y1=sin(t)*[1, -1];
y2=sin(t).*sin(7*t);
t3=pi*(0:7)/7;
y3=sin(t3).*sin(7*t3);
plot(t,y1,'r:',t,y2,'b',t3,y3,'b*')
axis([0,2*pi, -1,1])
title('连续调制波形及其包络线')
```

执行程序后，输出如图 4-11 所示的图形。

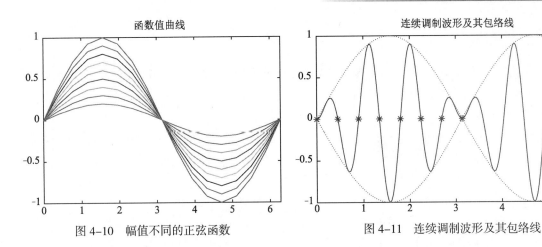

图 4-10　幅值不同的正弦函数　　　　图 4-11　连续调制波形及其包络线

【例 4-9】用复数矩阵形式画图形。

解： 依据题意，在"编辑器"窗口中编写如下代码：

```
clear,clc
t=linspace(0,2*pi,100)';
X=[cos(t),cos(2*t),cos(3*t)]+i*sin(t)*[1,1,1];
plot(X),axis square;
legend('1','2','3')
```

执行程序后，输出如图 4-12 所示的图形。

【例 4-10】采用模型 $\dfrac{x^2}{a^2}+\dfrac{y^2}{23-a^2}=1$ ，画一组椭圆。

解： 依据题意，在"编辑器"窗口中编写如下代码：

```
clear,clc
th=[0:pi/50:2*pi]';
a =[0.5:.5:4.5];
X =cos(th)*a;
Y =sin(th)*sqrt(23-a.^2);
plot(X,Y)
axis('equal'),xlabel('x'),ylabel('y')
title('椭圆图形')
```

执行程序后，输出如图 4-13 所示的椭圆图形。

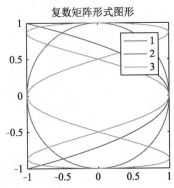

图 4-12　用复数矩阵形式画的图形

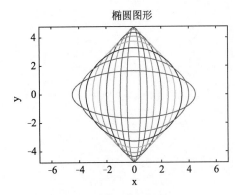

图 4-13　椭圆图形

4.2.2 二维图形的修饰

MATLAB 在绘制二维图形时，还提供了多种修饰图形的方法，包括色彩、线型、点型、坐标轴等。本节详细介绍 MATLAB 中常见的二维图形的修饰方法。

1. 坐标轴的调整

在一般情况下不必选择坐标系，MATLAB 可以自动根据曲线数据的范围选择合适的坐标系，从而使曲线尽可能清晰地显示出来。但是，如果对 MATLAB 自动产生的坐标轴不满意，可以利用 axis 命令对坐标轴进行调整。

```
axis(xmin xmax ymin ymax)
```

该命令将所画图形的 x 轴的大小范围限定在 xmin 和 xmax 之间，y 轴的大小范围限定在 ymin 和 ymax 之间。在 MATLAB 中，坐标轴控制的方法见表 4-1。

表 4-1　坐标轴控制的方法

坐标轴控制方式、取向和范围		坐标轴的高宽比	
axis auto	使用缺省设置	axis epual	纵、横轴采用等长刻度
axis manual	使用当前坐标范围不变	axis fill	manual方式起作用，坐标充满整个绘图区
axis off	取消轴背景	axis image	同epual且坐标紧贴数据范围
axis on	使用轴背景	axis normal	默认矩形坐标系
axis ij	矩阵式坐标，原点在左上方	axis square	产生正方形坐标系
axis xy	直角坐标，原点在左下方	axis tight	数据范围设为坐标范围
axis(V);V = [x1, x2, y1, y2]; V = [x1,　x2, y1, y2, z1, z2]	人工设定坐标范围	axis vis3d	保持高、宽比不变，用于三维旋转时避免图形大小变化

【例 4-11】尝试使用不同的 MATLAB 坐标轴控制指令，观察各种坐标轴控制指令的影响。

解： 依据题意，在"编辑器"窗口中编写如下代码：

```
clear,clc
t=0:2*pi/97:2*pi;
x=1.13*cos(t);
y=3.23*sin(t);                    %椭圆
subplot(2,3,1),
plot(x,y),grid on;                %子图3
axis normal,title('normal');
subplot(2,3,2),
plot(x,y),grid on;                %子图2
axis equal,title('equal')
subplot(2,3,3)
plot(x,y),grid on;                %子图3
axis square,title('Square')
subplot(2,3,4)
plot(x,y),grid on                 %子图4
axis image,box off,title('Image and Box off')
subplot(2,3,5),
plot(x,y),grid on                 %子图5
axis image fill,box off,title('Image Fill')
subplot(2,3,6)
```

```
plot(x,y),grid on;                              %子图3
axis tight,box off,title('Tight')
```

执行程序后，输出如图 4-14 所示的图形。

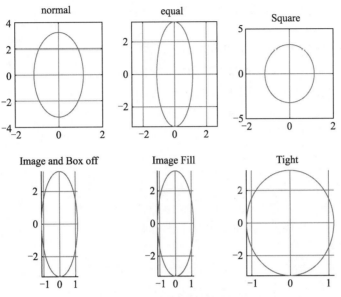

图 4-14　坐标轴变换对比图

【例 4-12】将一个正弦函数的坐标轴由默认值修改为指定值。

解：依据题意，在"编辑器"窗口中编写如下代码：

```
clear,clc
x=0:0.03:3*pi;
y=sin(x);
plot(x,y)
axis([0 3*pi -2 2]) ,title('正弦波图形')
```

执行程序后，输出如图 4-15 所示的图形。

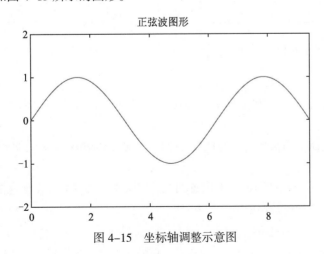

图 4-15　坐标轴调整示意图

2．设置坐标框

使用 box 命令，可以开启或封闭二维图形的坐标框，其使用方法如下：

（1）box：坐标形式在封闭和开启间切换。

（2）box on：开启。

（3）box off：封闭。

在实际使用过程中，系统默认为坐标框处于开启状态。

【例4-13】 使用 box 命令，演示坐标框开启和封闭之间的区别。

解： 依据题意，在"编辑器"窗口中编写如下代码：

```
clear,clc;
x = linspace(-3*pi,3*pi);
y1 = sin(x);
y2 = cos(x);
figure
h = plot(x,y1,x,y2);
box on
```

执行程序后，输出如图 4-16 所示有坐标框的二维图形。

在上面代码后面增加如下语句：

```
box off;
```

即可以看到如图 4-17 所示的无坐标框二维图形。

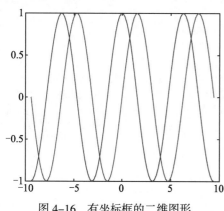

图 4-16　有坐标框的二维图形

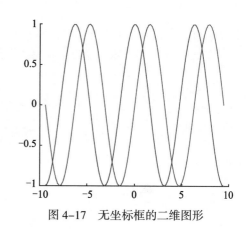

图 4-17　无坐标框的二维图形

3．图形标识

在 MATLAB 中增加标识可以使用 title 和 text 命令。其中，title 是将标识添加到固定位置，text 是将标识添加到用户指定位置。

使用 title('string')为绘制的图形加上固定位置的标题。xlabel ('string')给 x 轴加上标注，ylabel ('string')给 y 轴加上标注。

在 MATLAB 中，用户可以在图形的任意位置加注一串文本作为注释。在任意位置加注文本可以使用坐标轴确定文字位置的 text 命令，其调用格式如下：

```
text(x,y, 'string','option')
```

在图形的指定坐标位置(x,y)处，写出由 string 所给出的字符串。其中 x，y 坐标的单位是由后面的 option

选项决定的。如果不加选项，则 x，y 的坐标单位和图中一致；如果选项为'sc'，表示坐标单位是取左下角为(0,0)，右上角为(1,1)的相对坐标。

【例 4-14】图形标识示例。

解： 在"编辑器"窗口中编写如下代码：

```
clear,clc
x=0:0.02:3*pi;
y1=2*sin(x);
y2=cos(x);
plot(x,y1,x,y2, '-')
grid on;
xlabel ('弧度值'),ylabel ('函数值')
title('不同幅度的正弦与余弦曲线')
```

执行程序后，可输出如图 4-18 所示的图形，继续输入如下命令。

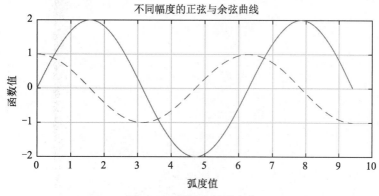

图 4-18　标识坐标轴名称

```
text(0.4,0.8, '正弦曲线', 'sc')
text(0.7,0.8, '余弦曲线', 'sc')
```

执行程序后，输出如图 4-19 所示的图形。

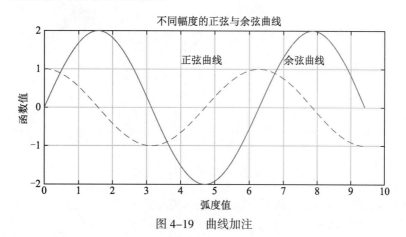

图 4-19　曲线加注

【例 4-15】使用 text 命令，计算标注文字的位置。

解： 依据题意，在"编辑器"窗口中编写如下代码：

```
clear,clc
t = 0 : 700;
hold on;
plot(t,0.35*exp(-0.005*t));
text(300,0.35*exp(-0.005*300),'\bullet
\leftarrow \fontname{times} 0.05 at t =
300','FontSize',14)
hold off ;
```

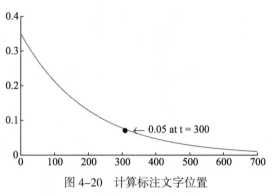

图 4-20　计算标注文字位置

执行程序后，输出如图 4-20 所示的图形。

【例 4-16】使用 text 命令，绘制连续和离散数据图形，并对图形进行标识。

解：依据题意，在"编辑器"窗口中编写如下代码：

```
clear,clc
x = linspace(0,2*pi,60);
a = sin(x);
b = cos(x);
hold on
stem_handles=stem(x,a+b);
plot_handles=plot(x,a,'-r',x,b,'-g');
xlabel('时间')
ylabel('量级')
title('两函数的线性组合')
legend_handles = [stem_handles;plot_handles];
legend (legend_handles,'a+b','a=sin(x)','b=cos(x)')
```

执行程序后，输出如图 4-21 所示的详细文字标识图形。

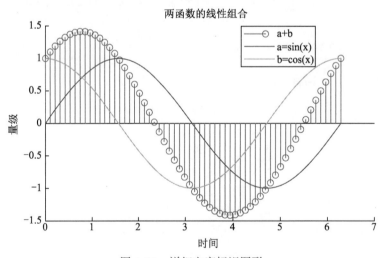

图 4-21　详细文字标识图形

【例 4-17】使用 text 命令，绘制包括不同统计量的标注说明。

解：依据题意，在"编辑器"窗口中编写如下代码：

```
clear,clc
x = 0:0.3:15;
b = bar(rand(10,5),'stacked'); colormap(summer); hold on
x=plot(1:10,5*rand(10,1),'marker','square','markersize',12,'markeredgecolor','y',…
```

```
        'markerfacecolor',[.6 0 .6], 'linestyle', '-','color','r', 'linewidth',2);
hold off
legend([b,x],'Carrots','Peas','Peppers','Green Beans', 'Cucumbers','Eggplant')

b = bar(rand(10,5),'stacked');
colormap(summer);
hold on
x=plot(1:10,5*rand(10,1),'marker','square','markersize',12, 'markeredgecolor','y',…
        'markerfacecolor',[.6 0 .6], 'linestyle','-', 'color','r','linewidth',2);
hold off
legend([b,x],'Carrots','Peas','Peppers','Green Beans','Cucumbers','Eggplant')
```

执行程序后，输出如图 4-22 所示包括不同统计量的标注说明图形。

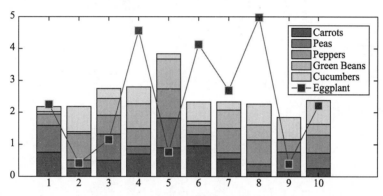

图 4-22   包括不同统计量的标注说明图形

4. 图案填充

MATLAB 除了可以直接画出单色二维图之外，还可以使用 patch() 函数在指定的两条曲线和水平轴所包围的区域填充指定的颜色，其调用格式如下：

```
patch(x, y, [r g b])
```

[r g b] 中的 r 表示红色，g 表示绿色，b 表示蓝色。

【例 4-18】 使用函数在图 4-23 中的两条实线之间填充红色，并在两条虚线之间填充黑色。

解： 依据题意，在"编辑器"窗口中编写如下代码：

```
clear,clc
x=-1:0.01:1;
y=-1.*x.*x;
plot(x,y,'-','LineWidth',1)
XX=x;YY=y;
hold on
y=-2.*x.*x;
plot(x,y,'r-','LineWidth',1)
hold on
XX=[XX x(end:-1:1)];YY=[YY y(end:-1:1)];
patch(XX,YY,'r')
y=-4.*x.*x;
plot(x,y,'g--','LineWidth',1)
XX=x;YY=y;
hold on
y=-8.*x.*x;
```

```
plot(x,y,'k--','LineWidth',1)
XX=[XX x(end:-1:1)];YY=[YY y(end:-1:1)];
patch(XX,YY,'b')
```

执行程序后，输出如图 4-24 所示的图形。

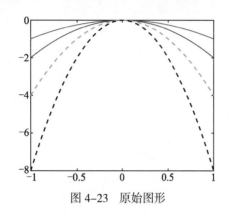

图 4-23　原始图形

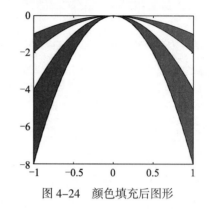

图 4-24　颜色填充后图形

4.2.3　子图绘制法

在一个图形窗口用函数 subplot() 可以同时画出多个子图形，其调用格式主要有以下几种：

```
subplot(m,n,p)
```

将当前图形窗口分成 m × n 个子窗口，并在第 x 个子窗口建立当前坐标平面。子窗口按从左到右，从上到下的顺序编号，如图 4-25 所示。如果 p 为向量，则以向量表示的位置建立当前子窗口的坐标平面。

```
subplot(m,n,p,'replace')
```

按图 4-25 建立当前子窗口的坐标平面时，若指定位置已经建立了坐标平面，则以新建的坐标平面代替。

```
subplot(h)
```

指定当前子图坐标平面的句柄 h，h 为按 mnp 排列的整数，在如图 4-25 所示的子图中，h=232 表示第 2 个子图坐标平面的句柄。

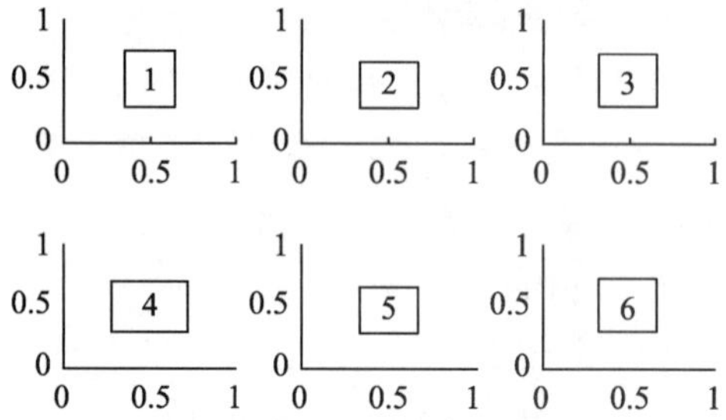

图 4-25　子图位置示意图

```
subplot('Position',[left bottom width height])
```

在指定的位置建立当前子图坐标平面，它把当前图形窗口看成 1.0 × 1.0 的平面，所以 left、bottom、width、height 分别在 (0,1) 内取值，分别表示所创建当前子图坐标平面距离图形窗口左边、底边的长度，以及所建子图坐标平面的宽度和高度。

```
h = subplot(...)
```

创建当前子图坐标平面，同时返回其句柄。

注意：函数 subplot() 只是创建子图坐标平面，在该坐标平面内绘制子图，仍然需要使用 plot() 函数或其他绘图函数。

【例 4-19】用 subplot() 函数画一个子图，要求两行两列共 4 个子窗口，且分别画出正弦、余弦、正切、余切函数曲线。

解：依据题意，在"编辑器"窗口中编写如下代码：

```
clear,clc
x =-4:0.01:4;
subplot(2,2,1);
plot(x,sin(x));                          %画 sin(x)
xlabel('x');ylabel('y');title('sin(x)')
subplot(2,2,2);
plot(x,cos(x));                          %画 cos(x)
xlabel('x');ylabel('y');title('cos(x)');
subplot(2,2,3);
x = (-pi/2)+0.01:0.01:(pi/2)-0.01;
plot(x,tan(x));                          %画 tan(x)
xlabel('x');ylabel('y');title('tan(x)');
subplot(2,2,4);
x = 0.01:0.01:pi-0.01;
plot(x,cot(x));                          %画 cot(x)
xlabel('x');ylabel('y');title('cot(x)');
```

执行程序后，输出如图 4-26 所示的图形。

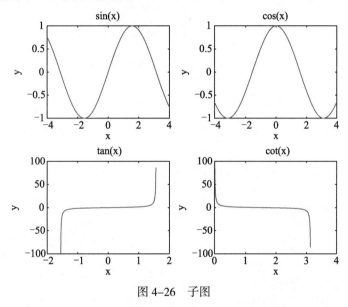

图 4-26 子图

【例 4-20】用 subplot()函数画一个子图，要求两行两列共 4 个子窗口，且分别显示 4 种不同的曲线图形。

解：依据题意，在"编辑器"窗口中编写如下代码：

```
clear,clc
t=0:pi/10:3*pi;
[x,y]=meshgrid(t);
subplot(2,2,1)
plot(sin(t),cos(t)),axis equal
subplot(2,2,2)
z=sin(x)+2*cos(y);
plot(t,z),axis([0 2*pi -2 2])
subplot(2,2,3)
z=2*sin(x).*cos(y);
plot(t,z),axis([0 2*pi -1 1])
subplot(2,2,4)
```

```
z=(sin(x).^2)-(cos(y).^2);
plot(t,z),axis([0 2*pi -1 1])
```

执行程序后，输出如图 4-27 所示的图形。

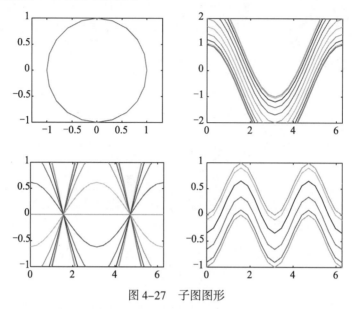

图 4-27　子图图形

4.2.4　二维绘图的经典应用

【例 4-21】利用 MATLAB 绘图函数，绘制模拟电路演示过程，要求电路中有蓄电池、开关和灯，开关默认处于不闭合状态。当开关闭合后，灯变亮。

解： 依据题意，在"编辑器"窗口中编写如下代码：

```
clear,clc
figure('name','模拟电路图');
axis([-4,14,0,10]);                                  %建立坐标系
hold on                                              %保持当前图形的所有特性
axis('off');                                         %关闭所有轴标注和控制
%绘制蓄电池的过程
fill([-1.5,-1.5,1.5,1.5],[1,5,5,1],[0.5,1,1]);
fill([-0.5,-0.5,0.5,0.5],[5,5.5,5.5,5],[0,0,0]);
text(-0.5,1.5,'-');
text(-0.5,3,'电池');
text(-0.5,4.5,'+');
%绘制导电线路的过程
plot([0;0],[5.5;6.7],'color','r','linestyle','-','linewidth',4);   %绘制竖实心导线
plot([0;4],[6.7;6.7],'color','r','linestyle','-','linewidth',4);   %绘制横实心导线
a=line([4;5],[6.7;7.7],'color','b','linestyle','-','linewidth',4);%绘制开关
plot([5.2;9.2],[6.7;6.7],'color','r','linestyle','-','linewidth',4);   %绘制横实心导线
plot([9.2;9.2],[6.7;3.7],'color','r','linestyle','-','linewidth',4);   %绘制竖实心导线
plot([9.2;9.7],[3.7;3.7],'color','r','linestyle','-','linewidth',4);   %绘制横实心导线
plot([0;0],[1;0],'color','r','linestyle','-','linewidth',4);       %绘制竖实心导线
plot([0;10],[0;0],'color','r','linestyle','-','linewidth',4);      %绘制横实心导线
plot([10;10],[0;3],'color','r','linestyle','-','linewidth',4);     %绘制竖实心导线
%绘制灯泡的过程
fill([9.8,10.2,9.7,10.3],[3,3,3.3,3.3],[0 0 0]);                   %确定填充范围
```

```
plot([9.7,9.7],[3.3,4.3],'color','b','linestyle','-','linewidth',0.5);  %绘制灯泡外形线
plot([10.3,10.3],[3.3,4.45],'color','b','linestyle','-','linewidth',0.5);
%绘制圆
x=9.7:pi/50:10.3;
plot(x,4.3+0.1*sin(40*pi*(x-9.7)),'color','b','linestyle','-','linewidth',0.5);
t=0:pi/60:2*pi;
plot(10+0.7*cos(t),4.3+0.6*sin(t),'color','b');
%下面是箭头及注释的显示
text(4.5,10,'电流方向');
line([4.5;6.6],[9.4;9.4],'color','r','linestyle','-','linewidth',4);  %绘制箭头横线
line(6.7,9.4,'color','b','linestyle','-','markersize',10);           % 绘制箭头三角形
pause(1);
%绘制开关闭合的过程
t=0;
y=7.6;
while y>6.6                                   %电路总循环控制开关动作条件
    x=4+sqrt(2)*cos(pi/4*(1-t));
    y=6.7+sqrt(2)*sin(pi/4*(1-t));
    set(a,'xdata',[4;x],'ydata',[6.7;y]);
    drawnow;
    t=t+0.1;
end
%绘制开关闭合后模拟大致电流流向的过程
pause(1);
light=line(10,4.3,'color','y','marker','.','markersize',40);    %画灯丝发出的光：黄色
%画电流的各部分
h=line([1;1],[5.2;5.6],'color','r','linestyle','-','linewidth',4);
g=line(1,5.7,'color','b','linestyle','-','markersize',10);
%赋初值
t=0;
m2=5.6;
n=5.6;
while n<6.5;                                  %确定电流竖向循环范围
    m=1;
    n=0.05*t+5.6;
    set(h,'xdata',[m;m],'ydata',[n-0.5;n-0.1]);
    set(g,'xdata',m,'ydata',n);
    t=t+0.01;
    drawnow;
end
t=0;
while t<1;                                    %在转角处的停顿时间
    m=1.2-0.2*cos((pi/4)*t);
    n=6.3+0.2*sin((pi/4)*t);
    set(h,'xdata',[m-0.5;m-0.1],'ydata',[n;n]);
    set(g,'xdata',m,'ydata',n);
    t=t+0.05;
    drawnow;
end
t=0;
while t<0.4                                   %在转角后的停顿时间
    t=t+0.5;
    g=line(1.2,6.5,'color','b','linestyle','-','markersize',10);
    g=line(1.2,6.5,'color','b','linestyle','--','markersize',10);
    set(g,'xdata',1.2,'ydata',6.5);
```

```
        drawnow;
end
pause(0.5);
t=0;
while m<7                                    %确定第2个箭头的循环范围
    m=1.1+0.05*t;
    n=6.5;
    set(g,'xdata',m+0.1,'ydata',6.5);
    set(h,'xdata',[m-0.4;m],'ydata',[6.5;6.5]);
    t=t+0.05;
    drawnow;
end
t=0;
while t<1                                    %在转角后的停顿时间
    m=8.1+0.2*cos(pi/2-pi/4*t);
    n=6.3+0.2*sin(pi/2-pi/4*t);
    set(g,'xdata',m,'ydata',n);
    set(h,'xdata',[m;m],'ydata',[n+0.1;n+0.5]);
    t=t+0.05;
    drawnow;
end
t=0;
while t<0.4                                   %在转角后的停顿时间
    t=t+0.5;
    %绘制第三个箭头
    g=line(8.3,6.3,'color','b','linestyle','--','markersize',10);
    g=line(8.3,6.3,'color','b','linestyle','-','markersize',10);
    set(g,'xdata',8.3,'ydata',6.3);
    drawnow;
end

pause(0.5);
t=0;
while n>1                                     %确定箭头的运动范围
    m=8.3;
    n=6.3-0.05*t;
    set(g,'xdata',m,'ydata',n);
    set(h,'xdata',[m;m],'ydata',[n+0.1;n+0.5]);
    t=t+0.04;
    drawnow;
end
t=0;
while t<1                                     %箭头的起始时间
    m=8.1+0.2*cos(pi/4*t);
    n=1-0.2*sin(pi/4*t);
    set(g,'xdata',m,'ydata',n);
    set(h,'xdata',[m+0.1;m+0.5],'ydata',[n;n]);
    t=t+0.05;
    drawnow;
end
t=0;
while t<0.5
    t=t+0.5;
    %绘制第四个箭头
    g=line(8.1,0.8,'color','b','linestyle','--','markersize',10);
```

```
        g=line(8.1,0.8,'color','b','linestyle','-','markersize',10);
        set(g,'xdata',8.1,'ydata',0.8);
        drawnow;
end
pause(0.5);
t=0;
while m>1.1                         %箭头的运动范围
    m=8.1-0.05*t;
    n=0.8;
    set(g,'xdata',m,'ydata',n);
    set(h,'xdata',[m+0.1;m+0.5],'ydata',[n;n]);
    t=t+0.04;
    drawnow;
end
t=0;
while t<1                           %停顿时间
    m=1.2-0.2*sin(pi/4*t);
    n=1+0.2*cos(pi/4*t);
    set(g,'xdata',m,'ydata',n);
    set(h,'xdata',[m;m+0.5],'ydata',[n-0.1;n-0.5]);
    t=t+0.05;
    drawnow;
end
t=0;
while t<0.5                         %画第 5 个箭头
    t=t+0.5;
    g=line(1,1,'color','b','linestyle','-','markersize',10);
    g=line(1,1,'color','b','linestyle','--','markersize',10);
    set(g,'xdata',1,'ydata',1);
    drawnow;
end
t=0;
while n<6.2
    m=1;
    n=1+0.05*t;
    set(g,'xdata',m,'ydata',n);
    set(h,'xdata',[m;m],'ydata',[n-0.5;n-0.1]);
    t=t+0.04;
    drawnow;
end
%绘制开关断开后的情况
t=0;
y=6.6;
while y<7.6                         %开关的断开
    x=4+sqrt(2)*cos(pi/4*t);
    y=6.7+sqrt(2)*sin(pi/4*t);
    set(a,'xdata',[4;x],'ydata',[6.7;y]);
    drawnow;
    t=t+0.1;
end
pause(0.2);                         %开关延时作用
nolight=line(10,4.3,'color','y','marker','.',
'markersize',40);
```

执行程序后，输出如图 4-28 所示的模拟电路图形。

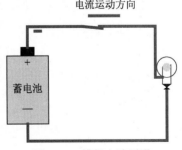

图 4-28　模拟电路图形

4.3　三维绘制

MATLAB 中的三维图形包括三维折线及曲线图、三维曲面图等。创建三维图形和创建二维图形的过程类似，都包括数据准备、绘图区选择、绘图、设置、标注以及图形的打印或输出。不过，三维图形能够设置和标注更多的元素，如颜色过渡、光照和视角等。

4.3.1　三维绘图基本命令

绘制二维折线或曲线时可以使用 plot 命令。与这条命令类似，MATLAB 也提供了一个绘制三维折线或曲线的基本命令 plot3，其格式是：

```
plot3(x1,y1,z1,option1,x2,y2,z2,option2,…)
```

plot3 命令以 x1，y1，z1 所给出的数据分别为 x，y，z 坐标值，option1 为选项参数，以逐点连折线的方式绘制 1 个三维折线图形；同时，以 x2，y2，z2 所给出的数据分别为 x，y，z 坐标值，option2 为选项参数，以逐点折线的方式绘制另一个三维折线图形。

plot3 命令的功能及使用方法与 plot 命令的功能及使用方法类似，它们的区别在于前者绘制出的是三维图形。

plot3 命令参数的含义与 plot 命令的参数含义类似，它们的区别在于前者多了一个 z 方向上的参数。同样，各个参数的取值情况及其操作效果也与 plot 命令相同。

plot3 命令使用的是以逐点连线的方法来绘制三维折线的，当各个数据点的间距较小时，也可利用它来绘制三维曲线。

【例 4-22】绘制三维曲线示例。

解： 依据题意，在"编辑器"窗口中编写如下代码：

```
clear,clc
t=0:0.4:40;
figure(1)
subplot(2,2,1);plot3(sin(t),cos(t),t);          %画三维曲线
grid
text(0,0,0,'0');                                %在 x=0,y=0,z=0 处标记 0
title('三维空间');
xlabel('sin(t)'),ylabel('cos(t)'),zlabel('t');
subplot(2,2,2);plot(sin(t),t);
grid
title('x-z 平面');                               %三维曲线在 x-z 平面的投影
xlabel('sin(t)'),ylabel('t');
subplot(2,2,3);plot(cos(t),t);
grid
title('y-z 平面');                               %三维曲线在 y-z 平面的投影
xlabel('cos(t)'),ylabel('t');
subplot(2,2,4);plot(sin(t),cos(t));
title('x-y 平面');                               %三维曲线在 x-y 平面的投影
xlabel('sin(t)'),ylabel('cos(t)');
grid
```

执行程序后，输出如图 4-29 所示的图形。

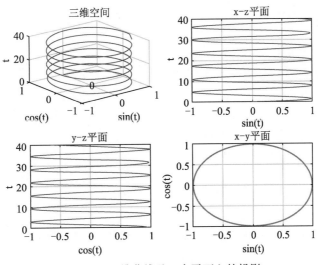

图 4-29　三维曲线及三个平面上的投影

【例 4-23】绘制函数 $z = \sqrt{x^2 + 2y^2}$ 的图形，其中 $(x, y) \in [-5, 5]$。

解： 依据题意，在"编辑器"窗口中编写如下代码：

```
clear,clc
x=-5:0.1:5;
y=-5:0.1:5;
[X,Y]=meshgrid(x,y);            %将向量 x,y 指定的区域转化为矩阵 X,Y
Z=sqrt(X.^2+Y.^2);             %产生函数值 Z
mesh(X,Y,Z)
```

执行程序后，输出如图 4-30 所示的图形。

【例 4-24】利用 plot3 绘制 $x=2\sin t$、$y=3\cos t$ 三维螺旋线。

解： 依据题意，在"编辑器"窗口中编写如下代码：

```
clear,clc
t=0:pi/100:7*pi;
x=2*sin(t);
y=3*cos(t);
z=t;
plot3(x,y,z)
```

执行程序后，输出如图 4-31 所示图形。

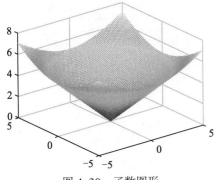

图 4-30　函数图形

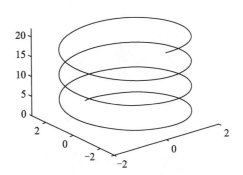

图 4-31　三维螺旋线图形

【例 4-25】利用 plot3 绘制 $z = 3x(-x^3 - 2y^2)$ 三维线条图形。

解： 依据题意，在"编辑器"窗口中编写如下代码：

```
clear,clc
[X,Y]=meshgrid([-4:0.1:4]);
Z=3*X.*(-X.^3-2*Y.^2);
plot3(X,Y,Z,'b')
```

执行程序后，输出如图 4-32 所示的图形。

在 MATLAB 中，可用函数 surf()、surfc() 来绘制三维曲面图。其调用格式如下：

```
surf(Z)
```

以矩阵 Z 指定的参数创建一渐变的三维曲面，坐标 x = 1:n，y = 1:m，其中[m,n] = size(Z)。

```
surf(X,Y,Z)
```

以 Z 确定的曲面高度和颜色，按照 X、Y 形成的格点矩阵，创建一渐变的三维曲面。X、Y 可以为向量或矩阵，若 X、Y 为向量，则必须满足 m= size(X)，n =size(Y)，[m,n] = size(Z)。

```
surf(X,Y,Z,C)
```

以 Z 确定的曲面高度，C 确定的曲面颜色，按照 X、Y 形成的格点矩阵，创建一渐变的三维曲面。

```
surf(…,'PropertyName',PropertyValue)
```

设置曲面的属性。

```
surfc(…)
```

采用 surfc() 函数的格式同 surf()，同时在曲面下绘制曲面的等高线。

【例 4-26】绘制球体的三维图形。

解： 在"编辑器"窗口中编写如下代码：

```
clear,clc
figure
[X,Y,Z]=sphere(40);            %计算球体的三维坐标
surf (X,Y,Z);                  %绘制球体的三维图形
xlabel('x'),ylabel('y'),zlabel('z');
title(' shading faceted ');
```

执行程序后，输出如图 4-33 所示的图形。

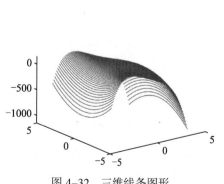

图 4-32　三维线条图形

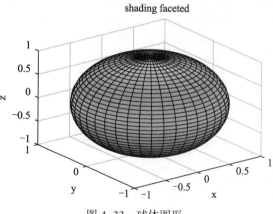

图 4-33　球体图形

注意：在图形窗口，需将图形的属性 Renderer 设置成 Painters，才能显示出坐标名称和图形标题。

在图 4-33 中，可以看到球面被网格线分割成小块，每一小块可看作是一块补片，嵌在线条之间。这些线条和渐变颜色可以由命令 shading 来指定，其格式为：

```
shading faceted
```
在绘制曲面时采用分层网格线，为默认值。

```
shading flat
```
表示平滑式颜色分布方式；去掉黑色线条，补片保持单一颜色。

```
shading interp
```
表示插补式颜色分布方式；同样去掉线条，但补片以插值加色。这种方式需要比分块和平滑更多的计算量。

4.3.2　隐藏线的显示和关闭

显示或不显示的网格曲面的隐藏线将对图形的显示效果有一定的影响。MATLAB 提供了相关的控制命令 hidden，调用这种命令的格式是：

```
hidden on
```
去掉网格曲面的隐藏线。

```
hidden off
```
显示网格曲面的隐藏线。

【例 4-27】绘出有隐藏线和无隐藏线的函数 $f(x,y)=\dfrac{\cos(\sqrt{x^2+y^2})}{\sqrt{x^2+y^2}}$ 的网格曲面。

解：依据题意，在"编辑器"窗口中编写如下代码：

```
clear,clc
x=-7:0.4:7;
y=x;
[X,Y]=meshgrid(x,y);
R=sqrt(X.^2+Y.^2)+eps;
Z=cos(R)./R;
subplot(1,2,1),mesh(X,Y,Z)
hidden on,grid on
title('hidden on')
axis([-10 10 -10 10 -1 1])
subplot(1,2,2),mesh(X,Y,Z)
hidden off,grid on
title('hidden off')
axis([-10 10 -10 10 -1 1])
```

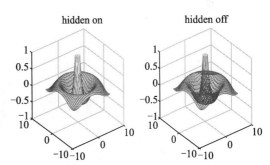

图 4-34　有无隐藏线的函数网格曲面图

执行程序后，输出如图 4-34 所示的图形。

4.3.3　三维绘图的实际应用

【例 4-28】在一丘陵地带测量高度，x 和 y 方向每隔 100m 测一个点，得到的高度见表 4-2，试拟合一曲面，确定合适的模型，并由此找出最高点和该点的高度。

表 4-2   高度数据

单位：米

y	高度			
	$x=100$	$x=200$	$x=300$	$x=400$
100	536	597	524	278
200	598	612	530	378
300	580	574	498	312
400	562	526	452	234

解：依据题意，在"编辑器"窗口中编写如下代码：

```
clear,clc
x=[100 100 100 100 200 200 200 200 300 300 300 300 400 400 400 400];
y=[100 200 300 400 100 200 300 400 100 200 300 400 100 200 300 400];
z=[536 597 524 378 598 612 530 378 580 574 498 312 562 526 452 234];
xi=100:10:400;
yi=100:10:400;
[X,Y]=meshgrid(xi,yi);
H=griddata(x,y,z,X,Y,'cubic');
surf(X,Y,H);
view(-112,26);
hold on;
maxh=vpa(max(max(H)),6)
[r,c]=find(H>=single(maxh));
stem3(X(r,c),Y(r,c),maxh,'fill')
title('高度曲面')
```

执行程序后，输出如图 4-35 所示的高度曲面图像。同时得到最高点为：

```
maxh =
     616.113
```

即该丘陵地带最高点的高度为 616.113m。

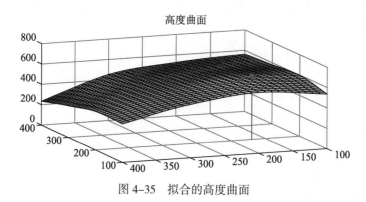

图 4-35   拟合的高度曲面

4.4   特殊图形的绘制

在 MATLAB 中，针对二维、三维绘图除前面介绍的绘图函数外，还有其他一些特殊图形的绘制函数，下面分别进行介绍。

4.4.1　特殊二维图形的绘制

在 MATLAB 中，还有其他绘图函数，可以绘制不同类型的二维图形，以满足不同的要求，表 4–3 列出了这些绘图函数。

表 4-3　其他绘图函数

函　　数	二维图的形状	备　　注
bar(x,y)	条形图	x是横坐标，y是纵坐标
fplot(y,[a b])	精确绘图	y代表某个函数，[a b]表示需要精确绘图的范围
polar(θ,r)	极坐标图	θ是角度，r代表以θ为变量的函数
stairs(x,y)	阶梯图	x是横坐标，y是纵坐标
line([x1, y1],[x2,y2],…)	折线图	[x1, y1]表示折线上的点
fill(x,y,'b')	实心图	x是横坐标，y是纵坐标，'b'代表颜色
scatter(x,y,s,c)	散点图	s是圆圈标记点的面积，c是标记点颜色
pie(x)	饼图	x为向量
contour(x)	等高线	x为向量
…	…	…

【例 4-29】用函数画一个条形图。

解： 依据题意，在"编辑器"窗口中编写如下代码：

```
clear,clc
x = -4:0.4:4;
bar(x,exp(-x.*x));title('条形图')
```

执行程序后，输出如图 4–36 所示的图形。

【例 4-30】用函数画一个针状图。

解： 依据题意，在"编辑器"窗口中编写如下代码：

```
clear,clc
x = 0:0.05:4;
y = 2*(x.^0.3).*exp(-x);
stem(x,y),title('针状图')
```

执行程序后，输出如图 4–37 所示的图形。

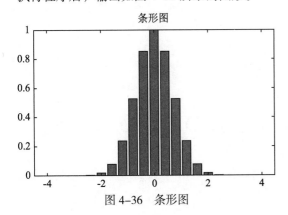

图 4-36　条形图

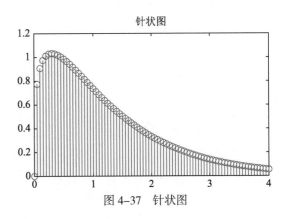

图 4-37　针状图

4.4.2 特殊三维图形的绘制

在科学研究中，有时需要绘制一些特殊的三维图形，如螺旋线、三维直方图、三维等高线、圆柱体图、饼状图等特殊样式的三维图形。

1. 螺旋线

在三维绘图中，螺旋线分为静态螺旋线、动态螺旋线和圆柱螺旋线。

【例 4-31】创建静态螺旋线图及动态螺旋线图。

解：依据题意，在"编辑器"窗口中编写如下代码：

```
% 产生静态螺旋线
clear,clc
a=0:0.2:10*pi;
figure(1)
h=plot3(a.*cos(a),a.*sin(a),2.*a,'b','linewidth',2);
axis([-50,50,-50,50,0,150]);
grid on
set(h,'markersize',22);
title('静态螺旋线');

%产生动态螺旋线
t=0:0.2:8*pi;
i=1;
figure(2)
h=plot3(sin(t(i)),cos(t(i)),t(i),'*');
grid on
axis([-1 1 -1 1 0 30])
for i=2:length(t)
    set(h,'xdata',sin(t(i)),'ydata',cos(t(i)),'zdata',t(i));
    drawnow
    pause(0.01)
end
title('动态螺旋线图像');
```

执行程序后，得到的静态螺旋线图形如图 4–38 所示，动态螺旋线图形如图 4–39 所示（动态显示一个点）。

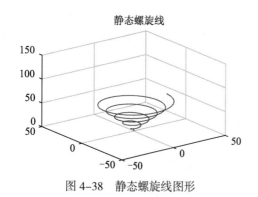

图 4–38　静态螺旋线图形

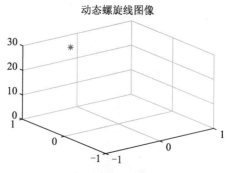

图 4–39　动态螺旋线图形

2. 三维直方图

与二维情况类似，MATLAB 提供了两类画三维直方图的命令：一类用于画垂直放置的三维直方图；另一类用于画水平放置的三维直方图。

（1）垂直放置的三维直方图

MATLAB 中绘制垂直放置的三维直方图函数格式如下：

```
bar3(Z)
```

以 x=1,2,…,m 为各个数据点的 x 坐标，y=1,2,…,n 为各个数据点的 y 坐标，以 Z 矩阵的各个对应元素为 z 坐标（Z 矩阵的维数为 m×n）。

```
bar3(Y,Z)
```

以 x=1,2,3,…,m 为各个数据点的 x 坐标，以 Y 向量的各个元素为各个数据点的 y 坐标，以 Z 矩阵的各个对应元素为 z 坐标（Z 矩阵的维数为 m×n）。

```
bar3(Z,option)
```

以 x=1,2,…,m 为各个数据点的 x 坐标，以 y=1,2,…,n 为各个数据点的 y 坐标，以 Z 矩阵的各个对应元素为 z 坐标（Z 矩阵的维数为 m×n）；并且各个方块的放置位置由字符串参数 option 来指定（detached 为分离式三维直方图，grouped 为分组式三维直方图，stached 为累加式三维直方图）。

（2）水平放置的三维直方图

MATLAB 中绘制水平放置的三维直方图的函数包括 bar3h(Z)、bar3h(Y,Z)、bar3h(Z,option)，它们的功能及使用方法与前述的 3 个 bar3 命令的功能及使用方法相同。

【例 4-32】 利用函数绘制出不同类型的直方图。

解：依据题意，在"编辑器"窗口中编写如下代码：

```
clear,clc
Z=[15,35,10; 20,10,30]
subplot(2,2,1)
h1=bar3(Z,'detached')
set(h1,'FaceColor','W')
title('分离式直方图')
subplot(2,2,2)
h2=bar3(Z,'grouped')
set(h2,'FaceColor','W')
title('分组式直方图')
subplot(2,2,3)
h3=bar3(Z,'stacked')
set(h3,'FaceColor','W')
title('叠加式直方图')
subplot(2,2,4)
h4=bar3h(Z)
set(h4,'FaceColor','W')
title('水平放置直方图')
```

执行程序后，输出如图 4-40 所示的三维直方图。

 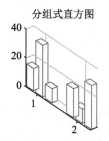 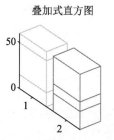 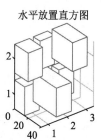

图 4-40　不同类型的三维直方图

3. 三维等高线

MATLAB 中提供的三维等高线的绘制函数格式如下：

```
contour3(X,Y,Z,n,option)
```

参数 n 指定要绘制出 n 条等高线。若默认参数 n，则系统自动确定绘制等高线的条数；参数 option 指定了等高线的线型和颜色。

```
clabel(c,h)
```
标记等高线的数值，参数(c,h)必须是 contour 命令的返回值。

【例 4-33】绘制下列函数的曲面及其对应的三维等高线：

$$f(x,y) = 2(1-x)^2 e^{-x^2-(y+1)^2} - 8\left(\frac{x}{6} - x^3 - y^5\right)e^{-(x^2-y^2)} - \frac{1}{4}e^{-(x+1)^2-y^2}$$

解：依据题意，在"编辑器"窗口中编写如下代码：

```
clear,clc
x=-4:0.3:4;
y=x;
[X,Y]=meshgrid(x,y);
Z=2*(1-X).^2.*exp(-(X.^2)-(Y+1).^2)-8*(X/6-X.^3-Y.^5).*exp(-X.^2-Y.^2)-1/4*exp
(-(X+1).^2-Y.^2);
subplot(1,2,1)
mesh(X,Y,Z)
xlabel('x'),ylabel('y'),zlabel('Z')
title('Peaks 函数图形')
subplot(1,2,2)
[c,h]=contour3(x,y,Z);
clabel(c,h)
xlabel('x'),ylabel('y'),zlabel('z')
title('Peaks 函数的三维等高线')
```

执行程序后，输出如图 4-41 所示的结果。

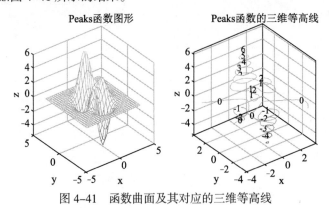

图 4-41　函数曲面及其对应的三维等高线

4.5　本章小结

本章首先介绍了数据图像的绘制，然后重点介绍了 MATLAB 中如何使用绘图函数绘制二维和三维图形，针对在 MATLAB 中一些特殊图形的绘制，本章也做了简单介绍。通过本章的学习，能让读者掌握 MATLAB 的各种基础绘图方法，为后续学习奠定基础。

第二部分
常规优化算法

❑ 第5章　线性规划

❑ 第6章　非线性规划

❑ 第7章　无约束一维极值

❑ 第8章　无约束多维极值

❑ 第9章　约束优化方法

❑ 第10章　二次规划

❑ 第11章　多目标优化方法

线 性 规 划

线性规划（Linear Programming，LP）是运筹学中研究较早、发展较快、应用广泛且方法较成熟的一个重要分支，它是辅助人们进行科学管理的一种数学方法。生活中的许多实际问题抽象成数学模型后，大都可以归结为线性规划问题，在单纯形法求解线性规划问题被提出后，线性规划理论已经趋于成熟，广泛应用于实际中。本章讲解在 MATLAB 中如何求解线性规划问题。

学习目标：

（1）了解 MATLAB 线性规划基本概念；

（2）了解 MATLAB 线性规划问题标准形式；

（3）掌握 MATLAB 中线性规划函数的应用；

（4）熟练掌握 MATLAB 线性规划问题求解。

5.1 线性规划基本理论

线性规划是研究线性约束条件下线性目标函数的极值问题的数学理论和方法，主要用于研究有限资源的最佳分配问题，即如何对有限的资源做出最佳的调配和最有效的使用，以便最充分发挥资源的效能去获取最佳的经济效益。

当建立的数学模型的目标函数为线性函数，约束条件为线性等式或不等式时，称此数学模型为线性规划模型。

5.1.1 线性规划问题的一般形式

线性规划问题的数学模型有不同的形式，目标函数有的要求极大化，有的要求极小化，约束条件可以是线性等式约束，也可以是线性不等式约束。变量通常是非负约束，也可以在$(-\infty,+\infty)$区间内取值。但是无论哪种形式的线性规划问题的数学模型都可以统一转化为标准型。

线性规划问题的一般形式为：

目标函数：

$$\min f(\boldsymbol{x}) = c_1 x_1 + c_2 x_2 + \cdots + c_n x_n$$

约束条件：

$$a_{11} x_1 + a_{12} x_2 + \cdots + a_{1n} x_n = (\geqslant, \leqslant)\ b_1$$
$$a_{21} x_1 + a_{22} x_2 + \cdots + a_{2n} x_n = (\geqslant, \leqslant)\ b_2$$
$$\vdots$$

$$a_{m1}x_1 + a_{m2}x_2 + \cdots + a_{mn}x_n = (\geqslant, \leqslant)\ b_m$$
$$x_1, x_2, \cdots, x_n \geqslant 0,\ m < n$$

5.1.2 线性规划问题的标准形式

线性规划问题的常规求解方法是利用矩阵的初等变换，求解时引入非负的松弛变量（"$\geqslant$"的约束为剩余变量）将不等式约束转化为等式约束，也就是将线性规划问题的一般形式变为标准形式。

因此，线性规划问题数学模型的标准形式为线性目标函数加上等式及变量非负的约束条件。用数学表达式表述为：

$$\min f(\boldsymbol{x}) = c_1 x_1 + c_2 x_2 + \cdots + c_n x_n$$
$$\text{s.t.}\ a_{11}x_1 + a_{12}x_2 + \cdots + a_{1n}x_n = b_1$$
$$a_{21}x_1 + a_{22}x_2 + \cdots + a_{2n}x_n = b_2$$
$$\cdots$$
$$a_{m1}x_1 + a_{m2}x_2 + \cdots + a_{mn}x_n = b_m$$
$$x_1, x_2, \cdots, x_n \geqslant 0,\ m < n$$

或

$$\min f(\boldsymbol{x}) = \sum_{j=1}^{n} c_j x_j$$
$$\text{s.t.}\ \sum_{j=1}^{n} a_{ij} x_j = b_i,\quad i = 1, 2, \cdots, m$$
$$x_j \geqslant 0, j = 1, 2, \cdots, n \quad m < n$$

其矩阵形式为：

$$\min f(\boldsymbol{x}) = \boldsymbol{cx}$$
$$\text{s.t.}\ \boldsymbol{Ax} = \boldsymbol{b}$$
$$\boldsymbol{x} \geqslant 0, j = 1, 2, \cdots, n$$

其中

$\boldsymbol{x} = \begin{bmatrix} x_1 & x_2 & \cdots & x_n \end{bmatrix}^{\mathrm{T}}$ 为 n 维列向量，$\boldsymbol{x} \geqslant 0$ 表示各分量均$\geqslant 0$，即 $x_1, x_2, \cdots, x_n \geqslant 0$。

$\boldsymbol{c} = \begin{bmatrix} c_1 & c_2 & \cdots & c_n \end{bmatrix}$ 为 n 维行向量。

$\boldsymbol{b} = \begin{bmatrix} b_1 & b_2 & \cdots & b_n \end{bmatrix}^{\mathrm{T}}$ 为 n 维列向量。

$$\boldsymbol{A} = \begin{bmatrix} a_{11} & a_{12} & \cdots & a_{1n} \\ a_{21} & a_{22} & \cdots & a_{2n} \\ & & \cdots & \\ a_{m1} & a_{m2} & \cdots & a_{mn} \end{bmatrix}$$ 为 $m \times n$ 维列向量。

5.1.3 线性规划问题的向量标准形式

在求解线性规划问题时，还会将线性规划问题用向量的形式表示，即为线性规划问题的向量标准形式：

$$\min f(\boldsymbol{x}) = \boldsymbol{cx}$$
$$\text{s.t.}\ \begin{bmatrix} \boldsymbol{P}_1, \boldsymbol{P}_2, \cdots, \boldsymbol{P}_n \end{bmatrix} \boldsymbol{x} = \boldsymbol{b}$$
$$\boldsymbol{x} \geqslant 0, j = 1, 2, \cdots, n$$

其中，P_j 为矩阵 A 的第 j 列向量，即：

$$P_j = \left[a_{1j}, a_{2j}, \cdots, a_{mj} \right]^{\mathrm{T}}$$

5.1.4 非标准形式的标准化

线性规划问题的标准形式要求使目标函数最小化或最大化（最大化可以转化为最小化），约束条件取等式，变量 b 非负。不符合这几个条件的线性规划模型可以转化成标准形式。

1. 极大极小问题转化

原线性规划问题为极大化目标函数 $f(x)$，可通过 $f'(x) = -f(x)$ 转化为极小化函数，即：

$$\max f(x) = c_1 x_1 + c_2 x_2 + \cdots + c_n x_n$$

通过 $f'(x) = -f(x)$ 转化为：

$$\min f'(x) = -(c_1 x_1 + c_2 x_2 + \cdots + c_n x_n)$$

反之，极小化目标函数也可以转化为极大化目标函数。

2. 约束条件为不等式

当线性规划问题的约束条件为不等式时，可增加一个或减掉一个非负变量，将约束条件变为等式，增加或减掉的非负变量称为松弛变量。例如：

在不等式

$$a_{i1} x_1 + a_{i2} x_2 + \cdots + a_{in} x_n \leqslant b_i$$

的左侧增加一个非负变量 x_{n+1}，使其变为等式：

$$a_{i1} x_1 + a_{i2} x_2 + \cdots + a_{in} x_n + x_{n+1} = b_i$$

在不等式

$$a_{i1} x_1 + a_{i2} x_2 + \cdots + a_{in} x_n \geqslant b_i$$

的左侧减掉一个非负变量 x_{n+1}，使其变为等式：

$$a_{i1} x_1 + a_{i2} x_2 + \cdots + a_{in} x_n - x_{n+1} = b_i$$

其中，x_{n+1} 即为松弛变量。

3. 某些变量没有非负限制

当某变量 x_j 无正负约束限制时，通过设定两个非负变量 x_j' 及 x_j''，及式 $x_j = x_j' - x_j''$ 对原变量进行转换。转换过程需要将新变量 x_j'、x_j'' 代入目标函数及其他所有约束条件中进行替换，以满足线性规划标准形式对非负变量的要求。

【例 5-1】将下面的线性规划问题标准化。

$$\max f(x) = -9x_1 + 4x_2 + 5x_3$$
$$\text{s.t. } x_1 - 4x_2 + x_3 \geqslant 21$$
$$5x_1 + 2x_2 - x_3 \leqslant 16$$
$$-4x_1 + 3x_2 + 7x_3 = 2$$
$$x_1, x_2 \geqslant 0$$

解： 下面展示如何将线性规划问题的非标准形式转化为线性规划问题的标准形式。

（1）将最大化目标函数转化为最小化目标函数，即：

$$\min f(x) = 9x_1 - 4x_2 - 5x_3$$

（2）原问题的前两个条件为不等式，因此需要采用松弛因子将其转化为等式形式。

第一个不等式为≥，因此需要将左边减掉一个松弛变量 x_4，使其变为等式，即：

$$x_1 - 4x_2 + x_3 - x_4 = 21$$

第二个不等式为≤，因此需要将左边增加一个松弛变量 x_5 使其变为等式，即：

$$5x_1 + 2x_2 - x_3 + x_5 = 16$$

（3）原问题对 x_3 没有正负约束，需要引入非负变量 x_3'、x_3''，令 $x_3 = x_3' - x_3''$，并将其代入目标函数及相关约束条件中。

（4）由此可得原问题的等价线性规划标准形式为：

$$\min f(x) = 9x_1 - 4x_2 - 5x_3' + 5x_3''$$
$$\text{s.t. } x_1 - 4x_2 + x_3' - x_3'' - x_4 = 21$$
$$5x_1 + 2x_2 - x_3' + x_3'' + x_5 = 16$$
$$-4x_1 + 3x_2 + 7x_3' - 7x_3'' = 2$$
$$x_1, x_2, x_3', x_3'', x_4, x_5 \geq 0$$

5.1.5 线性规划模型的求解

线性规划模型首先是列出约束条件及目标函数，然后画出约束条件所表示的可行域，最后在可行域内求目标函数的最优解及最优值。

求解线性规划问题的基本方法是单纯形法。为了提高解题速度，有改进单纯形法、对偶单纯形法、原始对偶方法、分解算法和各种多项式时间算法。对于只有两个变量的简单线性规划问题，也可采用图解法求解。线性规划模型的求解流程如图 5-1 所示。

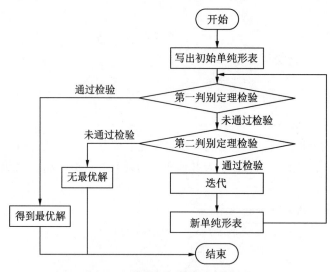

图 5-1　线性规划模型求解流程

单纯形法是从所有基本可行解的一个较小部分中通过迭代过程选出最优解，其迭代过程的一般描述为：

（1）将线性规划转化为典范形式，从而可以得到一个初始基本可行解 $x(0)$（初始顶点），将它作为迭代过程的出发点，其目标值为 $z(x(0))$。

（2）寻找一个基本可行解 $x(1)$，使 $z(x(1)) \leq z(x(0))$。方法是通过消去法将产生 $x(0)$ 的典范形式转化为产生 $x(1)$ 的典范形式。

（3）继续寻找较好的基本可行解 $x(2)$，$x(3)$，$\cdots$，使目标函数值不断改进，即 $z(x(1)) \geqslant z(x(2)) \geqslant z(x(3)) \geqslant \cdots$，当某个基本可行解再也不能被其他基本可行解改进时，它就是所求的最优解。

MATLAB 采用投影法求解线性规划问题，该方法是单纯形法的变种。

5.2 优化选项参数设置

在讲解 MATLAB 线性规划求解方法前，先介绍一下在 MATLAB 中如何进行优化参数的设置。MATLAB 优化工具箱提供了优化函数的算法选择、迭代过程显示、迭代次数设置等选项的设置功能。MATLAB 中，通过 optimset() 函数可以创建和编辑参数结构，通过 optimget() 函数可以获得当前 options 的优化参数。

5.2.1 创建或编辑优化选项参数

optimset() 函数用于创建或编辑优化参数结构。优化选项参数以结构体形式返回，未设置的参数值为[]，此时求解器使用这些参数的默认值。其调用格式如下：

```
options = optimset(Name,Value)
```

返回 options，它包含一个或多个 Name-Value 对（名-值对）设置的指定参数，未指定的参数设置为空 []（表示 options 传递给优化函数时给参数赋默认值）。

```
optimset（不带输入或输出实参）
```

显示完整的参数列表及其有效值。

```
options = optimset（不带输入参数）
```

创建结构体 options，其中所有参数设置为[]。

```
options = optimset(optimfun)
```

创建一个所有参数名称和默认值与优化函数 optimfun 相关的结构体 options。

```
options = optimset(oldopts,Name,Value)
```

创建 oldopts 的副本，并使用一个或多个 Name-Value 对修改指定的参数。

```
options = optimset(oldopts,newopts)
```

合并现有 options 结构体 oldopts 和新 options 结构体 newopts，newopts 中拥有非空值的任何参数将覆盖 oldopts 中对应的参数。

（1）输入参数 optimfun 为优化求解器，指定为函数名称或函数句柄，返回的 options 结构体只包含指定求解器的非空项，如：

```
options = optimset('fzero')
options = optimset(@fminsearch)
```

（2）输入参数 Name-Value 对，用于指定可选的以逗号分隔的（Name,Value）对参数，如表 5-1 所示。Name 为参数名称，必须放在引号中，Value 为对应的值。可采用任意顺序指定多个 Name-Value 对参数，如：

```
options = optimset('TolX',1e-6,'PlotFcns',@optimplotfval)
```

表 5-1　options参数及说明

参　　　　数	说　　明
Display	适用于所有优化求解器，用于显示级别设置： ① notify（默认值）仅在函数未收敛时显示输出； ② final仅显示最终输出结果； ③ off（或none）无显示输出； ④ iter显示输出每次迭代结果（不适用于lsqnonneg），如： `options=optimset('Display','iter')`
FunValCheck	适用于fminbnd、fminsearch和fzero求解器，是用于检查函数值是否有效的标志。指定为以逗号分隔的（Name,Value）对，由FunValCheck和值off（默认值）或on组成。当值为on时，如果目标函数返回复数值或NaN，则求解器会显示错误。如： `options=optimset('FunValCheck','on')`
MaxFunEvals	适用于fminbnd和fminsearch求解器，用于设置函数计算的最大次数。对fminbnd，默认值为500，对fminsearch默认值为200*(number of variables)。以逗号分隔的（Name,Value）对形式指定，该对由MaxFunEvals和一个正整数组成。如： `options=optimset('MaxFunEvals',2e3)`
MaxIter	适用于fminbnd和fminsearch求解器，用于设定最大迭代次数。对fminbnd，默认值为500，对fminsearch，默认值为200*(number of variables)。以逗号分隔的（Name,Value）对形式指定，该对由MaxIter和一个正整数组成。如： `options=optimset('MaxIter',2e3)`
OutputFcn	适用于fminbnd、fminsearch和fzero求解器，为输出函数。可以为函数名称、函数句柄、函数句柄的元胞数组，默认为空[]，以逗号分隔的（Name,Value）对形式指定。其中包含OutputFcn和一个函数名称或函数句柄。可以以函数句柄元胞数组的形式指定多个输出函数。每次迭代后都会运行一个输出函数，方便监控求解过程或停止迭代。如： `options=optimset('OutputFcn',{@outfun1,@outfun2})`
PlotFcns	适用于fminbnd、fminsearch和fzero求解器，为绘图函数。可以为函数名称、函数句柄、函数句柄的元胞数组，默认为空[]，以逗号分隔的（Name,Value）对形式指定。其中包含PlotFcns和一个函数名称或函数句柄。可以以函数句柄元胞数组的形式指定多个绘图函数。每次迭代后都会运行一个绘图函数，方便监控求解过程或停止迭代。如： `options=optimset('PlotFcns','optimplotfval')` 内置绘图函数如下： @optimplotx：绘制当前点； @optimplotfval：绘制函数值； @optimplotfunccount：绘制函数计数（不适用fzero）
TolFun	仅适用于fminsearch，用于设置函数值的终止容差，默认值为1e-4。在当前函数值与先前值相差小于TolFun时（相对于初始函数值），迭代结束。指定为由TolFun和非负标量组成的以逗号分隔的（Name,Value）对。如： `options=optimset('TolFun',2e-6)`
TolX	适用于所有优化求解器，用于设置当前点x的终止容差。对fminbnd和fminsearch，默认值为1e-4，对fzero，默认值为eps，对lsqnonneg，默认值为10*eps*norm(c,1)*length(c)。在当前点与先前点相差小于TolX时（相对于x的大小），迭代结束。指定为由TolX和非负标量组成的以逗号分隔的（Name,Value）对。如： `options=optimset('TolFun',2e-6)`

【例 5-2】optimset 函数应用示例。

解：在"编辑器"窗口中编写如下代码：

```
options=optimset('PlotFcns','optimplotfval','TolX',1e-7);    %使用绘图函数监视求解过
                                                             %程，修改停止条件
fun = @(x)100*((x(2) - x(1)^2)^2) + (1 - x(1))^2;            %Rosenbrock 函数
x0 = [-1,2];
[x,fval] = fminsearch(fun,x0,options)       %从点（-1,2）开始最小化 Rosenbrock 函数，并使
                                            %用选项监控最小化过程
options = optimset('fzero');
```

运行后可以得到如下结果，同时输出如图 5-2 所示的图形监视求解过程（监视当前函数值）。

```
x =
    1.0000    1.0000
fval =
  4.7305e-16
```

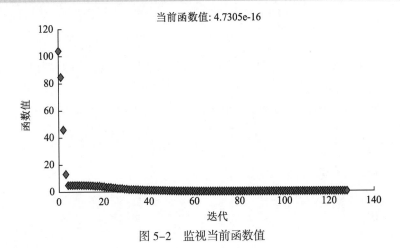

图 5-2 监视当前函数值

5.2.2 获取优化参数

optimget()函数用于获取优化参数的值。其调用格式如下：

```
val = optimget(options,'param')
```

返回 options 结构体中指定参数 param 的值，使用时只需输入参数唯一定义名称的几个前导字符即可，参数名称忽略大小写。

```
val = optimget(options,'param',default)
```

返回指定的参数 param 的值，如果该值没有定义，则返回默认值。

【例 5-3】optimget 函数应用示例。

（1）创建一个名为 options 的优化参数结构体，显示参数设置为 iter，TolFun 参数设置为 1e-8。在命令行窗口中输入：

```
>> options = optimset('Display','iter','TolFun',1e-8)
options =
  包含以下字段的 struct:
```

```
              Display: 'iter'
          MaxFunEvals: []
              MaxIter: []
               TolFun: 1.0000e-08
                 TolX: []
          FunValCheck: []
            OutputFcn: []
             PlotFcns: []
        ActiveConstrTol: []
            Algorithm: []
                   □
               TolPCG: []
            TolProjCG: []
          TolProjCGAbs: []
             TypicalX: []
          UseParallel: []
```

（2）创建一个名为 options 的优化参数结构体的备份，用于改变 TolX 参数的值，将新值保存到 optnew 参数中：

```
>> optnew = optimset(options,'TolX',1e-4);
```

（3）返回 options 优化参数结构体，其中包含所有的参数名和与 fminbnd 函数相关的默认值：

```
>> options = optimset('fminbnd');
```

（4）若只希望看到 fminbnd 函数的默认值，则只需要简单地输入下面的语句即可

```
>> optimset fminbnd;                    %方式一
>> optimset('fminbnd');                 %方式二
```

（5）使用下面的命令获取 TolX 参数的值：

```
>> Tol=optimget(options, 'TolX')
Tol =
   1.0000e-04
```

5.3　线性规划函数

在 MATLAB 中，用于求解线性规划问题的函数为 linprog()，在调用该函数时，需要遵循 MATLAB 中对线性规划问题标准形式的要求，即遵循：

$$\min f(\boldsymbol{x}) = \boldsymbol{cx}$$
$$\text{s.t. } \boldsymbol{Ax} \leqslant \boldsymbol{b}$$
$$\boldsymbol{A}_{\text{eq}}\boldsymbol{x} \leqslant \boldsymbol{b}_{\text{eq}}$$
$$\textbf{lb} \leqslant \boldsymbol{x} \leqslant \textbf{ub}$$

上述模型中为在满足约束条件下，求目标函数 $f(\boldsymbol{x})$ 的极小值。当设计变量 $\boldsymbol{x}$ 为 n 维列向量，且模型不等式约束有 m_1 个，等式约束有 m_2 个时，$\boldsymbol{c}$ 为 n 维行向量，**lb**、**ub** 均为 n 维列向量，$\boldsymbol{b}$ 为 m_1 维列向量，$\boldsymbol{b}_{\text{eq}}$ 为 m_2 维列向量，$\boldsymbol{A}$ 为 $m_1 \times n$ 维矩阵，$\boldsymbol{A}_{\text{eq}}$ 为 $m_2 \times n$ 维矩阵。

5.3.1　调用格式

linprog 函数的调用格式为：

```
x = linprog(fun,A,b)
```

求约束条件为 Ax≤b 时，min f(x)的解，无约束条件时，则令 A=[]、b=[]。

```
x = linprog(fun,A,b,Aeq,beq)
```

增加等式约束 Aeqx = beq，若无等式约束，令 Aeq=[]、beq=[]。

```
x = linprog(fun,A,b,Aeq,beq,lb,ub)
```

定义设计变量 x 的下界 lb 和上界 ub，若无，则令 lb=[]、ub=[]。

```
x = linprog(fun,A,b,Aeq,beq,lb,ub,options)
```

用 options 指定的优化参数进行最小化。

```
x = linprog(problem)
```

查找问题的最小值，其中问题是输入参数中描述的结构。

```
[x,fval] = linprog(…)
```

返回解 x 处的目标函数值 fval。

```
[x,fval,exitflag,output] = linprog(…)
```

返回描述函数计算的退出条件值 exitflag，包含优化信息的输出变量 output。

```
[x,fval,exitflag,output,lambda] = linprog(…)
```

将解 x 处的拉格朗日乘子返回到 lambda 参数中。

其中：fun、A、b 是不可缺省的输入变量，x 是不可缺省的输出变量，它是问题的解。lb、ub 均为向量，分别表示 x 的下界和上界。

5.3.2 参数含义

函数 linprog()在求解线性规划问题时，提供的参数包括输入参数和输出参数，其中输入参数又包括模型参数、初始解参数及算法控制参数。下面分别进行讲解。

1. 输入参数

模型参数是函数 linprog()输入参数的一部分，包括 lb、ub、b、beq、A、Aeq，各参数分别对应数学模型中的 **lb**、**ub**、**b**、**b**$_{eq}$、**A**、**A**$_{eq}$，含义比较明确，这里就不再讲解。输入参数 fun 通常用目标函数的系数 c 表示。

算法控制参数 options 为 optimset 函数中定义的参数的值，用于选择优化算法。通过 optimset()函数设置控制参数方法如下：

```
options = optimset(Name,Value)
```

创建控制参数结构体变量 options，包含一个或多个 Name-Value 对设置的指定参数，未指定的参数赋值为[]，当将该组控制参数传递给优化函数时将使用优化参数的默认值。

例如：

```
options = optimoptions('linprog','Algorithm','interior-point','Display','iter')
```

对不同的优化函数，MATLAB 提供了不同的优化参数结构体变量选项，针对线性规划函数 linprog()，常用的参数及说明如表 5-2 所示。

表 5-2　linprog()函数参数及说明

参　　数	说　　明
所有算法	
Algorithm	选择优化算法，包括dual-simplex（默认）、interior-point-legacy、interior-point共3种
Diagnostics	显示需要最小化或求解的函数的诊断信息，off（默认）或on
Display	显示输出设置： ① final（默认）仅显示最终输出结果； ② off（或none）无显示输出； ③ iter显示输出每一次迭代结果
MaxIterations	函数所允许的最大迭代次数，为正整数。在optimset中名称为MaxIter。默认值为： ① interior-point-legacy算法为85； ② interior-point算法为200； ③ dual-simplex算法为10*(numberOfEqualities + numberOfInequalities + numberOfVariables)，即等式个数、不等式个数及变量个数之和的10倍
OptimalityTolerance	函数值的终止容差，为正标量，在optimset中名称为TolFun。默认值为： ① interior-point算法为1e-6； ② dual-simplex算法为1e-7； ③ interior-point-legacy算法为1e-8
内点算法	
ConstraintTolerance	约束的可行性公差，1e-10～1e-3的标量，用于度量原始可行性公差。默认值为1e-6。在optimset中名称为TolCon
Preprocess	算法迭代前的LP预处理级别，basic（默认）或none
对偶单纯形算法	
ConstraintTolerance	约束的可行性容差，1e-10～1e-3的标量。用于度量原始可行性容差。默认值为1e-4。在optimset中名称为TolCon
MaxTime	算法运行的最大时间（单位：s），默认值为Inf
Preprocess	对偶单纯形算法迭代前的LP预处理的水平，basic（默认）或none

2. 输出参数

函数 linprog() 的输出参数包括 x、fval、exitflag、output、lambda，其中，x 为线性规划问题的最优解，fval 为在最优解 x 处的函数值。

（1）输出参数 exitflag 为终止迭代的退出条件值，以整数形式返回，说明算法终止的原因，其值及说明如表 5-3 所示。

表 5-3　exitflag值及说明

exitflag值	说　　明
3	解对于相对约束公差是可行的，但是对于绝对公差是不可行的
1	函数收敛到解x
0	迭代次数超过options.MaxIterations或求解时间（单位：s）超过options.MaxTime
-2	没有找到可行点
-3	问题是无限的
-4	算法执行期间遇到NaN值
-5	原始问题和对偶问题都是不可行的
-7	搜索方向变得太小，无法取得进一步进展
-9	解决方案失去了可行性

退出标志 3 和–9 与不可行性较大的解相关。此类问题通常源于具有较大条件数的线性约束矩阵，或源于具有较大解分量的问题。要纠正这些问题，需要尝试缩放系数矩阵，消除冗余线性约束，或对变量给出更严格的边界。

（2）输出参数 output 为优化过程中优化信息的结构变量，其包含的属性及说明如表 5-4 所示。

表 5-4　output的属性及说明

output属性	说　　明
output.iterations	算法的迭代次数
output.algorithm	采用的优化算法
output.cgiterations	共轭梯度迭代的次数
output.message	算法退出的信息
output.constrviolation	约束函数的极大值
output.firstorderopt	一阶最优化方法

（3）输出参数 lambda 为在解 x 处的 lagrange 乘子，该乘子为一结构体变量，总维数等于约束条件的个数，非零分量对应于起作用的约束条件，其包含的属性及说明如表 5–5 所示。

表 5-5　lambda的属性及说明

lambda属性	说　　明
lower	lb对应的下限
upper	ub对应的上限
ineqlin	对应于A和b约束的线性不等式
eqlin	对应于Aeq和beq约束的线性等式

5.3.3　命令详解

下面给出函数 linprog() 常用的调用方式对应的数学模型，可以帮助读者更为直观地理解 linprog() 函数各参数的含义。

（1）x = linprog(fun,A,b)

仅解决具有不等式含约束的线性规划问题，即：

$$\min f(x) = cx$$
$$\text{s.t. } Ax \leqslant b$$

（2）x = linprog(fun,A,b,Aeq,beq)

解决既含有不等式含约束又含有等式约束的线性规划问题，即：

$$\min f(x) = cx$$
$$\text{s.t. } Ax \leqslant b$$
$$A_{eq} x \leqslant b_{eq}$$

如果线性规划问题中无不等式约束，可以设 A=[]、b=[]。

（3）x = linprog(fun,A,b,Aeq,beq,lb,ub)

该格式进一步考虑了对设计变量的约束，lb、ub 是与设计变量位数相同的列向量。如果设计变量无上界约束，则设 ub=Inf；如果没有下界约束，则设 lb=-Inf。如果问题中没有等式约束，可以设 Aeq=[]、beq=[]。

$$\min f(\boldsymbol{x}) = \boldsymbol{cx}$$
$$\text{s.t. } \boldsymbol{Ax} \leqslant \boldsymbol{b}$$
$$\boldsymbol{A}_{\text{eq}}\boldsymbol{x} \leqslant \boldsymbol{b}_{\text{eq}}$$
$$\boldsymbol{lb} \leqslant \boldsymbol{x} \leqslant \boldsymbol{ub}$$

5.3.4 算例求解

【例5-4】有以下模型，请问 a、b、c 分别取何值时，z 有最小值？

$$\min z = -4a + b + 7c$$
$$\text{s.t. } a + b - c = 5$$
$$3a - b + c \leqslant 4$$
$$a + b - 4c \leqslant -7$$
$$a, b, c \geqslant 0$$

解：根据题中模型，在"编辑器"窗口中编写以下代码：

```
clear, clc
c=[-4 1 7];
A=[3 -1 1;1 1 -4]; b=[4; -7];
Aeq=[1 1 -1]; beq=[5];
lb=[0 0 0];ub=[];
[x,fval]=linprog(c,A,b,Aeq,beq,lb,ub)
```

运行后得到结果为：

```
Optimal solution found.
x =
    2.2500
    6.7500
    4.0000
fval =
    25.7500
```

即当 a=2.2500、b=6.7500、c=4.0000 时，Z 有最小值 25.7500。

【例5-5】根据以下模型求解 $\boldsymbol{x}$ 值。

$$\max z = x_1 + \frac{x_2}{3}$$
$$\text{s.t. } x_1 + x_2 \leqslant 2$$
$$x_1 - x_2 \leqslant 2$$
$$-0.25x_1 - x_2 \leqslant 1$$
$$-x_1 - x_2 \leqslant -1$$
$$-x_1 + x_2 \leqslant 2$$
$$x_1 + 0.25x_2 = 1/2$$
$$-1 \leqslant x_1 \leqslant 1.5, -0.5 \leqslant x_2 \leqslant 1.25$$

解：根据题中模型，在"编辑器"窗口中编写以下代码：

```
clear, clc
f = [-1 -1/3];
A = [1 1; 1 -1; -0.25 -1; -1 -1; -1 1];
b = [2 2 1 -1 2];
```

```
Aeq = [1 0.25];  beq = 1/2;
lb = [-1, -0.5];  ub = [1.5,1.25];
x = linprog(f,A,b,Aeq,beq,lb,ub)
```

运行后，得到：

```
Optimal solution found.
x =
    0.1875
    1.2500
```

【例 5-6】求函数 $f(x) = -5x_1 - 4x_2 - 6x_3$ 的最小值，函数满足以下条件：

$$\begin{cases} x_1 - x_2 + x_3 \leqslant 20 \\ 3x_1 + 2x_2 + 4x_3 \leqslant 42 \\ 3x_1 + 2x_2 \leqslant 30 \\ x_1, x_2, x_3 \geqslant 0 \end{cases}$$

解： 根据题中模型，在"编辑器"窗口中编写以下代码：

```
clear, clc
f = [-5; -4; -6];
A = [1 -1 1;  3 2 4;  3 2 0];
b = [20; 42; 30];
Aeq = []; beq = [];
lb = zeros(3,1);
[x,fval,exitflag,output,lambda] = linprog(f,A,b,Aeq,beq,lb);
```

运行程序后，在命令行窗口输入：

```
>> x
x =
        0
  15.0000
   3.0000
>> lambda.ineqlin
ans =
        0
   1.5000
   0.5000
>> lambda.lower
ans =
   1.0000
        0
        0
>> A*x                                   %验证约束条件
ans =
 -12.0000
  42.0000
  30.0000
```

【例 5-7】求函数 $f(x) = 5x_1 + 3x_2 - 7x_3$ 的最小值，其中 x 满足条件：

$$\begin{cases} x_1 - x_2 + x_3 \leqslant 23 \\ 3x_1 + 2x_2 + 4x_3 \leqslant 40 \\ 3x_1 + 2x_2 \leqslant 32 \\ 0 \leqslant x_1, 0 \leqslant x_2, 0 \leqslant x_3 \end{cases}$$

解：（1）将变量按顺序排好，然后用系数表示目标函数，即：

```
f = [5; 3; -7];
```

（2）因为没有等式条件，所以 **Aeq**、**beq** 都是空矩阵，即：

```
Aeq =[]; beq=[];
```

（3）不等式条件的系数为：

```
A = [1  -1  1;  3  2  4;  3  2  0];
b = [23; 40; 32];
```

（4）由于没有上限要求，故 **lb**、**ub** 设为：

```
lb=[0;0;0];                             %各变量的下限
ub = [inf;inf;inf];                     %各变量的上限
```

（5）根据以上分析，在"编辑器"窗口中编写以下代码：

```
clear, clc
f = [5; 3; -7];                         %目标函数的系数
A = [1  -1  1;  3  2  4;  3  2  0];
b = [23; 40; 32];
lb=[0;0;0];                             %各变量的下限
ub = [inf;inf;inf];                     %各变量的上限
[x,fval] = linprog(f,A,b,[ ],[ ],lb,[ ]);   %求解运算
x
fval
```

运行程序后，输出结果如下：

```
Optimal solution found.
x =
     0
     0
    10
fval =
   -70
```

【例 5-8】求解下列优化问题：

$$\min\ f(\boldsymbol{x}) = -6x_1 + 5x_2 - 4x_3$$
$$\text{s.t.}\ \ x_1 - x_2 + x_3 \leqslant 19$$
$$3x_1 + 2x_2 + 4x_3 \leqslant 36$$
$$3x_1 + 2x_2 \leqslant 25$$
$$x_1, x_2, x_3 \geqslant 0$$

解：在"编辑器"窗口中编写以下代码：

```
clear, clc
f=[-6; 5; -4];
A=[1 -1 1; 3 2 4; 3 2 0];
b=[19; 36; 25];
lb=zeros(3,1);
[x,fval,exitflag]=linprog(f,A,b,[],[],lb)
```

运行代码可以得到如下结果：

```
Optimal solution found.
x =
```

```
    8.3333
         0
    2.7500
fval =
    -61
exitflag =
    1
```

exitflag = 1 表示过程正常收敛于解 x 处。

5.4　线性规划应用

在企业的各项管理活动（例如计划、生产、运输、技术等）中，经常会利用线性规划从各种限制条件的组合中选择出最为合理的计算方法，建立模型从而求得最佳结果。从实际问题中建立数学模型一般有以下 3 个步骤：

（1）根据影响所要达到目的的因素找到决策变量。

（2）由决策变量和所达到的目的之间的函数关系确定目标函数。

（3）由决策变量所受的限制条件确定决策变量所要满足的约束条件。

所建立的数学模型具有以下特点：

（1）每个模型都有若干个决策变量$(x_1, x_2, x_3, \cdots, x_n)$，其中 n 为决策变量个数。决策变量的一组值表示一种方案，同时决策变量一般是非负的。

（2）目标函数是决策变量的线性函数，根据具体问题可以是最大化（max）或最小化（min），二者统称为最优化（opt）。

（3）约束条件也是决策变量的线性函数。

5.4.1　生产决策问题

【例 5-9】 某厂生产甲、乙两种产品，已知制成一吨产品甲，需资源 A 用 5 吨，资源 B 用 $4m^3$，资源 C 用 1 个单位；制成一吨产品乙，需资源 A 用 2 吨，资源 B 用 $6m^3$，资源 C 用 7 个单位。若一吨产品甲和乙的经济价值分别为 9 万元和 4 万元，3 种资源的限制量分别为 85 吨、$210m^3$ 和 250 个单位，试分析生产这两种产品各多少吨才能使创造的总经济价值最高？

解：这里设生产产品甲的数量为 x_1，生产产品乙的数量为 x_2。根据题意，可以建立如下模型：

$$\max f(\boldsymbol{x}) = 9x_1 + 4x_2$$
$$\text{s.t. } 5x_1 + 2x_2 \leqslant 85$$
$$4x_1 + 6x_2 \leqslant 210$$
$$x_1 + 7x_2 \leqslant 250$$
$$x_1, x_2 \geqslant 0$$

在"编辑器"窗口中编写如下代码，对模型进行求解：

```
clear, clc
f = [-9; -4];
A =[5 2;  4 6;  1 7];
b = [85; 210; 250];
lb = zeros(2,1);
[x,fval,exitflag] = linprog(f,A,b,[],[],lb)
```

运行程序后，可以得到最优化结果如下：

```
Optimal solution found.
x =
    4.0909
   32.2727
fval =
 -165.9091
exitflag =
    1
```

由上可知，生产甲种产品 4.0909 吨、乙种产品 32.2727 吨可使创造的总经济价值最高，最高经济价值为 165.9091 万元。exitflag=1 表示过程正常收敛于解 x 处。

5.4.2　工作人员计划安排问题

【例 5-10】某昼夜服务的公共交通系统每天各时段（每 4 小时为一个时段）所需的值班人数如表 5-6 所示，这些值班人员在某一时段开始上班后要连续工作 8 小时（包括轮流用餐时间），问该公共交通系统至少需要多少名工作人员才能满足值班的需要？

表 5-6　不同班次各时段所需值班人数

班　　次	时　　段	所需人数
1	5:00—9:00	40
2	9:00—13:00	35
3	13:00—17:00	60
4	17:00—21:00	70
5	21:00—1:00	45
6	1:00—5:00	30

解：这里设 x_i 为第 i 个时段开始上班的人员数。根据题意，可以建立如下模型：

$$\min f(\boldsymbol{x}) = x_1 + x_2 + x_3 + x_4 + x_5 + x_6$$

$$\text{s.t. } x_6 + x_1 \geqslant 40$$
$$x_1 + x_2 \geqslant 35$$
$$x_2 + x_3 \geqslant 60$$
$$x_3 + x_4 \geqslant 70$$
$$x_4 + x_5 \geqslant 45$$
$$x_5 + x_6 \geqslant 30$$
$$x_i \geqslant 0, i = 1, 2, \cdots, 6$$

在"编辑器"窗口中编写如下代码，对模型进行求解：

```
clear, clc
f = [1;1;1;1;1;1];
A=[-1 0 0 0 0 -1
   -1 -1 0 0 0 0
    0 -1 -1 0 0 0
    0 0 -1 -1 0 0
    0 0 0 -1 -1 0
```

```
    0 0 0 0 -1 -1];
b=[-40;-35;-60;-70;-45;-30];
lb = zeros(6,1);
[x,fval,exitflag] = linprog(f,A,b,[],[],lb)
```

运行程序后，可以得到最优化结果如下：

```
Optimal solution found.
x =
    35
     0
    60
    10
    35
     5
fval =
   145
exitflag =
     1
```

可见，只要 6 个时段分别安排 35 人、0 人、60 人、10 人、35 人和 5 人就可以满足值班的需要，共计 145 人，并且计算结果 exitflag =1 是收敛的。

5.4.3　投资问题

【例 5-11】某单位有一批资金投资于 4 个工程项目，用于各工程项目所得的净收益如表 5-7 所示。

表 5-7　工程项目收益

工程项目	净收益/%	工程项目	净收益/%
A	13	C	11
B	10	D	14

由于某种原因，决定用于项目 A 的投资不大于其他各项投资之和；而用于项目 B 和 C 的投资要大于项目 D 的投资。试确定使该单位收益最大的投资分配方案。

解： 这里设 x_1、x_2、x_3 和 x_4 分别代表用于项目 A、B、C 和 D 的投资百分数，由于各项目的投资百分数之和必须等于 100%，所以 $x_1+x_2+x_3+x_4=1$。

根据题意，可以建立如下模型：

$$\max f(x) = 0.13x_1+0.10x_2+0.11x_3+0.14x_4$$
$$\text{s.t. } x_1+x_2+x_3+x_4=1$$
$$x_1-(x_2+x_3+x_4) \leqslant 0$$
$$x_4-(x_2+x_3) \leqslant 0$$
$$x_i \geqslant 0, i=1,2,3,4$$

在"编辑器"窗口中编写如下代码，对模型进行求解：

```
clear, clc
f = [-0.13;-0.10;-0.11;-0.14];
A = [1 -1 -1 -1
     0 -1 -1 1];
b = [0; 0];
```

```
Aeq=[1 1 1 1];
beq=[1];
lb = zeros(4,1);
[x,fval,exitflag] = linprog(f,A,b,Aeq,beq,lb)
```

运行程序后，可以得到最优化结果如下：

```
Optimization terminated.
x =
    0.5000
         0
    0.2500
    0.2500
fval =
   -0.1275
exitflag =
     1
```

上面的结果说明，项目 A、B、C、D 投入资金的百分比分别为 50%、25%、0、25%时，该单位收益最大。exitflag =1，收敛正常。

5.4.4　工件加工任务分配问题

【例 5-12】某车间有两台机床甲和乙，可用于加工 3 种工件。假定这两台机床的可用台时数分别为 700 和 800，3 种工件的数量分别为 400、600 和 500，且已知用两台不同机床加工单位数量的不同工件所需的台时数和加工费用如表 5-8 所示，问怎样分配机床的加工任务，才能既满足加工工件的要求，又使总加工费用最低？

表 5-8　机床加工情况

机床类型	单位工作所需加工台时数			单位工件的加工费用		
	工件1	工件2	工件3	工件1	工件2	工件3
甲	0.4	1.1	1.4	13	11	12
乙	0.5	1.2	1.3	13	10	9

解：这里可以设在甲机床上加工工件 1、2 和 3 的数量分别为 x_1、x_2 和 x_3，在乙机床上加工工件 1、2 和 3 的数量分别为 x_4、x_5 和 x_6。根据 3 种工种的数量限制，则有：

$$x_1+x_4=400 \quad （对工件 1）$$
$$x_2+x_5=600 \quad （对工件 2）$$
$$x_3+x_6=500 \quad （对工件 3）$$

根据题意，可以建立如下模型：

$$\min f(x) = 13x_1+11x_2+12x_3+13x_4+10x_5+9x_6$$
$$\text{s.t. } 0.4x_1+1.1x_2+1.4x_3 \leqslant 700$$
$$0.5x_4+1.2x_5+1.3x_6 \leqslant 800$$
$$x_1+x_4=400$$
$$x_2+x_5=600$$
$$x_3+x_6=500$$
$$x_i \geqslant 0, i=1,2,\cdots,6$$

在"编辑器"窗口中编写如下代码，对模型进行求解：

```
clear, clc
f = [13;11;12;13;10;9];
A =  [0.4 1.1 1.4 0 0 0
      0 0 0 0.5 1.2 1.3];
b = [700; 800];
Aeq=[1 0 0 1 0 0
     0 1 0 0 1 0
     0 0 1 0 0 1];
beq=[400 600 500];
lb = zeros(6,1);
[x,fval,exitflag] = linprog(f,A,b,Aeq,beq,lb)
```

运行程序后，可以得到最优化结果如下：

```
Optimal solution found.
x =
  400.0000
  475.0000
        0
        0
  125.0000
  500.0000
fval =
       16175
exitflag =
       1
```

可见，在甲机床上加工 400 个工件 1、475 个工件 2，在乙机床上加工 125 个工件 2、500 个工件 3，可在满足条件的情况下使总加工费用最小，最小费用为 16175 元。exitflag =1，收敛正常。

5.4.5　厂址选择问题

【例 5-13】A、B、C 三地，每地都出产一定数量的产品，也消耗一定数量的原料，如表 5-9 所示。已知制成每吨产品需 3 吨原料，各地之间的距离为：A 到 B 之间，150km；A 到 C 之间，100km；B 到 C 之间，200km。假定每万吨原料运输 1km 的运价是 5000 元，每万吨产品运输 1km 的运价是 6000 元。由于地区条件的差异，在不同地点设厂的生产费用也不同。问究竟在哪些地方设厂，规模多大，才能使总费用最小？另外，由于其他条件限制，在 B 处建厂的规模（生产的产品数量）不能超过 5 万吨。

表 5-9　A、B、C三地出产产品、消耗原料和生产费用情况

地点	消耗原料（万吨）	出产产品（万吨）	生产费用（万元/万吨）
A	20	7	150
B	16	13	120
C	24	0	100

解：这里可以设 x_{ij} 为由 i 地运到 j 地的原料数量（万吨），y_{ij} 为由 i 地运往 j 地的产品数量（万吨），$i,j=1,2,3$（分别对应 A、B、C 三地），单位统一为万元。根据题意，可得：

原料运输费：$0.5\times(150x_{12}+150x_{21}+100x_{13}+100x_{31}+200x_{23}+200x_{32})$

产品运输费：$0.6\times(150y_{12}+150y_{21}+100y_{31}+200y_{32})$

产品生产费：$150(y_{11}+y_{12})+120(y_{22}+y_{21})+100(y_{31}+y_{32})$

由此建立如下模型，目标函数包括原材料运费、产品运输费和生产费用：

$$\min f(x) = 75x_{12}+75x_{21}+50x_{13}+50x_{31}+100x_{23}+100x_{32}$$
$$+150y_{11}+240y_{12}+210y_{21}+120y_{22}+160y_{31}+220y_{32}$$

$$\text{s.t. } x_{12}+x_{13}+3y_{11}+3y_{12}-x_{21}-x_{31} \leqslant 20$$
$$x_{21}+x_{23}+3y_{21}+3y_{22}-x_{12}-x_{32} \leqslant 16$$
$$x_{31}+x_{32}+3y_{31}+3y_{32}-x_{13}-x_{23} \leqslant 24$$
$$y_{21}+y_{22} \leqslant 5$$
$$y_{11}+y_{21}+y_{31}=7$$
$$y_{12}+y_{22}+y_{32}=13$$
$$x_{ij}, y_{ij} \geqslant 0, \quad i,j=1,2,\cdots,3$$

在“编辑器”窗口中编写如下代码，对模型进行求解：

```
clear, clc
f = [75;75;50;50;100;100;150;240;210;120;160;220];
A=[1 -1 1 -1 0 0 3 3 0 0 0 0
  -1 1 0 0 1 -1 0 0 3 3 0 0
   0 0 -1 1 -1 1 0 0 0 0 3 3
   0 0 0 0 0 0 0 0 1 1 0 0];
b=[20;16;24;5];
Aeq=[0 0 0 0 0 0 1 0 1 0 1 0
    0 0 0 0 0 0 0 1 0 1 0 1];
beq=[7;13];
lb = zeros(12,1);
[x,fval,exitflag] = linprog(f,A,b,Aeq,beq,lb)
```

运行程序后，可以得到最优化结果如下：

```
Optimal solution found.
x =
        0
   1.0000
        0
        0
        0
        0
   7.0000
        0
        0
   5.0000
        0
   8.0000
fval =
     3485
```

```
exitflag =
    1
```

可见要使总费用最小，A、B、C 三地的建厂规模分别为 7 万吨、5 万吨和 8 万吨生产能力，最小总费用为 3485 万元。另外需要 B 地往 A 地运送 1 万吨原材料。

5.4.6 确定职工编制问题

【例 5-14】某工厂每日 8 小时的产量不低于 1800 件。为了进行质量控制，计划聘请两个不同水平的检验员。一级检验员的速度为：25 件/小时，正确率 98%，计时工资 4 元/小时；二级检验员的速度为：15 件/小时，正确率 95%，计时工资 3 元/小时。检验员每错检一次，工厂要损失 2 元。现有可供厂方聘请的检验员人数为一级 6 人和二级 7 人。为使总检验费用最省，该工厂应聘请一级、二级检验员各多少名？

解： 这里设需要一级和二级检验员的人数分别为 x_1 名和 x_2 名。根据题意，

应付检验员工资为：$(4x_1+3x_2)\times 8=32x_1+24x_2$

因检验员错检而造成的损失为：$2\times[(25x_1\times 2\%+15x_2\times 5\%)\times 8]=8x_1+12x_2$

由此建立如下模型：

$$\min f(x)=(32x_1+24x_2)+(8x_1+12x_2)$$
$$\text{s.t. } (25x_1+15x_2)\times 8\geq 1800$$
$$x_1\leq 6$$
$$x_2\leq 7$$
$$x_i\geq 0, i=1,2$$

即：

$$\min f(x)=40x_1+36x_2$$
$$\text{s.t. } -5x_1-3x_2\leq -45$$
$$x_1\leq 6$$
$$x_2\leq 7$$
$$x_i\geq 0, i=1,2$$

在"编辑器"窗口中编写如下代码，对模型进行求解：

```
clear, clc
f = [40;36];
A=[-5 -3; 1 0; 0 1];
b=[-45; 6; 7];
lb = zeros(2,1);
[x,fval,exitflag,output,lambda] = linprog(f,A,b,[],[],lb)
```

运行程序后，可以得到最优化结果如下：

```
Optimal solution found.
x =
    6.0000
    5.0000
fval =
  420.0000
```

```
exitflag =
     1
output =
  包含以下字段的 struct:
       iterations: 2
    constrviolation: 0
           message: 'Optimal solution found.'
          algorithm: 'dual-simplex'
      firstorderopt: 1.7764e-14
lambda =
  包含以下字段的 struct:
       lower: [2×1 double]
       upper: [2×1 double]
       eqlin: []
      ineqlin: [3×1 double]
```

可见，招聘一级检验员 6 名、二级检验员 5 名可使总检验费用最省，约为 420.00 元。

5.4.7 生产计划的最优化问题

【例 5-15】某工厂生产 A 和 B 两种产品，它们需要经过 3 种设备的加工，其工时如表 5-10 所示。设备一、二和三每天可使用的时间分别不超过 11 小时、9 小时和 12 小时。产品 A 和 B 的利润随市场的需求有所波动，如果预测未来某个时期内 A 和 B 的利润分别为 6000 元/吨和 5000 元/吨，问在哪个时期内，每天应生产产品 A、B 各多少吨，才能使工厂获利最大？

表 5-10 生产产品工时

产　品	设　备　一	设　备　二	设　备　三	利　润
A	7小时/吨	5小时/吨	6小时/吨	6000元/吨
B	3小时/吨	3小时/吨	2小时/吨	5000元/吨
设备每天最多可工作时数/小时	11	9	12	

解：这里这里设每天应安排生产产品 A 和 B 分别为 x_1 吨和 x_2 吨。根据题意，建立如下模型：

$$\max\ f(x) = 0.6x_1 + 0.5x_2$$
$$\text{s.t.}\ 7x_1 + 3x_2 \leqslant 11$$
$$5x_1 + 3x_2 \leqslant 9$$
$$6x_1 + 2x_2 \leqslant 12$$
$$x_i \geqslant 0, i = 1, 2$$

在"编辑器"窗口中编写如下代码，对模型进行求解：

```
clear, clc
f = [-0.6; -0.5];
A=[7 3; 5 3; 6 2];
b=[11; 9; 12];
lb = zeros(2,1);
[x,fval,exitflag] = linprog(f,A,b,[],[],lb)
```

运行程序后，可以得到最优化结果如下：

```
x =
         0
    3.0000
fval =
   -1.5000
exitflag =
       1
```

所以，每天生产 A 产品 0 吨、B 产品 3 吨可使工厂获得最大利润 15000 元/吨。

5.5　本章小结

　　线性规划是运筹学中研究较早、发展较快、应用广泛、方法较成熟的一个重要分支，它是辅助人们进行科学管理的一种数学方法。本章首先介绍了线性规划问题的基本模型和标准形式，随后介绍了 MATLAB 中的线性规划函数，最后对线性规划的求解方法和线性规划的应用做了详细讲解。

第 6 章

非线性规划

非线性规划（Nonlinear Programming，NP）是具有非线性约束条件或目标函数的数学规划，是运筹学的一个重要分支。非线性规划问题研究一个 n 元实函数在一组等式或不等式的约束条件下的极值问题，且目标函数和约束条件至少有一个是未知量的非线性函数。本章在讲解非线性规划和无约束非线性规划基础上，讲解在 MATLAB 中如何求解非线性规划问题。

学习目标：

（1）了解非线性规划基础知识；

（2）掌握无约束非线性规划的原理及其 MATLAB 求解；

（3）熟练运用非线性规划解决实际问题。

6.1 非线性规划基础

非线性规划研究的对象是非线性函数的数值最优化问题，是 20 世纪 50 年代形成的一门学科，其理论和应用发展十分迅猛，随着计算机的发展，非线性规划应用越来越广泛，针对不同的问题提出了特别的算法，到目前为止还没有适合于各种非线性规划问题的一般算法，这有待人们进一步研究。

6.1.1 非线性规划标准形式

在实际工作中，常常会遇到目标函数和约束条件中至少有一个是非线性函数的规划问题，即非线性规划问题。由于非线性规划问题在计算上常常是困难的，理论上的讨论也不能像线性规划那样给出简洁的结果和全面透彻的结论，这限制了非线性规划的应用。

在数学建模时，要进行认真的分析，对实际问题进行合理的假设、简化，首先考虑用线性规划模型，若线性近似误差较大时，则考虑用非线性规划。

非线性规划问题的标准形式为：

$$\min f(\boldsymbol{x})$$
$$\text{s.t.} \ \ g_i(\boldsymbol{x}) \leqslant 0, \ i = 1, 2, \cdots, m$$
$$h_j(\boldsymbol{x}) = 0, \ j = 1, 2, \cdots, r, \ r < n$$

其中，$\boldsymbol{x} = [x_1 \ x_2 \ \cdots \ x_n]^{\mathrm{T}}$ 为 n 维欧式空间 $\mathbf{R}^n$ 中的向量，$f(\boldsymbol{x})$ 为目标函数，$g_i(\boldsymbol{x})$、$h_j(\boldsymbol{x})$ 为约束条件，且 $f(\boldsymbol{x})$、$g_i(\boldsymbol{x})$、$h_j(\boldsymbol{x})$ 中至少有一个是非线性函数。若令 D 为非线性规划问题的可行解集合，即满足所有约束关系的解的集合，则非线性规划模型写成如下形式：

$$\min_{\boldsymbol{x}\in D} f(\boldsymbol{x})$$

s.t. $D = \left\{\boldsymbol{x} \mid h_j(\boldsymbol{x})=0, \ j=1,2,\cdots,r, \ r<n; \ g_i(\boldsymbol{x})\leqslant 0, \ i=1,2,\cdots,m\right\}$

非线性规划模型按约束条件可分为以下 3 类：

（1）无约束非线性规划模型：

$$\min_{\boldsymbol{x}\in \mathbf{R}^n} f(\boldsymbol{x})$$

（2）等式约束非线性规划模型：

$$\min f(\boldsymbol{x})$$

s.t. $h_j(\boldsymbol{x})=0, \ j=1,2,\cdots,r$

（3）不等式约束非线性规划模型：

$$\min f(\boldsymbol{x})$$

s.t. $g_i(\boldsymbol{x})\leqslant 0, \ i=1,2,\cdots,m$

6.1.2　最优解

把满足非线性规划模型中条件的解 $\boldsymbol{x}\in \mathbf{R}^n$ 称为可行解（或可行点），所有可行解的集合称为可行集（或可行域），记为 D，即：

$$D = \left\{\boldsymbol{x} \mid h_j(\boldsymbol{x})=0, \ g_i(\boldsymbol{x})\leqslant 0, \ \boldsymbol{x}\in \mathbf{R}^n\right\}$$

在非线性规划模型中，设 $\boldsymbol{x}^* \in D$，若存在 $\delta > 0$，使得一切 $\boldsymbol{x}\in D$，且 $\left\|X - X^*\right\| < \delta$，都有 $f(\boldsymbol{x}^*) < f(\boldsymbol{x})$，则称 $\boldsymbol{x}^*$ 是 $f(\boldsymbol{x})$ 在 D 上的局部极小值点（局部最优解）。

特别地，当 $\boldsymbol{x}\neq \boldsymbol{x}^*$ 时，若 $f(\boldsymbol{x}^*) < f(\boldsymbol{x})$，则称 $\boldsymbol{x}^*$ 是 $f(\boldsymbol{x})$ 在 D 上的严格极小值点（严格局部最优解）。

在非线性规划模型中，设 $\boldsymbol{x}^* \in D$，对任意的 $\boldsymbol{x}\in D$，都有 $f(\boldsymbol{x}^*) < f(\boldsymbol{x})$，则称 $\boldsymbol{x}^*$ 是 $f(\boldsymbol{x})$ 在 D 上的全局极小值点（全局最优解）。

特别地，当 $\boldsymbol{x}\neq \boldsymbol{x}^*$ 时，若 $f(\boldsymbol{x}^*) < f(\boldsymbol{x})$，则称 $\boldsymbol{x}^*$ 是 $f(\boldsymbol{x})$ 在 D 上的严格全局极小值点（严格全局最优解）。

6.1.3　求解方法概述

下面简单介绍非线性规划问题的求解方法，后面将会重点讲解如何在 MATLAB 中实现非线性规划问题的求解。

1．一维最优化方法

一维最优化方法指寻求一元函数在某区间上的最优值点的方法。这类方法不仅有实用价值，而且大量多维最优化方法都依赖于一系列的一维最优化。常用的一维最优化方法有：

（1）黄金分割法，又称 0.618 法，它适用于单峰函数。其基本思想是：在初始寻查区间中设计一列点，通过逐次比较其函数值，逐步缩小寻查区间，以得出近似最优值点。

（2）切线法，又称牛顿法，它也是针对单峰函数的。其基本思想是：在一个猜测点附近将目标函数的导函数线性化，用此线性函数的零点作为新的猜测点，逐步迭代去逼近最优点。

（3）插值法，又称多项式逼近法。其基本思想是用多项式（通常用二次或三次多项式）去拟合目标函数。

此外，还有斐波那契法、割线法、有理插值法、分批搜索法等。

2. 无约束最优化方法

无约束最优化方法指一般非线性规划模型的求解方法。常用的无约束最优化方法有以下 4 种：

（1）拉格朗日乘子法：它是将原问题转化为求拉格朗日函数的驻点。

（2）制约函数法：又称系列无约束最小化方法，简称 SUMT 法。它又分两类，一类叫惩罚函数法，或称外点法；另一类叫障碍函数法，或称内点法。它们都是将原问题转化为一系列无约束问题来求解。

（3）可行方向法：这是一类通过逐次选取可行下降方向去逼近最优点的迭代算法。如佐坦迪克法、弗兰克–沃尔夫法、投影梯度法和简约梯度法都属于此类算法。

（4）近似型算法：这类算法包括序贯线性规划法和序贯二次规划法。前者将原问题化为一系列线性规划问题求解，后者将原问题化为一系列二次规划问题来求解。

求解无约束最优化问题的方法主要有两类，即直接搜索法（Search Method）和梯度法（Gradient Method）。

（1）直接搜索法适用于目标函数高度非线性、没有导数或导数很难计算的情况。由于实际工程中很多问题都是非线性的，直接搜索法不失为一种有效的解决办法。常用的直接搜索法为单纯形法，此外还有 Hooke–Jeeves 搜索法、Pavell 共轭方向法等。

（2）在函数的导数可求的情况下，梯度法是一种更优的方法，该法利用函数的梯度（一阶导数）和 Hessian 矩阵（二阶导数）构造算法，可以获得更快的收敛速度。函数 $f(x)$ 的负梯度方向 $-\nabla f(x)$ 反映了函数的最大下降方向。当搜索方向取为负梯度方向时称为最速下降法。常见的梯度法有最速下降法、牛顿法、Marquart 法、共轭梯度法和拟牛顿法（Quasi–Newton Method）等。

在所有这些方法中，用得最多的是拟牛顿法，这个方法在每次迭代过程中建立曲率信息，构成二次模型问题。

无约束最优化问题在实际应用中也比较常见，如工程中常见的参数反演问题。另外，许多有约束最优化问题可以转换为无约束最优化问题进行求解。

3. 约束最优化方法

约束最优化方法指寻求 n 元实函数在整个 n 维向量空间上的最优值点的方法。这类方法的意义在于：虽然实用规划问题大多是有约束的，但利用约束最优化方法可将许多有约束问题转化为若干无约束问题来求解。

无约束最优化方法大多是逐次一维搜索的迭代算法。这类迭代算法可分为两类：一类需要用目标函数的导函数，称为解析法；另一类不涉及导数，只用到函数值，称为直接法。这些迭代算法的基本思想是在一个近似点处选定一个有利搜索方向，沿这个方向进行一维寻查，得出新的近似点。然后对新点施行同样方法，如此反复迭代，直到达到预定的精度要求为止。根据搜索方向的取法不同，可以有各种算法。

属于解析法的算法有：

（1）梯度法：又称最速下降法。这是早期的解析法，收敛速度较慢。

（2）牛顿法：收敛速度快，但不稳定，计算也较困难。

（3）共轭梯度法：收敛较快，效果较好。

（4）变尺度法：这是一类效率较高的方法。其中达维登–弗莱彻–鲍威尔变尺度法，简称 DFP 法，是最常用的方法。

属于直接法的算法有交替方向法（又称坐标轮换法）、模式搜索法、旋转方向法、鲍威尔共轭方向法和单纯形加速法等。

4. MATLAB 求解算法

在 MATLAB 优化工具箱中，无约束最优化问题的求解算法主要有以下几种：

（1）一维搜索算法：为默认算法。当 options.LineSearchType 设置为 quadcubic 时，将采用二次和三次混合插值法。将 options.LineSearchType 设置为 cubicpoly 时，将采用三次插值法。第 2 种方法需要的目标函数计算次数更少，但梯度的计算次数更多。这样，如果提供了梯度信息，能较容易地算得结果，则三次插值法是更好的选择。

（2）中型优化算法：fminunc()函数的参数 options.LargeScale 设置为 off。该算法采用的是基于二次和三次混合插值一维搜索法的 BFGS 拟牛顿法。但一般不建议使用最速下降法。

（3）大型优化算法：若用户在函数中提供梯度信息，则函数默认将选择大型优化算法，该算法是基于内部映射牛顿法的子空间置信域法。计算中的每一次迭代涉及用 PCG 法求解大型线性系统得到的近似解。

上述算法的局限性主要表现在以下 3 个方面：

（1）目标函数必须是连续的。fminunc()函数有时会给出局部最优解。

（2）fminunc()函数只对实数进行优化，即 x 必须为实数，而且 f(x)必须返回实数。当 x 为复数时，必须将它分解为实部和虚部。

（3）在使用大型优化算法时，用户必须在 fun()函数中提供梯度（options 参数中 GradObj 属性必须设置为 on）。目前，若在 fun()函数中提供了解析梯度，则 options 参数 DerivativeCheck 不能用于大型优化算法以比较解析梯度和有限差分梯度。通过将 options 参数的 MaxIter 属性设置为 0 来用中型优化算法核对导数，然后重新用大型优化算法求解问题。

6.2　有约束非线性规划函数

在 MATLAB 中，用于有约束非线性规划问题的求解函数为 fmincon()，它用于寻找约束非线性多变量函数的最小值，在调用该函数时，需要遵循 MATLAB 中对非线性规划问题标准形式的要求，即遵循：

$$\min f(\boldsymbol{x})$$
$$\text{s.t.}\quad c(\boldsymbol{x}) \leqslant 0$$
$$c_{\text{eq}}(\boldsymbol{x}) = 0$$
$$A\boldsymbol{x} \leqslant \boldsymbol{b}$$
$$A_{\text{eq}}\boldsymbol{x} = \boldsymbol{b}_{\text{eq}}$$
$$\mathbf{lb} \leqslant \boldsymbol{x} \leqslant \mathbf{ub}$$

上述模型中为在满足约束条件下，求目标函数 $f(\boldsymbol{x})$ 的极小值。当设计变量 $\boldsymbol{x}$ 为 n 维列向量，且模型不等式约束有 m_1 个，等式约束有 m_2 个时，$\boldsymbol{b}$ 为 m_1 维列向量，$\boldsymbol{b}_{\text{eq}}$ 为 m_2 维列向量，$\mathbf{lb}$、$\mathbf{ub}$ 均为 n 维列向量，A 为 $m_1 \times n$ 维矩阵，A_{eq} 为 $m_2 \times n$ 维矩阵。$c(\boldsymbol{x})$、$c_{\text{eq}}(\boldsymbol{x})$ 为返回向量的函数，$f(\boldsymbol{x})$、$c(\boldsymbol{x})$、$c_{\text{eq}}(\boldsymbol{x})$ 可以是非线性函数。$\boldsymbol{x}$、$\mathbf{lb}$、$\mathbf{ub}$ 可以作为向量或矩阵传递。

6.2.1　调用格式

非线性规划问题求解函数 fmincon()的调用格式如下：

```
x=fmincon(fun,x0,A,b)
```

给定初值 x0，求解函数 fun 的最小值 x。fun 的约束条件为 A*x≤b。

```
x=fmincon(fun,x0,A,b,Aeq,beq)
```

增加等式约束 Aeq*x = beq，若无等式约束，令 Aeq=[]、beq=[]。

```
x=fmincon(fun,x0,A,b,Aeq,beq,lb,ub)
```

定义变量 x 的下界 lb 和上界 ub，使得 lb≤x≤ub，若无，则令 lb=[]、ub=[]。

```
x=fmincon(fun,x0,A,b,Aeq,beq,lb,ub,nonlcon)
```

在 nonlcon 参数中提供非线性不等式 c(x)或等式 ceq(x)，要求 c(x) ≤0 且 ceq(x)=0。

```
x=fmincon(fun,x0,A,b,Aeq,beq,lb,ub,nonlcon,options)
```

options 为指定优化参数进行最小化。

```
x = fmincon(problem)
```

查找问题的最小值，其中问题是输入参数中描述的结构。

```
[x,fval]=fmincon(…)
```

返回解 x 处的目标函数值 fval。

```
[x, fval, exitflag, output]=fmincon(…)
```

返回描述函数计算的退出条件值 exitflag，包含优化信息的输出变量 output。

```
[x,fval,exitflag,output,lambda,grad,hessian] = fmincon(…)
```

将解 x 处的拉格朗日乘子返回到 lambda 参数中，还返回函数在 x 处的梯度 grid，在解 x 处的 Hessian 矩阵 hessian。其中，fun、A、b 是不可缺少的输入变量，x 是不可缺少的输出变量，它是问题的解。lb、ub 均为向量，分别表示 x 的下界和上界。

6.2.2 参数含义

函数 fmincon()在求解非线性规划问题时，提供的参数包括输入参数和输出参数，其中输入参数又包括模型参数、初始解参数及算法控制参数。下面分别进行讲解。

1. 输入参数

模型参数是函数 fmincon()输入参数的一部分，包括 x0、A、b、Aeq、beq、lb、ub，各参数分别对应数学模型中的 x_0、A、b、A_{eq}、b_{eq}、lb、ub，含义比较明确，这里就不再讲解。

（1）输入参数 fun 为需要最小化的目标函数，在函数 fun()中需要输入设计变量 x（列向量）。fun 通常用目标函数的函数句柄或函数名称表示。

① 将 fun 指定为文件的函数句柄：

```
x = fmincon(@myfun,x0,A,b)
```

其中，myfun 是一个 MATLAB 函数，如：

```
function f = myfun(x)
f = ...                                          % 目标函数
```

② 将 fun 指定为匿名函数，作为函数句柄：

```
x = fmincon(@(x)norm(x)^2,x0,A,b);
```

如果可以计算 fun 的梯度且 SpecifyObjectiveGradient 选项设置为 true，即：

```
options = optimoptions('fmincon','SpecifyObjectiveGradient',true)
```

则 fun 必须在第 2 个输出参数中返回梯度向量 g(x)。

如果可以计算 Hessian 矩阵，并通过 optimoptions 将 HessianFcn 选项设置为 objective，且将 Algorithm 选

项设置为 trust-region-reflective，则 fun 必须在第 3 个输出参数中返回 Hessian 函数值 H(x)，它是一个对称矩阵。fun 可以给出稀疏 Hessian 矩阵。

如果可以计算 Hessian 矩阵，并且 Algorithm 选项设置为 interior-point，则有另一种方法将 Hessian 矩阵传递给 fmincon。

interior-point 和 trust-region-reflective 算法允许提供 Hessian 矩阵乘法函数。此函数给出 Hessian 乘以向量的乘积结果，而不直接计算 Hessian 矩阵，以此节省内存。

（2）初始点 x0，为实数向量或实数数组。求解器使用 x0 的大小以及其中的元素数量确定 fun 接收的变量数量和大小。

① interior-point 算法：如果 HonorBounds 选项是 true（默认值），则 fmincon 会将处于 lb 或 ub 边界之上或之外的 x0 分量重置为严格处于边界范围内的值。

② trust-region-reflective 算法：fmincon 将关于边界或线性等式不可行的 x0 分量重置为可行。

③ sqp、sqp-legacy 或 active-set 算法：fmincon 将超出边界的 x0 分量重置为对应边界的值。

（3）nonlcon 为非线性约束，指定为函数句柄或函数名称。nonlcon 是一个函数，接收向量或数组 x，并返回两个数组 c(x) 和 ceq(x)。c(x) 是由 x 处的非线性不等式约束组成的数组，满足 c(x)≤0。ceq(x) 是 x 处的非线性等式约束的数组，满足 ceq(x)=0。例如：

```
x = fmincon(@myfun,x0,A,b,Aeq,beq,lb,ub,@mycon)
```

其中，mycon 是一个 MATLAB 函数，如：

```
function [c,ceq] = mycon(x)
c = ...                            %非线性不等式约束
ceq = ...                          %非线性等式约束
```

如果约束的梯度也可以计算且 SpecifyConstraintGradient 选项是 true，即：

```
options = optimoptions('fmincon','SpecifyConstraintGradient',true)
```

则 nonlcon 还必须在第 3 个输出参数 GC 中返回 c(x) 的梯度，在第 4 个输出参数 GCeq 中返回 ceq(x) 的梯度。GC 和 GCeq 可以是稀疏的或稠密的。如果 GC 或 GCeq 较大，非零项相对较少，则通过将它们表示为稀疏矩阵，可以节省 interior-point 算法的运行时间和内存使用量。

（4）算法控制参数 options 为 optimset 函数中定义的参数值，用于选择优化算法。针对非线性规划函数 fmincon，常用参数及说明如表 6-1 所示。

表 6-1　options 常用参数及说明

参　　　数	说　　　明
所有算法	
Algorithm	选择优化算法，包括：interior-point（默认值）、trust-region-reflective、sqp、sqp-legacy（限于 optimoptions）、active-set 五种
CheckGradients	将提供的导数（目标或约束的梯度）与有限差分导数进行比较。值为 false（默认值）或 true。在 optimset 中名称为 DerivativeCheck，值为 on 或 off
ConstraintTolerance	约束的可行性公差，从 1e-10 到 1e-3 的标量，用于度量原始可行性公差。默认值为 1e-6。在 optimset 中名称为 TolCon
Diagnostics	显示需要最小化或求解的函数的诊断信息，off（默认）或 on
DiffMaxChange	有限差分梯度变量的最大变化值（正标量），默认值为 Inf
DiffMinChange	有限差分梯度变量的最小变化值（正标量），默认值为 0

续表

参　数	说　明
	所有算法
Display	定义显示级别： ① off或none不显示输出； ② iter显示每次迭代的输出，并给出默认退出消息； ③ iter-detailed显示每次迭代的输出，并给出带有技术细节的退出消息； ④ notify仅当函数不收敛时才显示输出，并给出默认退出消息； ⑤ notify-detailed仅当函数不收敛时才显示输出，并给出技术性退出消息； ⑥ final（默认值）仅显示最终输出，并给出默认退出消息； ⑦ final-detailed仅显示最终输出，并给出带有技术细节的退出消息

FiniteDifferenceStepSize	有限差分的标量或向量步长大小因子。
	当将FiniteDifferenceStepSize设置为向量v时，前向有限差分delta为：
	`delta=v.*sign'(x).*max(abs(x),TypicalX);`
	其中sign'(x)=sign(x)（sign'(0)=1除外）。中心有限差分为：
	`delta=v.*max(abs(x),TypicalX);`
	标量FiniteDifferenceStepSize扩展为向量。对于正向有限差分，默认值为sqrt(eps)；对于中心有限差分，默认值为eps^(1/3)。在optimset中名称为FinDiffRelStep

FiniteDifferenceType	用于估计梯度的有限差分，值为forward（默认值）或central（中心化）。central需要两倍的函数计算次数，结果一般更准确。当CheckGradients设置为true时，信赖域反射算法才使用FiniteDifferenceType。 当同时估计这两种类型的有限差分时，fmincon小心地遵守边界。因此，为了避免在边界之外的某个点进行计算，它可能采取一个后向差分，而不是前向差分。但对于interior-point算法，如果HonorBounds选项设置为false，则central差分可能会在计算过程中违反边界。在optimset中名称为FinDiffType
FunValCheck	检查目标函数值是否有效。默认设置off为不执行检查。当目标函数返回的值是complex、Inf或NaN时，设置on显示错误
MaxFunctionEvaluations	允许的函数计算的最大次数，为正整数。除interior-point外，所有算法的默认值均为100*numberOfVariables；对于interior-point算法，默认值为3000。在optimset中名称为MaxFunEvals
MaxIterations	允许的迭代最大次数，为正整数。除interior-point外，所有算法的默认值均为400；对于interior-point算法，默认值为1000。在optimset中名称为MaxIter
OptimalityTolerance	一阶最优性的终止容差（正标量）。默认值为1e-6。在optimset中名称为TolFun
OutputFcn	指定优化函数在每次迭代中调用的一个或多个用户定义的函数。传递函数句柄或函数句柄的元胞数组，默认值是[]
PlotFcn	对算法执行过程中的各种进度测量值绘图，可以选择预定义的绘图，也可以自行编写绘图函数。传递内置绘图函数名称、函数句柄或由内置绘图函数名称或函数句柄组成的元胞数组。对于自定义绘图函数，传递函数句柄。默认值是[]： ① optimplotx绘制当前点； ② optimplotfunccount绘制函数计数； ③ optimplotfval绘制函数值； ④ optimplotfvalconstr将找到的最佳可行目标函数值绘制为线图。该图将不可行点显示为红色，可行点显示为蓝色，使用的可行性容差为1e-6； ⑤ optimplotconstrviolation绘制最大值约束违反度；

续表

参 数	说 明
所有算法	
PlotFcn	⑥ optimplotstepsize绘制步长大小； ⑦ optimplotfirstorderopt绘制一阶最优性度量。 自定义绘图函数使用与输出函数相同的语法。在optimset中名称为PlotFcns
SpecifyConstraintGradient	用户定义的非线性约束函数梯度。当设置为默认值false时，fmincon通过有限差分估计非线性约束的梯度。当设置为true时，fmincon预计约束函数有4个输出，如nonlcon中所述。trust-region-reflective算法不接受非线性约束。对于optimset，名称为GradConstr，值为on或off
SpecifyObjectiveGradient	用户定义的目标函数梯度。设置为默认值false会导致fmincon使用有限差分来估计梯度。设置为true，以使fmincon采用用户定义的目标函数梯度。要使用trust-region-reflective算法，用户必须提供梯度，并将SpecifyObjectiveGradient设置为true。对于optimset，名称为GradObj，值为on或off
StepTolerance	关于正标量x的终止容差。除interior-point外，所有算法的默认值均为1e-6；对于interior-point算法，默认值为1e-10。请参阅容差和停止条件。在optimset中名称为TolX
TypicalX	典型的x值。TypicalX 中的元素数等于x0（即起点）中的元素数。默认值为ones(numberofvariables,1)。fmincon使用TypicalX缩放有限差分来进行梯度估计。trust-region-reflective算法仅对CheckGradients选项使用TypicalX
UseParallel	此选项为true时，fmincon以并行方式估计梯度。设置为默认值false将禁用此功能。trust-region-reflective要求目标中有梯度，因此UseParallel不适用
信赖域反射（trust-region-reflective）算法	
FunctionTolerance	关于函数值的终止容差，为正标量。默认值为1e-6。在optimset中名称为TolFun
HessianFcn	如果为[]（默认值），则fmincon使用有限差分逼近Hessian矩阵，或使用Hessian矩阵乘法函数（通过选项HessianMultiplyFcn）。如果为objective，则fmincon使用用户定义的Hessian矩阵（在fun中定义）。请参阅作为输入的Hessian矩阵。在optimset中名称为HessFcn
HessianMultiplyFcn	Hessian矩阵乘法函数，指定为函数句柄。对于大规模结构问题，此函数计算Hessian矩阵乘积H*Y，而并不实际构造H。函数的形式是： `W=hmfun(Hinfo,Y)` %Hinfo 包含用于计算 H*Y 的矩阵 上述第一个参数与目标函数fun返回的第三个参数相同，例如： `[f,g,Hinfo]=fun(x)` Y是矩阵，其行数与问题中的维数相同。矩阵W=H*Y（其中H未显式构造）。fmincon使用Hinfo计算预条件子。 注意：要使用HessianMultiplyFcn选项，HessianFcn必须设置为[]，且SubproblemAlgorithm必须为cg（默认值）。在optimset中名称为HessMult
HessPattern	用于有限差分的 Hessian 矩阵稀疏模式。如果存在 $\partial 2fun/\partial x(i)\partial x(j) \neq 0$，则设置HessPattern(i,j)=1。否则，设置HessPattern(i,j)=0。 如果不方便在fun中计算Hessian矩阵H，但可以确定（例如，通过检查）fun的梯度的第i个分量何时依赖x(j)，请使用HessPattern。如果提供H的稀疏结构作为HessPattern的值，fmincon可以通过稀疏有限差分（梯度）逼近H。这相当于提供非零元的位置。 当结构未知时，不要设置HessPattern。默认行为是将HessPattern视为由1组成的稠密矩阵。然后，fmincon在每次迭代中计算满有限差分逼近。对于大型问题，这种计算可能成本非常高昂，因此通常最好确定稀疏结构

续表

参　数	说　明
信赖域反射（trust-region-reflective）算法	
MaxPCGIter	预条件共轭梯度(PCG)迭代的最大次数，正标量。对于边界约束问题，默认值为max(1,floor(numberOfVariables/2))；对于等式约束问题，默认值为numberOfVariables
PrecondBandWidth	PCG的预条件算子上带宽，非负整数。默认情况下，使用对角预条件（上带宽为0）。对于某些问题，增加带宽会减少PCG迭代次数。将PrecondBandWidth设置为Inf会使用直接分解(Cholesky)，而不是共轭梯度(CG)。直接分解的计算成本较CG高，但所得的求解质量更好
SubproblemAlgorithm	确定迭代步的计算方式。与factorization相比，默认值cg采用的步执行速度更快，但不够准确
TolPCG	PCG迭代的终止容差，正标量。默认值为0.1
活动集算法	
FunctionTolerance	关于函数值的终止容差，为正标量。默认值为1e-6。请参阅容差和停止条件。在optimset中名称为TolFun
MaxSQPIter	允许的SQP迭代最大次数，正整数。默认值为10*max(numberOfVariables, numberOfInequalities+numberOfBounds)
RelLineSrchBnd	线搜索步长的相对边界（非负实数标量值）。x中的总位移满足$\|\Delta x(i)\| \leqslant$relLineSrchBnd·max(|x(i)|,|typicalx(i)|)。当认为求解器采取的步长过大时，可使用此选项控制x中位移的模。默认值为无边界([])
RelLineSrchBndDuration	RelLineSrchBnd所指定的边界应处于活动状态的迭代次数（默认值为1）
TolConSQP	内部迭代SQP约束违反度的终止容差，正标量。默认值为1e-6
内点算法	
HessianApproximation	选择fmincon计算Hessian矩阵的方法（请参阅作为输入的Hessian矩阵）。选项包括：bfgs（默认值）、finite-difference、lbfgs、{lbfgs,PositiveInteger}。对于optimset，名称为Hessian，值为user-supplied、bfgs、lbfgs、fin-diff-grads、on或off。注意：要使用HessianApproximation，HessianFcn和HessianMultiplyFcn都必须为空([])
HessianFcn	如果为[]（默认值），则fmincon使用有限差分逼近Hessian矩阵，或使用提供的HessianMultiplyFcn。如果为函数句柄，则fmincon使用HessianFcn来计算Hessian矩阵。在optimset中名称为HessFcn
HessianMultiplyFcn	用户提供的函数，它给出Hessian矩阵乘以向量的乘积。传递函数句柄。在optimset中名称为HessMult。注意：要使用该选项，HessianFcn必须设置为[]且SubproblemAlgorithm必须为cg
HonorBounds	默认值true确保每次迭代都满足边界约束，通过设置为false来禁用。对于optimset，名称为AlwaysHonorConstraints，值为bounds或none
InitBarrierParam	初始障碍值，正标量。有时尝试高于默认值0.1的值可能会有所帮助，尤其是当目标或约束函数很大时
InitTrustRegionRadius	信赖域的初始半径，正标量。对于未正确缩放的问题，选择小于默认值$\sqrt{n}$的值可能会有所帮助，其中n是变量的数目
MaxProjCGIter	投影共轭梯度迭代次数的容差（停止条件）；这是内部迭代，而不是算法的迭代次数。它是一个正整数，默认值为2*(numberOfVariables-numberOfEqualities)
ObjectiveLimit	容差（停止条件），标量。如果目标函数值低于ObjectiveLimit并且迭代可行，则迭代停止，因为问题很可能是无界的。默认值为-1e20

续表

参　数	说　明
内点算法	
ScaleProblem	true 使算法对所有约束和目标函数进行归一化。要禁用，请设置为默认值 false。对于 optimset，值为 obj-and-constr 或 none
SubproblemAlgorithm	确定迭代步的计算方式。默认值 factorization 通常比 cg（共轭梯度）更快，但对于具有稠密 Hessian 矩阵的大型问题，cg 可能更快
TolProjCG	投影共轭梯度算法的相对容差（停止条件）；它针对内部迭代，而不是算法迭代。它是一个正标量，默认值为 0.01
TolProjCGAbs	投影共轭梯度算法的绝对容差（停止条件）；它针对内部迭代，而不是算法迭代。它是一个正标量，默认值为 1e-10
SQP 和 SQP 传统算法	
ObjectiveLimit	容差（停止条件），标量。如果目标函数值低于 ObjectiveLimit 并且迭代可行，则迭代停止，因为问题很可能是无界的。默认值为 -1e20
ScaleProblem	true 使算法对所有约束和目标函数进行归一化。要禁用，请设置为默认值 false。对于 optimset，值为 obj-and-constr 或 none

（5）问题结构体 problem 指定为含有如表 6-2 所示字段的结构体。结构体中至少提供 x0、solver 和 options 字段。

表 6-2　problem 结构体中的字段及说明

字　段	说　明	字　段	说　明
x0	x 的初始点	lb	由下界组成的向量
Aineq	线性不等式约束的矩阵	ub	由上界组成的向量
bineq	线性不等式约束的向量	nonlcon	非线性约束函数
Aeq	线性等式约束的矩阵	solver	fmincon
beq	线性等式约束的向量	options	用 optimoptions 创建的选项

2. 输出参数

函数 fmincon() 的输出参数包括 x、fval、exitflag、output、lambda、grad、hessian，其中，x 为非线性规划问题的最优解，fval 为在最优解 x 处的函数值。其中，解处的梯度 grad 以实数向量形式返回，给出 fun 在 x(:) 点处的梯度；逼近 Hessian 矩阵 hessian，以实矩阵形式返回。由于这两个参数使用较少，本书不再赘述，请查阅帮助文件。

（1）输出参数 exitflag 为终止迭代的退出条件值，以整数形式返回，说明算法终止的原因，其值及对应的说明如表 6-3 所示。

表 6-3　exitflag 值及说明

exitflag 值	说　明
1	一阶最优性度量小于 options.OptimalityTolerance，最大约束违反度小于 options.ConstraintTolerance
0	迭代次数超出 options.MaxIterations 或函数计算次数超过 options.MaxFunctionEvaluations
-1	算法被输出函数或绘图函数停止

续表

exitflag值	说　　明
-2	没有找到可行点
2	x的变化小于options.StepTolerance，最大约束违反度小于options.ConstraintTolerance
3	目标函数值的变化小于options.FunctionTolerance，最大约束违反度小于options.ConstraintTolerance
4	搜索方向的模小于2*options.StepTolerance，最大约束违反度小于options.ConstraintTolerance
5	搜索方向中方向导数的模小于2*options.OptimalityTolerance，最大约束违反度小于options.ConstraintTolerance
-3	当前迭代的目标函数低于options.ObjectiveLimit，最大约束违反度小于options.ConstraintTolerance

（2）输出参数 output 为优化过程中优化信息的结构体变量，其包含的属性及说明如表 6-4 所示。

表 6-4　output属性及说明

output属性	说　　明
iterations	算法的迭代次数
funcCount	函数计算次数
lssteplength	相对于搜索方向的线搜索步的大小（仅适用于active-set和sqp算法）
constrviolation	约束函数的极大值
stepsize	x的最后位移的长度（不适用于active-set算法）
algorithm	使用的优化算法
cgiterations	PCG迭代总数（适用于trust-region-reflective和interior-point算法）
firstorderopt	一阶最优性的度量
bestfeasible	遇到的最佳（最低目标函数）可行点。具有以下字段的结构体：x、fval、firstorderopt、constrviolation，如果找不到可行点，则bestfeasible字段为空。当约束函数的最大值不超过options.ConstraintTolerance时，点是可行的。由于各种原因，bestfeasible点可能与返回的解点x不同
message	退出消息

（3）输出参数 lambda 为在解 x 处的 lagrange 乘子，该乘子为一结构体变量，其包含的属性及说明如表 6-5 所示。

表 6-5　lambda属性及说明

lambda属性	说　　明
lower	lb对应的下限
upper	ub对应的上限
ineqlin	对应于A和b约束的线性不等式
eqlin	对应于Aeq和beq约束的线性等式
ineqnonlin	对应于nonlcon中c的非线性不等式
eqnonlin	对应于nonlcon中ceq的非线性不等式

6.2.3　命令详解

下面给出函数 fmincon() 常用的调用方式对应的数学模型，以帮助读者更为直观地理解 fmincon() 函数各参数的含义。

（1）x = fmincon(fun,x0,A,b)

以 x0 为起始点求解具有线性不等式约束的最优化问题，即：

$$\min f(\boldsymbol{x})$$
$$\text{s.t. } \boldsymbol{Ax} \leqslant \boldsymbol{b}$$

（2）x = fmincon(fun,x0,A,b,Aeq,beq)

以 x0 为起始点求解既含有线性不等式约束又含有线性等式约束的最优化问题，即：

$$\min f(\boldsymbol{x})$$
$$\text{s.t. } \boldsymbol{Ax} \leqslant \boldsymbol{b}$$
$$\boldsymbol{A}_{\text{eq}}\boldsymbol{x} \leqslant \boldsymbol{b}_{\text{eq}}$$

如果最优化问题中无不等式约束，可以设 A=[]、b=[]。

（3）x = fmincon(fun,x0,A,b,Aeq,beq,lb,ub)

以 x0 为起始点求解既含有线性不等式约束又含有线性等式约束，同时考虑对设计变量的边界约束的最优化问题，即：

$$\min f(\boldsymbol{x})$$
$$\text{s.t. } \boldsymbol{Ax} \leqslant \boldsymbol{b}$$
$$\boldsymbol{A}_{\text{eq}}\boldsymbol{x} \leqslant \boldsymbol{b}_{\text{eq}}$$
$$\textbf{lb} \leqslant \boldsymbol{x} \leqslant \textbf{ub}$$

该格式中如果设计向量无上界约束，则设 ub(i)=Inf；如果没有下界约束，则设 lb(i)= -Inf。如果问题中没有等式约束，可以设 Aeq=[]、beq=[]。

（4）x=fmincon(fun,x0,A,b,Aeq,beq,lb,ub,nonlcon)

以 x0 为起始点求解含有线性不等式约束、线性等式约束、边界约束、非线性约束的最优化问题，即：

$$\min f(\boldsymbol{x})$$
$$\text{s.t. } c(\boldsymbol{x}) \leqslant 0$$
$$c_{\text{eq}}(\boldsymbol{x}) = 0$$
$$\boldsymbol{Ax} \leqslant \boldsymbol{b}$$
$$\boldsymbol{A}_{\text{eq}}\boldsymbol{x} = \boldsymbol{b}_{\text{eq}}$$
$$\textbf{lb} \leqslant \boldsymbol{x} \leqslant \textbf{ub}$$

非线性等式约束 $c_{\text{eq}}(\boldsymbol{x})$ 及非线性不等式约束 $c(\boldsymbol{x})$ 在 nonlcon 中进行描述，且要求 $c_{\text{eq}}(\boldsymbol{x}) = 0$、$c(\boldsymbol{x}) \leqslant 0$。如果没有边界约束，可以设 lb=[]、ub=[]。

6.2.4　算例求解

【例 6-1】求下列非线性规划问题：

$$\min \ f(x) = x_1^2 + 2x_2^2 + 7$$
$$\text{s.t.} \quad x_1^2 - x_2 \geqslant 0$$
$$-x_1 - x_2^2 + 3 = 0$$
$$x_1, x_2 \geqslant 0$$

解：根据题意，编写如下子函数 subfun1()、subfun2()：

```
function f=subfun1(x)
f=x(1)^2+2*x(2)^2+7;

function [g,h]=subfun2(x)
g=-x(1)^2+x(2);
h=-x(1)-x(2)^2+3;
```

在"编辑器"窗口中编写代码如下：

```
options=optimset;
[x,y]=fmincon('subfun1',rand(2,1),[],[],[],[],zeros(2,1),[], 'subfun2', options)
```

运行程序得到结果为：

```
Local minimum found that satisfies the constraints.
Optimization completed because the objective function is non-decreasing in feasible
directions, to within the value of the optimality tolerance,and constraints are
satisfied to within the value of the constraint tolerance.
<stopping criteria details>
x =
    1.1640
    1.3550
y =
   12.0269
```

即当 $x_1 = 1.1640, x_2 = 1.3550$ 时，最小值 $y = 12.0269$。

【例 6-2】求下列非线性规划问题：

$$\min \ 200\left(x_2 - x_1^2\right)^2 + \left(2 - x_1\right)^2$$
$$\text{s.t. } x_1 \leqslant 3$$
$$x_2 \leqslant 3$$

解：根据题意，编写如下子函数 subfun3：

```
function f=subfun3(x)
f=200*(x(2)-x(1)^2)^2+(2-x(1))^2;
```

在"编辑器"窗口中编写代码如下：

```
x0=[1.1,1.1];
A=[1 0;0 1];
b=[3;3];
[x,fval]=fmincon(@subfun3,x0,A,b)
```

运行后得到结果为：

```
Local minimum found that satisfies the constraints.
Optimization completed because the objective function is non-decreasing in feasible
directions, to within the value of the optimality tolerance,and constraints are
satisfied to within the value of the constraint tolerance.
<stopping criteria details>
x =
    1.7322    3.0000
fval =
   0.0718
```

【例 6-3】求下列非线性规划问题：

$$\min \; f(x) = \mathrm{e}^{x1}\left(6x_1^2 + 5x_2^2 + 2x_1x_2 + 4x_2 + 3\right)$$

$$x_1x_2 - x_1 - x_2 + 3 \leqslant 0$$

$$-4x_1x_2 - 3 \leqslant 0$$

解： 根据题意，编写如下子函数 subfun4()：

```
function f=subfun4(x)
f=exp(x(1))*(6*x(1)^2+5*x(2)^2+2*x(1)* x(2)+4* x(2)+3);


function [g,h]=subfun5(x)
g=[ x(1)* x(2)- x(1)- x(2)+3
   -4* x(1) *x(2)-3];
h=[];
```

在"编辑器"窗口中编写代码如下：

```
clear, clc
x0=[1,1];
nonlcon=@ subfun5;
[x, fval] =fmincon(@subfun4,x0,[],[],[],[],[],[], nonlcon)
```

运行后得到结果：

```
Local minimum found that satisfies the constraints.
Optimization completed because the objective function is non-decreasing in feasible
directions, to within the value of the optimality tolerance,and constraints are
satisfied to within the value of the constraint tolerance.
<stopping criteria details>
x =
   -0.2947    2.5447
fval =
   33.1990
```

6.3 一维搜索优化函数

在 MATLAB 优化工具箱中提供了求解一维搜索问题的优化函数 fminbnd()，用于求解一维设计变量在固定区间内的目标函数的最小值，优化问题的约束条件只有设计变量的上下限。即：

$$\min f(\boldsymbol{x})$$

$$\text{s.t.} \; x_1 < x < x_2$$

其中，x、x_1 和 x_2 是有限标量，$f(\boldsymbol{x})$ 是返回标量的函数。

6.3.1 调用格式

一元函数最小值优化问题的函数 fminbnd()求的是局部极小值点，只可能返回一个极小值点，其调用格式如下：

```
x = fminbnd(fun,x1,x2)
```

返回一个值 x，该值是 fun 中描述的标量值函数在区间 x1<x<x2 中的局部最小值。

```
x = fminbnd(fun,x1,x2,options)
```

使用 options 中指定的优化选项执行最小化计算，选项由 optimset 设置。

```
x = fminbnd(problem)
```

求 problem 的最小值，其中 problem 是一个结构体。

```
[x,fval] = fminbnd(…)
```

返回目标函数在 fun 的解 x 处计算出的值。

```
[x,fval,exitflag] = fminbnd(…)
```

返回描述退出条件的值 exitflag。

```
[x,fval,exitflag,output] = fminbnd(…)
```

返回一个包含有关优化的信息的结构体 output。

说明：fminbnd() 函数的算法基于黄金分割搜索和抛物线插值方法。除非左右端点 x1、x2 非常靠近，否则从不计算 fun 在端点处的值，因此只需要为 x 在区间 x1 <x <x2 中定义 fun。

如果最小值实际上出现在 x1 或 x2 处，则 fminbnd() 返回区间 (x1,x2) 内部靠近极小值的点 x，x 与最小值的距离不超过 2*(TolX + 3*abs(x)*sqrt(eps))。

该函数还有以下局限：

（1）要计算最小值的函数必须是连续的。

（2）只能给出局部解。

（3）当解在区间的边界上时，可能表现出慢收敛。

6.3.2　参数含义

函数 fminbnd() 在求解一元函数最小值优化问题时，提供的参数包括输入参数和输出参数，其中输入参数又包括模型参数、初始解参数及算法控制参数，下面分别进行讲解。

1.　输入参数

模型参数是函数 fminbnd() 输入参数的一部分，包括 x1、x2，分别对应数学模型中的 x_1 和 x_2，它们都是有限实数标量，含义明确。

（1）输入参数 fun 为需要最小化的目标函数，指定为函数句柄或函数名称。fun 是一个接收实数标量 x 的函数，并返回实数标量 f（在 x 处计算的目标函数值）。

① 将 fun 指定为文件的函数句柄：

```
x = fminbnd(@myfun,x1,x2)
```

其中，myfun 是一个 MATLAB 函数，如：

```
function f = myfun(x)
f = ...                          %Compute function value at x
```

② 为匿名函数指定 fun 作为函数句柄：

```
x = fminbnd(@(x)norm(x)^2,x1,x2);
```

如：

```
fun = @(x)-x*exp(-3*x)
```

（2）算法控制参数 options 为 optimset() 函数中定义的参数值，用于设置优化选项。针对函数 fminbnd()，常用参数及说明如表 6-6 所示。

表 6-6　options参数及说明

参　数	说　明
Display	定义显示级别： ① notify（默认值）仅在函数未收敛时显示输出； ② off或none不显示输出； ③ iter显示每次迭代的输出，并给出默认退出消息； ④ final仅显示最终输出，并给出默认退出消息
FunValCheck	检查目标函数值是否有效。当目标函数返回的值为complex或NaN时，默认值off允许fminbnd继续。当目标函数返回的值是complex或NaN时，设置on会引发错误
MaxFunEvals	允许的函数计算的最大次数，为正整数。默认值为500
MaxIter	允许的迭代最大次数，为正整数。默认值为500
OutputFcn	以函数句柄或函数句柄的元胞数组的形式来指定优化函数在每次迭代时调用的一个或多个用户定义函数。默认值是[]
PlotFcns	绘制执行算法过程中的各种测量值，从预定义绘图选择值，或自定义值。传递函数句柄或函数句柄的元胞数组。默认值是[] ① @optimplotx绘制当前点； ② @optimplotfunccount绘制函数计数； ③ @optimplotfval 绘制函数值
TolX	关于正标量x的终止容差。默认值为1e-4

（3）问题结构体 problem 指定为含有如表 6-7 所示字段的结构体。

表 6-7　problem结构体中的字段及说明

字　段	说　明	字　段	说　明
objective	目标函数	solver	fminbnd
x1	左端点	Options	Options结构体，optimset返回的结构体
x2	右端点		

2. 输出参数

函数 fminbnd() 的输出参数包括 x、fval、exitflag、output，其中,x 为问题的最优解，fval 为在最优解 x 处的函数值。下面重点介绍 exitflag、output 两个参数。

（1）输出参数 exitflag 为终止迭代的退出条件值，以整数形式返回，说明算法终止的原因，其值及对应的说明如表 6-8 所示。

表 6-8　exitflag值及说明

exitflag值	说　明
1	函数收敛于解x
0	迭代次数超出options.MaxIter或函数计算次数超过options.MaxFunEvals
−1	算法被输出函数或绘图函数停止
−2	边界不一致，这意味着 x1 > x2

（2）输出参数 output 为优化过程中优化信息的结构变量，其包含的属性及说明如表 6-9 所示。

表 6-9　output 的属性及说明

output属性	说　　明
iterations	算法的迭代次数
funcCount	函数计算次数
algorithm	选择算法，golden section search 或 parabolic interpolation
message	退出消息

6.3.3　算例求解

【例 6-4】求 $\min\ e^{-x}+2x^2$，其搜索区间为 $(0, 2)$。

解： 在"编辑器"窗口中编写如下代码：

```
clear, clc
[x,fval]=fminbnd('exp(-x)+2*x.^2',0,2)        %方式一（旧版本）
[x,fval]=fminbnd(@(x)exp(-x)+2*x.^2,0,2)       %方式二
```

运行后得到结果为：

```
x =
    0.2039
fval =
    0.8987
```

【例 6-5】求 $\min\ \sum\limits_{k=-10}^{10}(k+1)^2\cos(kx)e^{-\frac{k^2}{2}}$，其搜索区间为 $(1, 3)$。

解： 在"编辑器"窗口中编写如下代码：

```
function f = subfun6(x)
f = 0;
for k = -10:10
    f = f + (k+1)^2*cos(k*x)*exp(-k^2/2);
end
```

在"编辑器"窗口中编写如下代码：

```
x = fminbnd(@subfun6,1,3)
```

运行后得到结果为：

```
x =
    2.0061
```

求解时可以监视 fminbnd 计算过程所采用的步骤。在"编辑器"窗口中编写如下代码：

```
options = optimset('Display','iter');
x = fminbnd(@subfun6,1,3, options)
```

运行后得到结果为：

```
Func-count      x          f(x)         Procedure
    1        1.76393    -0.589643       initial
    2        2.23607    -0.627273       golden
    3        2.52786    -0.47707        golden
    4        2.05121    -0.680212       parabolic
    5        2.03127    -0.68196        parabolic
    6        1.99608    -0.682641       parabolic
```

```
 7        2.00586      -0.682773         parabolic
 8        2.00618      -0.682773         parabolic
 9        2.00606      -0.682773         parabolic
10        2.0061       -0.682773         parabolic
11        2.00603      -0.682773         parabolic
```
优化已终止：
　当前的 x 满足使用 1.000000e-04 的 OPTIONS.TolX 的终止条件。
x =
    2.0061

求解时也可以使用绘图函数监视求解过程。在"编辑器"窗口中编写如下代码：

```
options = optimset('PlotFcns',@optimplotfval);
[x,fval,exitflag,output] = fminbnd(@subfun6,1,3, options)
```

运行后可以得到结果如下，同时输出如图 6-1 所示的图形监视求解过程。

```
x =
    2.0061
fval =
  -0.6828
exitflag =
    1
output =
  包含以下字段的 struct:
    iterations: 10
    funcCount: 11
    algorithm: 'golden section search, parabolic interpolation'
      message: '优化已终止:↵ 当前的 x 满足使用 1.000000e-04 的 OPTIONS.TolX 的终止条件'
```

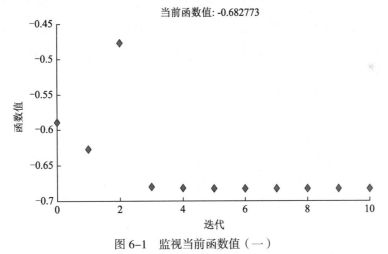

图 6-1　监视当前函数值（一）

6.4　多维无约束优化函数

在 MATLAB 优化工具箱中提供了求解多维无约束优化问题的函数 fminunc()，用于求解多维设计变量在无约束情况下目标函数的最小值，即：

$$\min f(\boldsymbol{x})$$

其中，$f(\boldsymbol{x})$ 是返回标量的函数，$\boldsymbol{x}$ 是向量或矩阵。

6.4.1 调用格式

多维无约束优化函数 fminunc() 求的是局部极小值点，其调用格式如下：

```
x = fminunc(fun,x0)
```
在点 x0 处开始并尝试求 fun 中描述的函数的局部最小值 x。点 x0 可以是标量、向量或矩阵。

```
x = fminunc(fun,x0,options)
```
使用 options 中指定的优化选项执行最小化计算，选项由 optimset 设置。

```
x = fminunc(problem)
```
求 problem 的最小值，其中 problem 是一个结构体。

```
[x,fval] = fminunc(…)
```
返回目标函数在 fun 的解 x 处计算出的值。

```
[x,fval,exitflag,output] = fminunc(…)
```
返回描述退出条件值 exitflag，及提供优化过程信息的结构体 output。

```
[x,fval,exitflag,output,grad,hessian] = fminunc(…)
```
返回函数在 x 处的梯度 grid，在解 x 处的 Hessian 矩阵 hessian。

6.4.2 参数含义

函数 fminunc() 在求解多变量函数最小值优化问题时，提供的参数包括输入参数和输出参数，其中输入参数又包括模型参数、初始解参数及算法控制参数，下面分别进行讲解。

1. 输入参数

函数 fminunc() 输入参数 x0 对应数学模型中的 x_0，即在点 x0 处开始求解尝试。

（1）输入参数 fun 为需要最小化的目标函数，在函数 fun() 中需要输入设计变量 x（列向量或数组）。fun 通常用目标函数的函数句柄或函数名称表示。

① 将 fun 指定为文件的函数句柄：

```
x = fminunc(@myfun,x0)
```
其中，myfun 是一个 MATLAB 函数，如：

```
function f = myfun(x)
f = …                                              %目标函数
```
② 将 fun 指定为匿名函数，作为函数句柄：

```
x = fminunc(@(x)norm(x)^2,x0)
```
如果可以计算 fun 的梯度且 SpecifyObjectiveGradient 选项设置为 true，即：

```
options = optimoptions('fminunc','SpecifyObjectiveGradient',true)
```
则 fun 必须在第 2 个输出参数中返回梯度向量 g(x)。

（2）初始点 x0，为实数向量或实数数组。求解器使用 x0 的大小以及其中的元素数量确定 fun 接收的变量数量和大小。

（3）算法控制参数 options 为 optimset 函数中定义的参数值，用于设置优化选项。针对函数 fminunc()，常用参数及说明如表 6-10 所示。

表 6-10　options参数及说明

参　　　数	说　　　明
所有算法	
Algorithm	同fmincon()函数*
CheckGradients	同fmincon()函数
Diagnostics	同fmincon()函数
DiffMaxChange	同fmincon()函数
DiffMinChange	同fmincon()函数
Display	同fmincon()函数
FiniteDifferenceStepSize	同fmincon()函数
FiniteDifferenceType	同fmincon()函数
FunValCheck	同fmincon()函数
MaxFunctionEvaluations	同fmincon()函数
MaxIterations	同fmincon()函数
OptimalityTolerance	同fmincon()函数
OutputFcn	同fmincon()函数
PlotFcn	同fmincon()函数
SpecifyConstraintGradient	同fmincon()函数
StepTolerance	同fmincon()函数
TypicalX	同fmincon()函数
信赖域反射（trust-region-reflective）算法	
FunctionTolerance	同fmincon()函数
HessianFcn	同fmincon()函数
HessianMultiplyFcn	同fmincon()函数
HessPattern	同fmincon()函数
MaxPCGIter	同fmincon()函数
PrecondBandWidth	同fmincon()函数
SubproblemAlgorithm	同fmincon()函数
TolPCG	同fmincon()函数
拟牛顿（quasi-newton）算法	
HessUpdate	用于在拟牛顿算法中选择搜索方向的方法，选项包括bfgs（默认值）、dfp、steepdesc
ObjectiveLimit	容差（停止条件），标量。如果迭代中的目标函数值小于或等于ObjectiveLimit，迭代停止，因为问题可能无界。默认值为-1e20
UseParallel	此选项为true时，fminunc以并行方式估计梯度。设置为默认值false将禁用此功能。trust-region要求目标中有梯度，因此UseParallel不适用

　*"同fmincon()函数"，表示该参数（如Algorithm参数）的说明与fmincon()函数一致，见表6-1。

　说明：fminunc()函数的所有算法中无ConstraintTolerance、SpecifyObjectiveGradient、UseParallel参数。

（4）问题结构体 problem 指定为含有如表 6-11 所示字段的结构体。

表 6-11　problem 结构体中的字段及说明

字 段	说 明	字 段	说 明
objective	目标函数	solver	fminbnd
x0	x 的初始点	Options	Options 结构体，optimset 返回的结构体

2. 输出参数

函数 fminunc() 的输出参数包括 x、fval、exitflag、output、grad、hessian，其中，x 为非线性规划问题的最优解，fval 为在最优解 x 处的函数值。其中，解处的梯度 grad 以实数向量形式返回，给出 fun 在 x(:) 点处的梯度；逼近 Hessian 矩阵 hessian，以实矩阵形式返回。由于这两个参数使用较少，本书不再赘述，请查阅帮助文件。

（1）输出参数 exitflag 为终止迭代的退出条件值，以整数形式返回，说明算法终止的原因，其值及对应的说明如表 6-12 所示。

表 6-12　exitflag 值及说明

exitflag 值	说 明
1	梯度的模小于 OptimalityTolerance 容差
2	x 的变化小于 StepTolerance 容差
3	目标函数值的变化小于 FunctionTolerance 容差
5	目标函数的预测下降小于 FunctionTolerance 容差
0	迭代次数超出 MaxIterations 或函数计算次数超过 MaxFunctionEvaluations
−1	算法已被输出函数终止
−3	当前迭代的目标函数低于 ObjectiveLimit

（2）输出参数 output 为优化过程中优化信息的结构体变量，其包含的属性及说明如表 6-13 所示。

表 6-13　output 的属性及说明

output 属性	说 明
iterations	算法的迭代次数
funcCount	函数计算次数
firstorderopt	一阶最优性的度量
algorithm	使用的优化算法
cgiterations	PCG 迭代总数（仅适用于 trust−region 算法）
lssteplength	相对于搜索方向的线搜索步的大小（仅适用于 quasi−newton 算法）
stepsize	x 中的最终位移
message	退出消息

6.4.3　算例求解

【例 6-6】求无约束非线性函数的最小值，即 $\min 3x_1^2 + 2x_1x_2 + x_2^2 - 4x_1 + 5x_2$，其初始点为 (1,1)。

解： 在"编辑器"窗口中编写如下代码：

```
clear, clc
fun = @(x) 3*x(1)^2 + 2*x(1)*x(2) + x(2)^2 - 4*x(1) + 5*x(2);
x0 = [1,1];
[x,fval] = fminunc(fun,x0)
```

运行后得到结果为：

```
Local minimum found.
Optimization completed because the size of the gradient is less than the value of the
optimality tolerance.
<stopping criteria details>
x =
    2.2500   -4.7500
fval =
  -16.3750
```

【例6-7】求下列非线性函数最小值的位置和该最小值处的函数值。

$$f(x) = 4\mathrm{e}^{-\|x\|_2^2}x_1 + \frac{1}{10}\|x\|_2^2$$

解： 在"编辑器"窗口中编写如下代码：

```
fun = @(x)4*x(1)*exp(-(x(1)^2 + x(2)^2)) + (x(1)^2 + x(2)^2)/10;
x0 = [1,2];                    %从[1,2]处开始查找最小值的位置和对应的目标函数值
[x,fval] = fminunc(fun,x0)
```

运行后得到结果为：

```
Local minimum found.
Optimization completed because the size of the gradient is less than the value of the
optimality tolerance.
<stopping criteria details>
x =
   -0.6873   -0.0000
fval =
   -1.6669
```

求解时，可以选择 fminunc 选项和输出来检查求解过程。

```
options = optimoptions(@fminunc,'Display','iter','Algorithm','quasi-newton');
[x,fval,exitflag,output] = fminunc(fun,x0,options)
```

运行后得到结果为：

```
                                                  First-order
 Iteration  Func-count       f(x)        Step-size       optimality
     0          3        0.526952                        0.292
     1          6        0.450386          1             0.125
     2         18       -0.286712        7.37029         1.3
     3         33       -0.291515     0.000214686        1.29
     4         42       -1.46355        37.9081          1.14
     5         48       -1.65605       0.464096          0.256
     6         54       -1.66691       0.287298          0.0147
     7         57       -1.66693          1              0.00305
     8         60       -1.66693          1              6.51e-06
     9         63       -1.66693          1              8.94e-08
Local minimum found.
Optimization completed because the size of the gradient is less than the value of the
optimality tolerance.
<stopping criteria details>
```

```
x =
   -0.6873   -0.0000
fval =
   -1.6669
exitflag =
     1
output =
  包含以下字段的 struct:
        iterations: 9
         funcCount: 63
          stepsize: 1.2138e-06
      lssteplength: 1
      firstorderopt: 8.9407e-08
         algorithm: 'quasi-newton'
           message: '. . .'
```

退出 exitflag=1 表明该解是局部最优解，output 结构体显示迭代次数、函数计算次数和其他信息。

6.5　多维无约束搜索函数

在 MATLAB 优化工具箱中提供了求解多维无约束优化问题的多维无约束搜索函数 fminsearch()，使用无导数法计算求解多维设计变量在无约束情况下目标函数的最小值，即：

$$\min f(x)$$

其中，$f(x)$ 是返回标量的函数，x 是向量或矩阵。

6.5.1　调用格式

函数 fminsearch()使用无导数法计算无约束的多变量函数的局部最小值，常用于无约束非线性最优化问题。其调用格式如下：

```
x = fminsearch (fun,x0)
```
在点 x0 处开始并尝试求 fun 中描述的函数的局部最小值 x，x0 可以是标量、向量或矩阵。

```
x = fminsearch (fun,x0,options)
```
使用 options 中指定的优化选项执行最小化计算，选项由 optimset 设置。

```
x = fminsearch (problem)
```
求 problem 的最小值，其中 problem 是一个结构体。

```
[x,fval] = fminsearch (…)
```
返回目标函数在 fun 的解 x 处计算出的值。

```
[x,fval,exitflag] = fminsearch (…)
```
返回描述退出条件值 exitflag。

```
[x,fval,exitflag,output] = fminsearch (…)
```
返回提供优化过程信息的结构体 output。

函数 fminsearch()使用 Lagarias 等的单纯形搜索法，这是一种直接搜索方法，仅对实数求最小值，即向量或数组 x 只能由实数组成，并且 f(x)必须只返回实数。当 x 具有复数值时，将 x 分为实部和虚部。

使用 fminsearch()函数可以求解不可微分的问题或者具有不连续性的问题，尤其是在解附近没有出现不连续性的情况。

6.5.2 参数含义

函数 fminsearch()在求解多变量函数最小值优化问题时，提供的参数包括输入参数和输出参数，其中，输入参数又包括模型参数、初始解参数及算法控制参数。下面分别进行讲解。

1. 输入参数

函数 fminsearch()输入参数 x0 对应数学模型中的 x_0，即在点 x0 处开始尝试求解。

（1）输入参数 fun 为需要最小化的目标函数，在函数 fun()中需要输入设计变量 x（列向量或数组）。fun 通常用目标函数的函数句柄或函数名称表示。

① 将 fun 指定为文件的函数句柄：

```
x = fminsearch (@myfun,x0)
```

其中 myfun 是一个 MATLAB 函数，如：

```
function f = myfun(x)
f = ···                                    %目标函数
```

② 将 fun 指定为匿名函数，作为函数句柄：

```
x = fminsearch (@(x)norm(x)^2,x0)
```

（2）初始点 x0，为实数向量或实数数组。求解器使用 x0 的大小以及其中的元素数量确定 fun 接受的变量数量和大小。

（3）算法控制参数 options 为 optimset()函数中定义的参数的值，用于设置优化选项。针对函数 fminsearch()，常用参数及说明如表 6-14 所示。

表 6-14　options参数及说明

参　　数	说　　明
Display	同fminbnd()函数
FunValCheck	同fminbnd90函数
MaxFunEvals	允许的函数求值的最大次数，为正整数。默认值为200*numberOfVariables
MaxIter	允许的迭代最大次数，为正整数。默认值为200*numberOfVariables
OutputFcn	同fminbnd()函数
PlotFcns	同fminbnd()函数
TolFun	关于函数值的终止容差，为正整数。默认值为1e-4。与其他求解器不同，fminsearch在同时满足TolFun和TolX时停止运行
TolX	关于正标量x的终止容差。默认值为1e-4。与其他求解器不同，fminsearch在同时满足TolFun和TolX时停止运行

（4）问题结构体 problem 指定为含有如表 6-15 所示字段的结构体。

表 6-15　problem结构体中的字段及说明

字　　段	说　　明	字　　段	说　　明
objective	目标函数	solver	fminsearch
x0	x 的初始点	Options	Options结构体，optimset返回的结构体

2. 输出参数

函数 fminsearch()的输出参数包括 x、fval、exitflag、output，其中，x 为问题的最优解，fval 为在最优解 x 处的函数值。下面重点介绍 exitflag、output 两个参数。

（1）输出参数 exitflag 为终止迭代的退出条件值，以整数形式返回，说明算法终止的原因，其值及对应的说明如表 6-16 所示。

表 6-16　exitflag 值及说明

exitflag值	说　　　明
1	函数收敛于解x。
0	迭代次数超出options.MaxIter或函数计算次数超过options.MaxFunEvals
–1	算法被输出函数或绘图函数停止

（2）输出参数 output 为优化过程中优化信息的结构变量，其包含的属性及说明如表 6-17 所示。

表 6-17　output 的属性及说明

output属性	说　　　明
iterations	算法的迭代次数
funcCount	函数计算次数
algorithm	选择算法，Nelder–Mead simplex direct search
message	退出消息

6.5.3　算例求解

【例 6-8】计算 Rosenbrock 函数 $f(x) = 100(x_2 - x_1^2)^2 + (1 - x_1)^2$ 的最小值。

对于许多算法来说，这是极难的优化问题，而对于 fminsearch()函数，求解却比较容易。该函数的最小值在 x = [1,1]处，最小值为 0。

解：在"编辑器"窗口中编写如下代码：

```
fun = @(x)100*(x(2) - x(1)^2)^2 + (1 - x(1))^2;
x0 = [-1.2,1];
[x,fval] = fminsearch(fun,x0)
```

运行后得到结果为：

```
x =
    1.0000    1.0000
fval =
    8.1777e-10
```

求解时可以监视 fminsearch()尝试定位最小值的过程。在"编辑器"窗口中编写如下代码：

```
options = optimset('PlotFcns',@optimplotfval);    %设置选项，以在每次迭代时绘制目标函数图
x = fminsearch(fun,x0,options)
```

运行后可以得到结果如下，同时输出如图 6-2 所示的图形监视求解过程。

```
x =
    1.0000    1.0000
```

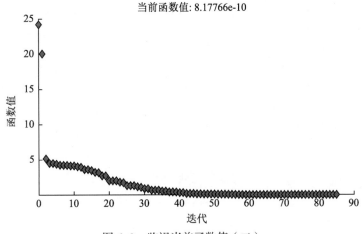

当前函数值: 8.17766e-10

图 6-2　监视当前函数值（二）

【例 6-9】在 Rosenbrock() 函数中增加参数 a，即 $f(\boldsymbol{x}) = 100\left(x_2 - x_1^2\right)^2 + \left(a - x_1\right)^2$，求其最小值。

此函数在 $x_1 = a, x_2 = a_2$ 处具有最小值 0。例如 $a=3$，可以通过创建匿名函数将该参数包含在目标函数中。

解：在"编辑器"窗口中编写如下代码：

```
f = @(x,a)100*(x(2) - x(1)^2)^2 + (a-x(1))^2;   %创建目标函数并将其额外形参作为额外实参
a = 3;
fun = @(x)f(x,a);                               %创建包含参数值的 x 的匿名函数
x0 = [-1.2,1];
x0 = [-1,1.9];
[x,fval] = fminsearch(fun,x0)
```

运行后得到结果为：

```
x =
    3.0000    9.0000
fval =
  3.4472e-11
```

求解时监视 fminsearch() 尝试定位最小值的过程，可以采用下面的语句：

```
options = optimset('Display','iter','PlotFcns',@optimplotfval);
[x,fval,exitflag,output] = fminsearch(fun,x0,options)
```

运行后可以得到结果如下，同时输出如图 6-3 所示的图形监视求解过程：

```
Iteration    Func-count     min f(x)         Procedure
    0            1            97
    1            3            80.0031          initial simplex
    2            5            47.3388          expand
    3            7            21.7313          expand
    4            9            17.9491          reflect
                        %中间数据省略
   151          281          6.73052e-11      contract inside
   152          283          6.73052e-11      contract inside
   153          284          6.73052e-11      reflect
   154          286          3.44716e-11      contract inside
优化已终止:
  当前的 x 满足使用 1.000000e-04 的 OPTIONS.TolX 的终止条件,
F(X) 满足使用 1.000000e-04 的 OPTIONS.TolFun 的收敛条件
x =
```

```
     3.0000    9.0000
fval =
    3.4472e-11
exitflag =
     1
output =
   包含以下字段的 struct:
     iterations: 154
      funcCount: 286
      algorithm: 'Nelder-Mead simplex direct search'
        message: '...'
```

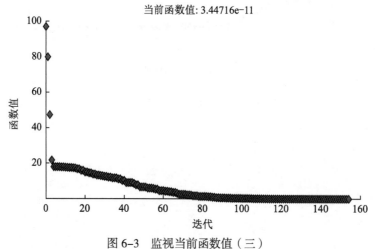

图 6-3　监视当前函数值（三）

6.6　多维非线性最小二乘函数

在 MATLAB 优化工具箱中提供了求解多维非线性最小二乘（非线性数据拟合）问题的函数 lsqnonlin()，非线性最小二乘曲线拟合问题数学模型如下：

$$\min \|f(x)\|_2^2 = \min_x \sum_{i=1}^{m} f_i(x)^2$$

求解时可以为 x 的分量定义上下界 **ub**、**lb**，它们既可以是向量，也可以是矩阵。lsqnonlin 要求用户定义的函数 $f(x)$ 计算向量值函数，而不是计算值 $\|f(x)\|_2^2$（平方和）。其中：

$$f(x) = \begin{bmatrix} f_1(x) \\ f_2(x) \\ \cdots \\ f_n(x) \end{bmatrix}$$

6.6.1　调用格式

函数 lsqnonlin() 用于求解多维非线性最小二乘（非线性数据拟合）问题。其调用格式如下：

```
x=lsqnonlin(fun,x0)
```

从点 x0 开始，求 fun 中所描述函数的平方和的最小值。函数 fun() 应返回由值（而不是值的平方和）组成的向量（或数组）。

```
x=lsqnonlin(fun,x0,lb,ub)
```

对 x 中的设计变量定义一组下界和上界，使解始终在 lb≤x≤ub，通过指定 lb(i) = ub(i)可以修复解分量 x(i)。

```
x = lsqnonlin(fun,x0,lb,ub,options)
```

使用 options 中指定的优化选项执行最小化计算，选项由 optimset 设置，如果不存在边界，则令 lb=[]、ub=[]。

```
x = lsqnonlin(problem)
```

求 problem 的最小值，其中 problem 是一个结构体。

```
[x,resnorm]=lsqnonlin(…)
```

返回在 x 处的残差的 2-范数平方值，sum(fun(x).^2)。

```
[x,resnorm, residual , exitflag,output]=lsqnonlin(…)
```

返回在解 x 处的残差 fun(x)的值、描述退出条件的值 exitflag，以及包含优化过程信息的结构体 output。

```
[x,resnorm, residual,exitflag, output,lambda,jacobian]=lsqnonlin(…)
```

返回结构体 lambda（其字段包含在解 x 处的拉格朗日乘数），以及 fun 在解 x 处的 Jacobian 矩阵。

lsqnonlin 默认选择大型优化算法，通过将 options.LargeScale 设置为 off 可以调整为中型优化算法。lsqnonlin 采用一维搜索法。

6.6.2　参数含义

函数 lsqnonlin()在求解非线性规划问题时，提供的参数包括输入参数和输出参数，其中输入参数又包括模型参数、初始解参数及算法控制参数。下面分别进行讲解。

1. 输入参数

模型参数是函数 lsqnonlin()输入参数的一部分，包括 x0、lb、ub、options，其中 x0、lb、ub 的含义比较明确，这里就不再讲解。

（1）输入参数 fun 为需要最小化其平方和函数，函数 fun()接收数组 x 并返回数组 F，F 为在 x 处计算目标函数的结果。fun 通常用目标函数的函数句柄或函数名称表示。

① 将 fun 指定为文件的函数句柄：

```
x = lsqnonlin (@myfun,x0,A,b)
```

其中，myfun 是一个 MATLAB 函数，如：

```
function F = myfun(x)
F = …                                    %目标函数
```

② 将 fun 指定为匿名函数，作为函数句柄：

```
x = lsqnonlin(@(x)sin(x.*x),x0);
```

如果 x 和 F 的用户定义值是数组，则使用线性索引将它们转换为向量。

如果 Jacobian 矩阵也可以计算并且 SpecifyObjectiveGradient 选项为 true，设置如下：

```
options = optimoptions('lsqnonlin','SpecifyObjectiveGradient',true)
```

则函数 fun()必须返回第 2 个输出参数，即在 x 处计算的 Jacobian 值矩阵 J。通过检查 nargout 的值，当仅使用一个输出参数调用 fun 时（在优化算法只需 F 的值而不需要 J 的情况下），该函数可以避免计算 J。

```
function [F,J] = myfun(x)
F = …                                    %目标函数在 x 处的值
```

```
if nargout > 1                          %两个输出参数
    J = ···                             %在 x 处求值时函数的雅可比矩阵
end
```

如果 fun 返回由 m 个分量组成的数组且 x 包含 n 个元素，其中，n 是 x0 的元素数，则 J 是 $m \times n$ 矩阵，J(i,j) 是 F(i) 关于 x(j) 的偏导数（Jacobian 值 J 是 F 的梯度的转置）。

（2）初始点 x0，为实数向量或实数数组。求解器使用 x0 的大小以及其中的元素数量确定 fun 接收的变量数量和大小。

（3）算法控制参数 options 为 optimset 函数中定义的参数的值，用于选择优化算法。针对最小二乘优化函数 lsqnonlin()，常用参数及说明如表 6-18 所示。

表 6-18　options参数及说明

参　　数	说　　明
所有算法	
Algorithm	选择优化算法，在trust-region-reflective（默认值）和levenberg-marquardt之间进行选择。Algorithm选项指定算法使用的预设项。这只是一种预设项，因为每种算法都必须满足特定条件才能使用。对于信赖域反射算法，非线性方程组不能为欠定；也就是说，方程的数目（fun返回的F的元素数）必须至少与x的长度相同
CheckGradients	同fmincon()函数
Diagnostics	同fmincon()函数
DiffMaxChange	同fmincon()函数
DiffMinChange	同fmincon()函数
Display	无notify、notify-detailed级别，其余同fmincon()函数
FiniteDifferenceStepSize	同fmincon()函数
FiniteDifferenceType	基本同fmincon()函数
FunctionTolerance	关于函数值的终止容差，为正标量。默认值为1e-6，在optimset中名称为TolFun
FunValCheck	同fmincon()函数
MaxFunctionEvaluations	允许的函数计算的最大次数，为正整数。默认为100*numberOfVariables。在optimset中名称为MaxFunEvals
MaxIterations	允许的迭代最大次数，为正整数。默认值均为400。在optimset中名称为MaxIter
OptimalityTolerance	一阶最优性的终止容差（正标量）。默认值为1e-6。levenberg-marquardt算法在内部使用1e-4乘以FunctionTolerance作为最优性容差（停止条件），而不使用OptimalityTolerance在optimset中名称为TolFun
OutputFcn	同fmincon()函数
PlotFcn	同fmincon()函数
SpecifyConstraintGradient	如果为false（默认值），则求解器使用有限差分逼近Jacobian矩阵。如果为true，则对于目标函数，求解器使用用户定义的Jacobian矩阵（在fun中定义）或Jacobian矩阵信息（使用JacobMult时）。对于optimset，名称为GradConstr，值为on或off
StepTolerance	关于正标量x的终止容差。默认值均为1e-6。在optimset中名称为TolX
TypicalX	典型的x值。TypicalX中的元素数等于x0（即起点）中的元素数。默认值为ones(numberofvariables,1)。求解器使用TypicalX缩放有限差分来进行梯度估计
UseParallel	此选项为true时，fmincon以并行方式估计梯度。设置为默认值false将禁用此功能

续表

参 数	说 明
信赖域反射（trust–region–reflective）算法	

JacobianMultiplyFcn	Jacobian矩阵乘法函数，指定为函数句柄。对于大规模结构问题，此函数计算Jacobian矩阵乘积J*Y、J'*Y或J'*(J*Y)，而并不实际构造J。函数的形式是：
	
	`W = jmfun(Jinfo,Y,flag)`
	
	其中，Jinfo包含用于计算J*Y（或J'*Y或J'*(J*Y)）的矩阵。第1个参数Jinfo必须与目标函数fun返回的第2个参数相同，例如，可通过以下命令来实现：
	
	`[F,Jinfo] = fun(x)`
	
	Y是矩阵，其行数与问题中的维数相同。flag确定要计算的乘积：
	如果flag==0，则W=J'*(J*Y)；
	如果flag>0，则W=J*Y；
	如果flag<0，则W=J'*Y。
	在每种情况下，都不会显式形成J。求解器使用Jinfo计算预条件算子。在optimset中名称为JacobMult

JacobPattern	用于有限差分的Jacobian矩阵稀疏模式。当fun(i)依赖x(j)时，设置JacobPattern(i,j)=1；否则，设置JacobPattern(i,j)=0。换句话说，如果存在∂fun(i)/∂x(j)$\neq$0，则JacobPattern(i,j)=1。 如果在fun中不方便计算Jacobian矩阵J，但可以确定（例如通过分析）fun(i)何时取决于x(j)，请使用JacobPattern。当给出JacobPattern时，求解器可以通过稀疏有限差分来逼近J。 如果结构未知，请不要设置JacobPattern。默认是将JacobPattern视为由1组成的稠密矩阵。然后求解器在每次迭代中计算完整的有限差分逼近。对于大型优化问题，这可能会涉及高昂的计算成本，因此通常最好采用稀疏结构
MaxPCGIter	预条件共轭梯度(PCG)迭代的最大次数，正标量。对于边界约束问题，默认值为max(1,floor(numberOfVariables/2))
PrecondBandWidth	PCG的预条件算子上带宽，非负整数。PrecondBandWidth的默认值是Inf，这意味着使用直接分解(Cholesky)，而不是共轭梯度(CG)。直接分解的计算成本较CG高，但求解质量更好。将PrecondBandWidth设置为0将使用对角预条件（上带宽为0）。对于某些问题，中间带宽会减少PCG迭代的次数
SubproblemAlgorithm	确定迭代步的计算方式。相比CG，默认值factorization采用的迭代步速较慢，但更准确
TolPCG	PCG迭代的终止容差，正标量。默认值为0.1
Levenberg–Marquardt算法	
InitDamping	Levenberg–Marquardt参数的初始值，正标量。默认值是1e-2
ScaleProblem	Jacobian有时可以改善缩放不佳问题的收敛。默认值为none

说明：lsqnonlin()函数的所有算法中无 ConstraintTolerance、SpecifyObjectiveGradient 参数。

（4）问题结构体 problem 指定为含有如表 6-19 所示字段的结构体。

表 6-19　problem结构体中字段及说明

字 段	说 明	字 段	说 明
objective	目标函数	ub	由上界组成的向量
x0	x 的初始点	solver	lsqnonlin
lb	由下界组成的向量	options	Options结构体，optimset返回的结构体

说明：在 problem 结构体中至少提供 objective、x0、solver 和 options 字段。

2. 输出参数

函数 lsqnonlin() 的输出参数包括 x、resnorm、residual、exitflag、output、lambda、jacobian。其中，x 为问题的局部解；resnorm 是在 x 处的残差的 2-范数平方 sum(fun(x).^2)；residual 为在解处的目标函数值，以数组形式返回，通常 residual = fun(x)；lambda 为解处的拉格朗日乘数，以包含字段 lower（下界 lb）、upper（上界 ub）的结构体形式返回；jacobian 为解处的 Jacobian 矩阵，以实矩阵形式返回。jacobian(i,j) 是 fun(i) 关于解 x 处的 x(j) 的偏导数。

（1）输出参数 exitflag 为终止迭代的退出条件值，以整数形式返回，说明算法终止的原因，其值及对应的说明如表 6-20 所示。

表 6-20　exitflag 值及说明

exitflag值	说　　明
1	函数收敛于解 x
2	x 中的变化小于指定容差，或 x 处的 Jacobian 矩阵未定义
3	残差中的变化小于指定的容差
4	搜索方向的相对量级小于步长容差
0	迭代次数超过 options.MaxIterations 或函数计算次数超过 options.MaxFunctionEvaluations
−1	绘图函数或输出函数停止了求解器
−2	问题不可行：lb 和 ub 边界不一致

（2）输出参数 output 为优化过程中优化信息的结构变量，其包含的属性及含义如表 6-21 所示。

表 6-21　output 的属性及说明

output属性	说　　明
firstorderopt	一阶最优性的度量
iterations	算法的迭代次数
funcCount	函数计算次数
cgiterations	PCG迭代总数（仅适用于trust-region算法）
stepsize	x中的最终位移
algorithm	使用的优化算法
message	退出消息

6.6.3　算例求解

【例 6-10】添加了噪声的指数衰减模型为 $y = e^{-1.3t} + \varepsilon$，其中 t 的范围为 0~3，ε 的均值为 0，标准差为 0.05 的正态分布噪声。试对模型数据进行简单的指数衰减曲线拟合。

解： 在"编辑器"窗口中编写如下代码：

```
clear, clc
rng default                              %控制随机数生成
d = linspace(0,3);
y = exp(-1.3*d) + 0.05*randn(size(d));
```

```
fun = @(r)exp(-d*r)-y;
x0 = 4;
x = lsqnonlin(fun,x0)                      %寻找最佳衰减率的值
plot(d,y,'ko',d,exp(-x*d),'b-')            %绘制数据和最佳拟合指数曲线
legend('数据','最佳拟合');xlabel('t');ylabel('exp(-tx)')
```

运行后可以得到结果如下，同时输出如图 6-4 所示的拟合曲线。

```
Local minimum possible.
lsqnonlin stopped because the final change in the sum of squares relative to its initial
value is less than the value of the function tolerance.
<stopping criteria details>
x =
    1.2645
```

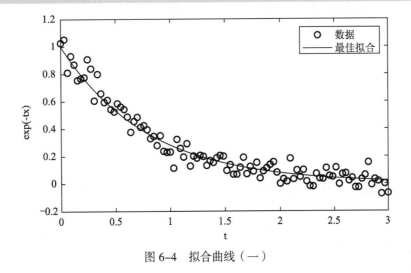

图 6-4　拟合曲线（一）

【例 6-11】寻找合适的中心化参数 b 和缩放参数 a，使得函数 $ae^{-t}e^{-e^{-(t-b)}}$ 最好地拟合标准正态密度分布 $\dfrac{1}{\sqrt{2\pi}}e^{-\frac{t^2}{2}}$。

解：在"编辑器"窗口中编写如下代码：

```
clear, clc
t = linspace(-4,4);
y = 1/sqrt(2*pi)*exp(-t.^2/2);
fun = @(x)x(1)*exp(-t).*exp(-exp(-(t-x(2)))) - y;
lb = [1/2,-1];
ub = [3/2,3];
x0 = [1/2,0];
x = lsqnonlin(fun,x0,lb,ub)
plot(t,y,'r-',t,fun(x)+y,'b-')
xlabel('t');legend('正态分布','拟合函数')
```

运行后可以得到结果如下，同时输出如图 6-5 所示的拟合曲线。

```
Local minimum possible.
lsqnonlin stopped because the final change in the sum of squares relative to its initial
value is less than the value of the function tolerance.
<stopping criteria details>
```

```
x =
    0.8231   -0.2444
```

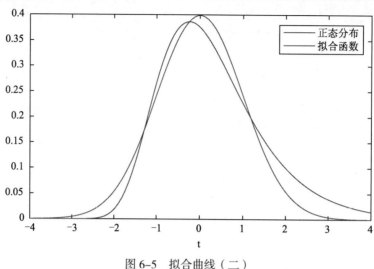

图 6-5　拟合曲线（二）

6.7　非线性规划实例

前面讲解了 MATLAB 中求解非线性规划问题的函数，下面结合建模给出几个典型的非线性规划问题的求解算例，帮助读者掌握 MATLAB 在非线性规划中的应用方法。

6.7.1　资金调用问题

【例 6-12】假设某公司有 400 万元资金，要求在 4 年内使用完，若在一年内使用资金 x 万元，则可获得收益 $\sqrt{x}$ 万元（设收益不再投资），当年不用的资金可存入银行，年利率为 10%，试制定出这笔资金的使用方案，以使 4 年的经济收益总和为最大。

分析：针对现有资金 400 万元，对于不同的使用方案，4 年内所获得的收益的总和是不相同的。例如，第 1 年就把 400 万元全部用完，这获得的收益总和为 $\sqrt{400}$ =20.0 万元；若前 3 年均不用这笔资金，而把它存入银行，则第 4 年时的本息和为 400×1.1³=532.4 万元，再把它全部用完，则收益总和为 23.07 万元，比第 1 种方案效益多 3 万多元，所以用最优化方法可以制定出一种最优的使用方案，以使 4 年的经济收益总和为最大。

解：（1）模型的建立

设 x_i 表示第 i 年所使用资金数，T 表示 4 年的收益总和，则目标函数为：

$$\max T = \sqrt{x_1} + \sqrt{x_2} + \sqrt{x_3} + \sqrt{x_4}$$

决策变量的约束条件：每年所使用资金既不能为负数，也不能超过当年所拥有的资金数，即第 1 年使用的资金数 x_1，满足：

$$0 \leqslant x_1 \leqslant 400$$

第 2 年资金数 x_2 是第 1 年未使用资金存入银行一年后的本利之和，满足：

$$0 \leqslant x_2 \leqslant (400 - x_1) \times 1.1$$

第 3 年资金数 x_3，满足：

$$0 \leqslant x_3 \leqslant [(400 - x_1) \times 1.1 - x_2] \times 1.1$$

第 4 年资金数 x_4，满足：

$$0 \leqslant x_4 \leqslant \{[(400 - x_1) \times 1.1 - x_2] \times 1.1 - x_3\} \times 1.1$$

这样，资金使用问题的数学模型为：

$$\max T = \sqrt{x_1} + \sqrt{x_2} + \sqrt{x_3} + \sqrt{x_4}$$
$$\text{s.t. } x_1 \leqslant 400$$
$$1.1x_1 + x_2 \leqslant 440$$
$$1.21x_1 + 1.1x_2 + x_3 \leqslant 484$$
$$1.331x_1 + 1.21x_2 + 1.1x_3 + x_4 \leqslant 532.4$$
$$x_i \geqslant 0$$

（2）模型的求解

上述该模型为非线性规划模型的求解问题，可选用 fmincon() 函数进行求解。首先用极小化的形式将目标函数改写为：

$$\min T = -\sqrt{x_1} - \sqrt{x_2} - \sqrt{x_3} - \sqrt{x_4}$$

其次，将约束条件表示为如下形式：

$$\text{s.t. } \boldsymbol{Ax} \leqslant \boldsymbol{b}$$
$$\textbf{lb} \leqslant x \leqslant \textbf{ub}$$

其中，各输入参数为：

$$\boldsymbol{X} = [x_1, x_2, x_3, x_4]^{\text{T}}, \ \textbf{lb} = [0,0,0,0]^{\text{T}}, \ \textbf{ub} = [400,1000,1000,1000]^{\text{T}}$$

$$\boldsymbol{A} = \begin{bmatrix} 1.1 & 1 & 0 & 0 \\ 1.21 & 1.1 & 1 & 0 \\ 1.331 & 1.21 & 1.1 & 1 \end{bmatrix}, \ \boldsymbol{b} = \begin{bmatrix} 440 \\ 484 \\ 532.4 \end{bmatrix}$$

根据以上分析，在"编辑器"窗口中编写如下代码：

```
clear, clc
fun=@(x)-sqrt(x(1))-sqrt(x(2))-sqrt(x(3))-sqrt(x(4));
A=[1.1, 1, 0, 0; 1.21, 1.1 ,1, 0; 1.331, 1.21, 1.1, 1];
b=[440, 484, 532.4];
lb=[0, 0, 0, 0];
ub=[400, 1000, 1000, 1000];
x0=[100, 100, 100, 100];
[x,fval]=fmincon(fun,x0,A,b,[],[],lb,ub)
```

运行后可以得到结果如下：

```
Local minimum found that satisfies the constraints.
Optimization completed because the objective function is non-decreasing in feasible
directions, to within the value of the optimality tolerance,and constraints are
satisfied to within the value of the constraint tolerance.
<stopping criteria details>
x =
   86.1882  104.2879  126.1877  152.6887
fval =
  -43.0860
```

即 4 年使用资金数分别为 86.1882、104.2879、126.1877、152.6887 万元，使得 4 年收益总和为 43.0860 万元。

6.7.2　经营最佳安排问题

【例 6-13】假设某公司销售两种设备，第 1 种设备每件售价 30 元，第 2 种设备每件售价 450 元，根据统计售出第 1 件第 1 种设备所需的营业时间平均为 0.5 小时，售出第 2 种设备的营业时间平均是（$2+0.25x_2$）小时，其中，x_2 是第 2 种设备的售出数量，已知该公司在这段时间内的总营业时间为 800 小时，试确定使营业额最大的营业计划。

解：（1）模型的建立。

设该公司计划销售的第 1 种设备为 x_1，第 2 种设备 x_2 件，根据题意，建立如下的数学模型：

$$\max f(\boldsymbol{x}) = 30x_1 + 450x_2$$
$$\text{s.t.}\quad 0.5x_1 + (2+0.25x_2)x_2 = 800$$
$$x_1, x_2 \geqslant 0$$

（2）模型的求解

上述该模型为非线性规划模型的求解问题，可选用 fmincon() 函数进行求解。将上述函数转化为 fmincon() 函数对应的形式，即：

$$\min f(\boldsymbol{x}) = -30x_1 - 450x_2$$
$$\text{s.t.}\quad 0.5x_1 + (2+0.25x_2)x_2 - 800 = 0$$
$$x_1, x_2 \geqslant 0$$

根据以上分析，首先编写约束条件的 M 文件：

```
function [c,cep]=myfun7(x)
c=0.5*x(1)+2*x(2)+0.25*x(2)*x(2)-800;
cep=[];
```

然后在"编辑器"窗口中编写主程序：

```
clear, clc
fun=@(x)-30*x(1)-450*x(2);                    %定义目标函数
lb=[0,0];
x0=[0,0];
[x,w]=fmincon(fun,x0,[],[],[],[],lb,[],'subfun7')
```

运行后可以得到结果如下：

```
Local minimum found that satisfies the constraints.
Optimization completed because the objective function is non-decreasing in feasible
directions, to within the value of the optimality tolerance, and constraints are
satisfied to within the value of the constraint tolerance.
<stopping criteria details>
x =
   1.0e+03 *
    1.4955    0.0110
w =
  -4.9815e+04
```

即该公司销售第 1 种设备 1496 件，销售第 2 种设备 11 件，即可使总营业额最大为 49815 元。

6.7.3　广告最佳投入问题

【例 6-14】某公司欲以每件 6 元的价格购进一批商品。一般来说，随着商品售价的提高，预期销售量将减少，并对此进行了估算，结果如表 6-22 第 1、2 行所示。为了尽快收回资金并获得较多的赢利，公司打算做广告，投入一定的广告费后，销售量将有一个增长，可由销售增长因子来表示。据统计，广告费与销售增长因子关系如表 6-22 第 3、4 行所示。问公司采取怎样的营销决策能使预期的利润最大？

表 6-22 售价与预期销售量、广告费与销售增长因子的关系

售价 x/元	12.0	12.5	13.0	13.5	14.0	14.5	15.0	15.5	16.0
预期销售量 y/万元	4.1	3.8	3.4	3.2	2.9	2.8	2.5	2.2	2.0
广告费 z/万元	0	1	2	3	4	5	6	7	
销售增长因子 k	1.00	1.30	1.55	1.75	1.90	2.00	1.90	1.80	

解： 设 x 表示售价（元），y 表示预期销售量（万元），z 表示广告费（万元），k 表示销售增长因子。投入广告费后，实际销量记为 s（万元），获得的利润记为 p（万元）。由表易知预期销售量 y 随着售价 x 的增加而单调下降；而销售增长因子 k 随着广告费 z 的增加而增加，在 $z=5$ 万元时达到最高，然后 z 增加时 k 有所回落，由此先画出散点图。其程序如下：

```
clear,clc;
x=[12.0 12.5 13.0 13.5 14.0 14.5 15.0 15.6 16.0];
y=[4.1 3.8 3.4 3.2 2.9 2.8 2.5 2.2 2.0];
figure(1);plot(x',y','-*')                  %绘制售价与预期销售量散点图
z=[0,1,2,3,4,5,6,7];
k=[1.00 1.30 1.55 1.75 1.90 2.00 1.90 1.80];
figure(2);plot(z,k,'-*');                   %绘制广告费与销售增长因子散点图
```

运行程序后，可以得到如图 6-6 所示的售价与预期销售量散点图及如图 6-7 所示的广告费与销售增长因子散点图。

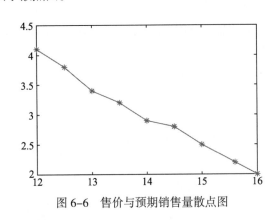

图 6-6 售价与预期销售量散点图

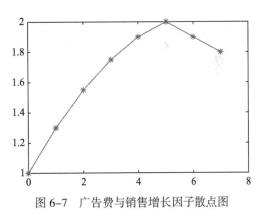

图 6-7 广告费与销售增长因子散点图

从图 6-6 和图 6-7 可知，售价 x 与预期销售量 y 近似为一条直线，广告费 z 与销售增长因子 k 近似为一条二次曲线，由此建立拟合函数模型，令：

$$y = ax + b$$
$$k = cz^2 + dz + e$$

其中，系数 a，b，c，d，e 为待定系数。

根据题意建立优化模型：

$$\max \ p = (cz^2 + dz + e)(ax + b)(x - 6) - z$$
$$\text{s.t.} \ \ x, z \geq 0$$

求拟合函数的系数 a、b、c、d、e，并画出散点图和拟合曲线，继续在命令行窗口中输入：

```
>> a1=polyfit(x,y,1)
a1 =
    -0.5081    10.1083
>> a2=polyfit(z,k,2)
a2 =
    -0.0363    0.3744    0.9750
```

即拟合函数的系数 a=-0.5081，b=10.1083，c=-0.0363，d=0.3744，e=0.9750。

求解优化模型，因 MATLAB 中仅能求极小值，在命令行窗口中输入：

```
>> fun = @(x)x(2)- (-0.0363*x(2)^2+0.3744*x(2)+ 0.9750)* (-0.5081*x(1)+ 10.1083)*
(x(1)-12);
>> [x,fval]=fmincon(fun,[12;3.3],[],[],[],[],[0;0],[])        %求解规划问题
Local minimum found that satisfies the constraints.
Optimization completed because the objective function is non-decreasing in feasible
directions, to within the value of the optimality tolerance, and constraints are
satisfied to within the value of the constraint tolerance.
<stopping criteria details>
x =
   15.9472
    3.4170
fval =
   -11.0736
```

即当销售价格为 x=15.9472 元，广告费 z=3.4170 万元时，公司预期的利润最多，为 11.0736 万元。

6.8 本章小结

非线性规划在工程、管理、经济、科研、军事等方面都有广泛的应用，是最优设计的有力的工具。本章首先介绍了非线性规划基础，包括非线性规划问题的标准形式和 MATLAB 函数；然后介绍了无约束非线性规划问题和非线性规划问题的求解，包括有约束和无约束最优方法；最后举例介绍非线性规划在工作生活中的应用。

第 7 章

无约束一维极值

在求解目标函数的极小值的过程中，若对设计变量的取值范围不加限制，则称这种优化问题为无约束优化问题。尽管大部分优化设计问题是有约束的，但无约束优化方法仍然是优化设计的基本组成部分。约束优化问题可以通过对约束条件的处理，转换为无约束优化问题来求解。

无约束一维极值问题求解时一般采用一维搜索法（包括线性搜索法和非线性搜索法），其中线性搜索法有黄金分割法、斐波那契法、牛顿法等，非线性搜索法有抛物线法和三次插值法。本章主要讲解求解无约束一维极值问题的各种方法。

学习目标：

（1）了解无约束算法基础知识；

（2）掌握 MATLAB 中求解无约束一维极值的方法。

7.1 无约束算法概述

求解无约束最优化问题的方法有解析法和直接法两类：

（1）解析法就是利用无约束最优化问题中目标函数 $f(x)$ 的解析表达式和它的解析性质（如函数的一阶导数和二阶导数），给出一种求它的最优解的方法，或一种求近似解的迭代方法。

解析法主要有最速下降法、共轭方向法、共轭梯度法、非二次函数的共轭梯度法、牛顿法、拟牛顿法、变尺度法等。

（2）直接法就是在求最优解的过程中，只用到函数的函数值，而不必利用函数的解析性质。直接法也是一种迭代法，迭代步骤简单。当目标函数的表达式十分复杂，或写不出具体表达式时，它就成了重要的方法。直接法适应面很广，适于计算机运算。

无约束优化问题的一般形式可描述为：

求 n 维设计变量 x 使目标函数 $f(x)$ 最小，其中 x 为：

$$x = [x_1, x_2, \cdots, x_n]^T \in \mathbf{R}^n$$

对于上述无约束优化问题的求解，可以利用前面介绍的无约束优化问题的极值条件求得。即将求目标函数的极值问题变成求方程 $\min f(x^*)=0$ 的解，也就是求 x^*，使其满足：

$$\begin{cases} \dfrac{\partial f(\boldsymbol{x}^*)}{\partial x_1} = 0 \\[2mm] \dfrac{\partial f(\boldsymbol{x}^*)}{\partial x_2} = 0 \\[1mm] \quad\vdots \\[1mm] \dfrac{\partial f(\boldsymbol{x}^*)}{\partial x_n} = 0 \end{cases}$$

解上述方程组，求得驻点后，再根据极值点所需满足的充分条件来判定是否为极小值点。由于上式是一个含有 n 个未知量、n 个方程的方程组，在实际问题中多是非线性的，很难用解析法求解，而要用数值计算的方法。优化问题的一般解法是数值迭代的方法。因此，与其用数值方法求解非线性方程组，不如直接用数值迭代的方法求解无约束极值问题。

数值迭代法的基本思想是：从一个初始点 $\boldsymbol{x}^{(0)}$ 出发，按照一个可行的搜索方向 $\vec{d}^{(0)}$ 搜索，确定最佳的步长 α_0 使函数值沿 $\vec{d}^{(0)}$ 方向下降最大，得到 $\boldsymbol{x}^{(1)}$ 点。依此一步一步地重复数值计算，最终达到最优点。优化计算所采用的基本迭代公式为：

$$\boldsymbol{x}^{(0)(k+1)} = \boldsymbol{x}^{(0)(k)} + \alpha_k \vec{d}^{(k)} \quad k = 0, 1, 2, \cdots$$

由上面的迭代公式可以看出，采用数值法进行迭代求优时，需要确定初始点 $\boldsymbol{x}^{(k)}$、搜索方向 $\vec{d}^{(k)}$ 和迭代步长 α_k，这 3 项称为优化方法迭代算法的三要素。

一个算法的搜索方向是该优化方法的基本标志，它从根本上决定着一个算法的成败和收敛速率的快慢。因此，分析和确定搜索方向是研究优化方法的最根本任务之一。各种无约束优化方法也是在确定搜索方向上显示出各自的特点。

7.2 常用算法

无约束一维极值优化方法的求解算法有多种，下面分别进行介绍。

7.2.1 进退法

进退法是一种缩小极值区间的算法，算出的结果是一个包含极值的区间，适合在未知极值范围的情况下使用。

其理论依据是：$f(\boldsymbol{x})$ 为单谷函数（只有一个极值点），且 $[a, b]$ 为其极小值点的一个搜索区间，对于任意 $x_1, x_2 \in [a, b]$，如果 $f(x_1) < f(x_2)$，则 $[a, x_2]$ 为极小值的搜索区间，如果 $f(x_1) > f(x_2)$，则 $[x_1, b]$ 为极小值的搜索区间。

因此，在给定初始点 x_0，及初始搜索步长 h 的情况下，首先以初始步长向前搜索一步，计算 $f(x_0 + h)$。

如果 $f(x_0) > f(x_0 + h)$，则可知搜索区间为 $[x_0, \tilde{x}]$，其中，$\tilde{x}$ 待求，为确定 $\tilde{x}$，前进一步计算 $f(x_0 + \lambda h)$，λ 为放大系数，且 $\lambda > 1$，直到找到合适的 λ^*，使得 $f(x_0 + h) < f(x_0 + \lambda^* h)$，从而确定搜索区间 $[x_0, x_0 + \lambda^* h]$。

如果 $f(x_0) < f(x_0 + h)$，则可知搜索区间为 $[\tilde{x}, x_0 + h]$，$\tilde{x}$ 待求，为确定 $\tilde{x}$，后退一步计算 $f(x_0 - \lambda h)$，λ 为缩小系数，且 $0 < \lambda < 1$，直接找到合适的 λ^*，使得 $f(x_0 - \lambda^* h) > f(x_0)$，从而确定搜索区间 $[x_0 - \lambda^* h, x_0 + h]$。

进退法的基本算法步骤如下：

（1）给定初始点 $\boldsymbol{x}^{(0)}$、初始步长 h_0，令 $h = h_0, \boldsymbol{x}^{(1)} = \boldsymbol{x}^{(0)}, k = 0$。

（2）令 $\boldsymbol{x}^{(4)} = \boldsymbol{x}^{(0)} + h$，置 $k = k + 1$。

（3）若 $f(\pmb{x}^{(4)}) = f(\pmb{x}^{(1)})$，则转步骤（4），否则转步骤（5）。

（4）令 $\pmb{x}^{(2)} = \pmb{x}^{(1)}, \pmb{x}^{(1)} = \pmb{x}^{(4)}$，$f(\pmb{x}^{(2)}) = f(\pmb{x}^{(1)}), f(\pmb{x}^{(1)}) = f(\pmb{x}^{(4)})$，令 $h = 2h$，转步骤（2）。

（5）若 $k = 1$，则转步骤（6）否则转步骤（7）。

（6）令 $h = -h, \pmb{x}^{(2)} = \pmb{x}^{(4)}, f(\pmb{x}^{(2)}) = f(\pmb{x}^{(4)})$，转步骤（2）。

（7）令 $\pmb{x}^{(3)} = \pmb{x}^{(2)}, \pmb{x}^{(2)} = \pmb{x}^{(1)}, \pmb{x}^{(1)} = \pmb{x}^{(4)}$，停止计算，极小值点包含于区间 $\left[\pmb{x}^{(1)}, \pmb{x}^{(3)}\right]$ 或 $\left[\pmb{x}^{(3)}, \pmb{x}^{(1)}\right]$。

根据以上分析，编写用进退法求解一维函数的极值区间的 MATLAB 函数 fun_JT 如下：

```
function [minx,maxx]=fun_JT(fun,x0,h0,eps)
%目标函数:fun
%初始点:x0
%初始步长:h0
%精度:eps
%目标函数取包含极值的区间左端点:minx
%目标函数取包含极值的区间右端点:maxx
format long;
if nargin==3;
    eps=1.0e-6;                           %默认搜索精度
end
x1=x0;k=0;h=h0;
while 1
    x4=x1+h;                             %试探步
    k=k+1;
    f4=subs(fun,symvar(fun),x4);
    f1=subs(fun,symvar(fun),x1);
    if f4<f1
        x2=x1;
        x1=x4;
        f2=f1;
        f1=f4;
        h=2*h;
    else
        if k==1
            h=-h;                        %反向搜索
            x2=x4;
            f2=f4;
        else
            x3=x2;
            x2=x1;
            x1=x4;
            break;
        end
    end
end
minx=min(x1,x3);
maxx=x1+x3-minx;
format short;
```

其调用格式如下：

```
[minx,maxx]=fun_JT(fun,x0,h0,eps)
```

其中，输入参数包含目标函数 fun、初始点 x0、初始步长 h0、精度 eps；输出参数为目标函数，包含极值的区间左端点 minx、右端点 maxx。

【**例 7-1**】取初始点为 0，步长为 0.05，用进退法求函数 $f(x) = x^4 - 2x^2 - x + 1$ 的极值区间。

解： 在"编辑器"窗口编写如下代码：

```
clear, clc
syms x;
f=x^4-2*x^2-x+1;
[x1,x2]=fun_JT(f, 0, 0.05)
```

运行后得到结果为：

```
x1 =
    0.3500
x2 =
    1.5500
```

由上面的结果可知 $f(x)$ 的极值点在区间 $[0.35, 1.55]$ 内。

【**例 7-2**】利用进退法求函数 $f(x) = x^2 - 10x - 36$ 的极值。设初始值 $a=0.1$，步长 $h=0.1$，计算精度 $\varepsilon=0.0005$。

解： 首先编写函数代码如下：

```
function y=subfunJT(x)
if nargin==1
    y=x^2-10*x-36;
end
end
```

再根据进退法原理编写如下代码：

```
function y=jintui(a,h,e)
a=input('输入初始值a: ');
h=input('输入步长h: ');
e=input('输入计算精度e: ');
m=1; n=1;
x0=a;
x1=x0+h;
while abs(x1-x0)>e
    if subfunJT(x0)> subfunJT(x1)
        x0=x1;
        x1=x0+h*2^m;
        m=m+1;
    else
        x1=x0;
        x0=x1-h/2^n;
        n=n+1;
    end
end
x=(x0+x1)/2;
y= subfunJT(x);
end
```

在命令行窗口中输入以下代码及参数值：

```
>> jintui
输入初始值a: 0.1
输入步长h: 0.1
输入计算精度e: 0.0005
```

```
ans =
  -59. 3085
```

即函数极值为−59.3085。

7.2.2　黄金分割法

黄金分割法适用于在知道极值区间的前提下，利用不断缩小区间的思想，最终得出极值的近似值。该方法只是要求函数单峰，可以不连续，因此，这种方法的适应面非常广。

黄金分割法也是建立在区间消去法原理基础上的试探方法，即在搜索区间[a,b]内适当插入两点 a_1、a_2，并计算其函数值。a_1、a_2 将区间分成 3 段，应用函数的单峰性质，通过函数值大小的比较，删去其中一段，使搜索区间缩小。然后在保留下来的区间上做同样的处理，如此迭代下去，使搜索区间无限缩小，从而得到极小点的数值近似解。

黄金分割法是用于一元函数 $f(x)$ 在给定初始区间[a,b]内搜索极小点 a^* 的一种方法。它是优化计算中的经典算法，以算法简单、收敛速度均匀、效果较好而著称，是许多优化算法的基础，但它只适用于一维区间上的凸函数，即只在单峰区间内才能进行一维寻优，其收敛效率较低。其基本原理是依照"去劣存优"原则、对称原则以及等比收缩原则来逐步缩小搜索区间。

黄金分割法的基本步骤如下：

（1）给定区间[a,b]，及 eps>0；

（2）计算 $r = a + 0.382(b-a)$，$u = a + 0.618(b-a)$；

（3）若 $f(r) > f(u)$，则进行步骤（4），否则直接进行步骤（5）；

（4）若 $u-r < \text{eps}$ 停止，输出 $x^* = u$，$f^* = f(u)$；否则令 $a = r$，$r = u$，$u = a + 0.618(b-a)$，转入步骤（3）；

（5）若 $u-r < \text{eps}$ 停止，输出 $x^* = u$，$f^* = f(u)$；否则令 $b = u$，$u = r$，$r = a + 0.382(b-a)$，转入步骤（3）。

根据以上步骤，编写黄金分割算法 MATLAB 代码如下：

```
function [x,fval,iter]=HJ(a,b)
iter=0;
while abs(b-a)>1e-5
    iter=iter+1;
    lambda=a+0.382*(b-a);
    miu=a+0.618*(b-a);
    [dy,f1]= subfunHJ(lambda);
    [dy,f2]= subfunHJ(miu);
    if f1>f2
        a=lambda;
        disp(['第' num2str(iter) '步迭代搜索区域为:[' num2str(a) ',' num2str(b) ']'])
    else
        b=miu;
        disp(['第' num2str(iter) '步迭代搜索区域为:[' num2str(a) ',' num2str(b) ']'])
    end
end
x=(a+b)/2;
[dy,fval]= subfunHJ(x);
```

【例 7-3】根据黄金分割法求函数 $f(x) = \sin^6 x \tan(1-x)\mathrm{e}^{30x}$ 在区间[0,1]上的极大值。

解：由题意进行模型转化，即令 $g(x) = -f(x) = -\sin^6 x \tan(1-x)\mathrm{e}^{30x}$，求 $\min\limits_{x \in [0,1]} g(x)$。

编写函数代码如下：

```
function [dy,val]=subfunHJ(x)
val=-((sin(x))^6*tan(1-x)*exp(30*x));
dy=-(6*(sin(x))^5*cos(x)*tan(1-x)*exp(30*x)+...
    (sin(x))^6*(1/cos(1-x))^2*(-1)*exp(30*x)+(sin(x))^6*tan(1-x)*exp(30*x)*30);
end
```

根据函数和黄金分割法代码，求解代码如下：

```
clear, clc
[x,fval,iter]=HJ(0,1)
```

运行后得到结果：

```
第 1 步迭代搜索区域为:[0.382,1]
第 2 步迭代搜索区域为:[0.61808,1]
第 3 步迭代搜索区域为:[0.76397,1]
第 4 步迭代搜索区域为:[0.85413,1]
第 5 步迭代搜索区域为:[0.90985,1]
......
第 21 步迭代搜索区域为:[0.97063,0.97067]
第 22 步迭代搜索区域为:[0.97065,0.97067]
第 23 步迭代搜索区域为:[0.97066,0.97067]
第 24 步迭代搜索区域为:[0.97066,0.97067]
x =
    0.9707
fval =
   -4.1086e+10
iter =
    24
```

即 $\min\limits_{x\in[0,1]} g(x)$ 值为$-4.1086e+10$。

【例 7-4】根据黄金分割法求函数 $\varphi(t) = 2e^{-t} + e^t$ 在$[-1,1]$内的极小值。

解：编写函数代码：

```
function [dy,val]=funHJ(x)
val=2*exp(-x)+exp(x);
dy=-2*exp(-x)+exp(x);
end
```

根据函数和黄金分割算法代码，求解代码如下：

```
clear, clc
[x,fval,iter]=HJ(-1,1)
```

运行后得到结果：

```
第 1 步迭代搜索区域为:[-0.236,1]
第 2 步迭代搜索区域为:[-0.236,0.52785]
第 3 步迭代搜索区域为:[0.05579,0.52785]
第 4 步迭代搜索区域为:[0.23612,0.52785]
第 5 步迭代搜索区域为:[0.23612,0.41641]
......
第 21 步迭代搜索区域为:[0.34656,0.34664]
第 22 步迭代搜索区域为:[0.34656,0.34661]
第 23 步迭代搜索区域为:[0.34656,0.34659]
第 24 步迭代搜索区域为:[0.34657,0.34659]
```

第 25 步迭代搜索区域为:[0.34657,0.34658]
第 26 步迭代搜索区域为:[0.34657,0.34658]
```
x =
    0.3466
fval =
    2.8284
iter =
    26
```

即函数 $\varphi(t) = 2e^{-t} + e^{t}$ 在[−1,1]内极小值为 0.3466。

【例 7-5】根据黄金分割法求函数 $f(x) = x^2 - 2x$ 的极小点，给定搜索区间[−2,6]、精度 0.0001。

解： 编写黄金分割法代码如下:

```
function xmin=HJB(f,a,b,e)
k=0;
a1=b-0.618*(b-a);            %插入点的值
a2=a+0.618*(b-a);
while b-a>e
    y1=subs(f,a1);
    y2=subs(f,a2);
    if y1>y2                %比较插入点的函数值的大小
        a=a1;               %进行换名
        a1=a2;
        y1=y2;
        a2=a+0.618*(b-a);
    else
        b=a2;
        a2=a1;
        y2=y1;
        a1=b-0.618*(b-a);
    end
    k=k+1;
end                         %迭代到满足条件为止就停止迭代
xmin=(a+b)/2;
fmin=subs(f,xmin)           %输出函数的最优值
fprintf('k=\n');
disp(k);
end
```

在"编辑器"窗口编写如下代码:

```
clear, clc
syms x ;
a=-2;b=6;e=0.0001;
fun=x^2-2*x;
xmin=HJB(fun,a,b,e)         %调用 HJB 函数
```

运行程序得到如下:

```
fmin =
    -1.0
k=
    24
xmin =
    1.0000
```

得到该函数的最小值点在 x=1，最小点的函数值 $f_{\min}$=−1，一共经过了 24 次迭代。

7.2.3　斐波那契法

斐波那契法（Fibonacci Method）又称斐波那契分数法，是一种一维搜索的区间消去法。斐波那契法通过取代试探点和进行函数值的比较，使包含极小点的搜索区间不断缩短，当区间长度缩短到一定程度时，区间上各点的函数值均接近极小值点的近似。该算法要求所考虑区间上的目标函数是单峰函数，即在这个区间上只有一个局部极小点的函数。

斐波那契法的具体步骤如下：

（1）选取初始数据，确定单峰区间$[a_0, b_0]$，给出搜索精度$\delta > 0$，由步骤（4）确定搜索次数n。

（2）$k=1$，$a=a_0$，$b=b_0$，计算最初两个搜索点，按步骤（3）计算t_1和t_2。

（3）按以下循环语句执行：

```
while  k<n-1
    f₁=f(t₁), f₂=f(t₂);
    if  f₁<f₂
        a=t₂;
        t₂=t₁;
        t₁=a+(F(n-1-k)/F(n-k))×(b-a);
    else
        b=t₁;
        t₁=t₂;
        t₂=b+(F(n-1-k)/F(n-k))×(b-a);
    end
    k=k+1;
end
```

（4）当进行至$k = n - 1$时，$t_1 = t_2 = (a+b)/2$，无法借比较函数值$f(t_1)$和$f(t_2)$的大小确定最终区间，此时取$t_2 = (a+b)/2$，$t_1 = a + (1/2 + \varepsilon) \times (b - a)$。其中，$\varepsilon$为任意小的数。

在t_1和t_2这两点中，以函数值较小者为近似极小点，相应的函数值为近似极小值，并得最终区间$[a, t_1]$或$[t_2, b]$。

由以上分析可知，斐波那契法使用对称搜索的方法，逐步缩短所考查的区间，它能以尽量少的函数求值次数，达到预定的某一缩短率。据此，编写斐波那契算法的 MATLAB 代码如下：

```
function[x,T,j]=Fibonacci(F_1,a1,b1,l,e)
n=1;j=1;
a(n)=a1;b(n)=b1;
while(Fib(j)*l<(b1-a1))
    j=j+1;
end
r(1)=a(1)+(1-Fib(j-1)/Fib(j))*(b(1)-a(1));
u(1)=a(1)+Fib(j-1)/Fib(j)*(b(1)-a(1));
for n=1:1:j-2
    R(n)=feval(F_1,r(n));
    U(n)=feval(F_1,u(n));
    Z(n)=b(n)-a(n);
    if R(n)>U(n)
        a(n+1)=r(n);
        b(n+1)=b(n);
        r(n+1)=u(n);
        u(n+1)=a(n+1)+Fib(j-n-1)/Fib(j-n)*(b(n+1)-a(n+1));
```

```
    else
        a(n+1)=a(n);
        b(n+1)=u(n);
        u(n+1)=r(n);
        r(n+1)=a(n+1)+(1-Fib(j-n-1)/Fib(j-n))*(b(n+1)-a(n+1));
    end
end
R(j-1)=feval(F_1,r(j-1));
U(j-1)=feval(F_1,u(j-1));
r(j)=r(j-1);
u(j)=r(j-1)+e;
R(j)=feval(F_1,r(j));
U(j)=feval(F_1,u(j));
if R(j)>U(j)
    a(j)=r(j);
    b(j)=b(j-1);
else
    a(j)=a(j-1);
    b(j)=u(j);
end
Z(j-1)=b(j-1)-a(j-1);
Z(j)=b(j)-a(j);
x=(a(j)+b(j))/2;
T=[a',b',r',u',R',U',Z'];

function Fi=Fib(n)
i=1;
Fib(2)=2;
Fib(1)=1;
if n==0
    Fi=1;
else
    for i=3:1:n
        Fib(i)=Fib(i-1)+Fib(i-2);
    end
    i=n;
end
Fi=Fib(i);
```

【例 7-6】使用斐波那契法，求函数 $f(x)=x^2-4x+3$ 在区间$[-2,1]$上、精度不大于 0.15 的最小值点，要求最终区间长度不大于原始区间长度的 0.002 倍。

解： 使用 MATLAB 编辑函数 $f(x)$代码：

```
function y=subfunFN(x)
y=x^2-4*x+3;
```

使用斐波那契法，在 MATLAB 命令行窗口中输入：

```
[x,T,j]=Fibonacci('subfunFN',-2,1,0.15,0.002)
```

运行后得到：

```
x =
    0.9286
T =
   -2.0000    1.0000   -0.8571   -0.1429    7.1633    3.5918    3.0000
```

```
      -0.8571    1.0000   -0.1429    0.2857    3.5918    1.9388    1.8571
      -0.1429    1.0000    0.2857    0.5714    1.9388    1.0408    1.1429
       0.2857    1.0000    0.5714    0.7143    1.0408    0.6531    0.7143
       0.5714    1.0000    0.7143    0.8571    0.6531    0.3061    0.4286
       0.7143    1.0000    0.8571    0.8571    0.3061    0.3061    0.2857
       0.8571    1.0000    0.8571    0.8771    0.3061    0.2608    0.1429
j =
     7
```

即经过 7 次迭代，得到函数最小值为 0.9286。

7.2.4 牛顿型法

牛顿型法包括牛顿法和阻尼牛顿法。这类方法的最大优点是收敛速度快，即它的迭代次数相对其他方法来说少得多。对于一些性态较好的目标函数，如二次函数，只需保证求梯度和二阶偏导数矩阵时的精度，不管初始点在何处，均可一步就找出最优点。

但是该类方法也有很大的缺点，在每次迭代决定牛顿方向时，都要计算目标函数的一阶导数和二阶导数矩阵及其逆矩阵。这就使计算较为复杂，增加了每次迭代的计算工作量和计算机的存储量。

1. 牛顿法

牛顿法是根据目标函数的等值线在极值点附近为同心椭圆族的特点，在极值点 x^* 邻域内用一个二次函数 $\varphi(x)$ 近似代替原目标函数 $f(x)$，并将 $\varphi(x)$ 的极小值点作为对目标函数 $f(x)$ 求优的下一个迭代点，经多次迭代，使之逼近原目标函数 $f(x)$ 的极小值点。

牛顿法的基本原理如下：

设目标函数是连续二阶可微的，$x^{(k)}$ 点按泰勒级数展开，并保留到二次项，得

$$f(x) \approx \varphi(x) = f(x^{(k)}) + [\nabla f(x^{(k)})]^{\mathrm{T}}(x - x^{(k)}) +$$
$$\frac{1}{2}(x - x^{(k)})^{\mathrm{T}}\nabla^2 f(x^{(k)})(x - x^{(k)})$$

此式是个二次函数，设 $x^{(k+1)}$ 为 $\varphi(x)$ 的极小值点，则 $\nabla \varphi\left(x^{(k+1)}\right)$，即

$$\nabla f(x^{(k)}) + \nabla^2 f(x^{(k)})(x^{(k+1)} - x^{(k)}) = 0$$
$$x^{(k+1)} = x^{(k)} - [\nabla^2 f(x^{(k)})]^{-1} \nabla f(x^{(k)}), \quad k=0,1,2,\cdots$$

这就是多元函数求极值的牛顿法迭代公式。取

$$\vec{d}^{(k)} = -[\nabla^2 f(x^{(k)})]^{-1} \nabla f(x^{(k)})$$

$\vec{d}^{(k)}$ 称为牛顿方向，为常数。由于式中没有步长 α_k，或者可以看成步长恒等于 1，所以牛顿法是一种定步长的迭代。

【例 7-7】一个函数 $F(x) = \mathrm{e}^{(x_1^2 + x_1 + 3x_2^2 - 3)}$，以 $x_0 = [1 \quad -2]^{\mathrm{T}}$ 为初始点，用牛顿法求最小值点。

解：根据题意，在"编辑器"窗口中编写如下代码：

```
syms x1 x2
f=exp(x1^2+x1+3*x2^2-3);
v=[x1,x2];
df=jacobian(f,v);
df=df.';
G=jacobian(df,v);
epson=1e-12;
xm=[0,0]';
```

```
g1=subs(df,{x1,x2},{xm(1,1),xm(2,1)});
G1=subs(G,{x1,x2},{xm(1,1),xm(2,1)});
k=0;
while(norm(g1)>epson)
    p=-G1\g1;
    xm=xm+p;
    g1=subs(df,{x1,x2},{xm(1,1),xm(2,1)});
    G1=subs(G,{x1,x2},{xm(1,1),xm(2,1)});
    k=k+1;
end
k,
xm =vpa(xm,4)
```

运行后得到：

```
k =
     4
xm =
   -0.5
    0
```

即经过 4 次迭代，找到了该函数的最小值点。

2. 阻尼牛顿法

对于二次函数，用牛顿法迭代一次即可得到最优点；对于非二次函数，若函数的迭代点已进入极小点的邻域，则其收敛速度也是很快的。但是从牛顿法迭代公式的推导可以看出，迭代点是由近似二次函数 $\varphi(x)$ 的极值条件确定的，该点可能是 $\varphi(x)$ 极小值点，也可能是 $\varphi(x)$ 的极大值点。因此，在用牛顿法迭代时，可能会出现函数上升的现象，即 $f(x^{(k+1)}) > f(x^{(k)})$，使迭代不能收敛于最优点。

牛顿法不能保证函数值稳定地下降，在严重的情况下甚至不能收敛而导致计算失败。可见，牛顿法对初始点的要求是比较苛刻的，所选取的初始点离极小值点不能太远，而在极小值点位置未知的情况下，上述要求很难达到。

为了消除牛顿法的上述这些弊端，需要对其做一些修改。将牛顿法定步长的迭代，改为变步长的迭代，引入步长 α，在 $x^{(k)}$ 的牛顿方向进行一维搜索，保证每次迭代点的函数值都是下降的。这种方法称为阻尼牛顿法，其迭代公式为

$$x^{(k+1)} = x^{(k)} - \alpha_k [\nabla^2 f(x^{(k)})]^{-1} \nabla f(x^{(k)}), \quad k=0,1,2,\cdots$$

式中，α_k 为牛顿方向的最优步长。这种方法对初始点的选取不再苛刻，从而提高了牛顿法的可靠度。但采用阻尼牛顿法，每次迭代都要进行一维搜索，使收敛速度大大降低。

例如，对于某些目标函数，取同样的初始点，采用阻尼牛顿法进行迭代，达到同样的精度，要经过多次的迭代，越靠近极小值点收敛速度越慢，使牛顿法收敛速度快的优势损失殆尽。

阻尼牛顿法的计算步骤如下：

（1）给定初始点 $x^{(0)}$，收敛精度 ε，并令计算次数 $k=0$；

（2）计算 $x^{(k)}$ 点的梯度 $\nabla f(x^{(k)})$ 和梯度的模 $\|\nabla f(x^{(k)})\|$；

（3）判断是否满足精度指标 $\|\nabla f(x^{(k)})\| \leqslant \varepsilon$；若满足，$x^{(k)}$ 为最优点，迭代停止，输出最优解 $x^* = x^{(k)}$ 和 $f(x^*) = f(x^{(k)})$，否则进行下一步计算；

（4）计算 $x^{(k)}$ 点的牛顿方向 $\vec{d}^{(k)}$：

$$\vec{d}^{(k)} = -[\nabla^2 f(x^{(k)})]^{-1} \nabla f(x^{(k)})$$

（5）以 $\boldsymbol{x}^{(k)}$ 为出发点，沿 $\vec{d}^{(k)}$ 进行一维搜索，求能使函数值下降最多的步长 α_k，即

$$\min_{\alpha} f(\boldsymbol{x}^{(k)} + \alpha \vec{d}^{(k)}) = f(\boldsymbol{x}^{(k)} + \alpha_K \vec{d}^{(k)})$$

（6）令 $\boldsymbol{x}^{(k+1)} = \boldsymbol{x}^{(k)} + \alpha_k \vec{d}^{(k)}$，$k=k+1$，转到步骤（2）。

根据以上步骤，阻尼牛顿法的 MATLAB 程序如下：

```
function [x,f,k]=dampnm(fun,gfun,Hess,x0)
maxk=500;                          %最大迭代次数
rho=0.55;
sigma=0.4;
k=0;
epsilon=1e-5;                      %计算精度
while(k<maxk)                      %判断迭代次数是否满足定值
    gk=feval(gfun,x0);            %函数 f 在 x0 的梯度
    Gk=feval(Hess,x0);           %函数 f 在 x0 的 Hessian 矩阵
    dk=-Gk\gk;                    %解方程组-gk=Gk*dk
    if(norm(gk)<epsilon),break;   %判断终止迭代准则，是否满足设定精度
    end
    m=0;mk=0;
    while(m<20)                    %运用 Armijo 法做非精度线搜索，确定步长因子
        if(feval(fun,x0+rho^m*dk)<feval(fun,x0)+sigma*rho^m*gk'*dk)
            mk=m;
            break;
        end
        m=m+1;
    end
    x0=x0+rho^mk*dk;
    k=k+1;
end
x=x0;                              %赋值最后迭代点
f=feval(fun,x);                    %计算最后迭代点 x 的函数值
```

【例 7-8】 已知无约束优化问题的目标函数 $f(\boldsymbol{x}) = 100(x_1^2 - x_2)^2 + (x_1 - 1)^2$，求在初始迭代点 $\boldsymbol{x}^{(0)} = [2,2]^T$ 下目标函数的最优值。

解：（1）建立目标函数：

```
function f=subfunZN(x)
f=100*(x(1)^2-x(2))^2+(x(1)-1)^2;
```

（2）建立目标函数梯度：

```
function g=subgfunZN(x)
g=[400*x(1)*(x(1)^2-x(2))+2*(x(1)-1), -200*(x(1)^2-x(2))]';
```

（3）建立目标函数 Hessian 矩阵：

```
function He=subHfunZN(x)
n=length(x);
He=zeros(n,n);
He=[1200*x(1)^2-400*x(2)+2, -400*x(1); -400*x(1), 200];
```

（4）调用上面的程序，在"编辑器"窗口中编写如下代码：

```
clear, clc
x0=[2 2]';
[x,f,k]=dampnm('subfunZN','subgfunZN','subHfunZN',x0)
```

运行程序后得到：

```
x =
    1.0000
    1.0000
f =
    1.6322e-14
k =
    14
```

运行程序后得到在 $x^{(0)}=[2,2]^{\mathrm{T}}$ 下，目标函数有最优值，迭代次数为 14 次。

使用 MATLAB 优化工具箱中的 fminunc() 函数，也可以完成求解。调用 fminunc() 函数的程序如下：

```
clear, clc
x0=[0 1];
[x,fval]=fminunc(@fun,x0)
```

运行后得到：

```
Local minimum found.
Optimization completed because the size of the gradient is less than the value of the
optimality tolerance.
<stopping criteria details>
x =
    1.0000    1.0000
fval =
    4.6295e-12
```

7.2.5　割线法

前面介绍了牛顿型法拥有许多良好的性质，如二次收敛速度很快，迭代次数较少，所用存储空间少，程序编写简单等。但不可否认的是，牛顿型法仍然存在一些缺点，如局部收敛，需要求函数零点导数等。因此为克服当函数不可导时无法应用牛顿型法这一缺点，人们提出了割线法，即

$$x_{n-1} = x_n - f(x_n)\frac{x_n - x_{n-1}}{f(x_n) - f(x_{n-1})}$$

割线法中，x_{n-1} 计算需要用到 x_n 和 x_{n-1}，即需要制定两个初始点。

编写割线法的 MATLAB 代码如下：

```
function[p1,err,k,y]=secant(f,p0,p1,delta,max1)
% f 是给定的非线性函数
% p0, p1 为初始值，delta 为给定误差界，max1 为迭代次数的上限
% p1 为所求得的方程的近似解，err 为 p1-p0 的绝对值，k 为所需要的迭代次数
% y=f(p1)
k=0;
%  p0,p1,
feval(f,p0);
for k=1:max1
    p2=p1-feval(f,p1)*(p1-p0)/(feval(f,p1)-feval(f,p0));
    err=abs(p2-p1);
    p0=p1;
    p1=p2;
    % k,p1,err,
    y=feval(f,p1);
```

```
        if(err<delta|(y==0))
            break,
        end
end
```

【例 7-9】 使用割线法，求解非线性方程 $x^3 + x - 2 = 0$，给定初值为 p_0=-1.5，p_1=-1.53，误差设定为 10^{-7}。

解： 首先编写非线性方程 MATLAB 代码：

```
function y=subfunGX(x)
y=x^3+x-2;
```

然后在 MATLAB 命令行窗口中输入：

```
[p1,err,k,y]=secant('subfunGX',-1.5,-1.53,10^(-7),3)
```

运行后得到如下结果：

```
p1 =
    1.4191
err =
    1.4349
k =
    3
y =
    2.2771
```

以上结果表明，经过 3 次迭代得到了满足精度要求的近似解 $x^* \approx x_3 = -1.4191$，且 $f(x_3)$=2.2771。

7.2.6　抛物线法

抛物线法是求无约束一维极值的一种方法，也叫二次插值法，其理论依据为二次多项式可以在最优点附近较好地逼近函数的形状，做法是在函数的最优点附近取 3 个构造点，然后用这 3 个点构造一条抛物线，把这条抛物线的极值点作为函数的极值点的近似。

每次构造一条抛物线后，抛物线的极值点就可作为一个新的构造点，新的构造点与原来的 3 个构造点经过某种算法，得到下一步抛物线逼近的 3 个构造点，这就是抛物线法的算法过程。

编写抛物线法的 MATLAB 代码如下：

```
function root=Parabola(f,a,b,x,eps)
%抛物线法求函数 f 在区间[a,b]上的一个零点
%f 为函数名，a 为区间左端点，b 为区间右端点，x 为初始迭代点，eps 为根的精度
%root 为求出的函数零点
if(nargin==4)
    eps=1.0e-4;
end
f1=subs(str2sym(f),symvar(str2sym(f)),a);
f2=subs(str2sym(f),symvar(str2sym(f)),b);
if(f1==0)
    root=a;
end
if(f2==0)
    root=b;
end
if(f1*f2>0)
    disp('两端点函数值乘积大于 0');
    return;
else
```

```
        tol=1;
        fa=subs(str2sym(f),symvar(str2sym(f)),a);
        fb=subs(str2sym(f),symvar(str2sym(f)),a);
        fx=subs(str2sym(f),symvar(str2sym(f)),x);
        d1=(fb-fa)/(b-a);
        d2=(fx-fb)/(x-b);
        d3=(f2-f1)/(x-a);
        B-d2+d3*(x-b);
        root=x-2*fx/(B+sign(B)*sqrt(B^2-4*fx*d3));
        t=zeros(3);
        t(1)=a;
        t(2)=b;
        t(3)=x;
        while(tol>eps)
            t(1)=t(2);                                         %保存 3 个点
            t(2)=t(3);
            t(3)=root;
            f1=subs(str2sym(f),symvar(str2sym(f)),t(1));       %计算 3 个点的函数值
            f2=subs(str2sym(f),symvar(str2sym(f)),t(2));
            f3=subs(str2sym(f),symvar(str2sym(f)),t(3));
            d1=(f2-f1)/(t(2)-t(1));                            %计算 3 个差分
            d2=(f3-f2)/(t(3)-t(2));
            d3=(d2-d1)/(t(3)-t(1));
            B=d2+d3*(t(3)-t(2));                               %计算算法中的 B
            root=t(3)-2*f3/(B+sign(B)*sqrt(B^2-4*f3*d3));
            tol=abs(root-t(3));
        end
end
root=vpa(root,5);
```

【例 7-10】采用抛物线法求方程 $\lg x+\sqrt{x}=2$ 在区间[1,4]上的一个根。

解： 根据抛物线算法，编写以下代码：

```
clear, clc
r=Parabola('sqrt(x)+log(x)-2',1,4,2)
```

运行后得到：

```
r =
    1.8773
```

即方程在区间[1,4]上的一个根为 1.8773。

7.2.7　坐标轮换法

坐标轮换法是将多维问题转化为一系列一维问题的求解方法，它将多变量的优化问题轮流转化为单变量的优化问题，因此又称为变量轮换法。这种方法在搜索过程中只需要目标函数的信息，而不需要求解目标函数的导数。

坐标轮换法轮流沿坐标方向搜索，每次只允许一个变量变化，其余变量保持不变。以二元函数 $f(x_1, x_2)$ 为例，说明坐标轮换法的搜索过程，如图 7-1 所示。

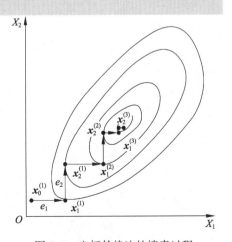

图 7-1　坐标轮换法的搜索过程

选定的初始点 $x^{(0)}$ 作为第一轮的始点 $x_0^{(1)}$，保持 x_2 不变而沿 x_1 方向 $e_1 = [1\ 0]^T$ 做一维搜索，确定其最优步长 $\alpha_1^{(1)}$，即可获得第 1 轮的第 1 个迭代点 $x_1^{(1)} = x_0^{(1)} + \alpha_1^{(1)} e_1$。

然后以 $x_1^{(1)}$ 为新起点，改沿 x_2 方向 $e_2 = [0\ 1]^T$ 作一维搜索，确定其最优步长 $\alpha_2^{(1)}$，可得第 1 轮的第 2 个迭代点 $x_2^{(1)} = x_1^{(1)} + \alpha_2^{(1)} e_2$。这个二维问题经过沿 e_1 和 e_2 方向的两次一维搜索完成了第 1 轮迭代。接着的第 2 轮迭代则是 $x_0^{(2)} \Leftarrow x_2^{(1)}$，$x_1^{(2)} = x_0^{(2)} + \alpha_1^{(2)} e_1$，$x_2^{(2)} = x_1^{(2)} + \alpha_2^{(2)} e_2$。

按照同样的方式进行第 3 轮、第 4 轮……迭代。随着迭代的进行，目标函数值不断下降，最后的迭代点必将逼近该二维目标函数的最优点。

迭代的终止准则可以采用点距准则，即在一轮迭代后，终点与始点的距离小于收敛精度 ε，则迭代停止。

对 n 维优化问题，先将 $(n-1)$ 个变量固定不动，只对第 1 个变量进行一维搜索得到最优点 $x_1^{(1)}$。然后，再对第 2 个变量进行一维搜索到 $x_2^{(1)}$ 点等。总之，每次都固定 $(n-1)$ 个变量不变，只对目标函数的一个变量进行一维搜索，当 n 个变量 $x_1, x_2, \cdots, x_n$ 依此进行过一轮搜索之后，即完成一轮迭代计算。若未收敛，则又从前一轮的最末点开始，做下一轮迭代计算，如此继续下去，直至收敛到最优点为止。

坐标轮换法的迭代过程如下：

（1）取初始点 $x^{(0)}$，计算精度 ε；取搜索方向为 n 个坐标的单位向量，$d_i = e_i = [0, \cdots, 1, \cdots, 0]^T$。

（2）按公式 $x_i^{(k)} = x_{i-1}^{(k)} + \alpha_i^{(k)} d_i^{(k)}$，$i = 1, 2, \cdots, n$ 进行迭代计算。其中，$\alpha_i^{(k)}$ 可通过一维搜索的方法确定。

（3）判断是否满足 $\left\| x_n^{(k)} = x_0^{(k)} \right\| \leqslant \varepsilon$，若满足，迭代终止，输出最优解 $x^* = x_n^{(k)}$；否则 $k = k + 1$，返回步骤（2）。

坐标轮换法具有算法简单、易于程序实现的优点。但是采用坐标轮换法，只能轮流沿坐标方向搜索，尽管它具有步步下降的特点，但路程迂回曲折，要多次变换方向，才有可能求得无约束极值点，尤其在极值点附近，每次搜索的步长更小，因此，收敛很慢。

此外，坐标轮换法的收敛效率在很大程度上取决于目标函数的形态。若目标函数的等值线为长短轴都平行于坐标轴的椭圆形，则这种搜索方法很有效，两次就可达到极值点。但当目标函数的等值线近似于椭圆，且长短轴倾斜时，用这种搜索方法，必须多次迭代才能曲折地达到最优点。

当目标函数的等值线出现脊线时，这种搜索方法完全无效。因为，每次的搜索方向总是平行于某一坐标轴，不会斜向前进，所以一旦遇到了等值线的脊线，就不能找到更好的点。

【例 7-11】使用坐标轮换法，求解下面目标函数的无约束最优解。设定精度为 0.0001，初始点为 $[4, 2]^T$。

$$f(x) = 10x_1^2 + 106x_2^2 + 10x_1x_2 + 96x_1 + 100x_2$$

解： 根据题意输入以下代码：

```
clear, clc
e=input('输入精度要求e: ');
X=input('输入初始点: ');
syms t s
a=10*X(1,1)^2+106*X(2,1)^2+10*X(1,1)*X(2,1)+96*X(1,1)+100*X(2,1);
k=1;
e1=[1;0];e2=[0;1];
A=X;                                    %A 矩阵用于存储每一轮变换所得解
C=X+t*e1;                               %沿 e1 方向搜索
x1=C(1,1);x2=C(2,1);
df=diff(10*x1^2+106*x2^2+10*x1*x2+96*x1+100*x2);
```

```
t=solve(df);
X=X+t*e1;
C=X+s*e2;                                    %沿 e2 方向搜索
x1=C(1,1);x2=C(2,1);
df=diff(10*x1^2+106*x2^2+10*x1*x2+96*x1+100*x2);
s=solve(df);
X=X+s*e2;
A=[A X];
b=10*X(1,1)^2+106*X(2,1)^2+10*X(1,1)*X(2,1)+96*X(1,1)+100*X(2,1);
a=[a b];
B=A(:,k+1)-A(:,k);
while double(sqrt(B(1,1)^2+B(2,1)^2))>e
    syms t s
    C=X+t*e1;                                %沿 e1 方向搜索
    x1=C(1,1);x2=C(2,1);
    df=diff(10*x1^2+106*x2^2+10*x1*x2+96*x1+100*x2);
    t=solve(df);
    X=X+t*e1;
    C=X+s*e2;                                %沿 e2 方向搜索
    x1=C(1,1);x2=C(2,1);
    df=diff(10*x1^2+106*x2^2+10*x1*x2+96*x1+100*x2);
    s=solve(df);
    X=X+s*e2;
    A=[A X];
    b=10*X(1,1)^2+106*X(2,1)^2+10*X(1,1)*X(2,1)+96*X(1,1)+100*X(2,1);
    a=[a b];
    B=A(:,k+1)-A(:,k);
    k=k+1;
end
Y=10*X(1,1)^2+106*X(2,1)^2+10*X(1,1)*X(2,1)+96*X(1,1)+100*X(2,1);
digits(5)
A=vpa(A),a=vpa(a)
fprintf('轮换次数 k=%f\n',k);
X=vpa(X),Y=vpa(Y)
```

运行后，根据提示输入精度及初始点数值，可以得到如下结果：

```
输入精度要求 e: 0.0001
输入初始点: [4;2]
A =
[ 4.0,      -5.8,  -4.7009,   -4.675,  -4.6744,  -4.6744,  -4.6744]
[ 2.0, -0.19811, -0.24996, -0.25118, -0.25121, -0.25121, -0.25121]
a =
[ 1248.0, -224.56, -236.92, -236.93, -236.93, -236.93, -236.93]
轮换次数 k=6.000000
X =
   -4.6744
  -0.25121
Y =
  -236.93
```

以上表明，函数的最优解 x_1=−4.6744，x_2=−0.25121，且 $f(x)$= −236.93。

7.3　本章小结

在优化计算中，无约束一维优化方法是优化设计中最简单、最基本的方法。一维问题是多维问题的基础，在数值方法迭代计算过程中，都要进行一维极值优化，多维问题也可以转化为一维问题来处理。一维问题的算法好坏，直接影响到最优化问题的求解速度。约束优化问题的求解可以通过一系列无约束优化方法来达到，所以无约束优化问题的解法是优化设计方法的基本组成部分，也是优化方法的基础。

第 8 章

无约束多维极值

在数学优化问题中，有些实际问题，其数学模型本身就是一个无约束优化问题。掌握其解法可以为研究约束优化问题打下良好的基础。本章主要介绍几种不同的无约束多维极值算法，其中直接法包括模式搜索法、单纯形法及 Powell 法，间接法包括最速下降法、共轭梯度法及拟牛顿法。

学习目标：

（1）了解无约束多维极值的基本算法；

（2）掌握无约束多维极值的 MATLAB 求解方法。

8.1 直接法

无约束优化方法分成间接法和直接法两类。间接法需要求目标函数的导数，又称为导数类方法。仅用到目标函数一阶导数的方法称为一阶方法，如梯度法和共轭梯度法；需要用到目标函数的二阶导数的方法称为二阶方法，如牛顿法。直接法不需要求目标函数的导数，因此又称为零阶方法，如坐标轮换法、鲍维尔法和单纯形法。评价这些算法应从以下 3 个方面考虑：

（1）可靠性。可靠性是指在一定的精度要求下，求解各种问题的成功率。显然能求解出的问题越多，算法的可靠性就越好，通用性越强。

（2）有效性。有效性是指各方法的解题效率。即对同一题目，在相同的精度要求和初始条件下所需要计算函数的次数以及花费的时间。

（3）简便性。简便性是指用这一算法解题的难易程度，包括编制程序的复杂程度，计算中需要调整的参数的多少，以及实现这一算法对计算机的要求，如存储空间等。

就可靠性而言，牛顿法最差；就有效性而言，坐标轮换法、单纯形法和最速下降法的计算效率较低。特别是对高维的优化问题和精度要求较高时更为明显；就简便性而言，牛顿法的程序编制比较复杂，牛顿法还需要占用较多的存储单元。当目标函数的一阶偏导数易求时，使用最速下降法可使程序编制更加简单。一般来说，直接方法都具有编程简单和所需存储单元少的优点。

从综合的效果来看，共轭梯度法具有较好的性能，因此目前应用最为广泛。

对于无约束优化问题，经常会使用直接法，即不用计算导数，只需要计算函数值的方法。本节将重点讲述几种主要的直接法。

8.1.1 模式搜索法

模式搜索法是 Hooks 和 Jeeves 于 1961 年提出来的，模式搜索法每一次迭代都是交替进行轴向移动和模式移动。轴向移动的目的是探测有利的下降方向，而模式移动的目的则是沿着有利方向加速移动。在几何上是寻找具有较小函数值的"山谷"，力图使迭代产生的序列沿"山谷"逼近极小点。

这种方法类似最速下降法，沿脊线下山是步长加速的有利方向。对峰回路转，"褶皱"特多的曲面而言，这为跳出某一局部山谷而达到另一可能更优山谷提供了可能。

虽然模式搜索法可能要计算很多点的函数值才能得到目标函数的近似极小值点。但是它易于在计算机上实现，实际效果也不错，因此被认为是一种可靠的方法。

运用 MATLAB 工具箱中的 patternsearch() 函数可实现模式搜索法，该函数的调用格式为：

```
x = patternsearch(fun,x0)
```
求目标函数值的函数 fun 的局部最小值 x，实向量 x0 指定搜索初始点。

```
x = patternsearch(fun,x0,A,b)
```
增加线性不等式约束 A*x≤b。

```
x = patternsearch(fun,x0,A,b,Aeq,beq)
```
增加线性等式约束 Aeq*x=beq 和不等式约束 A*x≤b，如果不存在线性等式，则 Aeq = []、beq = []，如果不存在线性不等式，则 A=[]、b=[]。

```
x = patternsearch(fun,x0,A,b,Aeq,beq,lb,ub)
```
定义设计变量的上下限，搜索范围在 lb≤x≤ub 中，如果没有下限，则 lb=-Inf，如果没有上限，则 lb=Inf。

```
x = patternsearch(fun,x0,A,b,Aeq,beq,lb,ub,nonlcon)
```
在 nonlcon 参数中提供非线性不等式 c(x) 或等式 ceq(x)，要求 c(x) ≤0 且 ceq(x)=0。

```
x = patternsearch(fun,x0,A,b,Aeq,beq,lb,ub,nonlcon,options)
```
options 为指定优化参数进行最小化。

```
x = patternsearch(problem)
```
查找问题的最小值，其中问题是输入参数中描述的结构。

```
[x,fval] = patternsearch(…)
```
返回解 x 处的目标函数值 fval。

```
[x,fval,exitflag,output] = patternsearch(…)
```
返回描述函数计算的退出条件值 exitflag，包含优化信息的输出变量 output。

各参数的含义请参考前面章节中 fmincon() 函数的介绍，限于篇幅，这里不再赘述。

【例 8-1】 使用模式搜索法求解函数 $e^{(-x_1^2-x_2^2)(1+5x_1+6x_2+12x_1\cos x_2)}$。

解： 在 MATLAB 中编写目标函数如下：

```
function y = psobj(x)
y = exp(-x(1)^2-x(2)^2)*(1+5*x(1) + 6*x(2) + 12*x(1)*cos(x(2)));
```
在"编辑器"窗口中编写如下代码：

```
clear, clc
fun = @psobj;                          %建立目标函数
x0 = [0,0];                            %起始点
x = patternsearch(fun,x0)              %求解
```
运行程序后可以得到：

```
Optimization terminated: mesh size less than options.MeshTolerance.
x =
    -0.7037    -0.1860
```

即函数最优解为–0.7037 和–0.186。

求解时可以监视 patternsearch 计算过程所采用的步骤。继续在"编辑器"窗口中编写如下代码：

```
x0 = [0,0];
A = [];b = [];
Aeq = [];beq = [];
lb = [];ub = [];
nonlcon = [];
options = optimoptions('patternsearch','Display','iter','PlotFcn',@psplotbestf);
x = patternsearch(fun,x0,A,b,Aeq,beq,lb,ub,nonlcon,options)
```

运行后可以得到如下结果，同时输出如图 8-1 所示的图形监视求解过程。

```
Iter    Func-count       f(x)        MeshSize      Method
  0          1            1             1
  1          4         -5.88607        2           Successful Poll
  2          8         -5.88607        1           Refine Mesh
  3          12        -5.88607        0.5         Refine Mesh
  4          16        -5.88607        0.25        Refine Mesh
  5          17        -6.69495        0.5         Successful Poll
            ......
 61         210        -7.02545        7.629e-06   Successful Poll
 62         214        -7.02545        3.815e-06   Refine Mesh
 63         218        -7.02545        1.907e-06   Refine Mesh
 64         221        -7.02545        3.815e-06   Successful Poll
 65         225        -7.02545        1.907e-06   Refine Mesh
 66         229        -7.02545        9.537e-07   Refine Mesh
Optimization terminated: mesh size less than options.MeshTolerance.
x =
    -0.7037    -0.1860
```

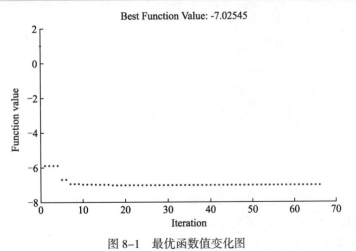

图 8-1　最优函数值变化图

8.1.2　单纯形法

单纯形法的基本思想是从一个基本可行解出发，求一个使目标函数值有所改善的基本可行解；通过不断改进基本可行解，力图达到最优基本可行解。

对于问题

$$\min f \overset{\text{def}}{=} \boldsymbol{cx}$$
$$\text{s.t. } \boldsymbol{Ax} = \boldsymbol{b}$$
$$x_i \geqslant 0, \ i = 1, 2, \cdots, n$$

$\boldsymbol{A}$ 是一个 $m \times n$ 矩阵，且秩为 m，$\boldsymbol{c}$ 为 n 维行向量，$\boldsymbol{x}$ 为 n 维列向量，$\boldsymbol{b}$ 为 m 维非负列向量。符号 $\overset{\text{def}}{=}$ 表示右端的表达式是左端的定义式，即目标函数 f 的具体形式就是 $\boldsymbol{cx}$。

设定 $\boldsymbol{A}=(p_1, p_2, \cdots, p_n)$，令 $\boldsymbol{A}=(\boldsymbol{B}, \boldsymbol{N})$，$\boldsymbol{B}$ 为基矩阵，$\boldsymbol{N}$ 为非基矩阵，设 $\boldsymbol{x}^{(0)} = \begin{bmatrix} \boldsymbol{B}^{-1}\boldsymbol{b} \\ 0 \end{bmatrix}$ 是基本可行解，在 $\boldsymbol{x}^{(0)}$ 处的目标函数值

$$f_0 = \boldsymbol{Cx}^{(0)} = (c_B, c_N) \begin{bmatrix} \boldsymbol{B}^{-1}\boldsymbol{b} \\ 0 \end{bmatrix} = c_B \boldsymbol{B}^{-1}\boldsymbol{b}$$

其中，c_B 是 $\boldsymbol{c}$ 中与基变量对应的分量组成的 m 维行向量；c_N 是 $\boldsymbol{c}$ 中与非基变量对应的分量组成的 $n-m$ 维行向量。

现由基本可行解 $\boldsymbol{x}^{(0)}$ 出发求解一个改进的基本可行解。

设 $\boldsymbol{x} = \begin{bmatrix} x_B \\ x_N \end{bmatrix}$ 是任一可行解，则由 $\boldsymbol{Ax}=\boldsymbol{b}$ 得到 $x_B = \boldsymbol{B}^{-1}\boldsymbol{b} - \boldsymbol{B}^{-1}\boldsymbol{N}x_N$ 在点 $\boldsymbol{x}$ 处的目标函数值

$$f = \boldsymbol{cx} = (c_B, c_N) \begin{bmatrix} x_B \\ x_N \end{bmatrix} = f_0 - \sum_{j \in \mathbf{R}} (z_j - c_j) x_j$$

其中，$\mathbf{R}$ 是非基变量下标集，$z_j = c_B \boldsymbol{B}^{-1} p_j$。

单纯形法计算时，首先需要给定一个初始基本可行解，设初始基为 $\boldsymbol{B}$，然后执行下列步骤：

（1）由 $\boldsymbol{Bx}_B = \boldsymbol{b}$ 求得 $x_B = \boldsymbol{B}^{-1}\boldsymbol{b} = \bar{\boldsymbol{b}}$，令 $x_N = 0$，计算目标函数值 $f = c_B x_B$。

（2）解 $\omega \boldsymbol{B} = c_B$，得到单纯形乘子 ω。对于所有非基变量，计算判别数 $z_j - c_j = \omega_j p_j - c_j$。令 $z_k - c_k = \max_{j \in R} \{z_j - c_j\}$，若 $z_k - c_k \leqslant 0$，则对于所有非基变量，$z_j - c_j \leqslant 0$，对应基变量的判别数总是为零，因此停止计算，现行基本可行解是最优解。否则，进行下一步。

（3）解 $\boldsymbol{By}_k = p_k$，得到 $y_k = \boldsymbol{B}^{-1} p_k$，若 $y_k \leqslant 0$，即 y_k 的每个分量均为非正数，则停止计算，问题不存在有限最优解，否则进行步骤（4）。

（4）确定下标 r，使

$$x_k = \frac{\bar{b}_r}{y_{rk}} = \min \left\{ \frac{\bar{b}_i}{y_{ik}} \middle| y_{ik} > 0 \right\}$$

其中，x_k 为进基变量。用 p_k 替换 p_{B_r}，得到新的基矩阵 $\boldsymbol{B}$，返回步骤（1）。

根据单纯形法计算步骤，编写算法代码如下：

```
function [x,f]=Dmin(c,A,b,AR,y0,d)
%x: 最优解
%f: 目标函数最优值
%c: 目标函数系数向量
%A: 系数矩阵
%b: m 维列向量
```

```
%AR: 松弛变量系数矩阵
%y0: 基矩阵初始向量
%d: 补充向量（非目标系数向量，为一零向量）
N=10000;
B=[A,AR,b];
[m,n]=size(B);
C=[c,d];
y=y0;
x=zeros(1,length(c));
for k=1:N
    k;
    z=B(:,end);                            %右端
    for j=1:n-1
        t(j)=y*B(:,j)-C(j);                %检验数
    end
    t;
    f=y*z;

    %选取主列%
    [alpha,q]=max(t);
    q;
    W(k)=q;                                %x 下标矩阵
    %选取主元
    for p=1:m
        if B(p,q)<=0
            r(p)=N;
        else r(p)=z(p)/B(p,q);
        end
    end


    [beta,p]=min(r);
    p;
    y(p)=C(q)

    B(p,:)=B(p,:)/B(p,q);
    for i=1:m
        if i~=p
            B(i,:)=B(i,:)-B(p,:)*B(i,q);
        end
    end
    if max(t)<=0
        break;
    end
    B
end

Z=B(:,end)
if length(x(W))~=length(Z)
    x=char('NONE');
f=char(' NONE');
disp('不存在有限最优解');
else x(W)=Z';
end
```

【例8-2】用单纯形法解下列问题。

$$\min \ x_1 - 2x_2 + x_3$$
$$\text{s.t.} \ \ x_1 + x_2 - 2x_3 + x_4 = 10$$
$$2x_1 - x_2 + 4x_3 \leqslant 8$$
$$-x_1 + 2x_2 - 4x_3 \leqslant 4$$
$$x_i \geqslant 0, \ \ i = 1,2,3,4$$

解：根据题意，编写以下主函数：

```
clear, clc
c=[1 -2 1];
A=[1 1 -2 1; 2 -1 4 0; -1 2 -4 0];
b=[10;8;4];
AR=[0 0;1 0;0 1];
y0=[0 0 0];
d=[0 0 0];
[x,f]=Dmin(c,A,b,AR,y0,d)
```

运行后，得到结果如下：

```
x =
     0    12     5
f =
   -19
```

即极小值点为$(0,12,5)$，极小值为-19。

在单纯形法求解过程中，每一个基本可行解 $\boldsymbol{x}$ 都以某个经过初等行变换的约束方程组中的单位矩阵为可行基。对于极大化的线性规划问题，要先标准化，即将极大化问题变换为极小化问题，然后再利用单纯形法求解。

8.1.3 Powell 法

Powell 法是一种有效的直接搜索法，其本质上是共轭方向法。该方法把整个计算过程分成若干个阶段，每一阶段（一轮迭代）由 $n+1$ 次一维搜索组成。在算法的每个阶段中，先依次沿着已知的 n 个方向搜索，得一个最好点，然后沿着本阶段的初点与该最好点连线方向进行搜索，求得这一阶段的最好点。再利用最后的搜索方向取代前 n 个方向之一，开始下一阶段的迭代。

Powell 算法实现函数 powell() 的方法如下：

```
function [z,fmin] = powell(f)
%在二维空间中求解 f(x1,x2)的最小值点,求解结果返回变量坐标(x1,x2)和极小值 fmin
k = 0;n = 2;
x = [0;0;];                                    %初始化
ff(1) = f(x(1),x(2));
ep = 0.001;
d = [1;0;0;1];
while(1)
   x00 = [x(1);x(2);];
   for i = 1:n
       [a(i),b(i)]=section(x(2*i-1),x(2*i),d(2*i-1),d(2*i));
       alpha(i)=ALPHA(x(2*i-1),x(2*i),d(2*i-1),d(2*i),a(i),b(i));
       x(2*i+1)=x(2*i-1)+alpha(i)*d(2*i-1);
       x(2*i+2)=x(2*i)+alpha(i)*d(2*i);
```

```
            ff(i+1)=f(x(2*i+1),x(2*i+2));              %搜索到的点对应的函数值
        end
    for i=1:n
        Delta(i)=ff(i)-ff(i+1);
    end
    delta=max(Delta);                               %求函数值之差的最大值
    for i = 1:n                                      %寻找函数值之差最大值对应的下标
        if delta == Delta(i)
            m = i;
            break;
        end
    end
    d(2*n+1) = x(2*n+1)-x(1);                        %求反射点搜索方向 dn+1
    d(2*n+2)=x(2*n+2)-x(2);
    x(2*n+3)=2*x(2*n+1)-x(1);                        %搜到反射点 Xn+1
    x(2*n+4)=2*x(2*n+2)-x(2);
    ff(n+2)=f(x(2*n+3),x(2*n+4));                    %反射点对应的函数值
    f0=ff(1);f2=ff(n+1);f3=ff(n+2);
    k=k+1;                                           %记录迭代次数
    R(k,:)=[k,x',d',ff];                             %保存迭代过程的中间运行结果
    if f3<f0 && (f0-2*f2+f3)*(f0-f2-delta)^2<0.5*delta*(f0-f3)^2
                                                     %判断是否需要对原方向组进行替换
        [a(n+1),b(n+1)]=section(x(2*n+1),x(2*n+2),d(2*n+1),d(2*n+2));
        alpha(n+1)=ALPHA(x(2*n+1),x(2*n+2),d(2*n+1),d(2*n+2),a(n+1),b(n+1));
        x(1)=x(2*n+1)+alpha(n+1)*d(2*n+1);
                                                     %沿反射方向进行搜索，将搜索结果作为下一轮迭代的起点
        x(2)=x(2*n+2)+alpha(n+1)*d(2*n+2);
        for i=m:n                                    %根据函数值之差最大值的小标 m，对原方向组进行替换
            d(2*i-1)=d(2*i+1);
            d(2*i)=d(2*i+2);
        end
    else
        if f2<f3
            x(1)=x(2*n+1);
            x(2)=x(2*n+2);
        else
            x(1)=x(2*n+3);
            x(2)=x(2*n+4);
        end
    end
    RR(k,:)=alpha;
    ff(1)=f(x(1),x(2));                              %计算下一轮迭代过程需要的 f0 值
    if (((x(2*n+1)-x00(1))^2+(x(2*n+2)-x00(2))^2)^(1/2))<ep    %判断是否满足精度要求
        break;
    end
end
z = [x(1);x(2)];
fmin = f(x(1),x(2));
```

（1）powell()函数运行过程中会调用外推法求解一元函数的最小值区间函数 section()。函数代码如下：

```
function [a,b] = section(x1,x2,d1,d2)
%采用外推法求解关于 alpha 的一元函数的最小值 alpha* 所在的区间[a,b]
x11 = x1;x22 = x2;d11 = d1;d22 = d2;               %给出起始点坐标 x1、x2 和搜索方向 d1、d2
h0 = 1;h = h0;alpha1 = 0;                          %初始化
y1 = objPowell (x11,x22,d11,d22,alpha1);          %带入 alpha1 求解 y1
```

```
alpha2 = h;
y2 = objPowell (x11,x22,d11,d22,alpha2);
t = 0;
if y2>y1
    h = -h;alpha3 = alpha1;y3 = y1;t = 1;      %如果 y2>y1，则改变搜索方向
end
while(1)
    if t == 1
        alpha1 = alpha2;y1 = y2;               %交换操作
        alpha2 = alpha3;y2 = y3;
    else t = 1;
    end
    alpha3 = alpha2+h;y3 = objPowell (x11,x22,d11,d22,alpha3);
    if y3<y2
        h = 2*h;                               %改变搜索步长
    else
        break;
    end
end
if alpha1>alpha3
    tem = alpha1;alpha1 = alpha3;alpha3 = tem;
    a = alpha1;b = alpha3;
else a=alpha1;b = alpha3;
end
```

（2）在 Powell 法运行过程中还会多次调用黄金分割法程序，用以缩短优化设计计算时间。黄金分割法函数 alpha() 的代码如下：

```
function alpha = ALPHA(x1,x2,d1,d2,A,B)
% 利用黄金分割法求解关于 alpha 的函数 y(alpha) 的极小点 alpha*
% alpha 的区间为[a,b]
x11 = x1;x22 = x2;d11 = d1;d22 = d2;           %给出起始点坐标 x1、x2 和搜索方向 d1、d2
a = A;b = B;                                   %获取区间
ep = 0.001;r = 0.618;                          %初始化，给定精度
alpha1 = b-r*(b-a);
y1 = objPowell(x11,x22,d11,d22,alpha1);        %代入 alpha1 求解 y1
alpha2 = a+r*(b-a);
y2 = objPowell(x11,x22,d11,d22,alpha2);
while(1)
    if y1>=y2                                  %根据区间消去法原理缩短搜索空间
        a = alpha1;alpha1 = alpha2;
        y1 = y2;
        alpha2 = a+r*(b-a);
        y2 = objPowell(x11,x22,d11,d22,alpha2);
    else
        b = alpha2;alpha2 = alpha1;
        y2 = y1;
        alpha1 = b-r*(b-a);
        y1 = objPowell(x11,x22,d11,d22,alpha1);
    end
    if abs(b-a)<ep && abs(y2-y1)<ep            %判断是否满足精度要求
        break;                                 %若满足要求，则退出迭代操作
    end
end
alpha = 0.5*(a+b);                             %返回值
```

【**例 8-3**】求解函数 $f(x) = x_1^2 + 3x_2^2 - 4x_1 - 3x_1x_2$ 的极小点 x，初始点 $x_0 = [1,1]^T$，迭代精度 $\varepsilon = 0.001$。

解：（1）编写关于 α 的目标函数：

```
function m = objPowell(x1,x2,d1,d2,alpha)        %建立关于 α 的一元函数
%原目标函数变量 x1 = x1+alpha*d1, x2 = x1+alpha*d2, 形式与目标函数一致
m= (x1+alpha*d1)^2+3*(x2+alpha*d2)^2-4*(x1+alpha*d1)-3*(x1+alpha*d1)*(x2+alpha*d2);
```

（2）主函数如下所示：

```
clear,clc
f = @(x1,x2) x1^2+3*x2^2-4*x1-3*x1*x2              %目标函数句柄
[z,fmin] = powell(f)
```

运行后，得到：

```
z =
    8.0000
    4.0000
fmin =
  -16.0000
```

即极小值点为(8,4)，极小值为–16。

（3）通过 MATLAB 自带的 fminsearch()函数验算结果是否正确，在"编辑器"窗口中输入：

```
x = linspace(-10,10,50);
y = linspace(-10,10,50);
[x,y] = meshgrid(x,y);
z = x.^2+3*y.^2-4*x-3*x.*y;
subplot(1,2,1);                                   %在一幅框中显示两张图，显示第 1 张图
cs = contour(x,y,z);
clabel(cs);                                       %绘制等高线图
xlabel('x1'); ylabel('x2'); title('等高线图');
grid;
subplot(1,2,2);                                   %在一幅框中显示两张图，显示第 2 张图
cs = surfc(x,y,z);                                %绘制空间曲面图
zmin = floor(min(z));
zmax = ceil(max(z));
xlabel('x1'); ylabel('x2'); zlabel('f(x1,x2)'); title('空间曲面图');
```

运行后，得到等高线图和空间曲面图，如图 8-2 所示，从中基本可以看出，函数的极小值点均在坐标 (8,4)附近。

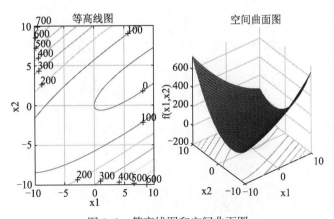

图 8-2 等高线图和空间曲面图

8.2 间接法

间接法需要求目标函数的导数，又称为导数类方法，下面以最速下降法、共轭梯度法、拟牛顿法为例讲解间接法在 MATLAB 中的实现方法。

8.2.1 最速下降法

最速下降法以负梯度方向作为最优化方法的下降方向，又称为梯度下降法，是最简单实用的方法。其基本思想为：函数的负梯度方向是函数值在该点下降最快的方向，将 n 维问题转化为一系列沿负梯度方向用一维搜索法寻优的问题，利用负梯度作为搜索方向，故该方法称最速下降法或梯度法。

梯度方向是函数增加最快的方向，负梯度方向是函数下降最快的方向，所以最速下降法以负梯度方向为搜索方向，每次迭代都沿着负梯度方向进行一维搜索，直到满足精度要求为止。

由公式 $\boldsymbol{x}^{(k+1)} = \boldsymbol{x}^{(k)} + \alpha_k \boldsymbol{d}^{(k)}(k=0,1,2,\cdots)$ 可知，若某次选代中已取得点 $\boldsymbol{x}^{(k)}$，从该点出发，取负梯度方向 $\boldsymbol{d}^{(k)} = \dfrac{\nabla f(\boldsymbol{x}^{(k)})}{\left\| \nabla f(\boldsymbol{x}^{(k)}) \right\|}$ 为搜索方向，则最速下降法的迭代公式为

$$\boldsymbol{x}^{(k+1)} = \boldsymbol{x}^{(k)} + \alpha_k \frac{\nabla f(\boldsymbol{x}^{(k)})}{\left\| \nabla f(\boldsymbol{x}^{(k)}) \right\|}, \quad k=0,1,2,\cdots$$

当第 k 次的迭代初始点 $\boldsymbol{x}^{(k)}$ 和搜索方向 $\boldsymbol{d}^{(k)}$ 已经确定的情况下，原目标函数成为关于步长 α 的一维函数，即

$$\varphi(\alpha) = f(\boldsymbol{x}^{(k)} + \alpha \boldsymbol{d}^{(k)})$$

最优步长 α_K 可以利用一维搜索法求得，即

$$\min_{\alpha} \varphi(\alpha) = f(\boldsymbol{x}^{(k+1)}) = f(\boldsymbol{x}^{(k)} + \alpha_k \boldsymbol{d}^{(k)}) = \min_{\alpha} f(\boldsymbol{x}^{(k)} + \alpha \boldsymbol{d}^{(k)})$$

根据一元函数极值的必要条件和多元复合函数的求导公式，得

$$\varphi'(\alpha) = -\left[\nabla f(\boldsymbol{x}^{(k)}) + \alpha \boldsymbol{d}^{(k)} \right]^{\mathrm{T}} \nabla f(\boldsymbol{x}^{(k)}) = 0$$

$$\left[\nabla f(\boldsymbol{x}^{(k+1)}) \right]^{\mathrm{T}} \nabla f(\boldsymbol{x}^{(k)}) = 0$$

或写成

$$\left[\boldsymbol{d}^{(k+1)} \right]^{\mathrm{T}} \boldsymbol{d}^{(k)} = 0$$

由此可知，在最速下降法中，相邻两个搜索方向互相正交。也就是说，在用最速下降法迭代求优的过程中，走的是一条曲折的路线，该次搜索方向与前一次搜索方向垂直，形成"之"字形的锯齿现象。

最速下降法刚开始搜索步长比较大，越靠近极值点，其步长越小，收敛速度越慢。特别是当二维二次目标函数的等值线是较扁的椭圆时，这种缺陷更加明显。因此所谓最速下降是指目标函数在迭代点附近出现的局部性质，从迭代过程的全局来看，负梯度方向并非是目标函数的最快搜索方向。

最速下降法理论明确、程序简单，对初始点要求不严格。对一般函数而言，最速下降法的收敛速度并不快，因为最速下降方向仅仅是指某点的一个局部性质。一般与其他算法配合，在迭代开始时使用。

编写最速下降法函数 fsxsteep()，代码如下：

```
function x=fsxsteep(f,e,a,b)
% 最速下降法，f 为输入函数，e 为允许误差，(a,b) 为初始点
x1=a;x2=b;
```

```
Q=fsxhesse(f,x1,x2);
x0=[x1 x2]';
fx1=diff(f,'x1');                    %对 x1 求偏导数
fx2=diff(f,'x2');                    %对 x2 求偏导数
g=[fx1 fx2]';                        %梯度
g1=subs(g);                          %把符号变量转为数值
d=-g1;
while (abs(norm(g1))>=e)
    t=(-d)'*d/((-d)'*Q*d);t=(-d)'*d/((-d)'*Q*d);    %求搜索方向
    x0=x0-t*g1;                      %搜索到的点
    v=x0;
    a=[1 0]*x0;
    b=[0 1]*x0;
    x1=a;
    x2=b;
    g1=subs(g);
    d=-g1;
end
x= vpa(v,5);
```

执行过程中求函数的 hesse 矩阵需使用函数 fsxhesse()，其代码如下：

```
function x=fsxhesse(f,a,b)
% 求函数的 hesse 矩阵，f 为输入的二次函数，(a,b) 为初始点
x1=a; x2=b;
fx=diff(f,'x1');                     %求 f 对 x1 的偏导数
fy=diff(f,'x2');                     %求 f 对 x2 的偏导数
fxx=diff(fx,'x1');                   %求二阶偏导数，先对 x1 再对 x1
fxy=diff(fx,'x2');                   %求二阶偏导数，先对 x1 再对 x2
fyx=diff(fy,'x1');                   %求二阶偏导数，先对 x2 再对 x1
fyy=diff(fy,'x2');                   %求二阶偏导数，先对 x2 再对 x2
fxx=subs(fxx);                       %将符号变量转化为数值
fxy=subs(fxy);
fyx=subs(fyx);
fyy=subs(fyy);
x=[fxx,fxy;fyx,fyy];                 %求 hesse 矩阵
end
```

【例 8-4】使用最速下降法，求解函数 $f(x) = x_1^2 + 2x_2^2$ 极小值点。其中，误差为 0.00001，初始点为 (1,1)。

解： 在"编辑器"窗口中编写如下代码：

```
clear, clc
syms x1 x2;
X=[x1,x2];
fx=X(1)^2+2*X(2)^2;
x=fsxsteep(fx,0.00001,1,1)
```

运行程序后，可以得到：

```
x =
   2.2301e-6
   2.2301e-6
```

函数的极小值点为 (0,0)，在误差为 0.00001 时，求得的结果为 (2.2301e-6，2.2301e-6)。

8.2.2 共轭梯度法

最速下降法具有计算简单，对初始点的选择要求低，最初几步迭代速度快的优点，但是越接近极值点时，效果越差，在搜索过程中呈锯齿状的搜索路径。

设想在搜索过程中，如果能如图 8-3 所示截弯取直在沿 $d^{(0)}$ 搜索到 $x^{(1)}$ 点后，不再沿 $x^{(1)}$ 的负梯度方向搜索，而改沿 $d^{(1)}$ 的方向进行搜索，这种方法称为共轭梯度法。

由上述可知，任意形式的目标函数在极值点附近都近似于一个二次函数，希望对二次函数一次搜索到达极小值点 x^*，即有

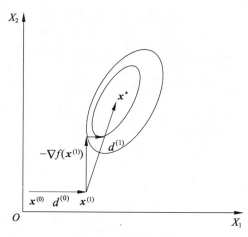

图 8-3　搜索示意图

$$x^*=x^{(1)} + \alpha_1 d^{(1)}$$

其中，$d^{(1)}$ 方向需要满足条件：

$$f(x)=\frac{1}{2}x^\mathrm{T}Gx + B^\mathrm{T}x + C$$

在 $x^{(1)}$ 点的梯度为

$$\nabla f(x^{(1)})=Gx^{(1)} + B$$

因为 x^* 为极小值点，应满足存在极值的必要条件，故有：

$$\nabla f(x^*)=Gx^* + B=0$$

$$\nabla f(x^*)=G[x^{(1)} + \alpha_1 d^{(1)}] + B =\nabla f(x^{(1)}) + \alpha_1 Gd^{(1)} = 0$$

将等式两边同时左乘 $[d^{(0)}]^\mathrm{T}$。因为 $\nabla f(x^{(1)})$ 与 $d^{(0)}$ 正交，$[d^{(0)}]^\mathrm{T}\nabla f(x^{(1)})=0$，则有：

$$[d^{(0)}]^\mathrm{T} Gd^{(1)} = 0$$

这就是使 $d^{(1)}$ 直指极小点 x^* 所必须满足的条件。

两个向量 $d^{(0)}$ 和 $d^{(1)}$ 称为 G 的共轭向量，或称 $d^{(0)}$ 和 $d^{(1)}$ 对 G 是共轭方向。可见，沿 $d^{(0)}$ 方向搜索得到 x^* 后，再沿 $d^{(0)}$ 的共轭方向 $d^{(1)}$ 搜索就可以到达极小值点 x^*。

共轭梯度法的迭代步骤如下：

（1）取初始点 $x^{(0)}$，计算精度 ε；

（2）令 $k=0$，$d^{(k)} = \nabla f(x^{(k)})$；

（3）从 $x^{(k)}$ 出发沿 $d^{(k)}$ 方向一维搜索到 $x^{(k+1)}$；

（4）计算梯度 $\nabla f(x^{(k+1)})$，检验是否满足 $\left\|\nabla f(x^{(k+1)})\right\| \leqslant \varepsilon$。若满足，则迭代停止，$x^{(k+1)}$ 点为极小值点。否则进行步骤（5）；

（5）判断 $k=n$ 是否成立，若 $k=n$，则令 $x^{(0)} \Leftarrow x^{(k+1)}$，返回步骤（2）；否则计算 $\beta_k = \dfrac{\left\|\nabla f(x^{(k+1)})\right\|^2}{\left\|\nabla f(x^{(k)})\right\|^2}$、

$d^{(k+1)}=-\nabla f(x^{(k+1)}) + \beta_k d^{(k)}$ 令 $k \Leftarrow k+1$，返回步骤（3）。

【例 8-5】用共轭梯度法求二次函数 $f(x_1,x_2)=x_1^2 + x_2^2 - 5x_1 - 3x_1x_2$ 的极小值点及极小值。设初始点[3,1]，迭代精度 ε =0.0001。

解：编写共轭梯度法求解函数极值的函数 Conjugate()，代码如下：

```
function f=Conjugate(x0,t)
%%共轭梯度函数%%
%初始点坐标 x0，收敛精度为 t，函数的极值为 f
x=x0;
syms xi yi a;                                %定义自变量，步长为符号变量
f=xi^2+yi^2-5*xi-3*xi*yi;                    %创建符号表达式 f
%求表达式 f 对 xi、yi 的一阶求导
fx=diff(f,xi);
fy=diff(f,yi);
%代入初始点坐标计算对 xi、yi 的一阶求导实值
fx=subs(fx,{xi,yi},x0);
fy=subs(fy,{xi,yi},x0);
fi=[fx,fy];                                  %初始点梯度向量
count=0;                                     %搜索次数初始为 0
while double(sqrt(fx^2+fy^2))>t              %搜索精度不满足已知条件
    s=-fi;                                   %第 1 次搜索的方向为负梯度方向
    if count<=0
        s=-fi;
    else
        s=s1;
    end
    x=x+a*s;
    f=subs(f,{xi,yi},x);
    f1=diff(f);
    f1=solve(f1);
    if f1~=0
        ai=double(f1);                       %强制转换数据类型为双精度数值
    else
        break                                %若 a=0，则直接跳出循环，此点即为极值点
    end
    x=subs(x,a,ai);                          %得到一次搜索后的点坐标值
    f=xi^2+yi^2-5*xi-3*xi*yi;                %函数表达式
    fxi=diff(f,xi);
    fyi=diff(f,yi);
    fxi=subs(fxi,{xi,yi},x);
    fyi=subs(fyi,{xi,yi},x);
    fii=[fxi,fyi];
    d=(fxi^2+fyi^2)/(fx^2+fy^2);
    s1=-fii+d*s;
    count=count+1;
    fx=fxi;
    fy=fyi;                                  %搜索后终点坐标变为下一次搜索的始点坐标
end
x                                            %输出极值点
f=subs(f,{xi,yi},x)                          %输出极小值
count                                        %输出搜索次数
```

依据题意，在"编辑器"窗口中输入以下代码：

```
clear,clc
f=Conjugate([3,1],0.0001);
```

运行后，得到结果为：

```
x =
    [ -2, -3]
f =
    5
count =
    2
```

即经过迭代 2 次，极小点坐标为[-2,-3]，极小点数值为 5。

8.2.3　拟牛顿法

牛顿法在实际应用中需要存储二阶导数信息和计算一个矩阵的逆矩阵，这对计算机的时间和空间要求都比较高，也容易遇到不正定的 Hesse 矩阵和病态的 Hesse 矩阵，导致求出来的逆很古怪，从而使算法沿着一个不理想的方向去迭代。

牛顿法成功的关键是利用了 Hesse 矩阵提供的曲率信息。但是计算 Hesse 矩阵工作量大，并且有些目标函数的 Hesse 矩阵很难计算，甚至不好求出，这就使得仅利用目标函数的一阶导数的方法更受欢迎。

拟牛顿法就是利用目标函数值 f 和一阶导数 g（梯度）的信息，构造出目标函数的曲率近似，而不需要明显形成 Hesse 矩阵，同时具有收敛速度快的特点。它是基于牛顿法，并对其进行了重大改进的一种方法。

拟牛顿法的计算步骤如下：

（1）取初始点 $x^{(0)}$，计算精度 ε；

（2）令 $k=0$，$A_0 = I$（单位矩阵）；

（3）计算 $x^{(k)}$ 点的梯度 $\nabla f(x^{(k)})$ 及其模 $\|\nabla f(x^{(k)})\|$；

（4）判断是否满足精度指标 $\|\nabla f(x^{(k)})\| \leqslant \varepsilon$；若满足，则 $X^{(k)}$ 为最优点，迭代停止，输出最优解 $x^* = x^{(k)}$ 和 $f(x^*) = f(x^{(k)})$，否则进行步骤（5）的计算；

（5）构造搜索方向 $d^{(k)} = -A_k \nabla f(x^{(k)})$ 进行一维搜索，求最优步长 α_k，并求出新点

$$\min_{\alpha} f(x^{(k)} + \alpha d^{(k)}) = f(x^{(k)} + \alpha_k d^{(k)})$$

$$x^{(k+1)} = x^{(k)} + \alpha_k d^{(k)}$$

令 $k \Leftarrow k+1$，返回步骤（3）；

（6）按变尺度公式计算 ΔA_k 及 A_k；

（7）令 $k \Leftarrow k+1$，返回步骤（3）。

【例 8-6】要求用拟牛顿法求解下面的非线性方程组。其中，起始点为(1,0)，误差为 0.01。

$$\begin{cases} x_1 - 0.3\cos x_2 = 0 \\ x_2 - 0.5\sin x_1 = 0 \end{cases}$$

解：编写拟牛顿法函数的 MATLAB 代码如下：

```
function [Z,P,k,e] = newton(P,e0)
%拟牛顿法函数。用 P 输入初始猜想矩阵，不断迭代输出计算解
%Z 为迭代结束后的 F 矩阵，k 为迭代次数，e 为每次迭代后的无穷范数，e0 为误差限
Z=Fun(P(1),P(2));
J=JFun(P(1),P(2));
Q=P-J\Z;
e=norm((Q-P),inf);
P=Q;
Z=Fun(P(1),P(2));
```

```
k=1;
while e>=e0
    J=JFun(P(1),P(2));
    Q=P-J\Z;
    e=norm((Q-P),inf);
    P=Q;
    Z=Fun(P(1),P(2));
    k=k+1;
end
Z=vpa(Z);P=vpa(P);e=vpa(e);
end


%计算每一步的 F（x）
function [out]=Fun(x,y)
syms x1 x2;
f1=x1-0.3*cos(x2);
f2=x2-0.5*sin(x1);
Y=[f1;f2];
x1=x;
x2=y;
out=subs(Y);
end


function [y]=JFun(x,y)
%用来求每一步的 Jacobi 矩阵
syms x1 x2
f1=x1-0.3*cos(x2);
f2=x2-0.5*sin(x1);
df1x=diff(sym(f1),'x1');df1y=diff(sym(f1),'x2');
df2x=diff(sym(f2),'x1');df2y=diff(sym(f2),'x2');
j=[df1x,df1y;df2x,df2y];
%j 中的元素为一阶偏导数
x1=x;
x2=y;
y=subs(j);
end
```

拟牛顿法非线性方程组的代码如下：

```
clear,clc
P=[1 0]';
e0=0.01;
[Z P k e]=newton(P,e0)
```

运行后，得到结果为：

```
Z =
 3.6513e-8
  7.8811e-8
P =
 0.29680
 0.14623
```

```
k =
    3
e =
0.0010370
```

上述结果中，P 为计算解，k 为迭代次数，Z 为第 k 次迭代后的 F 矩阵，e 为第 k 次迭代后的误差。

8.3 本章小结

本章介绍了多种无约束优化方法，包括直接法和间接法两类。直接法介绍了模式搜索法、单纯形法及 Powell 法；间接法讲解了最速下降法、共轭梯度法、拟牛顿法。本章介绍的几种方法在采用其他无约束优化方法时都可以借鉴。

第 9 章

约束优化方法

约束优化方法是寻求具有约束条件的线性或非线性规划问题解的算法。约束优化问题是在自变量满足约束条件的情况下目标函数最小化的问题，其中约束条件既可以是等式约束也可以是不等式约束。本章重点讲述随机方向法、复合形法、可行方向法和惩罚函数法 4 种典型的约束优化方法，同时举例说明 MATLAB 在约束优化方法中的实现方法。

学习目标：

（1）了解约束优化方法；

（2）掌握 MATLAB 在约束优化方法中的应用。

9.1 约束优化方法简介

约束优化问题是指在约束条件之下求一点，使该点成为最优解。

约束优化问题中的函数均为凸函数时称为凸规划。凸函数有很多已知特性，因此凸规划算法的研究进展较快。线性规划是凸规划的最简单情形，可以用单纯形法等求解。

将约束优化问题作为一个研究方向主要起源于以下两点：

（1）大多数实际问题是包含约束条件的，这使得约束优化问题与实际问题息息相关。

（2）很多难于处理的问题（NP 难，或者 NP 完全等）是包含约束条件的，这使得约束优化问题在理论上非常具有挑战性。

约束优化问题的具体形式如下：

$$\min f(\boldsymbol{x})$$
$$\text{s.t. } g_i(\boldsymbol{x}) \leqslant 0, \ i = 1, 2, \cdots, m$$
$$h_j(\boldsymbol{x}) = 0, \ j = 1, 2, \cdots, r, \ r < n$$

其中，$\boldsymbol{x} = [x_1 \ x_2 \ \cdots \ x_n]^{\mathrm{T}}$ 为 n 维欧式空间 $\mathbf{R}^n$ 中的向量，$f(\boldsymbol{x})$ 为目标函数，$g_i(\boldsymbol{x})$、$h_j(\boldsymbol{x})$ 为约束条件。$\boldsymbol{x}$ 是解向量，$g(\boldsymbol{x})$ 是不等式约束，$h(\boldsymbol{x})$ 是等式约束。

如果定义 F 为可行域，U 为非可行域，S 为搜索空间，则存在关系 F 属于 S。通常 S 搜索空间包含两个非连同子集，可行域 F 和非可行域 U。

如果不等式 $g(\boldsymbol{x})$ 满足条件 $g(\boldsymbol{x})=0$，则这个约束条件称为点 x 的积极约束。任意一个等式约束条件都是可行域内所有点的积极约束。

9.2 常用算法

下面介绍约束优化方法的几种常用算法。

9.2.1 随机方向法

随机方向法是一种原理简单的直接解法。它的基本思路是：在可行域内选择一个起始点，利用随机数的概率特性，产生若干个随机方向，并从中选择一个能够使目标函数值下降最快的随机方向作为可行搜索方向，记做 d。

从初始点 x_0 出发，沿 d 方向以一定的步长进行搜索，得到新点 x，新点 x 应满足约束条件：

$$\begin{cases} g_j(x) \leqslant 0, \ j = 1, 2, \cdots, m \\ f(x) < f(x_0) \end{cases}$$

至此完成一次迭代。随后，将起始点移至 x，即令 $x \to x_0$。重复以上过程，经过若干次迭代计算后，最终求得约束最优解。

随机方向法的优点是对目标函数的性态无特殊要求，可以通过编写程序计算，使用方便。

由于可行搜索方法是从许多随机方向中选择的目标函数下降最快的方向，并且步长还可以灵活变动，所以此算法的收敛速度比较快，若能取得一个较好的初始点，迭代次数可以大大地减少。它是求解小型的优化设计问题的一种十分有效的算法。

【例 9-1】使用随机方向法，求解以下方程：

$$\min f(x) = (x_1 - 4)^2 + 5(x_2 - 7)^2$$
$$\text{s.t.} \quad g_1(x) = 48 - x_1^2 - x_2^2 \leqslant 0$$
$$g_2(x) = x_2 - x_1 - 5 \leqslant 0$$
$$g_3(x) = x_1 - 5 \leqslant 0$$

解： 根据题意编写以下 MATLAB 代码：

```
clear,clc
x01=9;x02=10;
f0=((x01-4).^2+5*(x02-7).^2);                    %函数方程
dir0=rand(2,1);
dir0(1)=dir0(1)-0.5;
dir0(2)=dir0(2)-0.5;
recm=100;
rm=1;
a=2;
prea=0.00001;
cis=0.0001;
x11=x01+dir0(1)*a; x12=x02+dir0(2)*a;
f1=((x11-4).^2+5*(x12-7).^2);
test=abs(f1-f0);
while a>prea
    a=a*1/2;
    rm=1;
    while rm<recm
        j=0;
        f0=((x01-4).^2+5*(x02-7).^2);
        dir0=rand(2,1);
```

```
        dir0(1)=dir0(1)-0.5;
        dir0(2)=dir0(2)-0.5;
        f1=((x11-4).^2+5*(x12-7).^2);
        x11=x01+dir0(1)*a;
        x12=x02+dir0(2)*a;

        test=abs(f1-f0);
        %约束条件
        yue1=(48-x11.^2-x12.^2);
        yue2=x12-x11-5;
        yue3=x11-5;
        if f1<=f0 && yue1<=0 && yue2<=0 && yue3<=0
            x01=x11; x02=x12;f0=f1;
            j=1;
            x11=x01+dir0(1)*a; x12=x02+dir0(2)*a;
            f1=((x11-4).^2+5*(x12-7).^2);
        end
        if j==0
            rm=rm+1;
        end
    end
    if test<cis && yue1<=0 && yue2<=0 && yue3<=0
        break;
        disp(test);
    end
end
x11,x12,f1
```

运行后得到：

```
x11 =
    9.0000
x12 =
   10.0000
f1 =
   70.0000
```

即当 x_1=9，x_2=10 时，函数有最小值为 70。

9.2.2 复合形法

复合形法的基本思路是：在 n 维空间的可行域中选取 K 个设计点作为初始复合形（多面体）的顶点，然后比较复合形各顶点目标函数的大小，其中目标函数值最大的点作为坏点，以坏点外其余各点的中心为映射中心，寻找坏点的映射点，一般来说，此映射点的目标函数值总是小于坏点的，也就是说映射点优于坏点。

以映射点替换坏点，与原复合形除坏点外其余各点构成 K 个顶点的新的复合形。

如此反复迭代计算，在可行域中不断以目标函数值低的新点代替目标函数值最大的坏点，从而构成新复合形，使复合形不断向最优点移动和收缩，直至收缩到复合形的各顶点与其形心非常接近，满足迭代精度要求时为止。

最后输出复合形各顶点中的目标函数值最小的顶点作为近似最优点。

【例 9-2】使用复合形法求解以下方程：

$$\min f(\boldsymbol{x}) = (x_1 - 5)^2 + 5(x_2 - 5)^2$$
$$\text{s.t.} \ \ g_1(\boldsymbol{x}) = 60 - x_1^2 - x_2^2 \leqslant 0$$
$$g_2(\boldsymbol{x}) = x_2 - x_1 - 5 \leqslant 0$$
$$g_3(\boldsymbol{x}) = x_1 - 5 \leqslant 0$$

解： 根据题意编写以下 MATLAB 代码：

```
clear,clc
%4 个初始点
x01(1)=9;x01(2)=8;x01(3)=10;x01(4)=9.3;
x02(1)=10;x02(2)=6;x02(3)=6;x02(4)=9.5;
% 比较 3 个初始点函数值大小
f(1)=(x01(1)-5).^2+5*(x02(1)-5).^2;
f(2)=(x01(2)-5).^2+5*(x02(2)-5).^2;
f(3)=(x01(3)-5).^2+5*(x02(3)-5).^2;
f(4)=(x01(4)-5).^2+5*(x02(4)-5).^2;
%将函数最小点放在数组第 1 个位置，最大点放在数组最后一个位置
for i=1:4
    for j=2:4
        if f(j-1)>f(j)
            Q1=x01(j-1);
            Q2=x02(j-1);
            Qv=f(j-1);
            x01(j-1)=x01(j);
            x02(j-1)=x02(j);
            f(j-1)=f(j);
            x01(j)=Q1;
            x02(j)=Q2;
            f(j)=Qv;
        end
    end
end
cha=f(4)-f(1);
while cha>0.05
    %求中心点坐标，即去除最坏点，最后一个点的坐标后，剩余点坐标的均值
    xinx01=(x01(1)+x01(2)+x01(3))/3;
    xinx02=(x02(1)+x02(2)+x02(3))/3;
    %求反射心点坐标
    ra=1.3;
    pra01=xinx01+ra*(xinx01-x01(4));
    pra02=xinx02+ra*(xinx02-x02(4));
    fpra=((pra01-5).^2+4*(pra02-6).^2);
    yue1=(60-pra01.^2-pra02.^2);
    yue2=pra02-pra01-5;
    yue3=pra01-5;
    if fpra<=f(4) && yue1<=0 && yue2<=0 && yue3<=0
        f(4)=fpra;
        x01(4)=pra01;
        x02(4)=pra02;
    else
        ra=0.1;
        pra01=xinx01+ra*(xinx01-x01(4));
        pra02=xinx02+ra*(xinx02-x02(4));
        fpra=((pra01-5).^2+4*(pra02-6).^2);
```

```
            f(4)=fpra;
            x01(4)=pra01;
            x02(4)=pra02;
        end
    %由小到大冒泡排序
    for i=1:4
        for j=2:4
            if f(j-1)>f(j)
                Q1=x01(j-1);
                Q2=x02(j-1);
                Qv=f(j-1);
                x01(j-1)=x01(j);
                x02(j-1)=x02(j);
                f(j-1)=f(j);
                x01(j)=Q1;
                x02(j)=Q2;
                f(j)=Qv;
            end
        end
    end
    %计算最大点与最小点的函数差
    cha=f(4)-f(1);
end
x01,x02,f
```

运行后，得到结果为：

```
x01 =
    8.2835    8.2864    8.2879    8.2897
x02 =
    6.1242    6.1226    6.1216    6.1209
f =
   10.8429   10.8607   10.8692   10.8804
```

即当 x_1 为 8.2835，x_2 为 6.1242，有最优函数值 10.8429。

9.2.3 可行方向法

顾名思义，可行方向法是一种始终在可行域内寻找下降方向的搜索法，以其收敛速度快、效果好的优点成为求解约束非线性问题的一种有代表性的直接解法，同时也是求解大型约束优化问题的主要方法之一。

可行方向法是一类算法，可看作无约束下降算法的自然推广。典型策略是从可行点出发，沿着下降可行方向进行搜索，求出使目标函数值下降的新的可行点。

考虑只含线性约束的非线性规划问题：

$$\min f(\boldsymbol{x})$$
$$\text{s.t. } \boldsymbol{Ax} \leqslant \boldsymbol{b}$$
$$\boldsymbol{Ex} = \boldsymbol{e}$$

其中，$f(\boldsymbol{x})$ 为非线性函数，$\boldsymbol{A} \in \mathbf{R}^{m \times n}, \boldsymbol{E} \in \mathbf{R}^{l \times n}, \boldsymbol{b} \in \mathbf{R}^m, \boldsymbol{e} \in \mathbf{R}^l$。

线性约束规格保证了优化问题的可行方向集、线性化可行方向集以及序列化可行方向集是等同的。

当某个可行方向同时也是目标函数的下降方向时，沿此方向移动一定会在满足可行性的情况下改进迭代点的目标函数值。

目前已经提出许多可行方向法，用来处理具有线性约束的非线性规划问题。可行方向法流程如图 9-1 所示。

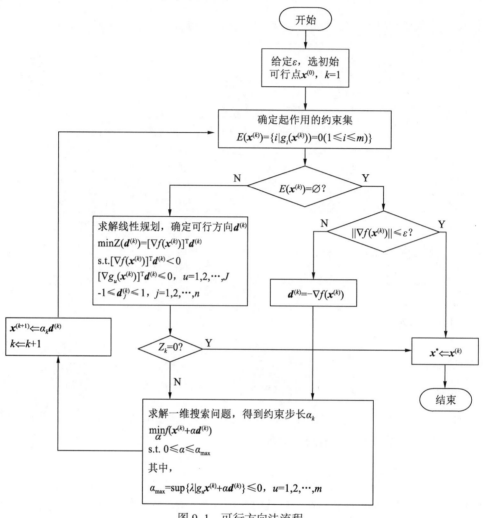

图 9-1 可行方向法流程

【例 9-3】使用复合形法求解以下方程：

$$\min F(X) = (x_1 - 1)^2 + (x_2 - 2)^2 + 1$$
$$\text{s.t.} \ g_1(x) = 2x_1^2 - x_2^2 \leqslant 1$$
$$g_2(x) = x_2 + x_1 \leqslant 2$$
$$g_3(x) = -x_1 \leqslant 0$$

解：根据题意编写以下 MATLAB 代码：

```
function main
clear, clc;
x0=[0;0];
A=[2 -1;1 1;-1 0;0 -1];
b=[1;2;0;0];
```

```
c=0;
kk=0;
while c<5
    c=c+1;
    k=0;j=0;
    kk=kk+1;
    % fprintf('----kk=%d------',kk);
    A1=[];b1=[];
    A2=[];b2=[];
    for i=1:4
        C=A(i,:)*x0;
        if C>=b(i)-1e-3
            %不起作用约束
            k=k+1;
            A1(k,:)=A(i,:);
            b1(k,1)=b(i);
        end
        if C<b(i)-1e-3
            %起作用约束
            j=j+1;
            A2(j,:)=A(i,:);
            b2(j,1)=b(i);
        end
    end
    % A1, b1, A2, b2
    if isempty(A1(:,:))                      %A1 为 0 向量矩阵
        break
    end
    % pause
    f=dfxfun(x0);
    lb=[-1 -1];
    ub=[1 1];
    b0=zeros(size(b1));
    d=linprog(f,A1,b0,[],[],lb,ub);
    %求解最小化问题
    if (abs(d)<=1e-5)
        break
    end
    dd=A2*d;
    bb=b2-A2*x0;
    lamdmax=max(bb./dd);
    options=optimset('Display','off');
    lamda=fminbnd(@(lamda)fun(lamda,d,x0),0,lamdmax,options);
    %求函数的局部极小值
    if (isempty(lamda(:)))
        break
    end
    x0=x0+lamda*d;
end
% x0
```

```
fvall=fun1(x0);
x0=[0,1]';
[x,fval]=fmincon(@ fun1,x0,A,b,[],[],[],[],[],options);
x,fval
end

function f= fun1(x)                          %设置目标函数
f=x(1)^2+x(2)^2-2*x(1)-4*x(2)+6;
end

function f=fun(lamda,d,x)                     %目标函数
xx=x+lamda*d;
f=xx(1)^2+xx(2)^2-2*xx(1)-4*xx(2)+6;
end

function dfx=dfxfun(x)                        %目标函数求导后的函数
dfx=[2*x(1)-2,2*x(2)-4];
end
```

运行后，得到：

```
Optimal solution found.
x =
    0.5000
    1.5000
fval =
    1.5000
```

即当 x_1 为 0.50，x_2 为 1.50 时，函数最小值为 1.50。

9.2.4 惩罚函数法

惩罚函数法的基本思想是：利用原问题的目标函数和约束条件构造新的目标函数——惩罚函数，把约束最优化问题转化为相应的惩罚函数的无约束最优化问题来求解。

考虑约束问题：

$$\min f(\boldsymbol{x})$$
$$\text{s.t. } g_i(\boldsymbol{x}) \leqslant 0, \ i=1,2,\cdots,m$$
$$h_j(\boldsymbol{x})=0, \ j=1,2,\cdots,r, \ r<n$$

求解的一种途径是由目标函数和约束函数组成辅助函数，把原来的约束问题转化为极小化辅助函数的无约束问题。

【例 9-4】当惩罚因子分别为 5、10、50、100 时，用惩罚函数外点法求解以下约束最优化问题。

$$\min f(\boldsymbol{x}) = x_1 + x_2$$
$$\text{s.t.} \quad g_1(\boldsymbol{x}) = x_1^2 - x_2 \leqslant 0$$
$$g_2(\boldsymbol{x}) = -x_1 \leqslant 0$$

解：首先编写惩罚函数的 M 文件：

```
function f=CFfun(r0)
syms x1 x2
f=x1+x2;
```

```
g1=x1^2-x2;
g2=-x1;
r0=5;
c=0.5;
km=7;
k=1:km;
r=r0*c.^(k-1);
x1=-1./(2+2.*r);
x2=1./(4.*(1+r).^2)-1./2.*r;
g1=x1.^2-x2;
g2=-x1;
f=x1+x2;
p=x1+x2+r.*g1.^2+r.*g2.^2;
x1,x2,p                          %惩罚函数
end
```

根据惩罚函数程序，运行以下代码：

```
clear,clc
f5=CFfun(5)                      %当惩罚因子为 5 时的函数极小值
f10=CFfun(10)                    %当惩罚因子为 10 时的函数极小值
f50=CFfun(50)                    %当惩罚因子为 50 时的函数极小值
f100=CFfun(100)                  %当惩罚因子为 100 时的函数极小值
```

得到不同惩罚因子时的函数极小值：

```
x1 =
   -0.0833   -0.1429   -0.2222   -0.3077   -0.3810   -0.4324   -0.4638
x2 =
   -2.4931   -1.2296   -0.5756   -0.2178   -0.0111    0.1089    0.1760
p =
   28.7083    2.5848   -0.2478   -0.4053   -0.3391   -0.2934   -0.2708
f5 =
   -2.5764   -1.3724   -0.7978   -0.5255   -0.3921   -0.3236   -0.2877
x1 =
   -0.0833   -0.1429   -0.2222   -0.3077   -0.3810   -0.4324   -0.4638
x2 =
   -2.4931   -1.2296   -0.5756   -0.2178   -0.0111    0.1089    0.1760
p =
   28.7083    2.5848   -0.2478   -0.4053   -0.3391   -0.2934   -0.2708
f10 =
   -2.5764   -1.3724   -0.7978   -0.5255   -0.3921   -0.3236   -0.2877
x1 =
   -0.0833   -0.1429   -0.2222   -0.3077   -0.3810   -0.4324   -0.4638
x2 =
   -2.4931   -1.2296   -0.5756   -0.2178   -0.0111    0.1089    0.1760
p =
   28.7083    2.5848   -0.2478   -0.4053   -0.3391   -0.2934   -0.2708
f50 =
   -2.5764   -1.3724   -0.7978   -0.5255   -0.3921   -0.3236   -0.2877
x1 =
   -0.0833   -0.1429   -0.2222   -0.3077   -0.3810   -0.4324   -0.4638
x2 =
```

```
   -2.4931    -1.2296    -0.5756    -0.2178    -0.0111     0.1089     0.1760
p =
   28.7083     2.5848    -0.2478    -0.4053    -0.3391    -0.2934    -0.2708
f100 =
   -2.5764    -1.3724    -0.7978    -0.5255    -0.3921    -0.3236    -0.2877
```

9.3 本章小结

约束优化方法是应用数学的重要研究领域，它是研究在给定约束之下如何寻求某些因素，以使某一（或某些）指标达到最优的算法。简单来说，即以约束优化数学模型来解决实际运用中的各种最优化问题。本章重点讲述了随机方向法、复合形法、可行方向法和惩罚函数法等 4 种典型的约束优化方法。

第 10 章

二 次 规 划

二次规划（Quadratic Programming，QP）问题是非线性规划中的一类特殊数学规划问题，在很多方面都有应用，如投资组合、约束最小二乘问题的求解、序列二次规划在非线性优化问题中的应用等。二次规划已经成为运筹学、经济数学、管理科学、系统分析和组合优化科学的基本方法。本章重点介绍二次规划的基本概念、常用算法及 MATLAB 的实现方法。

学习目标：

（1）了解二次规划的基本概念；

（2）了解二次规划的常用算法及实现方法；

（3）掌握使用 MATLAB 解决二次规划问题。

10.1 数学模型

二次规划问题是最简单的一类非线性规划问题，并且某些非线性规划可以转化为求解一系列二次规划问题，因此二次规划的求解方法也是求解非线性规划的基础之一。

如果某非线性规划的目标函数为自变量的二次函数，约束条件全是线性函数，就称这种规划为二次规划。其标准数学模型为：

$$\min_x \frac{1}{2}\boldsymbol{x}^{\mathrm{T}}\boldsymbol{H}\boldsymbol{x}+\boldsymbol{c}^{\mathrm{T}}\boldsymbol{x}$$
$$\text{s.t.}\ \ \boldsymbol{A}\boldsymbol{x}\geqslant\boldsymbol{b}$$

其中，$\boldsymbol{H}\in\mathbf{R}^{m\times n}$ 为 n 阶实对称矩阵，$\boldsymbol{A}$ 为 $m\times n$ 维矩阵，$\boldsymbol{c}$ 为 n 维列向量，$\boldsymbol{b}$ 为 m 维列向量。

特别地，当 $\boldsymbol{H}$ 为正定时，目标函数为凸函数，线性约束下可行域又是凸集，此时称为凸二次规划。凸二次规划是一种最简单的非线性规划，具有以下性质：

（1）K–T 条件是最优解的充分必要条件。

（2）局部最优解就是全局最优解。

10.2 常用算法

下面介绍两种在 MATLAB 中实现的二次规划算法。

10.2.1 拉格朗日法

拉格朗日法又称随体法：跟随流体质点的运动，记录该质点在运动过程中物理量随时间变化的规律。

拉格朗日法是以研究单个流体质点运动过程为基础，综合所有质点的运动，构成整个流体的运动。可直接运用固体力学中质点动力学进行分析。

以某一起始时刻每个质点的坐标位置(a, b, c)作为该质点的标志，任何时刻任意质点在空间的位置(x, y, z)都可以被看成(a, b, c)和t的函数。

基本的拉格朗日法就是求函数$f(x_1, x_2, \cdots)$在$g(x_1, x_2, \cdots)=0$约束条件下的极值的方法。其主要思想是：将约束条件函数与原函数联系到一起，使它们能配成与变量数量相等的等式方程，从而求出原函数极值的各个变量的解。

拉格朗日法主要包含 PH 算法和 PHR 算法两种。

1. PH算法（约数为等式的情况引入）

效用函数为：

$$\min\ M\left(\boldsymbol{x}, \boldsymbol{u}^{(k)}, \sigma_k\right) = f(\boldsymbol{x}) + \boldsymbol{u}^{(k)\mathrm{T}} h(\boldsymbol{x}) + \sigma_k h(\boldsymbol{x})^{\mathrm{T}} h(\boldsymbol{x})$$

判断函数为：

$$\varphi_k = \left\| h(\boldsymbol{x}^{(k)}) \right\|$$

当$\varphi_k = \varphi(\boldsymbol{x}^{(k)}) < \varepsilon$时，迭代停止。实现步骤如下：

（1）选定初始点$\boldsymbol{x}^{(0)}$，初始拉格朗日乘子向量$\boldsymbol{u}^{(1)}$，初始罚因子σ_1及其放大系数$c > 1$，控制误差$\varepsilon > 0$与常数$\theta \in (0,1)$，令$k = 1$。

（2）以$\boldsymbol{x}^{(k+1)}$为初始点，求解无约束问题$\min\ M\left(\boldsymbol{x}, \boldsymbol{u}^{(k)}, \sigma_k\right)$，得到无约束问题最优解$\boldsymbol{x}^{(k)}$。

（3）当$\varphi_k < \varepsilon$时，$\boldsymbol{x}^{(k)}$为所求的最优解，停止迭代；否则转到步骤（4）。

（4）当$h(\boldsymbol{x}^{(k)})/\varphi_k \leqslant \theta$时，转步骤（5）；否则令$\sigma_{k+1} < c\sigma_k$，转到步骤（5）。

（5）令$\boldsymbol{u}^{(k+1)} = \boldsymbol{u}^{(k)} + \sigma_k h(\boldsymbol{x}^{(k)}), k = k+1$，转到步骤（1）。

2. PHR算法（一般约束形式的松弛变量法和指数形式法）

松弛变量法：

$$M(\boldsymbol{u}, \boldsymbol{v}, \rho) = f(\boldsymbol{x}) + \frac{1}{2\rho} \sum_{2\rho}^{1} \left\{ \left[\max(0, u_i + \rho g_i(\boldsymbol{x})) \right]^2 - u_i^2 \right\} + \sum_{j=1}^{l} v_j h_j(\boldsymbol{x}) + \frac{\rho}{2} \sum_{j=1}^{l} h_j^2(\boldsymbol{x})$$

乘子的修正公式为

$$v_j^{(k+1)} = v_j^{(k)} + \rho h_j(\boldsymbol{x}^{(k)}), \quad j = 1, 2, \cdots, l$$
$$u_j^{(k+1)} = \max\left[0, u_i^{(k)} + \rho g_i(\boldsymbol{x}^{(k)}) \right], \quad i = 1, 2, \cdots, m$$

判断函数为

$$\varphi_k = \left\{ \sum_{j=1}^{l} h_j^2(\boldsymbol{x}^{(k)}) + \sum_{i=1}^{m} \max\left[-g_i(\boldsymbol{x}^{(k)}), \frac{u_i^{(k)}}{\rho} \right]^2 \right\}^{\frac{1}{2}}$$

当$\varphi_k = \varphi(\boldsymbol{x}^{(k)}) < \varepsilon$时迭代停止。

【例 10-1】采用拉格朗日法求如下最优化问题。

$$\min\ l(\boldsymbol{x}, \lambda) = x_1 - x_2 + \lambda(x_1^2 + x_2^2 - 2)$$

解：在 MATLAB 中编写如下代码：

```
clear,clc
x=zeros(1,2)
%用 syms 表示出转化后的无约束函数
```

```
syms x y lama
f=x-y+lama*(x^2+y^2-2);
dx=diff(f,x);                        %求函数关于 x 的偏导
dy=diff(f,y);                        %求函数关于 y 的偏导
dlama=diff(f,lama);                  %求函数关于 lama 的偏导
%令偏导为零，求解 x、y
xx=solve(dx,x);                      %将 x 表示为 lama 函数
yy=solve(dy,y);                      %将 y 表示为 lama 函数
ff=subs(dlama,{x,y},{xx,yy});        %代入 dlama 得关于 lama 的一元函数
lamao=solve(ff);                     %求解得 lama0
xo=subs(xx,lama,lamao)               %求得取极值处的 x0
yo=subs(yy,lama,lamao)               %取极值处的 y0
fo=subs(f,{x,y,lama},{xo,yo,lamao})  %取极值处的函数值
```

运行后得到结果为：

```
x =
     0     0
xo =
  1
 -1
yo =
 -1
  1
fo =
  2
 -2
```

10.2.2　有效集法

运用有效集法，在每次迭代中，以已知的可行点为起点，把在该点起作用的约束作为等式约束，在此约束下极小化目标函数，其余的约束暂时不予考虑，求得新的比较好的可行点之后，再重复上述过程。这样，就将一般约束的二次规划问题转化为有限个仅带等式约束的二次规划问题。考虑具体不等式约束的二次规划问题：

$$\min_x q(\boldsymbol{x}) = \frac{1}{2}\boldsymbol{x}^{\mathrm{T}}\boldsymbol{G}\boldsymbol{x} + \boldsymbol{c}^{\mathrm{T}}\boldsymbol{x}$$
$$\text{s.t. } \boldsymbol{A}\boldsymbol{x} \geqslant \boldsymbol{b}$$

其中，$\boldsymbol{G}$ 是 n 阶对称正定矩阵，$\boldsymbol{c}$ 是 n 维列向量，$\boldsymbol{A}$ 是 $m \times n$ 阶矩阵，$\boldsymbol{b}$ 是 m 维列向量，$\boldsymbol{x} \in \mathbf{R}^n$。

设在第 K 次迭代中，已知可行点 $\boldsymbol{x}_k$，在该点起作用约束指标集用 ω_k 表示，将不等式约束问题转化为等式约束问题：

$$\min_x q(\boldsymbol{x}) = \frac{1}{2}\boldsymbol{x}^{\mathrm{T}}\boldsymbol{G}\boldsymbol{x} + \boldsymbol{c}^{\mathrm{T}}\boldsymbol{x}$$
$$\text{s.t. } \boldsymbol{a}_i^{\mathrm{T}}\boldsymbol{x} = \boldsymbol{b}_i, \quad i \in \omega_k$$

其中，$\boldsymbol{a}_i$ 是矩阵 $\boldsymbol{A}$ 的第 i 行，也是 $\boldsymbol{x}_k$ 处的起作用的约束函数梯度。

现将坐标原点移到 $\boldsymbol{x}_k$ 处，令 $\boldsymbol{p} = \boldsymbol{x} - \boldsymbol{x}_k, \boldsymbol{g}_k = \boldsymbol{G}\boldsymbol{x}_k + \boldsymbol{c}$。

将 $\boldsymbol{x}$ 代入目标函数得：

$$q(\boldsymbol{x}) = q(\boldsymbol{x}_k + p) = \frac{1}{2}\boldsymbol{p}^{\mathrm{T}}\boldsymbol{G}\boldsymbol{p} + \boldsymbol{g}_k^{\mathrm{T}}\boldsymbol{p} + \rho_k$$

式中，$\rho_k = \frac{1}{2}\boldsymbol{x}_k^{\mathrm{T}}\boldsymbol{G}\boldsymbol{x}_k + \boldsymbol{c}^{\mathrm{T}}\boldsymbol{x}_k$ 为常数项，不影响最优解，可以去掉。此时等式约束问题可以转化为求校正量 ρ_k

的问题：

$$\min_x q(x) = \frac{1}{2} p^T G p + g_k^T p$$

$$\text{s.t.} \quad a_i^T p = 0, \quad i \in \omega_k$$

解二次规划，求出最优解 ρ_k。

【例 10-2】用有效集方法求解下列二次规划问题：

$$\min \quad f(x) = x_1^2 - x_1 x_2 + 2x_2^2 - x_1 - 8x_2$$

$$\text{s.t.} \quad -2x_1 - 3x_2 \geqslant -5$$

$$x_1, x_2 \geqslant 0$$

解：首先确定有关数据：

$$H = \begin{bmatrix} 2 & -1 \\ -1 & 4 \end{bmatrix}, \quad c = \begin{bmatrix} -1 \\ -8 \end{bmatrix}$$

$$A_{eq} = [], \quad b_{eq} = []$$

$$A_i = \begin{bmatrix} -2 & -3 \\ 1 & 0 \\ 0 & 1 \end{bmatrix}, \quad b_i = \begin{bmatrix} -5 \\ 0 \\ 0 \end{bmatrix}$$

根据以上数据，编写 MATLAB 代码如下：

```
clear,clc
H=[2 -1;-1 4];c=[-1 -8]';
Ae=[];be=[];
Ai=[-2 -3;1 0;0 1];bi=[-5 0 0]';
x0=[0 0]';
[x,lambda,exitflag,output]=qpact(H,c,Ae,be,Ai,bi,x0)

function [x,lambda]=qsubp(H,c,Ae,be)
ginvH=pinv(H);
[m,n]=size(Ae);
if m>0
    rb=Ae*ginvH*c+be;
    lambda=pinv(Ae*ginvH*Ae')*rb;
    x=ginvH*(Ae'*lambda-c);
else
    x=-ginvH*c;
    lambda=0;
end
end

function [x,lamk,exitflag,output]=qpact(H,c,Ae,be,Ai,bi,x0)
%初始化
epsilon=1.0e-9;err=1.0e-6;
k=0;x=x0;n=length(x);kmax=1.0e3;
ne=length(be);ni=length(bi);lamk=zeros(ne+ni,1);
index=ones(ni,1);
for i=1:ni
    if Ai(i,:)*x>bi(i)+epsilon
        index(i)=0;
    end
```

```
end
%算法主程序
while k<=kmax
    %求解子问题
    Aee=[];
    if ne>0
        Aee=Ae;
    end
    for j=1:ni
        if index(j)>0
            Aee=[Aee;Ai(j,:)];
        end
    end
    gk=H*x+c;
    [m1,n1]=size(Aee);
    [dk,lamk]=qsubp(H,gk,Aee,zeros(m1,1));
    if norm(dk)<=err
        y=0.0;
        if length(lamk)>ne
            [y,jk]=min(lamk(ne+1:length(lamk)));
        end
        if y>=0
            exitflag=0;
        else
            exitflag=1;
            for i=1:ni
                if index(i)&&(ne+sum(index(1:i)))==jk
                    index(i)=0;
                    break;
                end
            end
        end
        k=k+1;
    else
        exitflag=1;
        %求步长
        alpha=1.0;tm=1.0;
        for i=1:ni
            if (index(i)==0)&&(Ai(i,:)*dk<0)
                tm1=(bi(i)-Ai(i,:)*x)/(Ai(i,:)*dk);
                if tm1<tm
                    tm=tm1;
                    ti=i;
                end
            end
        end
        alpha=min(alpha,tm);
        x=x+alpha*dk;
        %修正有效集
        if tm<1
            index(ti)=1;
        end
    end
    if exitflag==0
        break;
```

```
        end
    k=k+1;
end
output.fval=0.5*x'*H*x+c'*x;
output.iter=k;
end
```

运行后，得到结果如下：

```
x =
    0.3478
    1.4348
lambda =
    0.8696
exitflag =
     0
output =
  包含以下字段的 struct:
    fval: -8.0870
    iter: 7
```

10.3 二次规划函数

MATLAB 优化工具箱提供了求解二次规划问题的函数 quadprog()，该函数求解的数学模型标准形式
如下：

$$\min_{x} \frac{1}{2}x^{\mathrm{T}}Hx + c^{\mathrm{T}}x$$

$$\text{s.t.}\ \ Ax \leqslant b$$

$$A_{\mathrm{eq}}x = b_{\mathrm{eq}}$$

$$\mathbf{lb} \leqslant x \leqslant \mathbf{ub}$$

式中，H、A、A_{eq} 为矩阵，c、b、b_{eq}、$\mathbf{lb}$、$\mathbf{ub}$、x 为向量。

10.3.1 调用格式

二次规划函数 quadprog() 调用格式如下：

```
x = quadprog(H,f)
```

返回使 1/2*x'*H*x+f'*x 最小的向量 x，要使问题具有有限最小值，输入 H 必须为正定矩阵，如果 H 是
正定矩阵，则解 x=H\(–f)。

```
x = quadprog(H,f,A,b)
```

在 $Ax \leqslant b$ 的条件下求 1/2*x'*H*x+f'*x 的最小值。输入 A 是由双精度值组成的矩阵，b 是由双精度值组
成的向量。

```
x = quadprog(H,f,A,b,Aeq,beq)
```

在满足 Aeq*x=beq 的限制条件下求解上述问题。Aeq 是由双精度值组成的矩阵，beq 是由双精度值组成
的向量。

如果不存在不等式，则设置 A=[]和 b=[]。

```
x = quadprog(H,f,A,b,Aeq,beq,lb,ub)
```

在满足 lb≤x≤ub 的限制条件下求解上述问题。输入的 lb 和 ub 是由双精度值组成的向量，这些限制适用于每个 x 分量。如果不存在等式，则设置 Aeq=[]和 beq=[]。

```
x = quadprog(H,f,A,b,Aeq,beq,lb,ub,x0)
```

从向量 x0 开始求解上述问题。如果不存在边界，请设置 lb=[]和 ub=[]。

```
x = quadprog(H,f,A,b,Aeq,beq,lb,ub,x0,options)
```

使用 options 中指定的优化选项求解上述问题。Options 由 optimoptions 创建，如果无初始点，则设置 x0=[]。

```
x = quadprog(problem)
```

返回 problem 的最小值，它是 problem 中所述的一个结构体。使用圆点表示法或 struct 函数可以创建 problem 结构体，也可以使用 prob2struct 从 OptimizationProblem 对象创建 problem 结构体。

```
[x,fval] = quadprog(…)
```

对于任何输入变量，还会返回 x 处的目标函数值 fval。

```
[x,fval,exitflag,output] = quadprog(…)
```

返回描述退出条件的参数 exitflag 以及包含有关优化信息的结构体 output。

```
[x,fval,exitflag,output,lambda] = quadprog(…)
```

返回在解 x 处的拉格朗日乘数的 lambda 结构体。

10.3.2　参数含义

函数 quadprog()在求解二次规划问题时，提供的参数包括输入参数和输出参数，其中输入参数又包括模型参数、初始解参数及算法控制参数。下面分别进行讲解。

1. 输入参数

模型参数是函数 quadprog()输入参数的一部分，包括 H、f、A、b、Aeq、beq、lb、ub、x0，各参数分别对应数学模型中的 H、c、A、b、A_{eq}、b_{eq}、lb、ub、x_0，其中，参数 A、b、Aeq、beq、lb、ub、x0 含义比较明确，这里就不再讲解。

（1）输入参数 H 为二次目标项，指定为对称实矩阵。H 以 1/2*x'*H*x+f'*x 表达式形式表示二次矩阵。如果 H 不对称，函数会发出警告，并改用对称版本(H+H')/2。

如果二次矩阵 H 为稀疏矩阵，默认情况下，interior-point-convex 算法使用的算法与 H 为稠密矩阵时略有不同。通常，对于大型稀疏问题，稀疏算法更快，对于稠密或小型问题，稠密算法更快。

（2）输入参数 f 为线性目标项，指定为实数向量。f 表示 1/2*x'*H*x+f'*x 表达式中的线性项。

（3）算法控制参数 options 为 optimset()函数中定义的参数的值，用于选择优化算法。针对非线性规划函数 quadprog()，常用参数及说明如表 10-1 所示。

表 10-1　options参数及说明

参　　数	说　　明
所有算法	
Algorithm	选择优化算法，包括interior-point-convex（默认值）、trust-region-reflective、active-set三种。其中interior-point-convex算法只处理凸问题。trust-region-reflective算法处理只有边界或只有线性等式约束的问题，但不处理同时具有两者的问题。active-set算法处理不定问题，前提是H在Aeq的零空间上的投影是半正定的
Diagnostics	显示关于要最小化或求解的函数的诊断信息。选项是on或off（默认值）

续表

参　　数	说　　明
所有算法	
Display	定义显示级别： ① off或none不显示输出； ② final（默认值）仅显示最终输出，并给出默认退出消息。 算法interior-point-convex和active-set还会有以下显示级别： ① iter显示每次迭代的输出，并给出默认退出消息； ② iter-detailed显示每次迭代的输出，并给出带有技术细节的退出消息； ③ final-detailed仅显示最终输出，并给出带有技术细节的退出消息
MaxIterations	允许的迭代最大次数，为正整数。对于trust-region-reflective等式约束问题，默认为2 ×（numberOfVariables － numberOfEqualities）；active-set 的默认为 10 ×（numberOfVariables+numberOfConstraints）；对于所有其他算法和问题，默认值为200。在optimset中名称为MaxIter
OptimalityTolerance	一阶最优性的终止容差（正标量）。对于trust-region-reflective等式约束问题，默认值为1e-6；对于trust-region-reflective边界约束问题，默认值为$100 \times eps$，大约为2.2204e-14；对于interior-point-convex和active-set算法，默认值为1e-8。在optimset中名称为TolFun
StepTolerance	关于正标量x的终止容差。对于trust-region-reflective，默认值为$100 \times eps$，约为2.2204e-14；对于interior-point-convex，默认值为1e-12；对于active-set，默认值为1e-8。在optimset中名称为TolX
信赖域反射（trust-region-reflective）算法	
FunctionTolerance	关于函数值的终止容差，为正标量。边界约束问题默认为$100 \times eps$，线性等式约束问题默认为1e-6。在optimset中名称为TolFun
HessianMultiplyFcn	Hessian矩阵乘法函数，指定为函数句柄。对于大规模结构问题，此函数计算Hessian矩阵乘积H*Y，而并不实际构造H。函数的形式如下： `W=hmfun(Hinfo,Y)`　　　%Hinfo 包含用于计算 H*Y 的矩阵 在optimset中名称为HessMult
MaxPCGIter	预条件共轭梯度（PCG）迭代的最大次数，正标量。对于边界约束问题，默认值为max(1,floor(numberOfVariables/2))；对于等式约束问题，函数会忽略 MaxPCGIter 并使用MaxIterations来限制PCG迭代的次数
PrecondBandWidth	PCG的预条件算子上带宽，非负整数。默认情况下，使用对角预条件（上带宽为0）。对于某些问题，增加带宽会减少PCG迭代次数。将PrecondBandWidth设置为Inf会使用直接分解（Cholesky），而不是共轭梯度（CG）。直接分解的计算成本较CG高，但所得的求解质量更好
SubproblemAlgorithm	确定迭代步的计算方式。与factorization相比，默认值cg采用的步执行速度更快，但不够准确
TolPCG	PCG迭代的终止容差，为正标量。默认值为0.1
TypicalX	典型的x值。TypicalX中的元素数等于起点x0中的元素数。默认值为ones(numberOfVariables,1)。函数内部使用TypicalX进行缩放。仅当x具有无界分量且一个无界分量的TypicalX值超过1时，TypicalX才会起作用
内点传统（interior-point-convex）算法	
ConstraintTolerance	约束违反度容差；正标量。默认值为1e-8。在optimset中名称为TolCon

续表

参　　　数	说　　　明
内点传统（interior-point-convex）算法	
LinearSolver	算法内部线性求解器的类型： ① auto（默认值）：如果H矩阵为稀疏矩阵，则使用sparse，否则使用dense； ② sparse：使用稀疏线性代数； ③ dense：使用稠密线性代数
有效集（active-set）算法	
ConstraintTolerance	约束违反度容差，为正标量。默认值为1e-8。在optimset中名称为TolFun
ObjectiveLimit	容差（停止条件），为标量。如果目标函数值低于ObjectiveLimit并且当前点可行，则迭代停止，因为问题很可能是无界的。默认值为-1e20

（4）问题结构体 problem 指定为含有如表 10-2 所示字段的结构体。结构体中至少提供 H、f、solver 和 options 字段。求解时，函数忽略表 10-2 中列出的字段以外的任何字段。

表 10-2　problem结构体中的字段及说明

字　　段	说　　　明	字　　段	说　　　明
H	1/2*x'*H*x中的对称矩阵	lb	由下界组成的向量
f	线性项f'*x中的向量	ub	由上界组成的向量
Aineq	线性不等式约束Aineq*x≤bineq中的矩阵	x0	x的初始点
bineq	线性不等式约束Aineq*x≤bineq中的向量	solver	quadprog
Aeq	线性等式约束Aeq*x=beq中的矩阵	options	用optimoptions创建的选项
beq	线性等式约束Aeq*x=beq中的向量		

2. 输出参数

函数 quadprog 的输出参数包括 x、fval、exitflag、output、lambda，其中 x 为非线性规划问题的最优解，fval 为在最优解 x 处的目标函数值。

（1）输出参数 exitflag 为终止迭代的退出条件值，以整数形式返回，说明算法终止的原因，其值及对应的说明如表 10-3 所示。

表 10-3　exitflag值及说明

exitflag值	说　　　明
所有算法	
1	函数收敛于解 x
0	迭代次数超出options.MaxIterations
−2	没有找到可行点。或者对于interior-point-convex，步长小于options.StepTolerance，但不满足约束
−3	问题无界
内点传统（interior-point-convex）算法	
2	步长小于options.StepTolerance，并满足约束
−6	检测到非凸问题
−8	无法计算步的方向

exitflag值	说　明
	信赖域反射（trust-region-reflective）算法
4	找到局部最小值；最小值不唯一
3	目标函数值的变化小于options.FunctionTolerance
-4	当前搜索方向不是下降方向。无法取得进一步进展
	有效集（active-set）算法
-6	检测到非凸问题；H在Aeq的零空间上的投影不是半正定的

（2）输出参数 output 为优化过程中优化信息的结构变量，其包含的属性及说明如表 10-4 所示。

表 10-4　output的属性及说明

output属性	说　明
iterations	算法的迭代次数
algorithm	使用的优化算法
cgiterations	PCG迭代总数（适用于trust-region-reflective和interior-point算法）
constrviolation	约束函数的极大值
firstorderopt	一阶最优性的度量
linearsolver	内部线性求解器的类型，dense或sparse（仅适用于interior-point-convex算法）
message	退出消息

（3）输出参数 lambda 为在解 x 处的 lagrange 乘子，该乘子为一结构体变量，其包含的属性及说明如表 10-5 所示。

表 10-5　lambda的属性及说明

lambda属性	说　明
lower	lb对应的下限
upper	ub对应的上限
ineqlin	对应于A和b约束的线性不等式
eqlin	对应于Aeq和beq约束的线性等式

10.3.3　算例求解

【例 10-3】求解下面的最优化问题。

$$\min \ f(\boldsymbol{x}) = \frac{1}{2}x_1^2 + x_2^2 - x_1 x_2 - 3x_1 - 5x_2$$
$$\text{s.t.} \ x_1 + x_2 \leqslant 2$$
$$-x_1 + 2x_2 \leqslant 2$$
$$2x_1 + x_2 \leqslant 3$$
$$x_1, x_2 \geqslant 0$$

解：目标函数可以修改为：

$$f(\boldsymbol{x}) = \frac{1}{2}x_1^2 + x_2^2 - x_1 x_2 - 3x_1 - 5x_2 = \frac{1}{2}(x_1^2 - 2x_1 x_2 + 2x_2^2) - 3x_1 - 5x_2$$

令

$$\boldsymbol{H} = \begin{bmatrix} 1 & -1 \\ -1 & 2 \end{bmatrix}, \ \boldsymbol{f} = \begin{bmatrix} -3 \\ -5 \end{bmatrix}, \ \boldsymbol{x} = \begin{bmatrix} x_1 \\ x_2 \end{bmatrix}, \ \boldsymbol{A} = \begin{bmatrix} 1 & 1 \\ -1 & 2 \\ 2 & 1 \end{bmatrix}, \ \boldsymbol{b} = \begin{bmatrix} 2 \\ 2 \\ 3 \end{bmatrix}$$

则上面的优化问题可写为：

$$\min_{x} \frac{1}{2} \boldsymbol{x}^{\mathrm{T}} \boldsymbol{H} \boldsymbol{x} + \boldsymbol{f}^{\mathrm{T}} \boldsymbol{x}$$
$$\text{s.t. } \boldsymbol{A} \boldsymbol{x} \leqslant \boldsymbol{b}$$
$$x_1, x_2 \geqslant 0$$

编写 MATLAB 程序如下：

```
clear,clc
H=[1 -1;-1 2];
f=[-3;-5];
A=[1 1;-1 2;2 1];b=[2;2;3];
lb=zeros(2,1);
[x,fval,exitflag]=quadprog(H,f,A,b,[],[],lb)
```

运行程序后，输出结果如下：

```
Minimum found that satisfies the constraints.
Optimization completed because the objective function is non-decreasing in feasible
directions, to within the value of the optimality tolerance, and constraints are
satisfied to within the value of the constraint tolerance.
<stopping criteria details>
x =
    0.8000
    1.2000
fval =
   -7.6000
exitflag =
    1
```

【例 10-4】 某厂向用户提供发动机，合同规定，第一、二、三季度末分别交货 50 台、70 台、90 台。每季度的生产费用为 $f(x) = bx^2 + ax$（元），其中，x 是该季度生产的台数，若交货有剩余可用于下季度交货，但需支付存储费，每季度每台 c 元。已知工厂每季度最大生产能力为 100 台，第一季度开始时无存货，设 $a = 50$、$b = 0.2$、$c = 4$，问工厂如何安排每月生产计划，才能既满足合同又使总费用最低（包括生产费用和库存费用）。

解： 设第一季度生产 x_1 台，第二季度生产 x_2 台，则第三季度生产 $210 - x_1 - x_2$ 台。

生产能力满足以下条件：

$$50 \leqslant x_1 \leqslant 100$$
$$0 \leqslant x_2 \leqslant 100$$
$$0 \leqslant 210 - (x_1 + x_2) \leqslant 100$$

第一季度生产费用：

$$T_1 = 0.2x_1^2 + 50x_1$$

第一季度多余产品到下一季度的费用：

$$k_1 = 4(x_1 - 50)$$

同理可得：

$$T_2 = 0.2x_2^2 + 50x_2$$
$$k_2 = 4(x_1 + x_2 - 120)$$
$$T_3 = 0.2(210 - x_1 - x_2)^2 + 50(210 - x_1 - x_2)$$

由以上分析，总费用为：

$$f(\boldsymbol{x}) = 10300 + 0.2(x_1^2 + x_2^2) + 0.2(210 - x_1 - x_2)^2 + 4(2x_1 + x_2 - 120)$$

由以上分析，在 MATLAB "编辑器" 窗口中编写如下代码：

```
clear,clc
a=50;b=0.2;c=4;
H=diag(2*b*ones(1,3));
C=[a+2*c,a+c,a];
A1=[-1,0,0;-1,-1,0];
b1=[-50,-100]';
A2=[1 1 1];b2=210;
v1=[0 0 0]';v2=[100 100 100]';
[x,faval,exitflag,output,lambada]=quadprog(H,C,A1,b1,A2,b2,v1,v2,[])
X2=x'*H*x/2+C*x-140*c
```

运行程序后，输出结果如下：

```
Minimum found that satisfies the constraints.
Optimization completed because the objective function is non-decreasing in feasible
directions, to within the value of the optimality tolerance,and constraints are
satisfied to within the value of the constraint tolerance.
<stopping criteria details>
x =
   60.0000
   70.0000
   80.0000
faval =
      14240
exitflag =
    1
X2 =
      13680
```

10.4 本章小结

二次规划是指目标函数为决策变量 x 的二次函数，而约束函数是线性函数的非线性规划。二次规划问题是最简单的一类非线性约束优化问题，并且某些非线性规划可以转化为求解一系列二次规划问题，因此二次规划的求解方法也是求解非线性规划的基础之一。

本章讲解了二次规划的基本概念，并重点讲解拉格朗日法、有效集法两种算法，结合实例讲解了MATLAB 中的二次规划函数 quadprog() 的应用。

第 11 章

多目标优化方法

多目标优化方法是指在一定约束条件下，使得多个目标都能达到最优。在现实生活中，很多问题都会用到多目标优化方法。本章重点讲解多目标优化方法，包括理想点法、线性加权和法、最大最小法和目标规划法等。同时给出了 MATLAB 求解多目标优化问题的方法。

学习目标：

（1）了解多目标优化方法的基本概念；

（2）掌握多目标规划函数的使用方法；

（3）掌握 MATLAB 在多目标函数优化方法中的应用。

11.1 数学模型

目标优化一般是指通过一定的优化算法获得目标函数的最优解。当优化的目标函数为一个时，称为单目标优化（Single-objective Optimization）。当优化的目标函数有两个或两个以上时，称为多目标优化（Multi-objective Optimization）。不同于单目标优化的解为有限解，多目标优化的解通常是一组均衡解。

一般来说，多目标优化问题有两类：一类是多目标规划问题，是在管理决策过程中求解，使多个目标都达到满意结果的最优方案；另一类是多目标优选问题，是在管理决策过程中根据多个目标或多个准则衡量和得出各种备选方案的优先等级与排序。

多目标优化首先要解决的一个问题是解的存在性问题，其次要解决怎么来求解的问题。多目标优化的数学模型为：

$$\text{V-min} \boldsymbol{F}(\boldsymbol{x})$$
$$\text{s.t. } g_i(\boldsymbol{x}) \geqslant 0, \ i = 1, 2, \cdots, m$$
$$h_i(\boldsymbol{x}) = 0, \ i = 1, 2, \cdots, l$$

式中，$\boldsymbol{x} = [x_1 \ x_2 \ \cdots \ x_n]^{\mathrm{T}}$，$\boldsymbol{F}(\boldsymbol{x}) = \left[f_1(\boldsymbol{x}) \ f_1(\boldsymbol{x}) \ \cdots \ f_p(\boldsymbol{x}) \right]$，$p \geqslant 2$。

令 $R = \left\{ \boldsymbol{x} \mid g_j(\boldsymbol{x}) \leqslant 0, \ i = 1, 2, \cdots, m; \ h_i(\boldsymbol{x}) \leqslant 0, \ i = 1, 2, \cdots, l \right\}$，则称 R 为问题的可行域，$\text{V-min} \boldsymbol{F}(\boldsymbol{x})$ 指的是对向量形式的 P 个目标函数求最小值解，且目标函数 $\boldsymbol{F}(\boldsymbol{x})$ 和约束函数 $g_i(\boldsymbol{x})$、$h_i(\boldsymbol{x})$ 可以是线性函数，也可以是非线性函数。

多目标优化由于考虑的目标多，有些目标之间又彼此有矛盾，这就使多目标问题成为一个复杂而困难的问题。但由于客观实际的需要，多目标优化问题越来越受到重视，因而出现了许多解决此优化问题的方法。

一般来说，其基本途径是，把求解多目标优化问题转化为求解单目标优化问题。其主要步骤是，先转化为单目标优化问题，然后利用单目标模型的方法，求出单目标模型的最优解，以此作为多目标优化问题的解。

多目标优化问题转化为单目标优化问题的方法大致可分为两类：一类是转化为一个单目标优化问题，另一类是转化为多个单目标优化问题，关键是如何转换。

多目标优化算法归结起来有传统优化算法和智能优化算法两大类。

（1）传统优化算法包括加权法、约束法和线性规划法等，实质上就是将多目标优化函数转换为单目标优化函数，通过采用单目标优化问题的方法达到对多目标优化问题的求解。

（2）智能优化算法包括进化算法、粒子群算法等。

11.2　多目标线性优化问题求解

多目标线性优化问题是优化问题的一种，由于其存在多个目标，要求各目标同时取得较优的值，使得求解的方法与过程都相对复杂。通过将目标函数进行模糊化处理，可将多目标优化问题转换为单目标优化问题，借助工具软件，从而达到较易求解的目标。

多目标线性优化是多目标优化理论的重要组成部分，有两个和两个以上的目标函数，且目标函数和约束条件全是线性函数，其数学模型表示如下：

多目标函数

$$\max \begin{cases} z_1 = c_{11}x_1 + c_{12}x_2 + \cdots + c_{1n}x_n \\ z_2 = c_{21}x_1 + c_{22}x_2 + \cdots + c_{2n}x_n \\ \vdots \qquad \vdots \qquad \qquad \vdots \\ z_r = c_{r1}x_1 + c_{r2}x_2 + \cdots + c_{rn}x_n \end{cases}$$

约束条件

$$\begin{cases} a_{11}x_1 + a_{12}x_2 + \cdots + a_{1n}x_n \leqslant b_1 \\ a_{21}x_1 + a_{22}x_2 + \cdots + a_{2n}x_n \leqslant b_2 \\ \vdots \qquad \vdots \qquad \qquad \vdots \\ a_{m1}x_1 + a_{m2}x_2 + \cdots + a_{mn}x_n \leqslant b_m \\ x_1, x_2, \cdots, x_n \geqslant 0 \end{cases}$$

上述多目标线性优化问题可用矩阵形式表示为：

$$\min(\max)\ z = Cx$$
$$\text{s.t.}\ \ Ax \leqslant b$$
$$x \geqslant 0$$

其中，$A = (a_{ij})_{m \times n}$、$b = (b_1, b_2, \cdots, b_m)^T$、$C = (c_{ij})_{r \times n}$、$x = (x_1, x_2, \cdots, x_n)^T$、$Z = (z_1, z_2, \cdots, z_r)^T$。若数学模型式中只有一个目标函数时，则该问题为典型的单目标优化问题。

由于多个目标之间的矛盾性和不可公度性，要求使所有目标均达到最优解是不可能的，因此多目标优化问题往往只是求其有效解。目前求解多目标线性优化问题有效解的方法包括理想点法、线性加权和法、最大最小法、目标规划法。

11.2.1　理想点法

先求解多目标线性优化模型的 r 个单目标优化问题：

$$\min_{x \in D} Z_j(x), \quad j = 1, 2, \cdots, r$$

设其最优值为 Z_j^*，称 Z^* 为值域中的一个理想点。于是，在期望的某种度量之下，寻求距离 Z^* 最近的近似值。

一种最直接的方法是最短距离理想点法，构造评价函数

$$\varphi(z) = \sqrt{\sum_{i=1}^{r} [z_i - z_i^*]^2}$$

然后极小化 $\varphi[Z(x)]$，即求解

$$\min_{x \in D} \varphi[Z(x)] = \sqrt{\sum_{i=1}^{r} [z_i(x) - z_i^*]^2}$$

并将它的最优解 x^* 作为多目标线性优化模型在该意义下的"最优解"。

【例 11-1】利用理想点法求解多目标线性优化问题：

$$\max f_1(x) = 3x_1 - 4x_2$$
$$\max f_2(x) = 5x_1 + 2x_2$$
$$\text{s.t.} \quad 2x_1 - 3x_2 \leqslant 19$$
$$3x_1 + x_2 \leqslant 11$$
$$x_1, x_2 \geqslant 0$$

解：先分别对单目标求解。

（1）求 $f_1(x)$ 最优解，在"编辑器"窗口中编写以下代码：

```
clear, clc
f=[-3;4];
A=[2,-3;3,1];
b=[19;11];
lb=[0;0];
[x,fval]=linprog(f,A,b,[],[],lb)
```

运行代码，可以得到如下结果：

```
Optimal solution found.
x =
    3.6667
    0
fval =
  -11
```

即最优解为 11。

（2）求 $f_2(x)$ 最优解，在"编辑器"窗口中编写以下代码：

```
f=[-5;-2];
A=[2,-3;3,1];
b=[19;11];
lb=[0;0];
[x,fval]=linprog(f,A,b,[],[],lb)
```

运行代码，可以得到如下结果：

```
Optimal solution found.
x =
     0
    11
fval =
   -22
```

即最优解为 22。

由上可得，理想点为(11,22)。

（3）求如下模型的最优解：

$$\min_{x \in D} \varphi[f(x)] = \sqrt{[f_1(x)-11]^2 + [f_2(x)-22]^2}$$

$$\text{s.t.} \quad 2x_1 - 3x_2 \leqslant 19$$

$$3x_1 + x_2 \leqslant 11$$

$$x_1, x_2 \geqslant 0$$

在"编辑器"窗口中编写以下代码：

```
A=[2,-3;3,1];
b=[19;11];
x0=[1;1];
lb=[0;0];
x=fmincon('((3*x(1)-4*x(2)-11)^2+(5*x(1)+2*x(2)-22)^2)^(1/2)',x0,A,b,[],[],lb,[])
```

运行代码，可以得到如下结果：

```
x =
    3.6504
    0.0487
```

【例 11-2】利用理想点法求解多目标线性规划问题：

$$\max f_1(x) = -3x_1 + 2x_2$$

$$\max f_2(x) = 4x_1 + 3x_2$$

$$\text{s.t.} \quad 2x_1 + 3x_2 \leqslant 18$$

$$2x_1 + x_2 \leqslant 10$$

$$x_1, x_2 \geqslant 0$$

解：先分别对单目标求解。

（1）求 $f_1(x)$ 最优解，在"编辑器"窗口中编写以下代码：

```
clear,clc
f=[3;-2];
A=[2,3;2,1];
b=[18;10];
lb=[0;0];
[x1,fval1]=linprog(f,A,b,[],[],lb)
```

运行代码，可以得到如下结果：

```
Optimal solution found.
x1 =
     0
     6
fval1 =
   -12
```

（2）求 $f_2(x)$ 最优解，在"编辑器"窗口中编写以下代码：

```
f=[-4;-3];
A=[2,3;2,1];
b=[18;10];
lb=[0;0];
[x2,fval2]=linprog(f,A,b,[],[],lb)
```

运行代码，可以得到如下结果：

```
Optimal solution found.
x2 =
    3
    4
fval2 =
  -24
```

由上可得理想点为(12,24)。

（3）求如下模型的最优解：

$$\min_{x \in D} \varphi[f(x)] = \sqrt{[f_1(x)-12]^2 + [f_2(x)-24]^2}$$
$$\text{s.t.} \quad 2x_1+3x_2 \leqslant 18$$
$$2x_1 + x_2 \leqslant 10$$
$$x_1, x_2 \geqslant 0$$

继续求解模型最优解，在"编辑器"窗口中编写以下代码：

```
A=[2,3;2,1];
b=[18;10];
x0=[1;1];
lb=[0;0];
x=fmincon('((-3*x(1)+2*x(2)-12)^2+(4*x(1)+3*x(2)-24)^2)^(1/2)',x0,A,b,[],[],lb,[])
                                                                              %最优解
%对应目标值
f1=-3*x(1)+x(2)
f2=4*x(1)+3*x(2)
```

运行得到结果为：

```
Local minimum found that satisfies the constraints.
Optimization completed because the objective function is non-decreasing in feasible
directions, to within the value of the optimality tolerance,and constraints are
satisfied to within the value of the constraint tolerance.
<stopping criteria details>
x =
    0.5268
    5.6488
f1 =
    4.0683
f2 =
   19.0537
```

即最优解为 0.5268、5.6488，对应的目标值为 4.0683 和 19.0537。

11.2.2　线性加权和法

线性加权和法（linear weighted sum method）是一种评价函数的方法，是按各目标的重要性赋予相应的权系数，然后对其线性组合进行寻优的求解多目标优化问题的方法。

在具有多个指标的问题中，人们总希望对那些相对重要的指标给予较大的权系数，因而将多目标向量问题转化为所有目标的加权求和的标量问题。基于上述设计，构造如下评价函数，即

$$\min_{x \in D} z(\boldsymbol{x}) = \sum_{i=1}^{r} \omega_i z_i(\boldsymbol{x})$$

将它的最优解 x^* 作为多目标线性规划模型在线性加权和意义下的最优解（其中，ω_i 为加权因子，其选取的方法很多，有专家打分法、容限法和加权因子分解法等）。

【例 11-3】利用线性加权和法求解以下数学模型，权系数分别取 $\omega_1 = 0.5$，$\omega_2 = 0.5$。

$$\max f_1(\boldsymbol{x}) = 3x_1 - 4x_2$$
$$\max f_2(\boldsymbol{x}) = 5x_1 + 2x_2$$
$$\text{s.t.} \quad 2x_1 - 3x_2 \leqslant 19$$
$$3x_1 + x_2 \leqslant 11$$
$$x_1, x_2 \geqslant 0$$

解：构造如下评价函数，即求如下模型的最优解：

$$\min\{0.5 \times (-3x_1 + 4x_2) + 0.5 \times (-5x_1 - 2x_2)\}$$
$$\text{s.t.} \quad 2x_1 - 3x_2 \leqslant 19$$
$$3x_1 + x_2 \leqslant 11$$
$$x_1, x_2 \geqslant 0$$

在“编辑器”窗口中编写以下代码：

```
clear, clc
f=[-4; 1];
A=[2,-3; 3,1];
b=[19;11];
lb=[0;0];
x=linprog(f,A,b,[],[],lb)
```

运行代码，可以得到如下结果：

```
Optimal solution found.
x =
    3.6667
        0
```

【例 11-4】对以下数学模型，进行线性加权和法求解，其中，权系数分别取 $\omega_1 = 0.7$，$\omega_1 = 0.7$。

$$\max f_1(\boldsymbol{x}) = -3x_1 + 2x_2$$
$$\max f_2(\boldsymbol{x}) = 4x_1 + 3x_2$$
$$\text{s.t.} \quad 2x_1 + 3x_2 \leqslant 18$$
$$2x_1 + x_2 \leqslant 10$$
$$x_1, x_2 \geqslant 0$$

解：求模型的最优解，首先构造如下评价函数：

$$\min\{0.7 \times (3x_1 - 2x_2) + 0.7 \times (-4x_1 - 3x_2)\}$$
$$\text{s.t.} \quad 2x_1 + 3x_2 \leqslant 18$$
$$2x_1 + x_2 \leqslant 10$$
$$x_1, x_2 \geqslant 0$$

编写 MATLAB 程序如下：

```
clear, clc
f=[-0.7 -3.5];
A=[2,3;2,1];
b=[18;10];
lb=[0;0];
x=linprog(f,A,b,[],[],lb)          %最优解
f1=-3*x(1)+x(2)                    %f1(x)对应目标值
f2=4*x(1)+3*x(2)                   %f2(x)对应目标值
```

运行后，得到：

```
Optimal solution found.
x =
     0
     6
f1 =
     6
f2 =
    18
```

即最优解为 0、6，对应的目标值为 6 和 18。

11.2.3　最大最小法

最大最小法也叫机会损失最小值决策法，是一种根据机会成本进行决策的方法，它以各方案机会损失大小来判断方案的优劣。

在决策时，采取保守策略是稳妥的，即在最坏的情况下，寻求最好的结果，按照此想法，可以构造如下评价函数，即

$$\varphi(z) = \max_{1 \leqslant i \leqslant r} z_i$$

然后求解

$$\min_{x \in D} \varphi[z(x)] = \min_{x \in D} \max_{1 \leqslant i \leqslant r} z_i(x)$$

并将它的最优解 x^* 作为多目标线性优化模型在最大最小意义下的最优解。

【例 11-5】 利用最大最小法求解以下数学模型。

$$\max f_1(x) = 3x_1 - 4x_2$$
$$\max f_2(x) = 5x_1 - 2x_2$$
$$\text{s.t.}\quad 2x_1 - 3x_2 \leqslant 19$$
$$3x_1 + x_2 \leqslant 11$$
$$x_1, x_2 \geqslant 0$$

解：（1）编写目标函数：

```
function f=objfun1(x)
f(1)=3*x(1)-4*x(2);
f(2)=5*x(1)-2*x(2);
```

（2）在"编辑器"窗口中编写以下代码：

```
clear, clc
x0=[1;1];
A=[2,-3;3,1];
```

```
b=[19;11];
lb=zeros(2,1);
[x,fval]=fminimax('objfun1',x0,A,b,[],[],lb,[])
```

运行代码，可以得到如下结果：

```
Local minimum possible. Constraints satisfied.
fminimax stopped because the size of the current search direction is less than twice
the value of the step size tolerance and constraints are satisfied to within the value
of the constraint tolerance.
<stopping criteria details>
x =
    0.0000
   11.0000
fval =
 -44.0000  -22.0000
```

即最优解为 0、11，对应的目标值为-44 和-22。

【例 11-6】利用最大最小法求解以下数学模型。

$$\max f_1(\boldsymbol{x}) = 5x_1 - 2x_2$$
$$\max f_2(\boldsymbol{x}) = -4x_1 - 5x_2$$
$$\text{s.t.} \quad 2x_1 + 3x_2 \leqslant 15$$
$$2x_1 + x_2 \leqslant 10$$
$$x_1, x_2 \geqslant 0$$

解：（1）编写目标函数：

```
function f=objfun2(x)
f(1)=5*x(1)-2*x(2);
f(2)=-4*x(1)-5*x(2);
```

（2）在"编辑器"窗口中编写以下代码：

```
clear,clc
x0=[1;1];
A=[2,3;2,1];
b=[15;10];
lb=zeros(2,1);
[x,fval]=fminimax('objfun2',x0,A,b,[],[],lb,[])
```

运行程序后，得到结果为：

```
Local minimum possible. Constraints satisfied.
fminimax stopped because the size of the current search direction is less than twice
the value of the step size tolerance and constraints are satisfied to within the value
of the constraint tolerance.
<stopping criteria details>
x =
    0.0000
    5.0000
fval =
  -10   -25
```

即最优解为 0、5，对应的目标值为-10 和-25。

11.3　目标规划法

　　目标规划（Goal Programming）法能够处理单个主目标与多个目标并存，以及多个主目标与多个次目标并存的问题。目标规划法由美国学者查纳斯（A. Charnes）和库伯（W. W. Cooper）在 1961 年首次提出。

　　目标规划法是以线性规划法为基础而发展起来的，但在运用中，由于要求不同，又有不同于线性规划法之处：

　　（1）目标规划法中的目标不是单一目标而是多目标，既有主要目标又有次要目标。根据主要目标划分部门分目标，构成目标网，形成整个目标体系。制定目标时应注意衡量各个次要目标的权重，各次要目标必须在主要目标完成之后才能给予考虑。

　　（2）线性规划法只寻求目标函数的最优值，即最大值或最小值。而目标规划法，由于是多目标，其目标函数不是寻求最大值或最小值，而是寻求这些目标与预测结果的最小差距，差距越小，目标实现的可能性越大。目标规划法中有超出目标和未达目标两种差距。一般以 Y+ 代表超出目标的差距，Y- 代表未达目标的差距。

　　Y+和 Y- 两者之一必为零，或两者均为零。当目标与预测结果一致时，两者均为零，即没有差距。

　　目标规划法可用一般线性规划求解，也可用备解法求解，还可用单体法求解，或者先用线性规划法或备解法求解后，再用单体法验证有无错误。目标规划法有时还可以用对偶原理进行运算，依一般规则，将原始问题转换为对偶问题，以减少单体法运算步骤。

　　在企业中，目标规划法的用途极为广泛，如确定利润目标，确定各种投资的收益率，确定产品品种和数量，确定对原材料、外购件、半成品、在制品等数量的控制目标等。

　　目标规划法的数学模型为

$$\mathop{\text{Appr}}_{x \in D}\ z(x) \to z^0$$

　　并把多目标线性优化矩阵形式 $\max\ z = Cx$ 中 $\mathop{\min}_{x \in D} z(x)$ 称为和目标规划数学模型 $\mathop{\text{Appr}}_{x \in D}\ z(x) \to z^0$ 相对应的多目标线性优化。

　　为了用数量来描述 $\mathop{\text{Appr}}_{x \in D}\ z(x) \to z^0$，我们在目标空间 E^r 中引进点 $z(x)$、z^0 之间的某种"距离"，即

$$D\left[z(x), z^0\right] = \left[\sum_{i=1}^{r} \lambda_i \left(z_i(x) - z_i^*\right)^2\right]^{\frac{1}{2}}$$

　　由此 $\mathop{\text{Appr}}_{x \in D}\ z(x) \to z^0$ 便可以用单目标优化 $\mathop{\min}_{x \in D} D\left[z(x), z^0\right]$ 描述了。

11.4　多目标优化函数

　　在 MATLAB 优化工具箱中提供了函数 fgoalattain() 用于求解多目标优化问题，是多目标优化问题最小化的一种表示。该函数求解的数学模型标准形式如下：

$$\mathop{\min}_{x, \gamma}\ \gamma$$
$$\text{s.t.}\ \ F(x) - \text{weight} \cdot \gamma \leqslant \text{goal}$$
$$c(x) \leqslant 0$$
$$c_{\text{eq}}(x) = 0$$
$$Ax \leqslant b$$

$$A_{eq}x = b_{eq}$$
$$lb \leqslant x \leqslant ub$$

式中，**weight**、**goal**、**b**、**b**$_{eq}$ 是向量；**A**、**A**$_{eq}$ 为矩阵；**F**(**x**)、**c**(**x**)、**c**$_{eq}$(**x**) 是返回向量的函数，既可以是线性函数，也可以是非线性函数；**lb**、**ub**、**x** 可以作为向量或矩阵进行传递。

11.4.1 调用格式

多目标优化问题函数 fgoalattain() 的调用格式如下：

```
x = fgoalattain(fun,x0,goal,weight)
```
尝试从 x0 开始，用 weight 指定的权重更改 x 的值，使 fun 提供的目标函数达到 goal 指定的目标。

```
x=fgoalattain(fun,x0,goal,weight,A,b)
```
求解满足不等式 A*x≤b 的目标优化问题。

```
x=fgoalattain(fun,x0,goal,weight,A,b,Aeq,beq)
```
求解满足等式 Aeq*x=beq 的目标优化问题，若不存在不等式，则设置 A=[]和 b=[]。

```
x=fgoalattain(fun,x0,goal,weight,A,b,Aeq,beq,lb,ub)
```
求解满足边界 lb≤x≤ub 的目标优化问题。若不存在等式，则设置 Aeq=[]和 beq=[]。如果 x(i)无下界，则设置 lb(i)=-Inf；如果 x(i)无上界，则设置 ub(i)=Inf。

```
x=fgoalattain(fun,x0,goal,weight,A,b,Aeq,beq,lb,ub,nonlcon)
```
求解满足 nonlcon 所定义的非线性不等式 c(x)或等式 ceq(x)的目标优化问题，即满足 c(x)≤0 和 ceq(x)=0。如果不存在边界，则设置 lb=[]和/或 ub=[]。

```
x=fgoalattain(fun,x0,goal,weight,A,b,Aeq,beq,lb,ub,nonlcon,options)
```
使用 options 所指定的优化选项求解目标优化问题，各选项通过 optimoptions 设置。

```
x=fgoalattain(problem)
```
求解 problem 所指定的目标优化问题，问题是 problem 中所描述的一个结构体。

```
[x,fval]=fgoalattain(…)
```
对上述任何语法，返回目标函数 fun 在解 x 处的值。

```
[x,fval,attainfactor,exitflag,output]=fgoalattain(…)
```
返回在解 x 处的达到目标的因子，描述 fgoalattain 退出条件的值 exitflag 以及包含优化过程信息的结构体 output。

```
[x,fval,attainfactor,exitflag,output,lambda]=fgoalattain(…)
```
返回结构体 lambda，其字段包含在解 x 处的拉格朗日乘数。

注意： 如果为问题指定的输入边界不一致，则输出 x 为 x0，输出 fval 为[]。

11.4.2 参数含义

函数 fgoalattain()在求解多目标优化问题时，提供的参数包括模型参数、初始解参数及算法控制参数。下面分别进行讲解。

1．输入参数

模型参数是函数 fgoalattain()输入参数的一部分，包括 x0、goal、weight、A、b、Aeq、beq、lb、ub，各参数分别对应数学模型中的 x_0、**weight**、**goal**、**A**、**b**、**A**$_{eq}$、**b**$_{eq}$、**lb**、**ub**，其中 A、b、Aeq、beq、lb、ub 含义比较明确，这里就不再讲解。

（1）输入参数 fun 为需要优化的目标函数，函数 fun()接收向量 x 并返回向量 F，即在 x 处计算的目标函数值。fun 通常用目标函数的函数句柄或函数名称表示。

① 将 fun 指定为文件的函数句柄：

```
x = fgoalattain (@myfun,x0,goal,weight)
```

其中 myfun 是一个 MATLAB 函数，如：

```
function F = myfun(x)
F = …                                          %目标函数
```

② 将 fun 指定为匿名函数，作为函数句柄：

```
x = fgoalattain (@(x)norm(x)^2,x0,goal,weight);
```

如果 x、F 的用户定义值是数组，fgoalattain()会使用线性索引将它们转换为向量。

要使目标函数尽可能接近目标值，需要使用 optimoptions()函数将 EqualityGoalCount 选项设置为处在目标值邻域中的目标的数目值。这些目标必须划分为 fun 返回的向量 F 的前几个元素。

如果可以计算 fun 的梯度且 SpecifyObjectiveGradient 选项设置为 true，即：

```
options=optimoptions('fgoalattain','SpecifyObjectiveGradient',true)
```

则函数 fun 必须在第 2 个输出参数中返回在 x 处的梯度值 G（矩阵）。梯度由每个 F 在 x 点处的偏导数 dF/dx 组成。如果 F 是长度为 m 的向量，且 x 的长度为 n，其中 n 是 x0 的长度，则 F(x)的梯度 G 是 n×m 矩阵，其中，G(i,j)是 F(j)关于 x(i)的偏导数（G 的第 j 列是第 j 个目标函数 F(j)的梯度）。

（2）初始点 x0 为实数向量或实数数组。求解器使用 x0 的大小以及其中的元素数量确定 fun 接收的变量数量和大小。

（3）goal 为要达到的目标。指定为实数向量。fgoalattain()尝试找到最小乘数 γ，使不等式

$$F_i(\boldsymbol{x}) - \mathbf{goal}_i \leqslant \mathbf{weight}_i \cdot \gamma$$

对于解 x 处的所有 i 值都成立。

当 weight 为正向量时，如果求解器找到同时达到所有目标的点 x，则达到目标因子 γ 为负，目标过达到；如果求解器找不到同时达到所有目标的点 x，则达到目标因子 γ 为正，目标欠达到。

（4）weight 为相对达到目标因子，指定为实数向量。fgoalattain()尝试找到最小乘数 γ，使不等式对于解 x 处的所有 i 值都成立：

$$F_i(\boldsymbol{x}) - \mathbf{goal}_i \leqslant \mathbf{weight}_i \cdot \gamma$$

当 goal 的值全部为非零时，为确保溢出或低于活动目标的百分比相同，需要将 weight 设置为 abs(goal)（活动目标是一组目标，它们阻碍解处的目标进一步改进）。

注意： 将 weight 向量的某一分量设置为零会导致对应的目标约束被视为硬约束，而不是目标约束。

当 weight 为正时，fgoalattain()尝试使目标函数小于目标值。要使目标函数大于目标值，需要将 weight 设置为负值。要使目标函数尽可能接近目标值，需要使用 EqualityGoalCount 选项，并将目标指定为 fun 返回的向量的第 1 个元素。

（5）nonlcon 为非线性约束，指定为函数句柄或函数名称。nonlcon()是一个函数，接收向量或数组 x，并返回两个数组 c(x)和 ceq(x)。c(x)是由 x 处的非线性不等式约束组成的数组，满足 c(x)≤0。ceq(x)是 x 处的非线性等式约束的数组，满足 ceq(x) = 0。

例如：

```
x = fgoalattain (@myfun,x0, …,@mycon)
```

其中，mycon 是一个 MATLAB 函数，如：

```
function [c,ceq] = mycon(x)
c = …                                        %非线性不等式约束
ceq = …                                      %非线性等式约束
```

如果约束的梯度也可以计算且 SpecifyConstraintGradient 选项是 true，即：

```
options = optimoptions('fgoalattain','SpecifyConstraintGradient',true)
```

则 nonlcon 还必须在第 3 个输出参数 GC 中返回 c(x) 的梯度，在第 4 个输出参数 GCeq 中返回 ceq(x) 的梯度。

如果 nonlcon 返回由 m 个分量组成的向量 c，x 的长度为 n，其中，n 是 x0 的长度，则 c(x) 的梯度 GC 是 n×m 矩阵，其中 GC(i,j) 是 c(j) 关于 x(i) 的偏导数（GC 的第 j 列是第 j 个不等式约束 c(j) 的梯度）。同样，如果 ceq 有 p 个分量，ceq(x) 的梯度 GCeq 是 n×p 矩阵，其中，GCeq(i,j) 是 ceq(j) 关于 x(i) 的偏导数（GCeq 的第 j 列是第 j 个等式约束 ceq(j) 的梯度）。

（6）算法控制参数 options 为 optimset 函数中定义的参数的值，用于选择优化算法。针对函数 fgoalattain()，常用参数及说明如表 11-1 所示。

表 11-1　options参数及说明

参　　数	说　　明
ConstraintTolerance	约束的可行性公差，从1e-10到1e-3的标量，用于度量原始可行性公差。默认值为1e-6。在optimset中名称为TolCon
Diagnostics	显示需要最小化或求解的函数的诊断信息，off（默认）或on
DiffMaxChange	有限差分梯度变量的最大变化值（正标量）。默认值为Inf
DiffMinChange	有限差分梯度变量的最小变化值（正标量）。默认值为0
Display	定义显示级别： ① off或none不显示输出； ② iter显示每次迭代的输出，并给出默认退出消息； ③ iter-detailed显示每次迭代的输出，并给出带有技术细节的退出消息； ④ notify仅当函数不收敛时才显示输出，并给出默认退出消息； ⑤ notify-detailed仅当函数不收敛时才显示输出，并给出技术性退出消息； ⑥ final（默认值）仅显示最终输出，并给出默认退出消息； ⑦ final-detailed仅显示最终输出，并给出带有技术细节的退出消息
EqualityGoalCount	使目标函数fun的值等于目标值goal所需的目标数目（非负整数）。目标必须划分到F的前几个元素中。默认值为0。在optimset中名称为GoalsExactAchieve

FiniteDifferenceStepSize	有限差分的标量或向量步长大小因子。
	当将FiniteDifferenceStepSize设置为向量v时，前向有限差分delta为：
	`delta=v.*sign'(x).*max(abs(x),TypicalX);`
	其中sign'(x)=sign(x)（sign'(0)=1除外）。中心有限差分为：
	`delta=v.*max(abs(x),TypicalX);`
	标量FiniteDifferenceStepSize扩展为向量。对于正向有限差分，默认值为sqrt(eps)；对于中心有限差分，默认值为eps^(1/3)。在optimset中名称为FinDiffRelStep

FiniteDifferenceType	用于估计梯度的有限差分，值为forward（默认值）或central（中心化）。central需要两倍的函数计算次数，结果一般更准确。 当同时估计这两种类型的有限差分时，该算法小心地遵守边界。例如，为了避免在边界之外的某个点进行计算，算法可能采取一个后向步而不是前向步。在optimset中名称为FinDiffType
FunctionTolerance	函数值的终止容差（正标量）。默认值为1e-6。在optimset中名称为TolFun

续表

参　数	说　明
FunValCheck	检查目标函数和约束值是否有效。默认设置off不执行检查。当目标函数返回的值是complex、Inf或NaN时，on设置显示错误
MaxFunctionEvaluations	允许的函数计算的最大次数，为正整数。默认值均为100*numberOfVariables。在optimset中名称为MaxFunEvals
MaxIterations	允许的迭代最大次数，为正整数。默认值均为400。在optimset中名称为MaxIter
MaxSQPIter	允许的SQP迭代最大次数（正整数）。默认值为10*max(numberOfVariables, numberOfInequalities + numberOfBounds)
MeritFunction	如果置为multiobj（默认值），则使用目标达到评价函数。如果设置为singleobj，则使用fmincon评价函数
OptimalityTolerance	一阶最优性的终止容差（正标量）。默认值为1e-6。在optimset中名称为TolFun
OutputFcn	指定优化函数在每次迭代中调用的一个或多个用户定义的函数。传递函数句柄或函数句柄的元胞数组，默认值是[]
PlotFcn	对算法执行过程中的各种进度测量值绘图，可以选择预定义的绘图，也可以自行编写绘图函数。传递内置绘图函数名称、函数句柄或由内置绘图函数名称或函数句柄组成的元胞数组。对于自定义绘图函数，传递函数句柄。默认值是[]： ① optimplotx绘制当前点； ② optimplotfunccount绘制函数计数； ③ optimplotfval绘制函数值； ④ optimplotconstrviolation绘制最大值约束违反度； ⑤ optimplotstepsize绘制步长大小。 自定义绘图函数使用与输出函数相同的语法。在optimset中名称为PlotFcns
RelLineSrchBnd	RelLineSrchBnd所指定的边界应处于活动状态的迭代次数。默认值为1
RelLineSrchBndDuration	用户定义的非线性约束函数梯度。当此选项设置为true时，fgoalattain预计约束函数有4个输出，如nonlcon中所述。当此选项设置为false（默认值）时，fgoalattain使用有限差分估计非线性约束的梯度。在optimset中名称为GradConstr，值为on或off
SpecifyConstraintGradient	用户定义的目标函数梯度。设置为true时，采用用户定义的目标函数梯度。设置为默认值false时使用有限差分来估计梯度。在optimset中名称为GradObj，值为on或off
StepTolerance	关于x的终止容差（正标量）。默认值均为1e-6。在optimset中名称为TolX
TolConSQP	内部迭代SQP约束违反度的终止容差（正标量）。默认值为1e-6
UseParallel	并行计算的指示。此选项为true时，fgoalattain以并行方式估计梯度。默认值为false

（7）问题结构体 problem 指定为含有如表 11-2 所示字段的结构体。结构体中至少提供 objective、x0、goal、weight、solver 和 options 字段。

表 11-2　problem结构体中的字段及说明

字　段	说　明	字　段	说　明
objective	目标函数fun	beq	线性等式约束的向量
x0	x的初始点	lb	由下界组成的向量
goal	要达到的目标	ub	由上界组成的向量
weight	目标的相对重要性因子	nonlcon	非线性约束函数
Aineq	线性不等式约束的矩阵	solver	fmincon
bineq	线性不等式约束的向量	options	用optimoptions创建的选项
Aeq	线性等式约束的矩阵		

2. 输出参数

函数 fgoalattain() 的输出参数包括 x、fval、attainfactor 、exitflag、output、lambda。其中，x 为问题的最优解，以实数向量或实数数组形式返回，大小与 x0 的大小相同；fval 为在最优解 x 处的目标函数值。attainfactor 为达到目标因子，以实数形式返回，包含解处的 γ 值。如果 attainfactor 为负，则目标过达到；如果 attainfactor 为正，则目标欠达到。

（1）输出参数 exitflag 为终止迭代的退出条件值，以整数形式返回，说明算法终止的原因，其值及说明如表 11-3 所示。

表 11-3 exitflag值及说明

exitflag值	说　明
1	函数收敛于解x
4	搜索方向的模小于指定的容差，约束违反度小于options.ConstraintTolerance
5	方向导数的模小于指定容差，约束违反度小于options.ConstraintTolerance
0	迭代次数超过options.MaxIterations或函数计算次数超过options.MaxFunctionEvaluations
−1	由输出函数或绘图函数停止
−2	找不到可行点

（2）输出参数 output 为优化过程中优化信息的结构变量，其包含的属性及说明如表 11-4 所示。

表 11-4 output的属性及说明

output属性	说　明
iterations	算法的迭代次数
funcCount	函数计算次数
lssteplength	相对于搜索方向的线搜索步的大小
constrviolation	约束函数的极大值
stepsize	x的最后位移的长度
algorithm	使用的优化算法
firstorderopt	一阶最优性的度量
message	退出消息

（3）输出参数 lambda 为在解 x 处的 lagrange 乘子，该乘子为一结构体变量，其包含的属性及说明如表 11-5 所示。

表 11-5 lambda的属性及说明

lambda属性	说　明
lower	lb对应的下限
upper	ub对应的上限
ineqlin	对应于A和b约束的线性不等式
eqlin	对应于Aeq和beq约束的线性等式
ineqnonlin	对应于nonlcon中c的非线性不等式
eqnonlin	对应于nonlcon中ceq的非线性不等式

11.4.3　算例求解

【例 11-7】用目标规划法求解以下数学模型：

$$\min f_1(\boldsymbol{x}) = 5x_1 - 3x_2$$
$$\min f_2(\boldsymbol{x}) = -4x_1 - 7x_2$$
$$\text{s.t.} \quad 5x_1 - 3x_2 \leqslant 15$$
$$-4x_1 - 7x_2 \leqslant 10$$
$$2x_1 + 3x_2 \leqslant 18$$
$$2x_1 + x_2 \leqslant 10$$
$$x_1, x_2 \geqslant 0$$

解：（1）编写目标函数：

```
function f=objfun3(x)
f(1)=5*x(1)-3*x(2);
f(2)=-4*x(1)-7*x(2);
```

（2）在"编辑器"窗口中编写以下代码进行求解：

```
clear,clc
goal=[15,10];
weight=[15,10];
x0=[1,1];
A=[2,3;2,1];
b=[18,10];
lb=zeros(2,1);
[x,fval]=fgoalattain('objfun3',x0,goal,weight,A,b,[],[],lb,[])
```

运行程序后，得到结果为：

```
Local minimum possible. Constraints satisfied.
fgoalattain stopped because the size of the current search direction is less than twice
the value of the step size tolerance and constraints are satisfied to within the value
of the constraint tolerance.
<stopping criteria details>
x =
   -0.0000    6.0000
fval =
   -18   -42
```

即最优解为 0、6，对应的目标值为-18 和-42。

【例 11-8】某工厂拟生产两种新产品 A 和 B，其生产设备费用 A 为 2 万元/吨，B 为 5 万元/吨。这两种产品均将造成环境污染，设由公害所造成的损失可折算 A 为 4 万元/吨，B 为 1 万元/吨。由于条件限制，工厂生产产品 A 和 B 的最大生产能力各为每月 5 吨和 6 吨，而市场需要这两种产品的总量每月不少于 7 吨。

试问工厂如何安排生产计划，在满足市场需要的前提下，使设备投资和公害损失均达最小。该工厂决策认为，这两个目标中环境污染应优先考虑，设备投资的目标值为 20 万元，公害损失的目标为 12 万元。

解：设工厂每月生产产品 A 为 x_1 吨，B 为 x_2 吨，设备投资费为 $f_1(x)$，公害损失费为 $f_2(x)$，建立数学模型为：

$$\min f_1(x) = 2x_1 + 5x_2$$
$$\min f_2(x) = 4x_1 + x_2$$
$$\text{s.t.} \quad 2x_1 + 5x_2 \leqslant 20$$
$$4x_1 + x_2 \leqslant 12$$
$$x_1 \leqslant 5$$
$$x_2 \leqslant 6$$
$$x_1 + x_2 \geqslant 7$$
$$x_1, x_2 \geqslant 0$$

（1）编写目标函数的 M 文件：

```
function f=objfun4(x)
f(1)=2*x(1)+5*x(2);
f(2)=4*x(1)+x(2)
```

（2）在"编辑器"窗口中编写以下代码进行求解：

```
clear, clc
goal=[20 12];                                    %给定目标按目标比例确定
weight=[20 12];                                  %给定权重按目标比例确定
x0=[2 5];                                        %给出初值
A=[1 0;0 1;-1 -1];
b=[5 6 -7];
lb=zeros(2,1);
[x,fval,attainfactor,exitflag] = fgoalattain(@objfun4,x0,goal,weight,A,b,[],[],lb,[])
```

运行代码可以得到如下结果：

```
Local minimum possible. Constraints satisfied.
fgoalattain stopped because the size of the current search direction is less than twice
the value of the step size tolerance and constraints are satisfied to within the value
of the constraint tolerance.
<stopping criteria details>
x =
    2.9167    4.0833
fval =
   26.2500   15.7500
attainfactor =
    0.3125
exitflag =
    4
```

故工厂每月生产产品 A 为 2.9167 吨，B 为 4.0833 吨。设备投资费和公害损失费的目标值分别为 26.2500 万元和 15.7500 万元。

11.5 本章小结

在现实生活中，往往会有多个目标优化问题，例如，对企业产品的生产管理，既希望达到高利润，又希望优质和低消耗，还希望减少对环境的污染等。基于此，本章首先介绍了多目标优化方法的基础知识，随后重点介绍了理想点法、线性加权和法、最大最小法和目标规划法等算法，并举例说明 MATLAB 在多目标优化方法中的应用。

第三部分
智能优化算法

❑ 第 12 章　遗传算法
❑ 第 13 章　免疫算法
❑ 第 14 章　粒子群优化算法
❑ 第 15 章　小波变换
❑ 第 16 章　神经网络

遗 传 算 法

遗传算法（Genetic Algorithm，GA）是模拟自然界生物进化机制的一种自适应全局优化搜索算法，遵循适者生存、优胜劣汰的法则，也就是寻优过程中有用的保留，无用的去除。在科学和生产实践中表现为在所有可能的解决方法中找出最符合该问题所要求的条件的解决方法，即找出一个最优解。本章主要讲解遗传算法的原理及其在 MATLAB 中的实现方法。

学习目标：

（1）了解遗传算法的基本概念；

（2）熟练掌握主要 MATLAB 遗传算法函数的使用；

（3）了解 MATLAB 遗传算法工具箱；

（4）掌握遗传算法的应用。

12.1　遗传算法基础

进化算法是借鉴了进化生物学中的一些现象而发展起来的，这些现象包括遗传、突变、自然选择以及杂交等。而遗传算法就是一种进化算法，该算法是模拟达尔文生物进化论的自然选择和遗传学机理的生物进化过程的计算模型，是一种通过模拟自然进化过程搜索最优解的方法。

12.1.1　遗传算法基本运算

遗传算法最初由美国 Michigan 大学 Holland 教授于 1975 年提出来的，并出版了颇有影响的专著 *Adaptation in Natural and Artificial Systems*，之后 GA 这个名称才逐渐为人所知，Holland 教授所提出的 GA 通常为简单遗传算法（SGA）。

遗传算法最初的目的是研究自然系统的自适应行为并设计具有自适应功能的软件系统，其特点是对参数进行编码运算，不需要有关体系的任何先验知识，沿多种路线进行平行搜索，而不会落入局部较优的陷阱。遗传算法在适应度函数选择不当的情况下有可能收敛于局部最优，而不能达到全局最优。

遗传算法是从代表问题可能潜在的解集的一个种群（Population）开始的，而一个种群则由经过基因（Gene）编码的一定数目的个体（Individual）组成。

每个个体实际上是染色体（Chromosome）带有特征的实体。染色体作为遗传物质的主要载体，即多个基因的集合，其内部表现（即基因型）是某种基因组合，它决定了个体的形状的外部表现，如黑头发的特征是由染色体中控制这一特征的某种基因组合决定的。因此，在一开始需要实现从表现型到基因型的映射，即编码工作。

由于仿照基因编码的工作很复杂，需要进行编码简化（如二进制编码），初代种群产生之后，按照适者生存和优胜劣汰的原理，逐代（Generation）演化产生出越来越好的近似解。

在每一代，根据问题域中个体的适应度（Fitness）大小选择（Selection）个体，并借助于自然遗传学的遗传算子（Genetic Operators）进行组合交叉（Crossover）和变异（Mutation），产生出代表新的解集的种群。

这个过程将导致种群像自然进化一样的后生代种群比前代更加适应于环境，末代种群中的最优个体经过解码（Decoding），可以作为问题近似最优解。

12.1.2 遗传算法的特点

基于达尔文的适者生存、优胜劣汰原理的遗传算法，是解决搜索问题的一种通用算法，对于各种通用问题都可以使用。

搜索算法的共同特征为：首先组成一组候选解；依据某些适应性条件测算这些候选解的适应度；根据适应度保留某些候选解，放弃其他候选解；对保留的候选解进行某些操作，生成新的候选解。在遗传算法中，上述几个特征以一种特殊的方式组合在一起。

基于染色体群的并行搜索，带有猜测性质的选择操作、交换操作和突变操作。这种特殊的组合方式将遗传算法与其他搜索算法区别开来。因此遗传算法还具有以下几方面的特点：

（1）遗传算法从问题解的串集开始搜索，而不是从单个解开始。这是遗传算法与传统优化算法的极大区别。传统优化算法是从单个初始值迭代求最优解的；容易误入局部最优解。遗传算法从串集开始搜索，覆盖面大，利于全局择优。

（2）遗传算法同时处理群体中的多个个体，即对搜索空间中的多个解进行评估，减少了陷入局部最优解的风险，同时算法本身易于实现并行化。

（3）遗传算法基本上不用搜索空间的知识或其他辅助信息，而仅用适应度函数值来评估个体，在此基础上进行遗传操作。适应度函数不仅不受连续可微的约束，而且其定义域可以任意设定。这一特点使得遗传算法的应用范围大大扩展。

（4）遗传算法不是采用确定性规则，而是采用概率的变迁规则来指导搜索方向。

（5）遗传算法具有自组织、自适应和自学习性。遗传算法利用进化过程获得的信息自行组织搜索时，适应度大的个体具有较高的生存概率，并获得更适应环境的基因结构。

（6）遗传算法对多解的优化问题没有太多的数学要求，能有效地进行全局搜索，对各种特殊问题有很强的灵活性，应用广泛。

12.1.3 遗传算法中的术语

由于遗传算法是由进化论和遗传学机理而产生的搜索算法，所以在这个算法中会用到很多生物遗传学知识，下面对会用到的一些术语进行说明。

（1）染色体（Chromosome）。染色体又可以叫作基因型个体，一定数量的个体组成了群体，群体中个体的数量叫作群体大小。

（2）基因（Gene）。基因是串中的元素，用于表示个体的特征。例如，有一个串 S=1011，则其中的 1，0，1，1 这 4 个元素分别称为基因，它们的值称为等位基因（Alleles）。

（3）基因位置（Locus）。在算法中表示一个基因在串中的位置称为基因位置（Gene Position），有时也简称基因位。基因位置由串的左边向右边计算，例如，在串 S=1101 中，0 的基因位置是 3。

（4）特征值（Feature）。在用串表示整数时，基因的特征值与二进制数的权一致。例如，在串 S=1011 中，基因位置 3 中的 1，它的基因特征值为 2；基因位置 1 中的 1，它的基因特征值为 8。

（5）适应度（Fitnes）。各个个体对环境的适应程度叫作适应度。为了体现染色体的适应能力，引入了对问题中的每一个染色体都能进行度量的函数，称为适应度函数。这个函数是计算个体在群体中被使用的概率。

12.1.4　遗传算法的应用领域

由于遗传算法的整体搜索策略和优化搜索方法在计算时不依赖于梯度信息或其他辅助知识，而只需要影响搜索方向的目标函数和相应的适应度函数，所以遗传算法提供了一种求解复杂系统问题的通用框架，它不依赖于问题的具体领域，对问题的种类有很强的鲁棒性，所以广泛应用于许多科学计算领域。

遗传算法主要应用在以下两个领域。

1．函数优化

函数优化是遗传算法的经典应用领域，也是遗传算法进行性能评价的常用算例，许多人构造出了各种各样复杂形式的测试函数，如连续函数和离散函数、凸函数和凹函数、低维函数和高维函数、单峰函数和多峰函数等。对于一些非线性、多模型、多目标的函数优化问题，用其他优化方法较难求解，而遗传算法可以方便地得到较好的结果。

2．组合优化

随着问题规模的增大，组合优化问题的搜索空间也急剧增大，有时在目前的计算上用枚举法很难求出最优解。对这类复杂的问题，人们已经意识到应把主要精力放在寻求满意解上，而遗传算法是寻求这种满意解的最佳工具之一。实践证明，遗传算法对于组合优化中的 NP 问题非常有效。例如遗传算法已经在求解旅行商问题、背包问题、装箱问题、图形划分问题等方面得到成功的应用。

此外，遗传算法也在生产调度问题、自动控制、机器人学、图像处理、人工生命、遗传编码和机器学习等方面获得了广泛的运用。

12.2　遗传算法的原理

遗传算法是人工智能领域中用于解决最优化问题的一种搜索启发式算法，是进化算法的一种。这种启发式算法通常用来生成有用的解决方案来优化和搜索问题。

12.2.1　遗传算法运算过程

遗传操作是模拟生物基因遗传的做法。在遗传算法中，通过编码组成初始群体后，遗传操作的任务就是对群体的个体按照它们对环境适应度（适应度评估）施加一定的操作，从而实现优胜劣汰的进化过程。从优化搜索的角度而言，遗传操作可使问题的解一代又一代地优化，并逼近最优解。

遗传算法过程如图 12-1 所示。

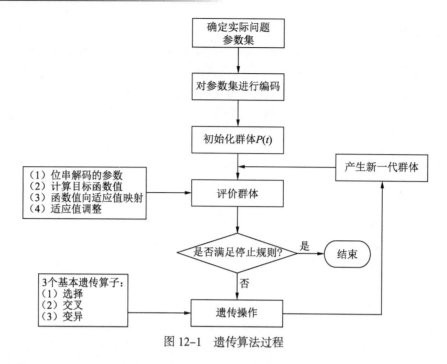

图 12-1　遗传算法过程

遗传操作包括以下 3 个基本遗传算子：选择、交叉及变异。

个体遗传算子的操作都是在随机扰动情况下进行的。因此，群体中个体向最优解迁移的规则是随机的。需要强调的是，这种随机化操作和传统的随机搜索方法是有区别的。遗传操作进行的是高效有向的搜索，而不是如一般随机搜索方法所进行的无向搜索。

遗传操作的效果和上述 3 个遗传算子所取的操作概率、编码方法、群体大小、初始群体以及适应度函数的设定密切相关。

1. 选择

从群体中选择优胜个体，淘汰劣质个体的操作称为选择。选择算子有时又称为再生算子（Reproduction Operator）。选择的目的是把优化的个体直接遗传到下一代或通过配对交叉产生新的个体再遗传到下一代。

选择操作是建立在群体中个体的适应度评估基础上的，目前常用的选择算子有适应度比例法（轮盘赌选择法）、随机遍历抽样法、局部选择法 3 种。

其中，轮盘赌选择法（Roulette Wheel Selection）是最简单、最常用的选择方法。该方法中，各个体的被选择概率和其适应度值成比例。设群体大小为 n，其中个体 i 的适应度为 f_i，则 i 被选择的概率为：

$$P_i = \frac{f_i}{\sum_{i=1}^{n} f_i}$$

显然，被选择概率反映了个体 i 的适应度在整个群体的个体适应度总和中所占的比例。个体适应度越大，其被选择的概率就越高，反之亦然。

计算出群体中各个个体的被选择概率后，为了选择交配个体，需要进行多轮选择。每一轮产生一个[0, 1]内均匀随机数，将该随机数作为选择指针确定被选个体。个体被选后，可随机地组成交配对，以供后面的交叉操作。

2. 交叉

在自然界生物进化过程中起核心作用的是生物遗传基因的重组和变异。同样，遗传算法中起核心作用的是遗传操作的交叉算子。所谓交叉是指把两个父代个体的部分结构加以替换重组而生成新个体的操作。通过交叉，遗传算法的搜索能力得以提高。

交叉算子根据交叉率将种群中的两个个体随机地交换某些基因，产生新的基因组合。一般期望将有益基因组合在一起。根据编码表示方法的不同，可以有以下的算法：

（1）实值重组（Real Valued Recombination）。实值重组又包括离散重组（Discrete Recombination）、中间重组（Intermediate Recombination）、线性重组（Linear Recombination）、扩展线性重组（Extended Linear Recombination）4种。

（2）二进制交叉（Binary Valued Crossover）。二进制交叉又包括单点交叉（Single-point Crossover）、多点交叉（Multiple-point Crossover）、均匀交叉（Uniform Crossover）、洗牌交叉（Shuffle Crossover）、缩小代理交叉（Crossover with Reduced Surrogate）5种。

最常用的交叉算子为单点交叉。具体操作是在个体串中随机设定一个交叉点，实行交叉时，对该点前或后的两个个体的部分结构进行互换，并生成两个新个体。下面给出了单点交叉的一个例子：

个体A：1 0 0 1↑1 1 1 → 1 0 0 1 0 0 0　新个体
个体B：0 0 1 1↑0 0 0 → 0 0 1 1 1 1 1　新个体

3. 变异

变异算子的基本内容是对群体中的个体串的某些基因座上的基因值做变动。依据个体编码表示方法的不同，有实值变异、二进制变异两种算法。一般来说，变异算子操作的基本步骤如下：

（1）对群体中所有个体以事先设定的变异概率判断是否进行变异。

（2）对进行变异的个体随机选择变异位进行变异。

遗传算法引入变异的目的有两个。一是使遗传算法具有局部的随机搜索能力。当遗传算法通过交叉算子已接近最优解邻域时，利用变异算子的这种局部随机搜索能力可以加速向最优解收敛。显然，此种情况下的变异概率应取较小值，否则接近最优解的积木块会因变异而遭到破坏。二是使遗传算法可维持群体多样性，以防止出现未成熟收敛的现象。此时收敛概率应取较大值。

遗传算法中，交叉算子因其全局搜索能力而作为主要算子，变异算子因其局部搜索能力而作为辅助算子。遗传算法通过交叉和变异这对相互配合又相互竞争的操作而使其具备兼顾全局和局部的均衡搜索能力。

（1）相互配合是指当群体在进化中陷于搜索空间中某个超平面而仅靠交叉不能摆脱时，通过变异操作可有助于这种摆脱。

（2）相互竞争是指当通过交叉已形成所期望的组合时，变异操作有可能破坏这些组合。如何有效地配合使用交叉和变异操作，是目前遗传算法的一个重要研究内容。

基本变异算子是指对群体中的个体码串随机挑选一个或多个基因座并对这些基因座的基因值做变动，(0, 1)二值码串中的基本变异操作如下：

$$\text{（个体A）} 1\ 0\ 0\ 1\ 0\ 1\ 1\ 0 \xrightarrow{\text{变异}} 1\ 1\ 0\ 0\ 0\ 1\ 1\ 0 \text{（个体}A^T\text{）}$$

在基因位下方标有*号的基因发生变异。变异率的选取一般受种群大小、染色体长度等因素的影响，通常选取很小的值（0.001～0.1）。

4. 终止条件

当最优个体的适应度达到给定的阈值，或者最优个体的适应度和群体适应度不再上升时，或者迭代次数达到预设的代数时，算法终止。预设的代数一般设置为 100～500 代。

12.2.2 遗传算法编码

遗传算法不能直接处理问题空间的参数，必须把它们转换成遗传空间的由基因按一定结构组成的染色体或个体。这一转换操作叫作编码，也可以称作（问题的）表示（Representation）。

评估编码策略常采用以下 3 个规范。

（1）完备性（Completeness）：问题空间中的所有点（候选解）都能作为遗传算法空间中的点（染色体）表现。

（2）健全性（Soundness）：遗传算法空间中的染色体能对应所有问题空间中的候选解。

（3）非冗余性（Nonredundancy）：染色体和候选解一一对应。

目前的几种常用的编码技术有二进制编码、浮点数编码、字符编码等。而二进制编码是目前遗传算法中最常用的编码方法，即由二进制字符集{0,1}产生通常的 0、1 字符串来表示问题空间的候选解。它具有以下特点：

（1）简单易行。

（2）符合最小字符集编码原则。

（3）便于用模式定理进行分析，因为模式定理就是以此为基础的。

12.2.3 适应度及初始群体选取

进化论中的适应度是表示某一个体对环境的适应能力，也表示该个体繁殖后代的能力。遗传算法的适应度函数也叫评价函数，是用来判断群体中的个体的优劣程度的指标，它是根据所求问题的目标函数来进行评估的。

遗传算法在搜索进化过程中一般不需要其他外部信息，仅用评估函数来评估个体或解的优劣，并作为以后遗传操作的依据。由于遗传算法中，适应度函数要比较排序并在此基础上计算选择概率，所以适应度函数的值要取正值。由此可见，在不少场合，将目标函数映射成求最大值形式且函数值为非负的适应度函数是必要的。适应度函数的设计主要满足以下条件：

（1）单值、连续、非负值、最大化。

（2）合理、一致性。

（3）计算量小。

（4）通用性强。

在具体应用中，适应度函数的设计要结合求解问题本身的要求而定。适应度函数设计直接影响到遗传算法的性能。

遗传算法中初始群体中的个体是随机产生的。一般来讲，初始群体的设定可采取如下的策略：

（1）根据问题固有知识，设法把握最优解所占空间在整个问题空间中的分布范围，然后，在此分布范围内设定初始群体。

（2）先随机生成一定数目的个体，然后从中挑出最好的个体加到初始群体中。这种过程不断迭代，直到初始群体中个体数达到了预先确定的规模。

12.2.4　遗传算法参数设计原则

在单纯的遗传算法中，有时也会出现不收敛的情况，即使在单峰也是如此。这是因为种群早熟，进化能力已经基本丧失。为了避免种群早熟，参数的设计一般遵从以下原则：

（1）种群规模。当群体规模太小时，很明显会出现近亲交配，产生病态基因，而且造成有效等位基因先天缺乏，即使采用较大概率的变异算子，生成具有竞争力高阶模式的可能性仍很小，况且大概率变异算子对已有模式的破坏作用极大。

同时遗传算子存在随机误差（模式采样误差），妨碍小群体中有效模式的正确传播，使得种群进化不能按照模式定理产生所预测的期望数量；种群规模太大，结果难以收敛且浪费资源，稳健性下降。种群规模的一个建议值为 20～100。

（2）变异概率。当变异概率太小时，种群的多样性下降太快，容易导致有效基因的迅速丢失且不容易修补；当变异概率太大时，尽管种群的多样性可以得到保证，但是高阶模式被破坏的概率也随之增大。变异概率一般取 0.0001～0.2。

（3）交配概率。交配是生成新种群最重要的手段。与变异概率类似，交配概率太大，容易破坏已有的有利模式，随机性增大，容易错失最优个体；交配概率太小，不能有效更新种群。交配概率一般取 0.4～0.99。

（4）进化代数。进化代数太小，算法不容易收敛，种群还没有成熟；代数太大，算法已经熟练或者种群过于早熟不可能再收敛，继续进化没有意义，只会增加时间开支和资源浪费。进化代数一般取 100～500。

（5）种群初始化。初始种群的生成是随机的；在进行种群的初始化之前，尽量进行一个大概的区间估计，以免初始种群分布在远离全局最优解的编码空间，导致遗传算法的搜索范围受到限制，同时也为算法减轻负担。

12.2.5　适应度函数的调整

1. 遗传算法运行的初期阶段

群体中可能会有少数几个个体的适应度相对其他个体来说非常高。若按照常用的比例选择算子来确定个体的遗传数量时，则这几个相对较好的个体将在下一代群体中占有很高的比例。

在极端情况下或当群体现模较小时，新的群体甚至完全由这样的少数几个个体组成。这时交配运算就起不了什么作用，因为相同的两个个体不论在何处发生交叉行为都永远不会产生新的个体。

这样就会使群体的多样性降低，容易导致遗传算法发生早熟现象（或称早期收敛)，使遗传算法所求到的解停留在某一局部最优点上。

因此，希望在遗传算法运行的初期阶段，能够对一些适应度较高的个体进行控制，缩小其适应度与其他个体适应度之间的差异程度，从而限制其复制数量，以维护群体的多样性。

2. 遗传算法运行的后期阶段

群体中所有个体的平均适应度可能会接近于群体中最佳个体的适应度。也就是说，大部分个体的适应度和最佳个体的适应度差异不大，它们之间无竞争力，都会有以相接近的概率被遗传到下一代的可能性，从而使得进化过程无竞争性可言，这将导致无法对某些重点区域进行重点搜索，从而影响遗传算法的运行效率。

因此，希望在遗传算法运行的后期阶段，能够对个体的适应度进行适当的放大，扩大最佳个体适应度与其他个体适应度之间的差异程度，以提高个体之间的竞争性。

12.2.6　程序设计

随机初始化种群 $P(t) = \{x_1, x_2, \cdots, x_n\}$，计算 $P(t)$ 中个体的适应值。遗传算法程序基本格式如下：

```
begin
t=0
初始化 P(t)
计算 P(t)的适应值;
while (不满足停止准则)
    do
    begin
    t=t+1
    从 P(t+1)中选择 P(t)
    重组 P(t)
计算 P(t)的适应值
End
```

针对求函数极值问题，通用的遗传算法主程序如下：

```
function main
clear, clc
popsize=20;                                     %设置群体大小
chromlength=10;                                 %设置染色体长度
pc=0.7;                                         %设置交叉概率
pm=0.005;                                       %设置变异概率
pop=initpop(popsize,chromlength);               %随机产生初始群体
for i=1:20                                       %设置迭代次数 20
    [objvalue]=calobjvalue(pop);                %计算目标函数
    fitvalue=calfitvalue(objvalue);             %计算群体中每个个体的适应度
    [newpop]=selection(pop,fitvalue);           %复制
    [newpop]=crossover(pop,pc);                 %交叉
    [newpop]=mutation(pop,pc);                  %变异
    [bestindividual,bestfit]=best(pop,fitvalue);%求出群体中适应值最大的个体及其适应值
    y(i)=max(bestfit);
    n(i)=i;
    pop5=bestindividual;
    x(i)=decodechrom(pop5,1,chromlength)*10/1023;
    pop=newpop;
end
fmax=max(y)
end
```

下面给出遗传算法中调用的函数。

1.　初始化（编码）

函数 initpop() 实现群体的初始化。其中，参数 popsize 表示群体大小，chromlength 表示染色体长度（二值数的长度），长度大小取决于变量的二进制编码的长度。示例代码如下：

```
%初始化
function pop=initpop(popsize,chromlength)
pop=round(rand(popsize,chromlength));
%rand 随机产生每个单元为{0,1}，行数为 popsize（群体大小），列数为 chromlength（染色体长度）的矩阵
%round 对矩阵的每个单元进行调整，由此产生初始种群
end
```

2. 目标函数值

函数 calobjvalue()实现目标函数值的计算,将二值域中的数转换为变量域中的数。函数中的目标函数可根据不同优化问题进行修改。示例代码如下:

```
%计算目标函数值
function [objvalue]=calobjvalue(pop)
temp1=decodechrom(pop,1,10);        %将 pop 中每行转换成十进制数,此处取 spoint =1, length =10
x=temp1*10/1023;                    %在精度不大于 0.01 时,最小整数为 1023,即需要 10 位二进制数
objvalue=f(x);                      %计算目标函数 f(x)值,f(x)可根据要求修改
end
```

函数 decodechrom()是将染色体编码(二进制数)转换为十进制。其中,参数 spoint 表示待解码的二进制数的起始位置(对于多个变量而言,如有两个变量,采用 20 位表示,每个变量 10 位,则第 1 个变量从 1 开始,另一个变量从 11 开始。本例为 1),参数 length 表示所截取的长度(本例为 10)。

```
%将二进制数转换成十进制数
function pop2=decodechrom(pop,spoint,length)
pop1=pop(:,spoint:spoint+length-1);
pop2=decodebinary(pop1);            %将 pop 中每行转换成十进制数,结果是 20×1 的矩阵
end
```

说明:函数 decodechrom()主要针对多个变量时的一条染色体拆分,无须拆分时,pop1=pop。

函数 decodebinary()产生 $[2^n\ 2^{n-1}\ \cdots\ 1]$ 的行向量并求和,将二进制数转换为十进制数。示例代码如下:

```
function pop2=decodebinary(pop)
[px,py]=size(pop);                  %求 pop 的行数和列数
for i=1:py
    pop1(:,i)=2.^(py-i).*pop(:,i);
end
pop2=sum(pop1,2);                   %求 pop1 的每行之和
end
```

3. 计算个体适应值

计算个体的适应值的示例代码如下:

```
%计算个体的适应值
function fitvalue=calfitvalue(objvalue)
global Cmin;
Cmin=0;
[px,py]=size(objvalue);             %目标值有正有负
for i=1:px
    if objvalue(i)+Cmin>0
        temp=Cmin+objvalue(i);
    else
        temp=0.0;
    end
    fitvalue(i)=temp;
end
fitvalue=fitvalue';
end
```

4. 选择复制

选择复制操作用于决定哪些个体可以进入下一代。程序采用轮盘赌选择法选择，该方法比较容易实现。

根据方程 $p_i = \dfrac{f_i}{\sum\limits_{i=1}^{n} f_i} = \dfrac{f_i}{f_{sum}}$，选择步骤如下：

（1）在第 t 代，计算 f_{sum} 和 p_i。

（2）产生{0,1}的随机数 rand，求 $s = \text{rand} \times f_{sum}$。

（3）求 $\sum\limits_{i=1}^{k} f_i \geqslant s$ 中最小的 k，则第 k 个个体被选中。

（4）进行 n 次步骤（2）和步骤（3）的操作，得到 n 个个体，成为第 $t=t+1$ 代种群。

示例代码如下：

```
%选择复制
function [newpop]=selection(pop,fitvalue)
totalfit=sum(fitvalue);          %求适应值之和
fitvalue=fitvalue/totalfit;      %单个个体被选择的概率
fitvalue=cumsum(fitvalue);       %如 fitvalue=[1 2 3 4]，则 cumsum(fitvalue)=[1 3 6 10]
[px,py]=size(pop);               %20×10
ms=sort(rand(px,1));             %从小到大排列
fitin=1;
newin=1;
while newin<=px                  %选出 20 个新个体
    if(ms(newin))<fitvalue(fitin)
        newpop(newin, :)=pop(fitin, :);
        newin=newin+1;
    else
        fitin=fitin+1;
    end
end
end
```

5. 交叉

群体中的每个个体之间都以一定的概率交叉，即两个个体从各自字符串的某一位置（一般随机确定）开始互相交换，类似生物进化过程中的基因分裂与重组。

例如，假设两个父代个体 x_1，x_2 为：

$$x_1 = 0\ 1\ 0\ 0\ 1\ 1\ 0$$
$$x_2 = 1\ 0\ 1\ 0\ 0\ 0\ 1$$

从每个个体的第 3 位开始交叉，交叉后得到两个新的子代个体 y_1，y_2，分别为：

$$y_1 = 0100001$$
$$y_2 = 1010110$$

这样两个子代个体就分别具有了两个父代个体的某些特征。

利用交叉操作有可能由父代个体将子代组合成具有更高适合度的个体。交叉是遗传算法区别于其他传统优化算法的主要特点之一。

```
%交叉
function [newpop]=crossover(pop,pc)          %pc 为群体中的每个个体之间的交叉概率
[px,py]=size(pop);
```

```
newpop=ones(size(pop));
for i=1:2:px-1                              %步长为 2，是将相邻的两个个体进行交叉
    if(rand<pc)
        cpoint=round(rand*py);
        newpop(i,:)=[pop(i,1:cpoint),pop(i+1,cpoint+1:py)];
        newpop(i+1,:)=[pop(i+1,1:cpoint),pop(i,cpoint+1:py)];
    else
        newpop(i,:)=pop(i);
        newpop(i+1,:)=pop(i+1);
    end
end
```

6. 变异

基因的突变普遍存在于生物的进化过程中。变异是指父代中的每个个体的每一位都以一定的概率翻转，即由 1 变为 0，或由 0 变为 1。

遗传算法的变异特性可以使求解过程随机地搜索到解可能存在的整个空间，因此可以在一定程度上求得全局最优解。示例代码如下：

```
%变异
function [newpop]=mutation(pop,pm)          %pm 为父代中的每个个体的每一位都翻转的概率
[px,py]=size(pop);
newpop=ones(size(pop));
for i=1:px
    if(rand<pm)
        mpoint=round(rand*py);
        if mpoint<=0
            mpoint=1;
        end
        newpop(i)=pop(i);
        if any(newpop(i,mpoint))==0
            newpop(i,mpoint)=1;
        else
            newpop(i,mpoint)=0;
        end
    else
        newpop(i)=pop(i);
    end
end
```

7. 求出群体中最大的适应值及其个体

求出第 t 代群体中最大的适应值及个体，示例代码如下：

```
function [bestindividual,bestfit]=best(pop,fitvalue)
[px,py]=size(pop);
bestindividual=pop(1,:);
bestfit=fitvalue(1);
for i=2:px
    if fitvalue(i)>bestfit
        bestindividual=pop(i,:);
        bestfit=fitvalue(i);
    end
end
```

12.3 遗传算法工具箱

遗传算法工具箱已经将常用的遗传运算命令进行了集成，使用很方便。但是封装在工具箱内部的命令不能根据特殊需要进行相应的调整和修改。

典型的遗传算法工具箱主要有 3 个：英国谢菲尔德大学的遗传算法工具箱、美国北卡罗来纳州立大学的遗传算法最优化工具箱和 MATLAB 自带的遗传算法工具箱。本书主要介绍 MATLAB 自带的遗传算法工具箱。

基于 MATLAB 环境下遗传算法工具箱的版本较多，各版本的功能和用法也不尽相同，需要加以区分。倘若想要使用某个特定的工具箱，可以根据需要自行安装。

12.3.1 命令调用

用命令行方式使用遗传算法工具箱时，无须调出 App 界面，只需编写 M 文件或直接在命令行窗口中执行命令即可。如果编写 M 文件，需要在 M 文件内设定遗传算法的相关参数。

MATLAB 自带的遗传算法工具箱可以用来优化目标函数。该工具箱有 ga()、gaoptimset() 和 gaoptimget() 3 个核心函数。

1. ga() 函数

函数 ga() 用于对目标函数进行遗传计算，部分调用格式如下：

```
x = ga(fitnessfcn,nvars,A,b,Aeq,beq,lb,ub)
[x,fval] = ga(fitnessfcn, nvars,A,b,[],[],lb,ub,nonlcon,IntCon,options)
[x,fval,exitflag,output] = ga(fitnessfcn,nvars,...options)
[x,fval,exitflag,output,population,scores]= ga(fitnessfcn,nvars,...options)
```

其中，fitnessfun 为适应度句柄函数；nvars 为目标函数自变量的个数；options 为算法的属性设置，该属性通过函数 gaoptimset() 赋予；x 为经过遗传进化以后自变量最佳染色体返回值；fval 为最佳染色体的适应度；exitflag 为算法停止标志；output 为输出的算法结构；population 为最终得到种群适应度的列向量；scores 为最终得到的种群。

【例 12-1】已知 $f(x_1,x_2) = 0.5x_1^2 + x_2^2 - x_1x_2 - 2x_1 - 6x_2$ 满足下列不等式，使用 ga() 函数求 x_1，x_2 的解，使得 $f(x_1, x_2)$ 取极大值。

$$\begin{bmatrix} -1 & 2 \\ 1 & 3 \\ 5 & 1 \end{bmatrix} \begin{bmatrix} x_1 \\ x_2 \end{bmatrix} \leq \begin{bmatrix} 3 \\ 5 \\ 2 \end{bmatrix}, \ x_1 \geq 0, x_1 \geq 0$$

解：编写适应度函数的 MATLAB 代码如下：

```
function y=lincontest6(x)
    y=0.5x(1)^2+x(2)^2-x(1)*x(2)-2*x(1)-6*x(2);
end
```

根据函数 ga() 的用法，在"编辑器"窗口中编写如下代码：

```
clear,clc
A = [-1 2; 1 3; 5 1];
b = [3; 5; 2];
lb = zeros(2,1);
[x,fval,exitflag] = ga(@lincontest6,2,A,b,[],[],lb)
```

运行程序后得到结果如下：

```
Optimization terminated: average change in the fitness value less than options.
FunctionTolerance.
x =
    0.0910    1.5460
fval =
   -7.2044
exitflag =
    1
```

从以上结果可知 $x_1=0.091$，$x_2=1.546$。

2. gaoptimset()函数

gaoptimset()函数用于设置遗传算法的参数和函数句柄，表 12-1 列出了该函数常用的 11 种属性。

表 12-1　gaoptimset()函数常用的属性

序　号	属　　　性	默　认　值	实　现　功　能
1	PopInitRange	[0;1]	初始种群生成空间
2	PopulationSize	20	种群规模
3	CrossoverFraction	0.8	交配概率
4	MigrationFraction	0.2	变异概率
5	Generations	100	超过进化代数时，算法停止
6	TimeLimit	Inf	超过运算时间限制时，算法停止
7	FitnessLimit	–Inf	最佳个体等于或小于适应度阈值时，算法停止
8	StallGenLimit	50	超过连续代数不进化，则算法停止
9	StallTimeLimit	20	超过连续时间不进化，则算法停止
10	InitialPopulation	[]	初始化种群
11	PlotFcns	[]	绘图

其调用格式如下：

```
options = gaoptimset('param1',value1,'param2',value2,...)
```

其中，param1、param2 等是需要设定的参数，包括适应度函数句柄、变量个数、约束、交叉后代比例、终止条件等；value1、value2 是 Param 的具体值。

由于遗传算法本质上是一种启发式的随机运算，算法程序经常重复运行多次才能得到理想结果。鉴于此，可以将前一次运行得到的最后种群作为下一次运行的初始种群，如此操作会得到更好的结果：

```
[x,fval,reason,output,final_pop]=ga(@fitnessfcn,nvars);
```

最后一个输出变量 final_pop 返回的就是本次运行得到的最后种群。再将 final_pop 作为 ga()函数的初始种群，语法格式为：

```
options=gaoptimset('InitialPopulation',finnal_pop);
[x,fval,reason,output,finnal_pop2]=ga(@fitnessfcn,nvars,options);
```

遗传算法和直接搜索工具箱中的 ga()函数是求解目标函数的最小值，所以求目标函数最小值的问题，可直接令目标函数为适应度函数。编写适应度函数，语法格式如下：

```
function f= fitnessfcn(x)                    %x 为自变量向量
f=f(x);
end
```

如果有约束条件（包括自变量的取值范围），对于求解函数的最小值问题，可以使用如下格式：

```
function f= fitnessfcn(x)
if(x<=-1)|x>3)
    %表示有约束 x>-1 和 x<=3，其他约束条件类推
    f=inf;
else
    f=f(x);
end
```

如果有约束条件（包括自变量的取值范围），对于求解函数的最大值问题，可以使用如下格式：

```
function f= fitnessfcn(x)
if(x<=-1)|x>3)
    f=inf;
else
    f=-f(x);                                    %这里 f=-f(x)，而不是 f=f(x)
end
```

若目标函数作为适应度函数，则最终得到的目标函数值为 $-fval$ 而不是 $fval$。

【例 12-2】使用遗传算法求解以下函数的极大值。

$$f(x,y)=\frac{\cos(x^2+y^2)-0.8}{3+0.8(x^2+y^2)^2}+8$$

解： 编写适应度函数的 MATLAB 代码如下：

```
function y=gafun1(x)
    y=(cos(x(1)^2+x(2)^2)-0.8)/(3+0.8*(x(1)^2+x(2)^2)^2)+8;
end
```

在"编辑器"窗口中输入如下代码：

```
clear,clc
[x,fval,exitflag,output,population,scores]= ga(@gafun1,2)
```

运行程序后可以得到结果如下：

```
Optimization terminated: average change in the fitness value less than options.
FunctionTolerance.
x =
   -1.0058    0.9989
fval =
    7.8034
exitflag =
    1
output =
  包含以下字段的 struct:
      problemtype: 'unconstrained'
        rngstate: [1×1 struct]
      generations: 52
        funccount: 2497
          message: 'Optimization terminated: average change in the fitness value less than
options.FunctionTolerance.'
    maxconstraint: []
population =
```

```
   -1.0058      0.9989
   -1.0058      0.9989
   -1.0058      0.9989
   -1.0058    -18.9319
  -27.1765     -2.0035
     ...                              %省略掉中间数据，读者可自行运行程序查看
  -11.1308     -9.0058
   -5.3082    -10.5287
    4.4876    -20.2972
scores =
    7.8034
    7.8034
    7.8034
    8.0000
    8.0000
     ...                              %省略掉中间数据，读者可自行运行程序查看
    8.0000
    8.0000
    8.0000
```

即当 x=[1.0058 0.9989]时，函数取得最大值为 7.8034。

3. gaoptimget()函数

函数 gaoptimget()用于得到遗传算法参数结构中的参数具体值。其调用格式为：

```
val = gaoptimget(options, 'name')        %options 为结构体变量，name 为需要得到的参数名称，
                                          %返回值 val
```

【例 12-3】已知适应度函数 zp()，求解函数的最小值。

```
function f=zp(m)
a=[0 49 98 147 196 294 391 489 587 685];
y1=[6.39 9.48 12.46 14.33 17.10 21.94 22.64 21.43 22.07 24.53];
n=size(a,2);                             %1 表示行数，2 表示列数
f=0;
for i=1:n
    y=m(1)*(a(i)+m(2))/(m(3)+a(i)+m(2));
    f=f+((y1(i)-y).^2);
end
```

解：根据适应度函数中的目标函数，编写以下最优解求解代码：

```
clear,clc
option=gaoptimset('PopulationSize',100,'Generations',250,'PlotFcns',@gaplotbestf);
                                          %种群数 100,迭代数 250
ga(@zp,3,option)
```

运行程序后会输出如下结果，同时会输出如图 12-2 所示计算过程的结果监视图形。

```
Optimization terminated: average change in the fitness value less than options.
FunctionTolerance.
ans =
   30.5048    44.0083   188.9189
```

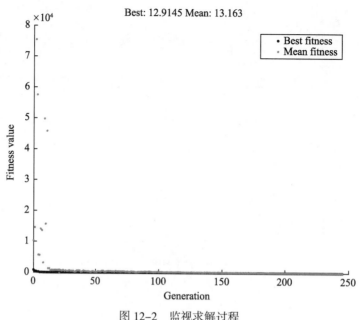

图 12-2 监视求解过程

12.3.2 遗传算法工具箱的调用

对于不擅长编程的用户，可以利用 MATLAB 遗传算法工具箱实现遗传算法的编程。打开如图 12-3 所示的遗传算法工具箱窗口，可以采用下面的方法。

（1）在命令行窗口中直接输入命令：>> optimtool('ga')。

（2）在命令行窗口中输入 optimtool 命令打开 Optimization Tool 窗口后，在 Algorithm 中选择 ga–Genetic Algorithm。

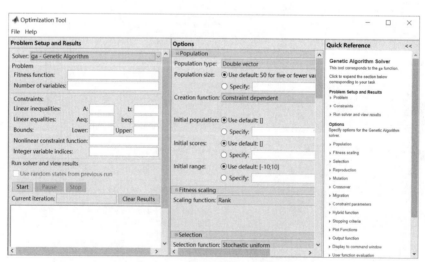

图 12-3 遗传算法工具箱窗口

遗传算法工具箱窗口包含 File 和 Help 两个菜单项。前者用于算法的数据处理，后者用于获取使用帮助。其中 File 下拉菜单如图 12-4 所示，各选项含义如下：

① Reset Optimization Tool：重置工具箱参数。

② Clear Problem Fields：清空问题变量，包含适应度函数、变量个数和算法参数等。

③ Import Options：导入遗传算法的参数数据。

④ Import Problem：导入遗传算法需要求解的问题变量。

⑤ Preferences：选择参数。

⑥ Export to Workspace：导出算法结果到 MATLAB 工作空间。

⑦ Generate Code：生产 M 文件。

⑧ Close：关闭工具箱。

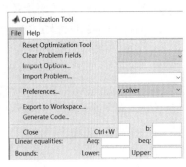

图 12-4　File 下拉菜单选项

从图 12-3 可以看出，遗传算法工具箱窗口主要包含 3 个子窗口，从左到右依次是 Problem Setup and Results（问题建立与结果）窗口、Options（遗传算法选项设置）窗口和 Quick Reference（快速参考）窗口。

1. Problem Setup and Results（问题建立与结果）窗口

从上到下依次为：

（1）Fitness function：输入适应度函数句柄。

（2）Number of variables：个体所含的变量数目。

（3）Linear inequalities：线性不等式约束。

（4）Linear equalities：线性等式约束。

（5）Bounds：上下限约束。

（6）Nonlinear constraint function：非线性约束函数。

（7）Integer variable indices：整数变量指数。

待设置完中间板块的 Options 后，单击 Start 按钮开始运行遗传算法，运行结果会显示在下方的文本框中。

2. Options（遗传算法选项设置）窗口

运行遗传算法之前，需要在该选项内进行设置，主要包括以下几项。

（1）Population（种群）。

① Population type（种群的类型）：可以是 Double Vector（实数编码）、Bit string（二进制编码）或用户自定义（Custom），默认为实数编码。

② Population size（种群大小）：默认是 50（Use default 50…），也可以根据需要设定（Specify）。

③ 其余参数为初始种群的相关设置，默认为由遗传算法通过初始种群产生函数（Creation function）随机产生，也可以自行设定初始种群（Initial population）、初始种群的适应度函数值（Initial scores）和初始种群的范围（Initial range）。

（2）Fitness scaling（适应度缩放）。指定使用的缩放函数（Scaling function），默认使用 Rank（等级缩放），也可以从下拉菜单中选择需要的函数。

（3）Selection（选择）。指定使用的选择函数（Selection function），默认使用 Stochastic uniform（随机一致选择），也可以从下拉菜单中选择其他选择函数。

（4）Reproduction（繁殖）。遗传算法为了繁殖下一代，需要设置精英数目（Elite count）和交叉后代比例（Crossover fraction），默认值分别为 $0.05 \times$ PopulationSize 和 0.8。

（5）Mutation（变异）。所优化函数的约束不同，变异函数也不同。使用时采用默认的 Constraint dependent 即可，系统会根据 Problem Setup and Results（问题建立与结果）窗口中输入的约束类型的不同选择不同的变异函数。

（6）Crossover（交叉）。制定使用的交叉函数（Crossover function），可以从下拉菜单中选择。

（7）Stoping criteria（终止条件）。终止条件有以下几个，满足其中一个条件即停止。

① Generations（最大进化代数）：即算法的最大选代次数，默认为 100 代。

② Time limit（时间限制）：算法允许的最大运行时间，默认为无穷大。

③ Fitness limit（适应度限制）：当种群中的最优个体的适应度函数值小于或等于 Fitness limit 时停止。

④ Stall generations（停止代数）及 Function tolerance（适应度函数值偏差）：若在 Stall generations 设定的代数内，适应度函数值的加权平均变化值小于 Function tolerance 时，算法停止。默认分别设置为 50 和 1e-6。

⑤ Stall time limit（停止时间限制）：若在 Stall time limit 设定的时间内，种群中的最优个体没有进化时算法停止。

（8）Plot functions（绘图函数）：包括最优个体的最优适应度（Best fitness）、最优个体（Best individual）、种群中个体间的距离（Distance）等，选中相应的选项，系统就会在遗传算法的运行过程中绘制其随种群进化的变化情况。

（9）其他选项：是遗传算法的延伸内容，限于篇幅这里不再赘述。

3. Quick Reference（快速参考）窗口

该窗口提供参数设置详细帮助信息，不需要时可以隐藏。

【例 12-4】通过遗传算法工具箱实现用遗传算法求解以下函数的适应度值。

$$f(x, y) = 1 - \frac{0.1 \left[\sin(x^2 + y^2) - 0.1 \right]}{x^2 + y^2}$$

解：创建遗传算法的适应度函数。

```
function y=gafun2(x)
    y=1-0.1*(sin(x(1)^2+x(2))-0.1)/ (x(1)^2+x(2)^2);
end
```

打开遗传算法工具箱窗口，并按照如图 12-5 所示设置参数。

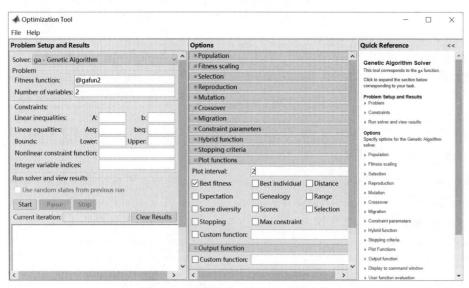

图 12-5　遗传算法工具箱中参数设置

单击 Start 按钮，会自动运行遗传算法程序，并在如图 12-6 所示窗口中显示运行结果说明。求得平均适应度值和最优适应度值，如图 12-7 所示。

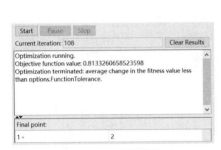

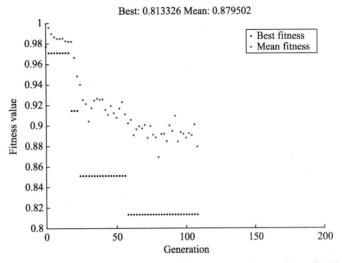

图 12-6　运行结果说明　　　　图 12-7　利用遗传算法工具箱得到的平均适应度值和最优适应度值

12.3.3　遗传算法的优化

多极值点函数具有多个极值，对此，传统的优化技术很容易陷入局部最优解，求得全局优化解的概率不高，可靠性低；为此，建立尽可能大概率的求全局优化解算法是求解函数优化的关键。

在 MATLAB 中，可以使用遗传算法接近标准优化算法无法解决或者很难解决的优化问题。遗传算法的搜索能力主要由选择算子及交叉算子决定，变异算子尽可能保证算法达到全局最优，避免陷入局部最优。

在使用遗传算法求解优化时，经常会用到工具箱 global optim demos 内的绘制函数图形的函数 plotobjective()。在命令行窗口中输入 open plotobjective 即可查看函数 plotobjective()，代码如下：

```
function plotobjective(fcn,range)
%PLOTOBJECTIVE plot a fitness function in two dimensions
%   plotObjective(fcn,range) where range is a 2 by 2 matrix in which each
%   row holds the min and max values to range over in that dimension.

%   Copyright 2003-2004 The MathWorks, Inc.

if(nargin == 0)
    fcn = @rastriginsfcn;
    range = [-5,5;-5,5];
end

pts = 100;
span = diff(range')/(pts - 1);
x = range(1,1): span(1) : range(1,2);
y = range(2,1): span(2) : range(2,2);

pop = zeros(pts * pts,2);
k = 1;
for i = 1:pts
```

```
        for j = 1:pts
            pop(k,:) = [x(i),y(j)];
            k = k + 1;
        end
    end
end

values = feval(fcn,pop);
values = reshape(values,pts,pts);

surf(x,y,values)
shading interp
light
lighting phong
hold on
contour(x,y,values)
view(37,60)
```

【例 12-5】编写一个待优化的目标函数，使用函数 plotobjective()绘制函数图形，并用遗传算法对目标函数进行优化求解。

解： 在"编辑器"窗口中编写待优化的目标函数 GAtestfcn()，代码如下：

```
function f=GAtestfcn(x)
for j = 1:size(x,1)
    y = x(j,:);
    temp1 = 0;
    temp2 = 0;
    y1 = y(1);
    y2 = y(2);
    for i = 1:10
        temp1 = temp1 + i.*cos((i+1).*y1+i);
        temp2 = temp2 + i.*cos((i+1).*y2+i);
    end
    f(j) = temp1.*temp2;
end
```

利用 plotobjective()函数绘制函数图形，在命令行窗口中输入：

```
>> plotobjective(@GAtestfcn,[-1 1;-1 1])
```

得到绘制待优化的目标函数的图形，如图 12-8 所示。

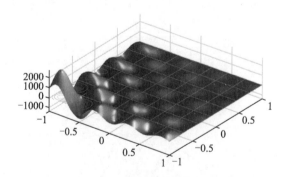

图 12-8　待优化目标函数的图形

使用遗传算法对目标函数优化求解时，首先设定目标函数和优化问题的变量个数（函数 GAtestfcn()有 2

个变量）。随后利用自带的遗传算法函数，对目标函数进行优化求解。

在命令行窗口中输入：

```
>> [x,fval,exitflag,output] = ga(@GAtestfcn,2)
Optimization terminated: average change in the fitness value less than options.
FunctionTolerance.
x =
   -26.0362    5.0200
fval =
   -2.3180e+03
exitflag =
     1
output =
   包含以下字段的 struct:
       problemtype: 'unconstrained'
         rngstate: [1×1 struct]
       generations: 89
         funccount: 4236
           message: 'Optimization terminated: average change in the fitness value less
than options.FunctionTolerance.'
     maxconstraint: []
```

从以上结果可以知道，最优解为（−26.0362　5.0200），最优解处的函数输出值为−2.3180e+03，遗传算法的总代数为 89。

注意：一般情况下，遗传算法的初始种群均是随机产生的，后面的种群则是通过当前种群个体的适应度来获取的。

另外，遗传算法还提供了函数 gaoptimset()来实现目标函数优化结果的可视化。在命令行窗口中执行以下代码可以添加遗传算法的图形属性选项：

```
>> options=gaoptimset('PlotFcns',{@gaplotbestf,@gaplotstopping});
```

在命令行窗口中输入 open gaplotbestf 可以查看函数 gaplotbestf()，代码如下：

```
function state = gaplotbestf(options,state,flag)
%GAPLOTBESTF Plots the best score and the mean score.
%STATE = GAPLOTBESTF(OPTIONS,STATE,FLAG) plots the best score as well
%as the mean of the scores.
%
%Example:
%Create an options structure that will use GAPLOTBESTF as the plot function
%options = optimoptions('ga','PlotFcn',@gaplotbestf);

%Copyright 2003-2016 The MathWorks, Inc.

if size(state.Score,2) > 1
    msg = getString(message('globaloptim:gaplotcommon:PlotFcnUnavailable',
'gaplotbestf'));
    title(msg,'interp','none');
    return;
end

switch flag
    case 'init'
```

```
        hold on;
        set(gca,'xlim',[0,options.MaxGenerations]);
        xlabel('Generation','interp','none');
        ylabel('Fitness value','interp','none');
        plotBest = plot(state.Generation,min(state.Score),'.k');
        set(plotBest,'Tag','gaplotbestf');
        plotMean = plot(state.Generation,meanf(state.Score),'.b');
        set(plotMean,'Tag','gaplotmean');
        title(['Best: ',' Mean: '],'interp','none')
    case 'iter'
        best = min(state.Score);
        m    = meanf(state.Score);
        plotBest = findobj(get(gca,'Children'),'Tag','gaplotbestf');
        plotMean = findobj(get(gca,'Children'),'Tag','gaplotmean');
        newX = [get(plotBest,'Xdata') state.Generation];
        newY = [get(plotBest,'Ydata') best];
        set(plotBest,'Xdata',newX, 'Ydata',newY);
        newY = [get(plotMean,'Ydata') m];
        set(plotMean,'Xdata',newX, 'Ydata',newY);
        set(get(gca,'Title'),'String',sprintf('Best: %g Mean: %g',best,m));
    case 'done'
        LegnD = legend('Best fitness','Mean fitness');
        set(LegnD,'FontSize',8);
        hold off;
end

%-------------------------------------------------
function m = meanf(x)
nans = isnan(x);
x(nans) = 0;
n = sum(~nans);
n(n==0) = NaN; % prevent divideByZero warnings
% Sum up non-NaNs, and divide by the number of non-NaNs.
m = sum(x) ./ n;
```

在命令行窗口中输入 open gaplotstopping 可以查看函数 gaplotstopping()，代码如下：

```
function state = gaplotstopping(options,state,flag)
%GAPLOTSTOPPING Display stopping criteria levels.
%STATE = GAPLOTSTOPPING(OPTIONS,STATE,FLAG) plots the current percentage
%of the various criteria for stopping.
%Example:
%Create an options structure that uses GAPLOTSTOPPING
%as the plot function
%options = optimoptions('ga','PlotFcn',@gaplotstopping);
%(Note: If calling gamultiobj, replace 'ga' with 'gamultiobj')

%Copyright 2003-2015 The MathWorks, Inc.

CurrentGen = state.Generation;
stopCriteria(1) = CurrentGen / options.MaxGenerations;
stopString{1} = 'Generation';
stopCriteria(2) = toc(state.StartTime) / options.MaxTime;
stopString{2} = 'Time';
```

```
if isfield(state,'LastImprovement')
    stopCriteria(3) = (CurrentGen - state.LastImprovement) / options.MaxStall
Generations;
    stopString{3} = 'Stall (G)';
end

if isfield(state,'LastImprovementTime')
    stopCriteria(4) = toc(state.LastImprovementTime) / options.MaxStallTime;
    stopString{4} = 'Stall (T)';
end

ydata = 100 * stopCriteria;
switch flag
    case 'init'
        barh(ydata,'Tag','gaplotstopping')
        set(gca,'xlim',[0,100],'yticklabel', ...
            stopString,'climmode','manual')
        xlabel('% of criteria met','interp','none')
        title('Stopping Criteria','interp','none')
    case 'iter'
        ch = findobj(get(gca,'Children'),'Tag','gaplotstopping');
        set(ch,'YData',ydata);
end
```

在命令行窗口中重新执行遗传算法函数：

```
>> [x,fval,exitflag,output] = ga(@GAtestfcn,2,options);
Optimization terminated: average change in the fitness value less than options.
FunctionTolerance.
```

运行后得到如图 12-9 所示的遗传算法属性图。图中显示了"停止代数"满足了算法停止条件（百分比达到 100%），此时优化问题求解终止。

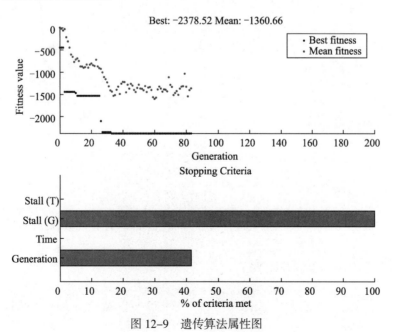

图 12-9　遗传算法属性图

注意：停止代数的作用是，当目标函数在停止代数所设定代数内的加权平均变化小于设定值时，算法停止运行。

在遗传算法中，算法的"终止"属性是决定计算结果的重要参数。如果需要将算法的最大运行代数设为 200，停止代数设为 50，可以在命令行窗口中输入如下代码：

```
>> options=gaoptimset(options,'Generations',200,'StallGenLimit',20)
options =
    包含以下字段的 struct:
          PopulationType: []
           PopInitRange: []
          PopulationSize: []
             EliteCount: []
       CrossoverFraction: []
          ParetoFraction: []
       MigrationDirection: []
        MigrationInterval: []
        MigrationFraction: []
             Generations: 200
               TimeLimit: []
             FitnessLimit: []
            StallGenLimit: 20
               StallTest: []
           StallTimeLimit: []
                  TolFun: []
                  TolCon: []
        InitialPopulation: []
           InitialScores: []
       NonlinConAlgorithm: []
           InitialPenalty: []
            PenaltyFactor: []
             PlotInterval: []
              CreationFcn: []
        FitnessScalingFcn: []
             SelectionFcn: []
             CrossoverFcn: []
              MutationFcn: []
        DistanceMeasureFcn: []
                HybridFcn: []
                  Display: []
                 PlotFcns: {@gaplotbestf  @gaplotstopping}
               OutputFcns: []
               Vectorized: []
              UseParallel: []
```

从上面得到的结果可以知道，算法最大运行代数 Generations 和停止代数 StallGenLimit 分别被设置成为了 20 和 200。

在命令行窗口中重新执行遗传算法求解：

```
[x,fval,exitflag,output] = ga(@GAtestfcn,2,options);
Optimization terminated: average change in the fitness value less than options.
FunctionTolerance.
```

得到如图 12-10 所示的遗传算法属性图。从图中可以看出，当算法运行代数达到了 20 后，算法停止运行。

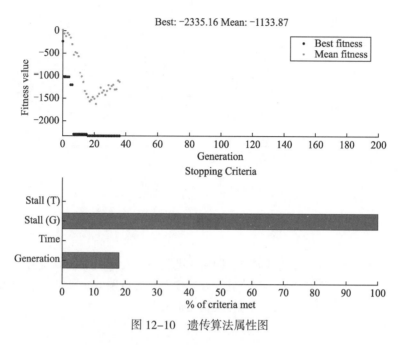

图 12-10 遗传算法属性图

12.4 遗传算法的典型应用

前面已经讲解了遗传算法的基本原理以及程序设计的实现方法，下面介绍遗传算法的几种典型应用，包括求函数极值、旅行商问题等。

12.4.1 求函数极值

利用遗传算法可以求解函数的极值，下面通过一个求解简单函数的最小值点（位置）的问题来初步展示遗传算法的具体实现方法。

【例 12-6】利用遗传算法求函数 $f(x) = 11\sin(6x) + 7\cos(5x), x \in [-\pi, \pi]$ 的最小值点。

解： 在"编辑器"窗口中编制绘制函数曲线程序如下：

```
clear,clc
x= -pi: 0.01: pi;
[a,b]=size(x);
for i=1:b
    y(i)=11*sin(6*x(i))+7*cos(5*x(i));
end
plot(x,y,'r')
title('函数曲线图')
xlabel('x'), ylabel('f(x)')
```

运行后可以得到如图 12-11 所示的函数曲线图。从图中可以看出，该函数有多个极值点，如果使用其他的搜寻方法，很容易陷入局部最小点，而不能搜寻到真正的全局最小点，但遗传算法可以较好地弥补这个缺陷。

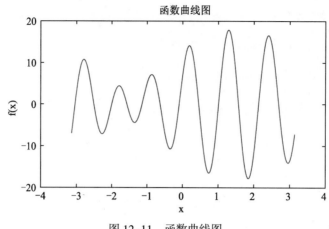

图 12-11　函数曲线图

下面利用遗传算法进行求解。

1. 问题分析

在本题中，设定自变量 x 为个体的基因组，即用二进制编码表示 x；设定函数值 $f(x)$ 为个体的适应度，函数值越小，适应度越高。关于二进制编码方式，在精度允许的范围下，可以将区间内的无穷多点用间隔足够小的有限点来代替，以降低计算量的同时保证精度损失不大。

2. 编码

用长度为 10 的二进制编码串来分别表示两个决策变量 Umax(2π)、Umin(0)。10 位二进制编码串可以表示 0～1023 的 1024 个不同的数，故将 Umax、Umin 的定义域离散为 1023 个均等的区域，包括两个端点在内共有 1024 个不同的离散点。

从离散点 Umin 到 Umax，依次让它们分别对应 0000000000（0）～1111111111（1023）的二进制编码；再将分别表示 Umax、Umin 的二进制编码串联在一起，组成一个 20 位长的二进制编码串，它构成了这个函数优化问题的染色体编码方法。使用这种编码方法，解空间和遗传算法的搜索空间具有一一对应的关系。

3. 确定个体评价方法

在遗传算法中，以个体适应度的大小来确定该个体被遗传到下一代群体中的概率。基本遗传算法使用比例选择算子确定群体中各个体遗传到下一代群体中的数量。为正确计算不同情况下各个体的遗传概率，要求所有个体的适应度必须为整数或者是零，不能是负数。

为满足适应度取非负值的要求，将目标函数 $f(x)$ 变换为个体适应度函数 $F(x)$，一般采用以下两种方法：

（1）求目标函数最大值的优化问题，变换公式为

$$F(x) = \begin{cases} f(x) + C_{\min}, & (f(x) + C_{\min}) > 0 \\ 0, & \text{其他} \end{cases}$$

其中，$C_{\min}$ 为一个相对比较小的数，它可为预先指定的一个较小的数，或者为进化到当前代为止的最小目标函数值、当前代或最近几代群体中的最小目标函数。

（2）求目标函数最小值的优化问题，变换公式为

$$F(x) = \begin{cases} C_{\max} - f(x), & f(x) < C_{\max} \\ 0, & \text{其他} \end{cases}$$

其中，$C_{\max}$ 为一个相对比较大的数，它可为预先指定的一个较大的数，或者进化到当前代为止的最大目标

函数值、当前代或最近几代群体中的最大目标函数值。

根据适者生存原则选择下一代的个体。在选择时，以适应度为选择原则。适应度原则体现了适者生存，不适应者淘汰的自然法则。

4. 设计遗传算子

（1）采用轮盘赌选择法，决定哪些个体可以进入下一代。

① 在第 t 代，由 $p_i = \dfrac{f_i}{\sum\limits_{i=1}^{n} f_i} = \dfrac{f_i}{f_{sum}}$ 计算 p_i。

② 产生$\{0,1\}$的随机数 rand，求 $s = \text{rand} \times f_{sum}$。

③ 求 $\sum\limits_{i=1}^{k} f_i \geqslant s$ 中最小的 k，则第 k 个个体被选中。

④ 进行 n 次步骤②和步骤③的操作，得到 n 个个体，成为第 $t=t+1$ 代种群。

（2）分别求出 20 个初始种群中每个种群个体的适应度函数，并计算所有种群的和 S。

（3）在区间$(0, S)$上随机地产生一个数 r，从某个基因开始，逐一取出基因，把它的适应度加到 s 上（s 开始为 0），如果 s 大于 r，则停止循环并返回当前基因。

5. 交叉运算

使用单点交叉算子，对于选中用于繁殖下一代的个体，随机地选择两个个体的相同位置，按交叉概率 pc 在选中的位置实行交换。这个过程反映了随机信息交换，目的在于产生新的基因组合，即产生新的个体。

6. 变异运算

在所有的个体一样时，交叉是无法产生新的个体的，这时只能靠变异产生新的个体。在算法中，变异概率分别对每个或者几个基因位做变异操作就可以生成新的种群个体。

父代中的每个个体的每一位都可以以设定的概率进行翻转，即由 1 变为 0，或由 0 变为 1。变异增加了全局优化的特质。

根据以上分析，编写 MATLAB 程序如下：

```
%%%%%%主程序%%%%%%
clear,clc
popsize=20;                                    %设置初始参数，群体大小
chromlength=8;                                 %染色体长度
pc=0.7;                                        %设置交叉概率
pm=0.02;                                       %设置变异概率
pop=initpop(popsize,chromlength);              %运行初始化函数，随机产生初始群体
for i=1:20                                     %20 为迭代次数
    [objvalue]=calobjvalue(pop);               %计算目标函数
    fitvalue=calfitvalue(objvalue);            %计算群体中每个个体的适应度值
    [newpop]=selection(pop,fitvalue);          %选择
    [newpop]=crossover(pop,pc);                %交叉
    [newpop]=mutation(pop,pc);                 %变异
    [bestindividual,bestfit]=best(pop,fitvalue); %求出群体中适应值最大的个体及其适应度值
    y(i)=max(bestfit);
    n(i)=i;
    pop5=bestindividual;
    x(i)=decodechrom(pop5,1,chromlength)*10/1023;
    pop=newpop;
end
```

```
fplot(@(x)11*sin(6*x)+7*cos(5*x),[-pi pi])
grid on
hold on
plot(x,y,'r*')
xlabel('自变量')
ylabel('目标函数值')
title('个体数目20，编码长度8，交叉概率0.7，变异概率0.02')
fmax=max(y);
hold off


%%%%%%%初始化%%%%%%%
function pop=initpop(popsize,chromlength)
pop=round(rand(popsize,chromlength));
%popsize 表示群体的大小，chromlength 表示染色体的长度(二值数的长度)
end


%%%%%%%计算目标函数值%%%%%%%
%产生 [2^n 2^(n-1) … 1] 的行向量，然后求和，将二进制数转化为十进制数
function pop2=decodebinary(pop)
[px,py]=size(pop);                              %求 pop 的行数和列数
for i=1:py
    pop1(:,i)=2.^(py-i).*pop(:,i);
end
pop2=sum(pop1,2);
%求 pop1 的每行之和
end


%将二进制数转换成十进制数
function pop2=decodechrom(pop,spoint,length)
pop1=pop(:,spoint:spoint+length-1);
%取出第 spoint 位开始到第 spoint+length-1 位的参数
pop2=decodebinary(pop1);
%利用上面的函数 decodebinary(pop)将用二进制数表示的个体基因变为十进制数
end


%实现目标函数的计算
function [objvalue]=calobjvalue(pop)
temp1=decodechrom(pop,1,8);                     %将 pop 的每行转化成十进制数
x=temp1*10/1023;                               %将二值域中的数转化为变量域的数
objvalue=11*sin(6*x)+7*cos(5*x);               %计算目标函数值
end


%%%%%%%计算个体的适应度值%%%%%%%
%计算个体的适应度值
function fitvalue=calfitvalue(objvalue)
global Cmin;
Cmin=0;
[px,py]=size(objvalue);
for i=1:px
    if objvalue(i)+Cmin>0
        temp=Cmin+objvalue(i);
    else
        temp=0.0;
    end
```

```
        fitvalue(i)=temp;
    end
    fitvalue=fitvalue';
end

%%%%%%选择复制%%%%%%
function [newpop]=selection(pop,fitvalue)
totalfit=sum(fitvalue);            %求适应度值之和
fitvalue=fitvalue/totalfit;        %单个个体被选择的概率
fitvalue=cumsum(fitvalue);
[px,py]=size(pop);
ms=sort(rand(px,1));               %用轮盘赌选择法，从小到大排列随机数
fitin=1;                           %fitvalue(fitin)代表第fitin个个体的单个个体被选择的概率
newin=1;
while newin<=px
    if(ms(newin))<fitvalue(fitin)
        %ms(newin)表示的是ms列向量中第newin位数值，小于fitvalue(fitin)
        newpop(newin,:)=pop(fitin,:);
        %赋值，即将旧种群中的第fitin个个体保留到下一代(newpop)
        newin=newin+1;
    else
        fitin=fitin+1;
    end
end
end

%%%%%%交叉%%%%%%
function [newpop]=crossover(pop,pc)
[px,py]=size(pop);
newpop=ones(size(pop));
for i=1:2:px-1
    if(rand<pc)                    % 产生一随机数并与交叉概率比较
        cpoint=round(rand*py);
        newpop(i,:)=[pop(i,1:cpoint) pop(i+1,cpoint+1:py)];
        newpop(i+1,:)=[pop(i+1,1:cpoint) pop(i,cpoint+1:py)];
    else
        newpop(i,:)=pop(i,:);
        newpop(i+1,:)=pop(i+1,:);
    end
end
end

%%%%%%变异%%%%%%
function [newpop]=mutation(pop,pm)
[px,py]=size(pop);
newpop=ones(size(pop));
for i=1:px
    if(rand<pm)                    %产生一随机数并与变异概率比较
        mpoint=round(rand*py);
        if mpoint<=0 mpoint=1;
        end
        newpop(i,:)=pop(i,:);
        if any(newpop(i,mpoint))==0
            newpop(i,mpoint)=1;
        else
```

```
                newpop(i,mpoint)=0;
        end
    else
        newpop(i,:)=pop(i,:);
    end
end
end

%%%%%%求出群体中最大的适应度值及其个体%%%%%%
function [bestindividual,bestfit]=best(pop,fitvalue)
[px,py]=size(pop);
bestindividual=pop(1,:);
bestfit=fitvalue(1);
for i=2:px
    if fitvalue(i)>bestfit
        bestindividual=pop(i,:);
        bestfit=fitvalue(i);
    end
end
end

%%%%%%求出最佳个体的对应 X 值%%%%%%
function t=decodebinary2(pop)
[px,py]=size(pop);
for j=1:py;
    pop1(:,j)=2.^(py-1).*pop(:,j);
    py=py-1;
end
temp2=sum(pop1,2);
t=temp2*2*pi/1023;
end
```

本题中选择二进制编码，种群中的个体数目为 20，二进制编码长度为 8，交叉概率为 0.7，变异概率为 0.02。运行以上程序即可得到目标函数值变化曲线如图 12-12 所示。

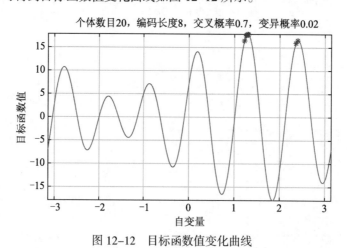

图 12-12　目标函数值变化曲线

在命令行窗口中输入下列代码以获取函数目标函数值及函数的最大值。

```
>> y
y =
```

```
    16.4264    15.9403    17.8197    17.8197    17.5453    17.8197    17.5453    17.5453
  17.8197    16.5141
    17.6945    17.7533    17.8320    17.8320    17.8320    17.6945    17.6945    17.8197
  17.8197    17.8197
>> fmax
fmax =
    17.8320
```

选择二进制编码，降低交叉概率，即种群中的个体数目为 20，二进制编码长度为 8，交叉概率为 0.1，变异概率为 0.02。运行主程序，得到目标函数值和最大值为：

```
>> y
y =
    17.3431    17.6945    17.6945    17.6945    17.6945    17.6945    17.6945    17.6945
  17.4590    17.4590
    17.4590    17.4590    17.4590    17.6330    17.6330    17.6330    17.6330    17.6330
  17.6330    17.6330
>> fmax
fmax =
    17.6945
```

降低交叉概率后的目标函数值变化曲线如图 12-13 所示。由图可见，交叉概率较小时，全局最优解也减少。

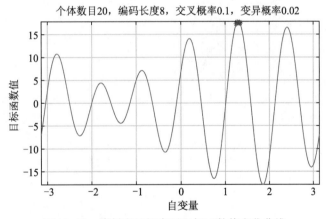

图 12-13　降低交叉概率后目标函数值变化曲线

选择二进制编码，增加变异概率，即种群中的个体数目为 20，二进制编码长度为 8，交叉概率为 0.7，变异概率为 0.1。运行主程序，得到目标函数值和最大值为：

```
>> y
y =
    17.8320    17.8197    17.8197    17.8320    16.5310    17.4590    17.8320    16.7827
  17.8197    17.8320
    16.7827    16.7827    16.7827    16.7827    16.0208    15.5870    16.5310    14.8911
  14.8911    16.9522
>> fmax
fmax =
    17.8320
```

提高变异概率后的目标函数值变化曲线如图 12-14 所示。由图可见，增加变异概率并不一定使全局最优解增加。图中函数最大输出值为 17.8320，这与变异概率为 0.02 时的值相同。

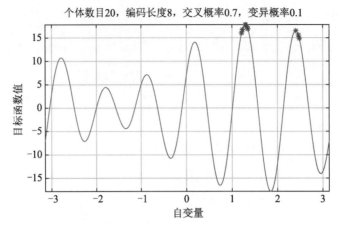

图 12-14　提高变异概率后目标函数值变化曲线

选择二进制编码，增加种群个体数目，即种群中的个体数目为 40，二进制编码长度为 8，交叉概率为 0.7，变异概率为 0.02。运行主程序，得到目标函数值和最大值为：

```
>> y
y =
   17.8320   17.8320   17.6330   17.8320   17.7902   17.7902   17.7902   17.7902
17.4590   17.7533
   16.2800   16.3281   17.7533   16.4136   17.8320   17.8197   17.8197   17.8197
17.8320   17.2319
>> fmax
fmax =
   17.8320
```

增加种群个体数目后的目标函数值变化曲线如图 12-15 所示，由图可见，增加种群个体数目后，函数最大值不变。

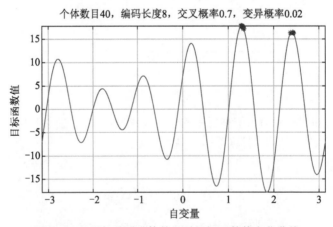

图 12-15　增加种群个体数目后目标函数值变化曲线

【例 12-7】利用遗传算法求函数 $f(x) = 10 + x\cos(5\pi x)$，$x \in [-1,1]$ 的最大值点。

解：在 MATLAB 中编制绘制函数曲线程序。运行得到如图 12-16 所示的函数曲线。

```
%%%%%绘制函数图形%%%%%%%
clear,clc
```

```
x=linspace(-1,1);
y=10+x.*cos(5*pi*x);
figure(1);
plot(x,y,'r')
title('函数曲线图')
xlabel('x'),ylabel('y')
```

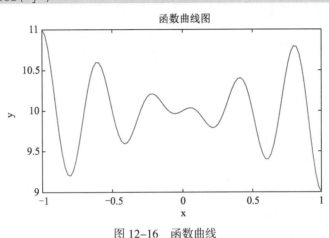

图 12-16　函数曲线

遗传算法求最大值点的程序代码如下：

```
%%%%%%主程序%%%%%%
global BitLength                                  %全局变量，计算如果满足求解精度至少需要编码的长度
global boundsbegin                                %全局变量，自变量的起始点
global boundsend                                  %全局变量，自变量的终止点
bounds=[-1 1];                                    %一维自变量的取值范围
precision=0.0001;                                 %运算精度
boundsbegin=bounds(:,1);
boundsend=bounds(:,2);                            %计算如果满足求解精度至少需要多长的染色体
BitLength=ceil(log2((boundsend-boundsbegin)'./precision));
popsize=50;                                       %初始种群大小
Generationnmax=20;                                %最大代数
pcrossover=0.90;                                  %交叉概率
pmutation=0.09;                                   %变异概率
population=round(rand(popsize,BitLength));        %初始种群，行代表一个个体，列代表不同个体

%计算适应度
[Fitvalue,cumsump]=fitnessfun(population);        %输入群体population，返回适应度值
                                                  %和累积概率cumsump

Generation=1;
while Generation<Generationnmax+1
    for j=1:2:popsize                             %1对1对的群体进行如下操作
        seln=selection(population,cumsump);       %选择
        scro=crossover(population,seln,pcrossover);   %交叉
        scnew(j,:)=scro(1,:);
        scnew(j+1,:)=scro(2,:);
        smnew(j,:)=mutation(scnew(j,:),pmutation);    %变异
        smnew(j+1,:)=mutation(scnew(j+1,:),pmutation);
    end
    population=smnew;                             %产生了新的种群
```

```
    %计算新种群的适应度
    [Fitvalue,cumsump]=fitnessfun(population);   %记录当前代最优适应度和平均适应度
    [fmax,nmax]=max(Fitvalue);          %最优适应度为 fmax（即函数最大值），其对应的个体为 nmax
    fmean=mean(Fitvalue);                        %平均适应度为 fmean
    ymax(Generation)=fmax;                       %每代中最优适应度
    ymean(Generation)=fmean;                     %每代中的平均适应度
    %记录当前代的最佳染色体个体
    x=transform2to10(population(nmax,:));        %population(nmax,:)为最优染色体个体
    xx=boundsbegin+x*(boundsend-boundsbegin)/(power(2,BitLength)-1);
    xmax(Generation)=xx;
    Generation=Generation+1;
end
Generation=Generation-1;                 %Generation 加 1、减 1 的操作是为了能记录各代中的最优函
                                         %数值 xmax(Generation)
targetfunvalue=targetfun(xmax);
[Besttargetfunvalue,nmax]=max(targetfunvalue);
Bestpopulation=xmax(nmax);

%绘制经过遗传运算后的适应度曲线
hand1=plot(1:Generation,ymax);
set(hand1,'linestyle','-','marker','*','markersize',8)
hold on;
hand2=plot(1:Generation,ymean);
set(hand2,'color','k','linestyle','-','marker','h','markersize',8)
xlabel('进化代数');
ylabel('最优和平均适应度');
xlim([1 Generationnmax]);
legend('最优适应度','平均适应度');
box off;grid on;
hold off;

%%%%%计算适应度函数%%%%%
function [Fitvalue,cumsump]=fitnessfun(population)
global BitLength
global boundsbegin
global boundsend
popsize=size(population,1);                      %计算个体个数
for i=1:popsize
    x=transform2to10(population(i,:));           %将二进制数转换为十进制数
    %转换为[-2,2]区间的实数
    xx=boundsbegin+x*(boundsend-boundsbegin)/(power(2,BitLength)-1);
    Fitvalue(i)=targetfun(xx);                   %计算函数值，即适应度值
end
%给适应度函数加上一个大小合理的数以保证种群适应度值为正数
Fitvalue=Fitvalue';                              %还有一个作用就是决定适应度是有利于选取几
                                                 %个有利个体（加强竞争），还是减弱竞争
%计算被选择概率
fsum=sum(Fitvalue);
Pperpopulation=Fitvalue/fsum;                    %适应度归一化，计算被选择概率
%计算累积概率
cumsump(1)=Pperpopulation(1);
for i=2:popsize
    cumsump(i)=cumsump(i-1)+Pperpopulation(i);   %求累积概率
end
cumsump=cumsump';                                %累积概率
```

```
end

%%%%%计算目标函数%%%%%
function y=targetfun(x)                              %目标函数
y=10+x.*cos(5*pi*x);
end

%%%%%%新种群交叉操作%%%%%%
function scro=crossover(population,seln,pc)          %population 为种群，seln 为选择的两个个
                                                     %体，pc 为交叉概率
BitLength=size(population,2);                         %二进制数的个数
pcc=IfCroIfMut(pc);                                  %根据交叉概率决定是否进行交叉操作，1 为是，0 为否
%进行交叉操作
if pcc==1
    chb=round(rand*(BitLength-2))+1;%随机产生一个交叉位
    scro(1,:)=[population(seln(1),1:chb) population(seln(2),chb+1:BitLength)];
    %序号为 seln(1) 的个体在交叉位 chb 前面的信息与序号为 seln(2) 的个体在交叉位 chb+1 后面的信息重
    %新组合
    scro(2,:)=[population(seln(2),1:chb) population(seln(1),chb+1:BitLength)];
    %序号为 seln(2) 的个体在交叉位 chb 前面的信息与序号为 seln(1) 的个体在交叉位 chb+1 后面的信息重
    %新组合
else
    %不进行交叉操作
    scro(1,:)=population(seln(1),:);
    scro(2,:)=population(seln(2),:);
end
end

%%%%%判断遗传运算是否需要进行交叉或变异%%%%%%
%根据 mutORcro 决定是否进行相应的操作，产生 1 的概率是 mutORcro，产生 0 的概率为 1-mutORcro
function pcc=IfCroIfMut(mutORcro)                    %mutORcro 为交叉、变异发生的概率
test(1:100)=0;                                       %1×100 的行向量
l=round(100*mutORcro);                              %产生一个数为 100×mutORcro，round 为取靠近的整数
test(1:l)=1;
n=round(rand*99)+1;
pcc=test(n);
end

%%%%%%新种群变异操作%%%%%%
function snnew=mutation(snew,pmutation)             %snew 为一个个体
BitLength=size(snew,2);
snnew=snew;
pmm=IfCroIfMut(pmutation);                          %根据变异概率决定是否进行变异操作，1 为是，0 为否
if pmm==1
    chb=round(rand*(BitLength-1))+1;               %在[1,BitLength]内随机产生一个变异位
    snnew(chb)=abs(snew(chb)-1);                   %0 变成 1，1 变成 0
end
end

%%%%%%新种群选择操作%%%%%%
function seln=selection(population,cumsump)         %从种群中选择两个个体，返回个体序号，
                                                    %两个序号可能相同
for i=1:2
    r=rand;                                         %产生一个随机数
    prand=cumsump-r;                                %求出 cumsump 中第 1 个比 r 大的元素
```

```
        j=1;
        while prand(j)<0
            j=j+1;
        end
        seln(i)=j;                          %选中个体的序号
    end
end


%%%%%%将二进制数转换为十进制数%%%%%%
function x=transform2to10(Population)
BitLength=size(Population,2);               %Population 的列，即二进制的长度
x=Population(BitLength);
for i=1:BitLength-1
    x=x+Population(BitLength-i)*power(2,i); %从末位加到首位
end
end
```

运行程序，得到函数最大适应度和平均适应度曲线如图 12-17 所示。由图可知，该种群约在第 14 代出现最大适应度值，即函数最大值。

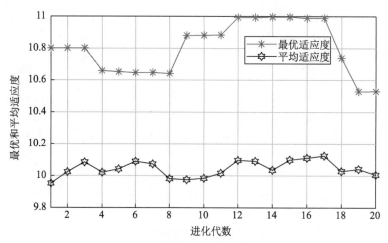

图 12-17　函数最优适应度和平均适应度曲线

在命令行窗口中输入以下代码并查看结果。

```
>> targetfunvalue                %目标函数值
targetfunvalue =
   10.8012   10.8015   10.8013   10.6596   10.6532   10.6475   10.6479   10.6422
10.8798   10.8812
   10.8839   10.9932   10.9932   10.9965   10.9965   10.9890   10.9895   10.7396
10.5292   10.5297
>> Besttargetfunvalue            %最优函数值（函数最大值）
Besttargetfunvalue =
   10.9965
>> nmax                          %函数出现最大值时对应的迭代数
nmax =
    14
```

从结果可以看出，在遗传算法进行到第 14 代时，函数出现最大值 10.9965。

注意：一般地，如果进化过程中种群的平均适应度与最大适应度在曲线上有相互趋同的形态，表示算法收敛进行得很顺利，没有出现震荡；在这种前提下，最大适应度个体连续若干代都没有发生进化表明种群已经成熟。

12.4.2　旅行商问题

旅行商问题（Traveling Salesman Problem，TSP）也称货郎担问题，是数学领域中的著名问题之一。TSP已经被证明是一个 NP-hard 问题，由于 TSP 代表一类组合优化问题，因此对其近似解的研究一直是算法设计的一个重要问题。

从描述上来看，TSP 是一个非常简单的问题，给定 n 个城市和各城市之间的距离，寻找一条遍历所有城市且每个城市只被访问一次的路径，最后回到起点，并保证总路径距离最短。其数学描述如下。

设 $G = (V, E)$ 为赋权图，$V = \{1, 2, \cdots, n\}$ 为顶点集，E 为边集，各顶点间距离为 C_{ij}，已知 $C_{ij} > 0$，且 $i, j \in V$，并设定：

$$x_{ij} = \begin{cases} 1, & \text{最优路径} \\ 0, & \text{其他情况} \end{cases}$$

那么整个 TSP 的数学模型表示如下：

$$\min Z = \sum_{i \neq j} C_{ij} x_{ij}$$

$$\text{s.t.} \begin{cases} \sum_{i \neq j} x_{ij} = 1, & j \in v \\ \sum_{i,j \in s} x_{ij} \leqslant |k| - 1, & k \subset v \end{cases} \qquad x_{ij} \in \{0, 1\}, \, i \in v, j \in v$$

其中，k 是 v 的全部非空子集，$|k|$ 是集合 k 中包含图 G 的全部顶点的个数。

利用遗传算法求解 TSP 的基本步骤如下。

（1）种群初始化：个体编码方法有二进制编码和实数编码，在解决 TSP 的过程中，个体编码方法为实数编码。对于 TSP，实数编码为 $1-n$ 的实数的随机排列，初始化的参数有种群个数 M、染色体基因个数 N（即城市数）、迭代次数 C、交叉概率 pc、变异概率 pm。

（2）适应度函数：在 TSP 中，已知任意两个城市之间的距离 $D(i,j)$，由每个染色体（即 n 个城市的随机排列）可计算出总距离，因此可将一个随机全排列的总距离的倒数作为适应度函数，即距离越短，适应度函数越好，满足 TSP 要求。

（3）选择操作：遗传算法中，选择操作有轮盘赌选择法、锦标赛法等多种方法，可以根据实际情况选择最合适的算法。

（4）交叉操作：遗传算法中，交叉操作有多种方法。一般对于个体，可以随机选择两个个体，在对应位置交换若干个基因片段，同时保证每个个体依然是 $1-n$ 的随机排列，防止进入局部收敛。

（5）变异操作：对于变异操作，随机选取个体，同时随机选取个体的两个基因进行交换以实现变异操作。

【例 12-8】 随机生成一组城市种群，利用遗传算法寻找一条遍历所有城市且每个城市只被访问一次的路径，且总路径距离最短的方法。

解：根据分析，利用遗传算法求解 TSP，代码如下：

```
%%%%%%主函数%%%%%%
clear; clc; clf
%%%%%%输入参数%%%%%%
```

```
N=15;                                    %%城市的个数
M=20;                                    %%种群的个数
C=100;                                   %%迭代次数
C_old=C;
m=2;                                     %%适应度值归一化，淘汰加速指数
Pc=0.4;                                  %%交叉概率
Pmutation=0.2;                           %%变异概率

%%%%%%生成城市的坐标%%%%%%
pos=randn(N,2);

%%%%%%生成城市之间距离矩阵%%%%%%
D=zeros(N,N);
for i=1:N
    for j=i+1:N
        dis=(pos(i,1)-pos(j,1)).^2+(pos(i,2)-pos(j,2)).^2;
        D(i,j)=dis^(0.5);
        D(j,i)=D(i,j);
    end
end

%%%%%%生成初始群体%%%%%%
popm=zeros(M,N);
for i=1:M
    popm(i,:)=randperm(N);
end

%%%%%%随机选择一个种群%%%%%%
R=popm(1,:);
figure(1);clf;
scatter(pos(:,1),pos(:,2) ,'k.');
xlabel('横轴'),ylabel('纵轴'),title('随机产生的种群图')
axis([-3 3 -3 3]);
figure(2);clf;
plot_route(pos,R);
xlabel('横轴'),ylabel('纵轴'),title('随机生成种群中城市路径情况')
axis([-3 3 -3 3]);

%%%%%%初始化种群及其适应函数%%%%%%
fitness=zeros(M,1);
len=zeros(M,1);
for i=1:M
    len(i,1)=myLength(D,popm(i,:));
end
maxlen=max(len);
minlen=min(len);
fitness=fit(len,m,maxlen,minlen);
rr=find(len==minlen);
R=popm(rr(1,1),:);
for i=1:N
    %fprintf('%d ',R(i));
end
% fprintf('\n');
fitness=fitness/sum(fitness);
distance_min=zeros(C+1,1);               %%各次迭代的最小的种群的距离
```

```
while C>=0
%    fprintf('迭代第%d次\n',C);
%%%%选择操作%%%%
    nn=0;
    for i=1:size(popm,1)
        len_1(i,1)=myLength(D,popm(i,:));
        jc=rand*0.3;
        for j=1:size(popm,1)
            if fitness(j,1)>=jc
                nn=nn+1;
                popm_sel(nn,:)=popm(j,:);
                break;
            end
        end
    end

%%%%每次选择都保存最优的种群%%%%
    popm_sel=popm_sel(1:nn,:);
    [len_m len_index]=min(len_1);
    popm_sel=[popm_sel;popm(len_index,:)];

%%%%交叉操作%%%%
    nnper=randperm(nn);
    A=popm_sel(nnper(1),:);
    B=popm_sel(nnper(2),:);
    for i=1:nn*Pc
        [A,B]=cross(A,B);
        popm_sel(nnper(1),:)=A;
        popm_sel(nnper(2),:)=B;
    end

%%%%变异操作%%%%
    for i=1:nn
        pick=rand;
        while pick==0
            pick=rand;
        end
        if pick<=Pmutation
            popm_sel(i,:)=Mutation(popm_sel(i,:));
        end
    end
%%%%求适应度函数%%%%
    NN=size(popm_sel,1);
    len=zeros(NN,1);
    for i=1:NN
        len(i,1)=myLength(D,popm_sel(i,:));
    end
    maxlen=max(len);
    minlen=min(len);
    distance_min(C+1,1)=minlen;
    fitness=fit(len,m,maxlen,minlen);
    rr=find(len==minlen);
%    fprintf('minlen=%d\n',minlen);
```

```
    R=popm_sel(rr(1,1),:);
    for i=1:N
        %fprintf('%d ',R(i));
    end
    %fprintf('\n');
    popm=[];
    popm=popm_sel;
    C=C-1;
    %pause(1);
end
figure(3)
plot_route(pos,R);
xlabel('横轴'),ylabel('纵轴'),title('优化后的种群中城市路径情况')
axis([-3 3 -3 3]);
```

主函数中用到的函数代码如下：

```
%%%%%%（1）适应度函数%%%%%%
function fitness=fit(len,m,maxlen,minlen)
fitness=len;
for i=1:length(len)
    fitness(i,1)=(1-(len(i,1)-minlen)/(maxlen-minlen+0.0001)).^m;
end
end

%%%%%%（2）计算个体距离函数%%%%%%
function len=myLength(D,p)
[N,NN]=size(D);
len=D(p(1,N),p(1,1));
for i=1:(N-1)
    len=len+D(p(1,i),p(1,i+1));
end
end

%%%%%%（3）交叉操作函数%%%%%%
function [A,B]=cross(A,B)
L=length(A);
if L<10
    W=L;
elseif ((L/10)-floor(L/10))>=rand&&L>10
    W=ceil(L/10)+8;
else
    W=floor(L/10)+8;
end
p=unidrnd(L-W+1);
% fprintf('p=%d ',p);
for i=1:W
    x=find(A==B(1,p+i-1));
    y=find(B==A(1,p+i-1));
    [A(1,p+i-1),B(1,p+i-1)]=exchange(A(1,p+i-1),B(1,p+i-1));
    [A(1,x),B(1,y)]=exchange(A(1,x),B(1,y));
end
end

%%%%%%（4）对调函数%%%%%%
function [x,y]=exchange(x,y)
```

```
temp=x;
x=y;
y=temp;
end

%%%%%%（5）变异函数%%%%%%
function a=Mutation(A)
index1=0;index2=0;
nnper=randperm(size(A,2));
index1=nnper(1);
index2=nnper(2);
%fprintf('index1=%d ',index1);
%fprintf('index2=%d ',index2);
temp=0;
temp=A(index1);
A(index1)=A(index2);
A(index2)=temp;
a=A;
end

%%%%%%（6）连点画图函数%%%%%%
function plot_route(a,R)
scatter(a(:,1),a(:,2),'rx');
hold on;
plot([a(R(1),1),a(R(length(R)),1)],[a(R(1),2),a(R(length(R)),2)]);
hold on;
for i=2:length(R)
    x0=a(R(i-1),1);
    y0=a(R(i-1),2);
    x1=a(R(i),1);
    y1=a(R(i),2);
    xx=[x0,x1];
    yy=[y0,y1];
    plot(xx,yy);
    hold on;
end
end
```

　　运行程序，得到随机产生的城市种群图如图 12-18 所示，从图中可以看出，随机产生的种群城市点不对称，也没有规律，用一般的方法很难得到其最优路径。

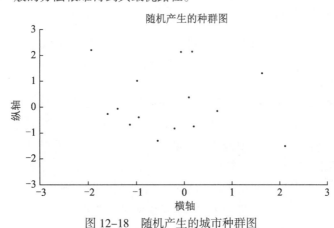

图 12-18　随机产生的城市种群图

随机生成种群中城市路径情况如图 12-19 所示。从图中可以看出，随机产生的路径长度很长，浪费比较多。

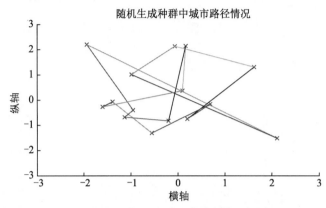

图 12-19　随机生成种群中城市路径情况

运行遗传算法，得到如图 12-20 所示优化后的城市路径。从图中可以看出，该路径明显优于图 12-19 中的路径，且每个城市只经过一次。

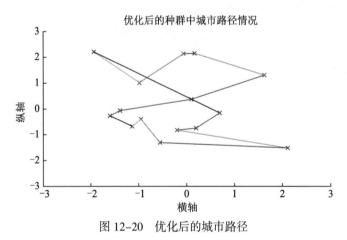

图 12-20　优化后的城市路径

12.4.3　非线性规划问题

通常，非线性规划问题是一个具有指数复杂度的 NP 问题，如果约束较为复杂，MATLAB 优化工具箱和一些优化软件（如 lingo 等）常无法应用来求解，即使能应用也不能给出一个令人满意的解。这时就需要针对问题设计专门的优化算法。

将遗传算法应用于非线性规划问题，是提高最优化质量改善收敛效果的有效途径。本节将介绍遗传算法在非线性规划问题中的具体应用，设计并实现求解非线性规划问题的遗传算法。

【例 12-9】标准遗传算法的一个重要概念是，染色体是可能解的二进制顺序号，由这个序号在可能解集合（解空间）中找到可能解。运用遗传算法求解设定的非线性方程组。

分析：这是遗传算法由染色体（可能解的二进制）顺序号找到可能解，把可能解代入设定的非线性方程组计算误差函数，判定方程组是否有解，从而选择最优染色体函数。

解：根据遗传算法程序的流程，在"编辑器"窗口中编写程序代码如下：

```
clear,clc
circleN=200;                                        %迭代次数
format long

%%%%%%%构造可能解的空间，确定染色体的个数、长度%%%%%%%
solutionSum=4;
leftBoundary=-10;
rightBoundary=10;
distance=1;
chromosomeSum=500;                                  %染色体的个数
solutionSumError=0.1;                               %解的误差

oneDimensionSet=leftBoundary:distance:rightBoundary;

oneDimensionSetN=size(oneDimensionSet,2);           %返回 oneDimensionSet 中的元素个数
solutionN=oneDimensionSetN^solutionSum;             %解空间（解集合）中可能解的总数
binSolutionN=dec2bin(solutionN);                    %把可能解的总数转换成二进制数
chromosomeLength=size(binSolutionN,2);              %由解空间中可能解的总数（二进制数）计算染色体的长度

%%%%%%%%%%%%%%%%程序初始化%%%%%%%%%%%%%%%%%%%%%%%
solutionSequence=fix(rand(chromosomeSum,1)*solutionN)+1;
for i=1:chromosomeSum
    if solutionSequence(i)>solutionN;
        solutionSequence(i)=solutionN;
    end
end
%染色体是解集合中的序号,它对应一个可能解
%把解的十进制序号转成二进制序号
fatherChromosomeGroup=dec2bin(solutionSequence,chromosomeLength);
holdLeastFunctionError=Inf;                         %可能解的最小误差的初值
holdBestChromosome=0;                               %对应最小误差的染色体的初值

%%%%%%%开始计算%%%%%%%%%%%%%%%
circle=0;
while circle<circleN                                %开始迭代求解
    circle=circle+1;                                %记录迭代次数
    %%%%%由可能解的序号寻找解本身%%%%%%%%
    x=chromosome_x(fatherChromosomeGroup,oneDimensionSet,solutionSum);
    %%%%%把解代入非线性方程计算误差%%%%%%%%
    functionError=nonLinearSumError1(x);            %把解代入方程计算误差
    [solution,minError,isTrue]=isSolution(x,functionError,solutionSumError);
    if isTrue==1
        '方程的解'
        solution
        minError
        circle
        return                                      %结束程序
    end
    %%%%%选择最优解对应的最优染色体%%%%%%%%
    [bestChromosome,leastFunctionError]=best_worstChromosome(fatherChromosomeGroup,
functionError);
    %%%%%%%保留每次迭代产生的最优的染色体%%%%%%%
    [holdBestChromosome,holdLeastFunctionError]...
```

```
        =compareBestChromosome(holdBestChromosome,holdLeastFunctionError,...
        bestChromosome,leastFunctionError);

    %%%%%%%把保留的最优的染色体加入染色体群中%%%%%%%%%
    order=round(rand(1)*chromosomeSum);
    if order==0
        order=1;
    end
    fatherChromosomeGroup(order,:)=holdBestChromosome;
    functionError(order)=holdLeastFunctionError;

    %%%%%%为每一条染色体，即可能解的序号定义一个概率%%%%%%%%%
    [p,trueP]=chromosomeProbability(functionError);
    if trueP =='Fail'
        '可能解严重不适应方程，请重新开始'
        return                                          %结束程序
    end
    %%%%%%%%%按照概率筛选染色体%%%%%%%
    fa=bin2dec(fatherChromosomeGroup);                  %显示父染色体
    %从父染色体中选择优秀染色体
    selecteChromosomeGroup=selecteChromosome(fatherChromosomeGroup,p);
    %%%%%%%%染色体杂交%%%%%%%%
    sle=bin2dec(selecteChromosomeGroup);
    sonChromosomeGroup=crossChromosome(selecteChromosomeGroup,2);
    sonChromosomeGroup=crossChromosome(fatherChromosomeGroup,2);
    sonChromosomeGroup=checkSequence(sonChromosomeGroup,solutionN);
    %检查杂交后的染色体是否越界
    %%%%%%%%杂交后变异%%%%%%%
    fatherChromosomeGroup=varianceCh(sonChromosomeGroup,0.1,solutionN);
    fatherChromosomeGroup=checkSequence(fatherChromosomeGroup,solutionN);
                                                %检查变异后的染色体是否越界
end

% 由染色体(可能解的二进制)顺序号找到可能解
% 该函数找出染色体(可能解的序号)对应的可能解 x
function x=chromosome_x(chromosomeGroup,oneDimensionSet,solutionSum)
%chromosomeGroup:染色体，也是可能解的二进制序号
%oneDimensionSet:一维数轴上的可能解
%solutionSum:非线性方程组的元数，也就是待解方程中未知变量的个数
[row oneDimensionSetN]=size(oneDimensionSet);
chromosomeSum=size(chromosomeGroup);                 %chromosomeSum:染色体的个数
xSequence=bin2dec(chromosomeGroup);       %把可能解的二进制序号(染色体的编号)转换成十进制序号
for i=1:chromosomeSum                                %i:染色体的编号
    remainder=xSequence(i);
    for j=1:solutionSum
        dProduct=oneDimensionSetN^(solutionSum-j);%sNproduct:
        quotient=remainder/dProduct;
        remainder=mod(remainder,dProduct);              %mod:取余函数
        if remainder==0
            oneDimensionSetOrder=quotient;
        else
            oneDimensionSetOrder=fix(quotient)+1;       %fix:取整函数
        end
        if oneDimensionSetOrder==0
            oneDimensionSetOrder=oneDimensionSetN;
```

```
        end
        x(i,j)=oneDimensionSet(oneDimensionSetOrder);
    end
end
end

% 把解代入非线性方程组计算绝对误差函数
function funtionError=nonLinearSumError1(X)              %方程的解是 7,5,1, 3
funtionError=...
    [
    abs(X(:,1).^2-sin(X(:,2).^3)+X(:,3).^2-exp(X(:,4))-50.566253390821)+...
    abs(X(:,1).^3+X(:,2).^2-X(:,4).^2+327)+...
    abs(cos(X(:,1).^4)+X(:,2).^4-X(:,3).^3-624.679868769613)+...
    abs(X(:,1).^4-X(:,2).^3+2.^X(:,3)-X(:,4).^4-2197)
    ];
end

%判定程序是否得解函数
function [solution,minError,isTrue]=isSolution(x,functionError,precision)
[minError,xi]=min(functionError);                       %找到最小误差，最小误差所对应的行号
solution=x(xi,:);
if minError<precision
    isTrue=1;
else
    isTrue=0;
end
end

%选择最优染色体函数
%找出最小误差所对应的最优染色体，最大误差所对应的最坏染色体
function [bestChromosome,leastFunctionError]=best_worstChromosome(chromosomeGroup,
functionError)
[leastFunctionError minErrorOrder]=min(functionError);
bestChromosome=chromosomeGroup(minErrorOrder,:);
end

% 误差比较函数：从两个染色体中，选出误差较小的染色体保留下来
function [newBestChromosome,newLeastFunctionError]...
    =compareBestChromosome(oldBestChromosome,oldLeastFunctionError,...
    bestChromosome,leastFunctionError)
if oldLeastFunctionError>leastFunctionError
    newLeastFunctionError=leastFunctionError;
    newBestChromosome=bestChromosome;
else
    newLeastFunctionError=oldLeastFunctionError;
    newBestChromosome=oldBestChromosome;
end
end

%为染色体定义概率函数，好的染色体概率高，坏染色体概率低
%根据待解的非线性函数的误差计算染色体的概率
function [p,isP]=chromosomeProbability(x_Error)
InfN=sum(isinf(x_Error));                                %估计非线性方程计算的结果
NaNN=sum(isnan(x_Error));
```

```
if InfN>0 || NaNN>0
    isP='Fail';
    p=0;
    return
else
    isP='True';
    errorReciprocal=1./x_Error;
    sumReciprocal=sum(errorReciprocal);
    p=errorReciprocal/sumReciprocal;        %p:可能解所对应的染色体的概率
end
end


%按概率选择染色体函数
function chromosome=selecteChromosome(chromosomeGroup,p)
cumuP=cumsum(p);                            %累积概率，也就是把每个染色体的概率映射到0～1的区间
[chromosomeSum,chromosomeLength]=size(chromosomeGroup);
for i=1:chromosomeSum                       %循环产生概率值
    rN=rand(1);
    if rN==1
        chromosome(i,:)=chromosomeGroup(chromosomeSum,:);
    elseif (0<=rN) && (rN<cumuP(1))
        chromosome(i,:)=chromosomeGroup(1,:);           %第1条染色体被选中
    else
        for j=2:chromosomeSum               %这个循环确定第1条以后的哪一条染色体被选中
            if (cumuP(j-1)<=rN) && (rN<cumuP(j))
                chromosome(i,:)=chromosomeGroup(j,:);
                break
            end
        end
    end
end
end


%父代染色体杂交产生子代染色体函数
function sonChromosome=crossChromosome(fatherChromosome,parameter)
[chromosomeSum,chromosomeLength]=size(fatherChromosome);
%chromosomeSum:染色体的条数；chromosomeLength:染色体的长度
switch parameter
    case 1                                              %随机选择父染色体进行交叉重组
        for i=1:chromosomeSum/2
            crossDot=fix(rand(1)*chromosomeLength);         %随机选择染色体的交叉点位
            randChromosomeSequence1=round(rand(1)*chromosomeSum);
            %随机产生第1条染色体的序号
            randChromosomeSequence2=round(rand(1)*chromosomeSum);
            %随机产生第2条染色体的序号，这两条染色体要进行杂交
            if randChromosomeSequence1==0                   %防止产生0序号
                randChromosomeSequence1=1;
            end
            if randChromosomeSequence2==0                   %防止产生0序号
                randChromosomeSequence2=1;
            end
            if crossDot==0 || crossDot==1
                sonChromosome(i*2-1,:)=fatherChromosome(randChromosomeSequence1,:);
                sonChromosome(i*2,:)=fatherChromosome(randChromosomeSequence2,:);
            else
```

```
        %执行两条染色体的交叉
        sonChromosome(i*2-1,:)=fatherChromosome(randChromosomeSequence1,:);
        %把父染色体整条传给子染色体
        sonChromosome(i*2-1,crossDot:chromosomeLength)=...
            fatherChromosome(randChromosomeSequence2,crossDot:
chromosomeLength)
        %下一条父染色体上交叉点 crossDot 后的基因传给子染色体，完成前一条染色体的交叉
        sonChromosome(i*2,:)=fatherChromosome(randChromosomeSequence2,:);
        sonChromosome(i*2,crossDot:chromosomeLength)...
            =fatherChromosome(randChromosomeSequence1,crossDot:
chromosomeLength)
        end
    end
    case 2                          %父染色体的第 i 号与第 chromosomeSum+1-i 号交叉
    for i=1:chromosomeSum/2
        crossDot=fix(rand(1)*chromosomeLength);        %随机选择染色体的交叉点位
        if crossDot==0 || crossDot==1
        sonChromosome(i*2-1,:)=fatherChromosome(i,:);
        sonChromosome(i*2,:)=fatherChromosome(chromosomeSum+1-i,:);
        else
        %执行两条染色体的交叉
        sonChromosome(i*2-1,:)=fatherChromosome(i,:); %把父染色体整条传给子染色体
        sonChromosome(i*2-1,crossDot:chromosomeLength)...
            =fatherChromosome(chromosomeSum+1-i,crossDot:chromosomeLength);
        %下一条父染色体上交叉点 crossDot 后的基因传给子染色体，完成前一条染色体的交叉
        sonChromosome(i*2,:)=fatherChromosome(chromosomeSum+1-i,:);
        sonChromosome(i*2,crossDot:chromosomeLength)...
            =fatherChromosome(i,crossDot:chromosomeLength);
        end
    end
    case 3                          %父染色体的第 i 号与第 i+chromosomeSum/2 号交叉
    for i=1:chromosomeSum/2
        crossDot=fix(rand(1)*chromosomeLength);        %随机选择染色体的交叉点位
        if crossDot==0 || crossDot==1
        sonChromosome(i*2-1,:)=fatherChromosome(i,:);
        sonChromosome(i*2,:)=fatherChromosome(i+chromosomeSum/2,:);
        else
        %执行两条染色体的交叉
        sonChromosome(i*2-1,:)=fatherChromosome(i,:);%把父染色体整条传给子染色体
        sonChromosome(i*2-1,crossDot:chromosomeLength)...
            =fatherChromosome(i+chromosomeSum/2,crossDot:chromosomeLength);
        %下一条父染色体上交叉点 crossDot 后的基因传给子染色体，完成前一条染色体的交叉
        sonChromosome(i*2,:)=fatherChromosome(i+chromosomeSum/2,:);
        sonChromosome(i*2,crossDot:chromosomeLength)...
            =fatherChromosome(i,crossDot:chromosomeLength);
        end
    end
end
end

%防止染色体超出解空间的函数
%检测染色体(序号)是否超出解空间的函数
function chromosome=checkSequence(chromosomeGroup,solutionSum)
[chromosomeSum,chromosomeLength]=size(chromosomeGroup);
decimalChromosomeSequence=bin2dec(chromosomeGroup);
```

```
for i=1:chromosomeSum                         %检测变异后的染色体是否超出解空间
    if decimalChromosomeSequence(i)>solutionSum
        chRs=round(rand(1)*solutionSum);
        if chRs==0
            chRs=1;
        end
        decimalChromosomeSequence(i)=chRs;
    end
end
chromosome=dec2bin(decimalChromosomeSequence,chromosomeLength);
end

%变异函数
%基因变异.染色体群中的 1/10 变异。vR 是变异概率。solutionN 是解空间中全部可能解的个数
function aberranceChromosomeGroup=varianceCh(chromosomeGroup,vR,solutionN)
[chromosomeSum,chromosomeLength]=size(chromosomeGroup);
if chromosomeSum<10
    N=1;
else
    N=round(chromosomeSum/10);
end
if rand(1)>vR                                             %变异操作
    for i=1:N
        chromosomeOrder=round(rand(1)*chromosomeSum);    %产生变异染色体序号
        if chromosomeOrder==0
            chromosomeOrder=1;
        end
        aberrancePosition=round(rand(1)*chromosomeLength);  %产生变异位置
        if aberrancePosition==0
            aberrancePosition=1;
        end
        if chromosomeGroup(chromosomeOrder,aberrancePosition)=='1'
            chromosomeGroup(chromosomeOrder,aberrancePosition)='0';    %变异
        else
            chromosomeGroup(chromosomeOrder,aberrancePosition)='1';    %变异
        end
    end
    aberranceChromosomeGroup=chromosomeGroup;
else
    aberranceChromosomeGroup=chromosomeGroup;
end
end
```

运行后得到：

```
ans =
    '方程的解'
solution =
    -7    5    1    -3
minError =
    5.471179065352771e-13
circle =
    146
```

即迭代 146 次，方程的解为[-7 5 1 -3]，解的误差为 5.471179065352771e-13。

12.4.4　多目标优化问题

一般来说，多目标优化问题并不存在一个最优解，所有可能的解都称为非劣解，也称为 Pareto 解。传统优化技术一般每次能得到 Pareo 解集中的一个，而用智能算法来求解，可以得到更多的 Pareto 解，这些解构成了一个最优解集，称为 Pareto 最优解。它是由那些以牺牲其他目标函数值为代价提高目标函数值的解组成的集合，称为 Pareto 最优域，简称 Pareto 集。

Pareto 最优解集是指由这样一些解组成的集合：与集合之外的任何解相比，它们至少有一个目标函数比集合之外的解好。

求解多目标优化问题最有名的就是 NSGA-II，即多目标遗传算法，但其对解的选择过程可以用在其他优化算法上，如粒子群算法、蜂群算法等。这里简单介绍一下 NSGA-II 算法，它主要包含以下 3 部分。

（1）快速非支配排序。

支配的概念为：对于解 X_1 和 X_2，如果 X_1 对应的所有目标函数都不比 X_2 大（最小问题），且存在一个目标值比 X_2 小，则 X_2 被 X_1 支配。

（2）个体拥挤距离。

为了使计算结果在目标空间比较均匀地分布，维持种群多样性，对每个个体计算拥挤距离，选择拥挤距离大的个体。

（3）精英策略选择。

精英策略选择就是保留父代中的优良个体直接进入子代，防止获得的 Pareto 最优解丢失。将第 t 次产生的子代种群和父代种群合并，然后对合并后的新种群进行非支配排序，然后按照非支配顺序添加到规模为 N 的种群中作为新的父代。

【例 12-10】求解多目标优化问题

$$\min\ f_1(x_1, x_2) = x_1^4 - 5x_1^2 + x_1 x_2 + x_2^4 - x_1^2 x_2^2$$
$$\min\ f_2(x_1, x_2) = x_2^4 - x_1^2 x_2^2 + x_1^4 + x_1 x_2$$
$$\text{s.t.}\quad -10 \leqslant x_1 \leqslant 10$$
$$-10 \leqslant x_2 \leqslant 10$$

解：（1）编写适应度值函数：

```
function y=golfun(x)
y(1)=x(1)^4-5*x(1)^2+x(1)*x(2)+x(2)^4-x(1)^2*x(2)^2;
y(2)=x(2)^4-x(1)^2*x(2)^2+x(1)^4+x(1)*x(2);
end
```

（2）编写求解函数：

```
clear,clc
fitnessfcn=@golfun;                      %适应度函数句柄
nvars=2;                                 %变量个数
lb=[-10,-10];                            %下限
ub=[10,10];                              %上限
A=[];b=[];                               %线性不等式约束
Aeq=[];beq=[];                           %线性等式约束
options=gaoptimset('paretoFraction',0.3,'populationsize',...
    100,'generations',200,'stallGenLimit',200,'TolFun',1e-100,'PlotFcns',
@gaplotpareto);
[x,fval]=gamultiobj(fitnessfcn,nvars,A,b,Aeq,beq,lb,ub,options)
                                %用遗传算法求多目标函数的 Pareto 最优解
```

运行过程会出现如图 12-21 所示的图形。

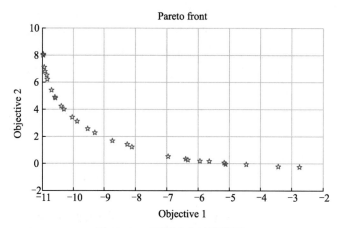

图 12-21　可行方向法流程图

运行完成后会得到如下结果：

```
Optimization terminated: maximum number of generations exceeded.
x =
    0.7070    -0.7077
    0.7070    -0.7077
    1.8470    -1.4625
    1.9515    -1.4937
    0.9367    -0.9848
    1.9515    -1.4937
      ...                    %省略掉中间数据，读者可自行运行程序查看
    1.7607    -1.3499
    1.6404    -1.2734
    1.1607    -0.8937
    0.8007    -0.8327
    1.0081    -0.8916
fval =
   -2.7491    -0.2500
   -2.7491    -0.2500
  -10.8424     6.2148
  -10.9722     8.0691
   -4.4499    -0.0630
      ...                    %省略掉中间数据，读者可自行运行程序查看
  -10.5951     4.9045
  -10.0365     3.4183
   -6.3962     0.3395
   -3.4252    -0.2195
   -5.1233    -0.0420
```

12.5　本章小结

本章详细介绍了遗传算法的基本概率和基本原理，然后对算法的编码规则、参数设置原则及适应度函数的调整等做了详细的介绍，并给出了遗传算法在求函数极值和 TSP 中的应用。本章还介绍了遗传算法工具箱的应用，利用遗传算法工具箱可以对传统的遗传算法实现全局优化，精度较高，使用方便。

第 13 章

免 疫 算 法

免疫算法（Immune Algorithm，IA）通过类似于生物免疫系统的机能，构造具有动态性和自适应性的信息防御体系，来抵制外部无用和有害信息的侵入，从而保证接收信息的有效性与无害性。本章重点介绍免疫算法的基本概念、定义和原理等，并对其运用 MATLAB 解决最短路径问题做详细介绍。

学习目标：

（1）了解免疫算法的基本概念和定义；

（2）掌握人工免疫系统算法的应用；

（3）掌握免疫算法的应用；

（4）熟悉 MATLAB 在免疫算法求解中的应用。

13.1 基本概念

免疫算法基于生物免疫系统基本机制，模仿了人体的免疫系统。人工免疫系统作为人工智能领域的重要分支，同神经网络及遗传算法一样也是智能信息处理的重要手段，已经受到广泛关注。

基于这一思想，将免疫概念及其理论应用于遗传算法，在保留原算法优良特性的前提下，力图有选择、有目的地利用待求问题中的一些特征信息或知识来抑制其优化过程中出现的退化现象，这种算法称为免疫算法。

13.1.1 免疫算法基本原理

免疫算法解决了遗传算法的早熟收敛问题，这种问题一般出现在实际工程优化计算中。因为遗传算法的交叉和变异运算本身具有一定的盲目性，如果在最初的遗传算法中引入免疫的方法和概念，对遗传算法全局搜索的过程进行一定强度的干预，就可以避免很多重复无效的工作，从而提高算法效率。

因为合理提取疫苗是算法的核心，为了更加稳定地提高群体适应度，算法可以针对群体进化过程中的一些退化现象进行抑制。

生物免疫系统的运行机制与遗传算法的求解类似。在抵抗抗原时，相关细胞增殖分化进而产生大量抗体抵御。倘若将所求的目标函数及约束条件当作抗原，问题的解当作抗体，那么遗传算法求解的过程实际上就是生物免疫系统抵御抗原的过程。

因为免疫系统具有辨识记忆的特点，所以可以更快识别个体群体。而我们所说的基于疫苗接种的免疫遗传算法就是将遗传算法映射到生物免疫系统中，结合工程运算得到的一种更高级的优化算法。面对求解问题时，相当于面对各种抗原，可以提前注射"疫苗"抑制退化问题，从而保持优胜劣汰的特点，使算法一直优化下去，达到免疫的目的。

一般的免疫算法可分为 3 种情况：

（1）基于免疫系统中的其他特殊机制抽象出的算法，例如克隆选择算法。

（2）与遗传算法等其他计算智能融合产生的新算法，例如免疫遗传算法。

（3）模仿免疫系统抗体与抗原识别，结合抗体产生过程而抽象出来的免疫算法。

13.1.2 免疫算法步骤和流程

免疫算法流程如图 13-1 所示。

其主要步骤如下：

（1）抗原识别。输入目标函数和各种约束条件作为免疫算法的抗原，并读取记忆库文件，若问题在文件中有所保留（保留的意思是指，该问题以前曾计算过，并在记忆库文件中存储过相关的信息），则初始化记忆库。

（2）产生初始解。初始解的产生来源有两种：根据上一步对抗原的识别，如问题在记忆库中有所保留，则取记忆库，不足部分随机生成；若记忆库为空，全部随机生成。

（3）适应度评价（或计算亲和力）。解规模中的各个抗体，按给定的适应度评价函数计算各自适应度。

（4）记忆单元的更新。将适应度（或期望率）高的个体加入记忆库中，这保证了对优良解的保留，使之能够延续到后代中。

（5）基于解的选择。选入适应度（或期望值）较高的个体，由其产生后代。所以适应度较低的个体将受到抑制。

（6）产生新抗体。通过交叉（Crossover）、变异（Mutation）、逆转等算子作用，选入的父代将产生新一代抗体。

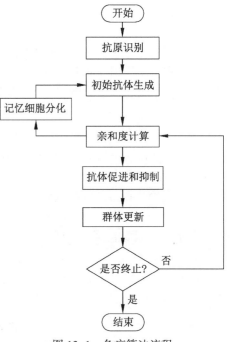

图 13-1 免疫算法流程

（7）终止条件。条件满足，则终止；不满足，跳转到第（3）步。

其中，免疫算法中最复杂的计算是亲和度计算。由于产生于确定克隆类型的抗体分子独特型是一样的，抗原与抗体的亲和度也是抗体与抗体的亲和度的测量。

一般计算亲和度的公式为

$$(A_g)_k = \frac{1}{1+t_k}$$

其中，t_k 是抗原和抗体 k 的结合强度。一般免疫算法计算结合强度 t_k 的数学工具主要如下：

（1）Hamming 距离，即

$$D = \sum_{i=1}^{L} \delta \qquad \begin{cases} \delta = 1, & x_i \neq y_i \\ \delta = 0, & \text{其他} \end{cases}$$

（2）Euclid 距离，即

$$D = \sqrt{\sum_{i=1}^{L} (x_i - y_i)^2}$$

（3）Manhattan 距离，即

$$D = \sqrt{\sum_{i=1}^{L} |x_i - y_i|}$$

一般免疫算法中抗体和抗原的编码方式主要有二进制编码、实数编码和字符编码 3 种。其中，二进制编码因简单而得到广泛使用。编码后亲和力的计算一般是比较抗体和抗原字符串之间的异同，根据上述亲和度计算方法计算。

13.1.3　免疫系统模型和免疫算法

ARTIS（ARTificial Immune System）是 Hofmeyr 提出的一种分布式人工免疫系统模型，它具有多样性、分布性、错误耐受、动态学习、自适应性、自我监测等特性，可应用于各种工程领域。

ARTIS 的免疫细胞生命周期理论对基于免疫的反垃圾邮件技术具有积极的启迪作用。

ARTIS 模型是一个分布式系统，它由一系列模拟淋巴结的节点构成，每个节点由多个检测器组成。各个节点都可以独立完成免疫功能。模型涉及的免疫机制包括识别、抗体多样性、调节、自体耐受、协同刺激等。

在 ARTIS 中，用固定长度的二进制串构成的有限集合 U 表示蛋白质链。U 可以分为两个子集：N 表示非自体，S 表示自体，满足

$$U = N \cup S, \text{ 且} N \cap S = \varnothing$$

目前常用的两种免疫算法是阴性选择算法和克隆选择算法，其基本形式如下。

1. 阴性选择算法

```
procedure
begin
随机生成大量的候选检测器(即免疫细胞)                    /*初始化*/
while 一个给定大小的检测器集合还没有被产生 do            /*耐受*/
    begin
    计算出每一个自体元素和一个候选检测器之间的亲和力;
    if 这个候选的检测器识别出了自体集合中的任何一个元素
        then 这个检测器就要被消除掉;
    else 把这个检测器放入检测器集合里面;               /*该检测器成熟*/
        利用经过耐受的检测器集合,检测系统以找出变种;
    end
end
end
```

2. 克隆选择算法

```
Begin
随机生成一个属性串(免疫细胞)的群体
While 收敛标准没有满足 do
    Begin
    While not 所有抗原搜索完毕 do;                      /*初始化*/
        Begin
        选择那些与抗原具有更高亲和力的细胞;              /*选择*/
        生成免疫细胞的副本:越高亲和力的细胞拥有更多的副本;  /*再生*/
        根据它们的亲和力进行变异:亲和力越高,变异越小;      /*遗传变异*/
        end
    end
end
```

13.1.4　免疫算法特点

免疫算法具有很多普通遗传算法没有的特点，其中主要包括如下 3 点：

（1）可以提高抗体的多样性。B 细胞抗原刺激下分化或增生成为浆细胞，产生特异性免疫球蛋白（抗体）来抵抗抗原，这种机制可以提高遗传算法全局优化搜索能力。

（2）可以自我调节。免疫系统通过抑制或者促进抗体进行自我调节，因此总可以维持平衡。同样的方法可以用来抑制或者促进遗传算法的个体浓度，从而提高遗传算法的局部搜索能力。

（3）具有记忆功能。当第一次抗原刺激后，免疫系统会将部分产生过相应抗体的细胞保留下来称为记忆细胞，如果同样的抗原再次刺激时，便能迅速产生大量相应抗体。同样的方法可以用来加快遗传算法搜索的速度，使遗传算法反应更迅速、快捷。

13.2　免疫遗传算法

免疫遗传算法和遗传算法的结构基本一致，最大的不同之处就在于，在免疫遗传算法中引入了浓度调节机制。进行选择操作时，遗传算法值只利用适应度值指标对个体进行评价；免疫遗传算法的选择策略变为：适应度越高，浓度越小的个体复制的概率越大；适应度越低，浓度越高的个体得到选择概率就越小。

免疫遗传算法的基本思想就是在传统遗传算法的基础上加入一个免疫算子，加入免疫算子的目的是防止种群退化。免疫算子由接种疫苗和免疫选择两个步骤组成，可以有效地调节选择压力。因此，免疫算法具有更好的保持群体多样性的能力。

13.2.1　免疫遗传算法步骤和流程

免疫遗传算法流程如图 13-2 所示。其主要步骤如下：

（1）抗原识别。将目标函数及约束条件当作抗原进行识别，来判定是否曾经解决过该类问题。

（2）生成初始抗体。对应遗传算法就是解的初始值。经过对抗原的识别，如果曾解决过此类问题，则直接寻找相应记忆细胞，从而产生初始抗体。

（3）记忆单元更新。选择亲和度高的抗体进行存储记忆。

（4）抗体的促进和抑制。在免疫遗传算法中，由于亲和度高的抗体易受到促进，传给下一代的概率更大，而亲和度低的就会受到抑制，这样很容易导致群体进化单一，导致局部优化。因此需要在算法中插入新的策略，保持群体的多样性。

（5）遗传操作。经过交叉、变异产生下一代抗体的过程。免疫遗传算法通过考虑抗体亲和度以及群体多样性，选择抗体群体，进行交叉编译从而产生新一代抗体，保证种族向适应度高的方向进化。

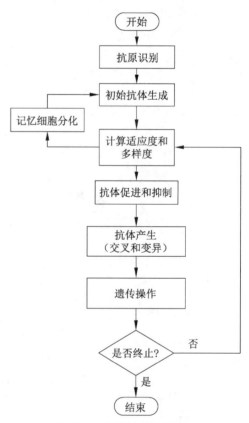

图 13-2　免疫遗传算法流程

13.2.2　免疫遗传算法实现

免疫遗传算法中的标准遗传操作，包括选择、交叉、变异，以及基于生物免疫机制的免疫记忆、多样性保持、自我调节等，都是针对抗体（在遗传算法中称为个体或染色体）进行的，而抗体可以很方便地用向量（即 $1 \times n$ 矩阵）表示，因此上述选择、交叉、变异、免疫记忆、多样性保持、自我调节等操作全部由矩阵运算实现。

利用 MATLAB 实现免疫遗传算法的最大优势在于它具有强大的处理矩阵运算的功能。免疫遗传算法的具体流程如图 13-3 所示。

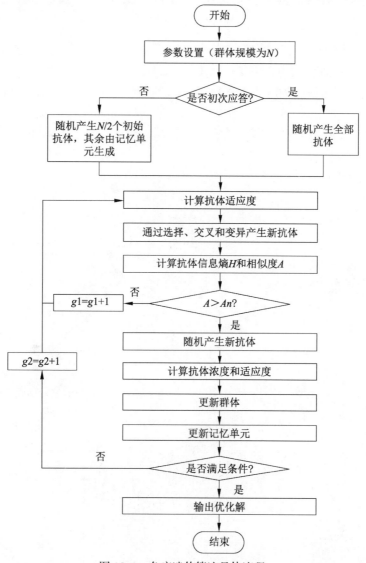

图 13-3　免疫遗传算法具体流程

【例 13-1】设计一个免疫遗传算法，实现对图 13-4 所示单阈值图像的分割，并画图比较分割前后图像效果。

图 13-4　单阈值图像

解： 图像阈值分割是一种广泛应用的分割技术，利用图像中要提取的目标区域与其背景在灰度特性上的差异，把图像看作具有不同灰度级的两类区域（目标区域和背景区域）的组合，选取一个比较合理的阈值，以确定图像中每个像素点应该属于目标区域还是背景区域，从而产生相应的二值图像。

假设免疫系统群体规模为 N，每个抗体基因长度为 M，采用符号集大小为 S（对二进制编码，$S=2$），输入变量数为 L（对优化问题指被优化变量个数），适应度为 1，随机产生的新抗体个数 P 为群体规模的 40%，进化截止代数为 60。

根据图 13-4，编写如下 MATLAB 代码：

```
clear,clc
tic
popsize=15;
lanti=10;
maxgen=60;                              %最大代数
cross_rate=0.3;                         %交叉速率
mutation_rate=0.05;                     %变异速率
a0=0.6;
zpopsize=5;
bestf=0;
nf=0;
number=0;
I=imread('fly.png');
q=ndims(I);                             %判断是否为 RGB 真彩图像
if q==3
    I=rgb2gray(I);                      %转换 RGB 图像为灰度图像
end
[m,n]=size(I);
p=imhist(I);                            %显示图像数据直方图
p=p';                                   %阵列由列变为行
p=p/(m*n);                              %将 p 的值变换到(0,1)
figure(1)
subplot(1,2,1);imshow(I);
title('原始图像的灰度图像');
hold on
%%%抗体群体初始化%%%%%%%%%%%%%
pop=2*rand(popsize,lanti)-1;            %pop 的值为(-1,1)的随机数矩阵
pop=hardlim(pop);                       %pop 大于或等于 0 结果为 1, pop 小于 0 结果为 0
%%%%%%%免疫操作%%%%%%%%%%%%%%%%%%%%%%
for gen=1:maxgen
```

```
        [fitness,yuzhi,number]=fitnessty(pop,lanti,I,popsize,m,n,number);
                                            %%计算抗体和抗原的亲和度
    if max(fitness)>bestf
        bestf=max(fitness);
        nf=0;
        for i=1:popsize
            if fitness(1,i)==bestf          %找出最大适应度在向量 fitness 中的序号
                v=i;
            end
        end
        yu=yuzhi(1,v);
    elseif max(fitness)==bestf
        nf=nf+1;
    end
    if nf>=20
        break;
    end
    A=shontt(pop);                          %计算抗体和抗体的相似度
    f=fit(A,fitness);                       %计算抗体的聚合适应度
    pop=select(pop,f);                      %进行选择操作
    pop=coss(pop,cross_rate,popsize,lanti); %交叉
    pop=mutation_compute(pop,mutation_rate,lanti,popsize);      %变异
    a=shonqt(pop);                          %计算抗体群体的相似度
    if a>a0
        zpop=2*rand(zpopsize,lanti)-1;
        zpop=hardlim(zpop);                 %随机生成 zpopsize 个新抗体
        pop(popsize+1:popsize+zpopsize,:)=zpop(:,:);
        [fitness,yuzhi,number]=fitnessty(pop,lanti,I,popsize,m,n,number);
        %计算抗体和抗原的亲和度
        A=shontt(pop);                      %计算抗体和抗体的相似度
        f=fit(A,fitness);                   %计算抗体的聚合适应度
        pop=select(pop,f);                  %进行选择操作
    end
    if gen==maxgen
        [fitness,yuzhi,number]=fitnessty(pop,lanti,I,popsize,m,n,number);
        %计算抗体和抗原的亲和度
    end
end
imshow(I);subplot(1,2,2);
fresult(I,yu);
title('阈值分割后的图像');

%% 均匀杂交
function pop=coss(pop,cross_rate,popsize,lanti)
j=1;
for i=1:popsize                             %选择进行抗体交叉的个体
    p=rand;
    if p<cross_rate
        parent(j,:)=pop(i,:);
        a(1,j)=i;
        j=j+1;
    end
end
j=j-1;
```

```
if rem(j,2)~=0
    j=j-1;
end
for i=1:2:j
    p=2*rand(1,lanti)-1;                        %随机生成一个模板
    p=hardlim(p);
    for k=1:lanti
        if p(1,k)==1
            pop(a(1,i),k)=parent(i+1,k);
            pop(a(1,i+1),k)=parent(i,k);
        end
    end
end
end

%% 抗体的聚合适应度函数
function f=fit(A,fitness)
t=0.8;
[m,m]=size(A);
k=-0.8;
for i=1:m
    n=0;
    for j=1:m
        if A(i,j)>t
            n=n+1;
        end
    end
    C(1,i)=n/m;                                 %计算抗体的浓度
end
f=fitness.*exp(k.*C);                           %抗体的聚合适应度
end

%% 适应度计算
function [fitness,b,number]=fitnessty(pop,lanti,I,popsize,m,n,number)
num=m*n;
for i=1:popsize
    number=number+1;
    anti=pop(i,:);
    lowsum=0;                                   %低于阈值的灰度值之和
    lownum=0;                                   %低于阈值的像素点的个数
    highsum=0;                                  %高于阈值的灰度值之和
    highnum=0;                                  %高于阈值的像素点的个数
    a=0;
    for j=1:lanti
        a=a+anti(1,j)*(2^(j-1));                %加权求和
    end
    b(1,i)=a*255/(2^lanti-1);
    for x=1:m
        for y=1:n
            if I(x,y)<b(1,i)
                lowsum=lowsum+double(I(x,y));
                lownum=lownum+1;
            else
                highsum=highsum+double(I(x,y));
                highnum=highnum+1;
```

```
            end
        end
    end
    u=(lowsum+highsum)/num;
    if lownum~=0
        u0=lowsum/lownum;
    else
        u0=0;
    end
    if highnum~=0
        u1=highsum/highnum;
    else
        u1=0;
    end
    w0=lownum/(num);
    w1=highnum/(num);
    fitness(1,i)=w0*(u0-u)^2+w1*(u1-u)^2;
end
end

%% 根据最佳阈值进行图像分割输出结果
function fresult(I,f,m,n)
[m,n]=size(I);
for i=1:m
    for j=1:n
        if I(i,j)<=f
            I(i,j)=0;
        else
            I(i,j)=255;
        end
    end
end
imshow(I);
end

%% 判断是否为RGB真彩图像
function y = isrgb(x)
wid = sprintf('Images:%s:obsoleteFunction',mfilename);
str1= sprintf('%s is obsolete and may be removed in the future.',mfilename);
str2 = 'See product release notes for more information.';
warning(wid,'%s\n%s',str1,str2);

y = size(x,3)==3;
if y
    if isa(x, 'logical')
        y = false;
    elseif isa(x, 'double')
        m = size(x,1);
        n = size(x,2);
        chunk = x(1:min(m,10),1:min(n,10),:);
        y = (min(chunk(:))>=0 && max(chunk(:))<=1);
        if y
            y = (min(x(:))>=0 && max(x(:))<=1);
        end
    end
```

```
    end
end

%% 变异操作
function pop=mutation_compute(pop,mutation_rate,lanti,popsize)          %均匀变异
for i=1:popsize
    s=rand(1,lanti);
    for j=1:lanti
        if s(1,j)<mutation_rate
            if pop(i,j)==1
                pop(i,j)=0;
            else pop(i,j)=1;
            end
        end
    end
end
end

%% 选择操作
function v=select(v,fit)
[px,py]=size(v);
for i=1:px;
    pfit(i)=fit(i)./sum(fit);
end
pfit=cumsum(pfit);
if pfit(px)<1
    pfit(px)=1;
end
rs=rand(1,10);
for i=1:10
    ss=0 ;
    for j=1:px
        if rs(i)<=pfit(j)
            v(i,:) = v(j,:);
            ss=1;
        end
        if ss==1
            break;
        end
    end
end
end

%% 群体相似度函数
function a=shonqt(pop)
[m,n]=size(pop);
h=0;
for i=1:n
    s=sum(pop(:,i));
    if s==0||s==m
        h=h;
    else
        h=h-s/m*log2(s/m)-(m-s)/m*log2((m-s)/m);
    end
end
```

```
a=1/(1+h);
end

%% 抗体相似度计算函数
function A=shontt(pop)
[m,n]=size(pop);
for i=1:m
    for j=1:m
        if i==j
            A(i,j)=1;
        else H(i,j)=0;
            for k=1:n
                if pop(i,k)~=pop(j,k)
                    H(i,j)=H(i,j)+1;
                end
            end
            H(i,j)=H(i,j)/n;
            A(i,j)=1/(1+H(i,j));
        end
    end
end
end
```

运行以上代码后，可以输出如图 13-5 所示的分割前后图像效果。

原始图像的灰度图像

阈值分割后的图像

图 13-5 分割前后图像效果

13.3 免疫算法应用

目前，研究者力求将生命科学中的免疫概念引入工程实践领域，借助其中的有关知识与理论并将其与已有的一些智能算法有机地结合起来，以建立新的进化理论与算法，来提高算法的整体性能。

免疫算法与遗传算法最大的区别是免疫算法多用了一个免疫函数。免疫算法是遗传算法的变体，它不用杂交，而是采用注入疫苗的方法。疫苗是优秀染色体中的一段基因，可以把疫苗接种到其他染色体中。

13.3.1 克隆选择应用

克隆选择原理最先由 Jerne 提出，后由 Burnet 给予完整阐述。其大致内容为：当淋巴细胞实现对抗原的识别后，B 细胞被激活并增殖复制产生 B 细胞克隆，随后克隆细胞经历变异过程，产生对抗原具有特异性的抗体。

克隆选择理论描述了获得性免疫的基本特性，并且声明只有成功识别抗原的免疫细胞才得以增殖。经历变异后的免疫细胞分化为效应细胞和记忆细胞两种。

【例 13-2】用克隆选择算法求解 $f(x) = x + 5\sin(8x) + 7\cos(3x)$，$-10 \leqslant x \leqslant 10$ 的最优解。

解： 使用 MATLAB 编写代码完成免疫算法的克隆选择，代码如下：

```
%%%%%%二维人工免疫优化算法%%%%%%
clear,clc
tic;
F='X+5*sin(X.*8)+7*cos(X.*3)';              %目标函数
FF=@(X)X+5*sin(X.*8)+7*cos(X.*3);           %目标函数，适用 fplot()函数
m=65;                                       %抗体规模
n=22;                                       %每个抗体二进制字符串长度
mn=60;                     %从抗体集合里选择 n 个具有较高亲和度的最佳个体进行克隆操作
xmin=-10;                                   %自变量下限
xmax=10;                                    %自变量上限
tnum=100;                                   %迭代代数
pMutate=0.1;                                %高频变异概率
cfactor=0.3;                                %克隆(复制)因子
A=InitializeFun(m,n);     %生成抗体集合 A(m×n),m 为抗体数目,n 为每个抗体基因长度（二进制编码）
FM=[];                                      %存放各代最优值的集合
FMN=[];                                     %存放各代平均值的集合
t=0;

while t<tnum
    t=t+1;
    X=DecodeFun(A(:,1:22),xmin,xmax);       %将二进制数转换成十进制数
    Fit=eval(F);                            %以 X 为自变量求函数值并存放到集合 Fit 中
    if t==1
        figure(1),clf,fplot(FF,[xmin,xmax]);
        grid on,hold on
        plot(X,Fit,'k*')
        xlabel('x'),ylabel('f(x)'),title('抗体的初始位置分布图')
    end
    if t==tnum
        figure(2),clf,fplot(FF,[xmin,xmax]);
        grid on,hold on
        plot(X,Fit,'r*')
        xlabel('x'),ylabel('f(x)'),title('抗体的最终位置分布图')
    end

    % T 为临时存放克隆群体的集合,克隆规模是抗原亲和度度量的单调递增函数
    % AAS 为每个克隆的最终下标位置
    % BBS 为每代最优克隆的下标位置
    % Fit 为每代适应度值集合
    % Affinity 为亲和度值大小顺序
    T=[];      %把临时存放抗体的集合清空
    [FS,Affinity]=sort(Fit,'ascend'); %把第 t 代的函数值 Fit 按从小到大的顺序排列并存放到 FS 中
    XT=X(Affinity(end-mn+1:end));   %把第 t 代的函数值的坐标按从小到大的顺序排列并存放到 XT 中
    FT=FS(end-mn+1:end);        %从 FS 集合中取后 mn 个第 t 代的函数值按原顺序排列并存放到 FT 中
    FM=[FM FT(end)];            %把第 t 代的最优函数值加到集合 FM 中
    [T,AAS]=ReproduceFun(mn,cfactor,m,Affinity,A,T);
                               %克隆(复制)操作,选择 mn 个候选抗体进行克隆,
                               %克隆数与亲和度成正比, AAS 是每个候选抗体克隆后在 T 中的开始坐标
    T=Hypermutation(T,n,pMutate,xmax,xmin); %把以前的抗体保存到临时克隆群体 T 里
    AF1=fliplr(Affinity(end-mn+1:end));     %从大到小重新排列要克隆的 mn 个原始抗体
    T(AAS,:)=A(AF1,:);                       %把以前的抗体保存到临时克隆群体 T 里
                               %从临时抗体集合 T 中根据亲和度的值选择 mn 个
```

```matlab
        X=DecodeFun(T(:,1:22),xmin,xmax);
        Fit=eval(F);
        AAS=[0 AAS];
        FMN=[FMN mean(Fit)];
        for i=1:mn
            [OUT(i),BBS(i)]=max(Fit(AAS(i)+1:AAS(i+1)));  %克隆子群中的亲和度最大的抗体被选中
            BBS(i)=BBS(i)+AAS(i);
        end
        AF2=fliplr(Affinity(end-mn+1:end));        %从大到小重新排列要克隆的 mn 个原始抗体
        A(AF2,:)=T(BBS,:);                         %选择克隆变异后 mn 个子群中的最好个体保存到 A 里,其余丢失
end
fprintf('\n The optimal point is:\n');
fprintf('\n x: %2.4f,  f(x):%2.4f\n',XT(end),FM(end));
figure(3),clf,plot(FM)
grid on,hold on
plot(FMN,'r --')
title('适应度值变化趋势'),xlabel('迭代数'),ylabel('适应度值')


%% %%%%%初始化函数%%%%%%
function A=InitializeFun(m,n)
A=2.*rand(m,n)-1;
A=hardlim(A);
end


%% %%%%解码函数%%%%%%
function X=DecodeFun(A,xmin,xmax)
A=fliplr(A);                                    %左右翻转矩阵 A
SA=size(A);
AX=0:1:21;
AX=ones(SA(1),1)*AX;
SX=sum((A.*2.^AX)');
X=xmin+(xmax-xmin)*SX./4194303;
end


%% %%%%克隆算子%%%%%%
function [T,AAS]=ReproduceFun(mn,cfactor,m,Affinity,A,T)
if mn==1
    CS=m;
    T=ones(m,1)*A(Affinity(end),:);
else
    for i=1:mn
        %每个抗体的克隆数与它和抗原的亲和度成正比%
        CS(i)=round(cfactor*m);            %计算每个抗体的克隆数目 CS(i)
        AAS(i)=sum(CS);                    %每个抗体克隆的最终下标位置
        ONECS=ones(CS(i),1);              %生成 CS(i)行 1 列单位矩阵 ONECS
        subscript=Affinity(end-i+1);      %确定当前要克隆抗体在抗体集合 A 中的下标
        AA=A(subscript,:);                %确定当前要克隆抗体的基因序列集合 AA(1×n)
        T=[T;ONECS*AA];                   %得到临时存放抗体的集合 T
    end
end
end
```

```
%% %%%%变异算子%%%%%%
function T=Hypermutation(T,n,pMutate,xmax,xmin)
M=rand(size(T,1),n)<=pMutate;
M=T-2.*(T.*M)+M;
k=round(log(10*(xmax-xmin)));
k=1;
T(:,k:n)=M(:,k:n);
end
```

　　运行主程序，得到抗体的初始位置分布图如图 13-6 所示，抗体最终位置分布图如图 13-7 所示。由图可以看出，子群中亲和度最大的抗体被克隆，其余抗体被丢弃。

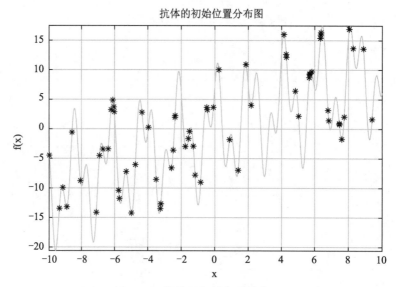

图 13-6　抗体的初始位置分布图

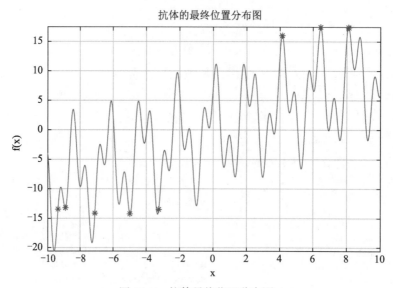

图 13-7　抗体最终位置分布图

抗体适应度值的变化趋势如图 13-8 所示，随着抗体迭代次数的增加，其平均适应度值（虚线）和最优适应值（实线）趋于稳定。

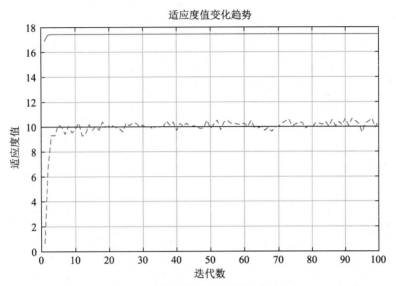

图 13-8 抗体适应度值的变化趋势

运行代码后得到结果如下：

```
The optimal point is:
 x: 6.4508, f(x):17.4528
```

这说明大约在第 7 代，抗体出现最优适应度值为 17.4528。

13.3.2 最短路径规划问题

路径规划是指在具有障碍物的环境中，按照一定的评价标准，寻找一条从起始状态到目标状态的无碰撞路径。最短路径规划问题是图论研究中的一个经典算法问题，其目的是寻找图（由结点和路径组成的）中两结点之间的最短路径。

该问题的具体形式如下：

（1）起点确定的最短路径问题：即已知起始结点，求最短路径的问题。

（2）终点确定的最短路径问题：与起点确定的问题相反，该问题是已知终结结点，求最短路径的问题。在无向图中该问题与确定起点的问题完全等同，在有向图中该问题等同于把所有路径方向反转的确定起点的问题。

（3）起点终点确定的最短路径问题：已知起点和终点，求两结点之间的最短路径。

（4）全局最短路径问题：求图中所有的最短路径。

设 $P(u,v)$ 是地图中从 u 到 v 的路径，则该路径上的边权之和称为该路径的权，记为 $w(P)$。从 u 到 v 的路径中权最小者 $P*(u,v)$ 称为 u 到 v 的最短路径。

【例 13-3】 在图 13-9 所示的网络中，求 1 号到 11 号的最短路径。

解： 根据免疫算法原理，在生成初始次优路径时，利用 dist 生成初始次优路径，再根据免疫算法计算全局最优路径。

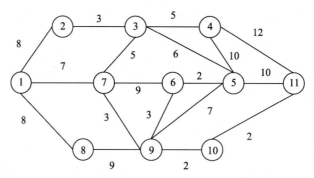

图 13-9　现有交通网络

在 MATLAB 中编写如下代码：

```
%%主程序
clear,clc
edge= [2,3,1,3,3,5,4, 4,1,7,6,6,5, 5,11, 1,8,6,9,10,8,9, 9,10;…
    3,4,2,7,5,3,5,11,7,6,7,5,6,11, 5, 8,1,9,5,11,9,8,10,9;…
    3,5,8,5,6,6,1,12,7,9,9,2,2,10,10,8,8,3,7, 2, 9,9, 2, 2];
n=11;
weight=inf*ones(n,n);
for i=1:n
    weight(i,i)=0;
end
for i=1:size(edge,2)
    weight(edge(1, i), edge(2, i))=edge(3, i);
end
[dis, path]=dijkstra(weight, 1,11)

%%求最短路径算法
function [min,path]=dijkstra(w,start,terminal)
n=size(w,1); label(start)=0; f(start)=start;
for i=1:n
    if i~=start
        label(i)=inf;
    end, end
s(1)=start; u=start;
while length(s)<n
    for i=1:n
        ins=0;
        for j=1:length(s)
            if i==s(j)
                ins=1;
            end, end
        if ins==0
            v=i;
            if label(v)>(label(u)+w(u,v))
                label(v)=(label(u)+w(u,v)); f(v)=u;
            end
        end
    end
    v1=0;
    k=inf;
```

```
    for i=1:n
        ins=0;
        for j=1:length(s)
            if i==s(j)
                ins=1;
            end, end
        if ins==0
            v=i;
            if k>label(v)
                k=label(v);  v1=v;
            end,  end,  end
    s(length(s)+1)=v1;
    u=v1;
end

min=label(terminal); path(1)=terminal;
i=1;
while path(i)~=start
    path(i+1)=f(path(i));
    i=i+1 ;
end
path(i)=start;
L=length(path);
path=path(L:-1:1);
end
```

运行后，得到结果如下：

```
dis =
    21
path =
    1    8    9    10    11
```

即表示顶点 1 到顶点 11 的最短路径为 1→8→9→10→11，其路径总长度为 21。

13.3.3　旅行商问题

旅行商问题（TSP）是指一个商人从某一城市出发，要遍历所有目标城市，其中每个城市必须而且只需访问一次。免疫算法是在克服遗传算法不足的基础上，提出的一种具有更强鲁棒性和更快收敛速度的搜索算法，并可以很好地解决遗传算法中出现的退化现象，所以在解决复杂的最优问题时具有广泛的应用。

免疫算法求解 TSP 流程如图 13-10 所示。

1．个体编码和适应度函数

（1）算法实现中，将 TSP 的目标函数对应于抗原，问题的解对应于抗体。

（2）抗体采用以遍历城市的次序进行编码，每一抗体码串形如 $v_1, v_2, \cdots, v_n$，其中，v_i 表示遍历城市的序号。适应度函数取路径长度 T_d 的倒数：

$$\text{Fitness}(i) = \frac{1}{T_d(i)}$$

其中，$T_d(i) = \sum_{i=1}^{n-1} d(v_i, v_{i+1}) + d(v_n, v_1)$ 表示第 i 个抗体所表示的遍历路径长度。

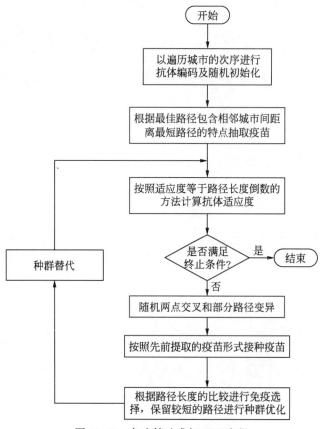

图 13-10　免疫算法求解 TSP 流程

2. 交叉与变异算子

采用单点交叉，其中交叉点的位置随机确定。算法中加入了对遗传个体基因型特征的继承性和对进一步优化所需个体特征的多样性进行评测的环节，在此基础上设计了一种部分路径变异法。

该方法每次选取全长路径的一段，路径子段的起点与终点由评测的结果估算确定。具体操作为采用连续 n 次的调换方式，其中 n 的大小由遗传代数 K 决定。

3. 免疫算子

免疫算子有两种类型，分别为全免疫（非特异性免疫）和目标免疫（特异性免疫），其中，全免疫即群体中的每个个体在进化算子作用后，对其每个环节都进行一次免疫操作的免疫类型；目标免疫即在进行了进化操作后，经过一定的判断，个体仅在作用点处发生免疫反应的一种类型。

对于 TSP，要找到适用于整个抗原（即全局问题求解）的疫苗极为困难，所以采用目标免疫。在求解问题之前先从每个城市点的周围各点中选取一个路径最近的点，以此作为算法执行过程中对该城市点进行目标免疫操作时所注入的疫苗。

每次遗传操作后，随机抽取一些个体注射疫苗，然后进行免疫检测，即对接种了疫苗的个体进行检测：若适应度提高，则继续；反之，若其适应度不如父代，说明在交叉、变异的过程中出现了严重的退化现象，这时该个体将被父代中所对应的个体所取代。

在选择阶段，先计算其被选中的概率，后进行相应的条件判断。

【例 13-4】选取 8 个城市的规模，随机生成城市的坐标。

解： 使用免疫算法解决旅行商问题的 MATLAB 代码如下：

```matlab
%% 主程序
clear,clc,clf
N=8;                                              %城市的个数
M=N-1;                                            %种群的个数
pos=randn(N,2);                                   %生成城市的坐标
global D;
D=zeros(N,N);                                     %城市距离数据
for i=1:N
    for j=i+1:N
        dis=(pos(i,1)-pos(j,1)).^2+(pos(i,2)-pos(j,2)).^2;
        D(i,j)=dis^(0.5);
        D(j,i)=D(i,j);
    end
end
%中间结果保存
global TmpResult TmpResult1;
TmpResult = []; TmpResult1 = [];
%参数设定
[M,N] = size(D);                                 %集群规模
pCharChange = 1;                                 %字符换位概率
pStrChange = 0.3;                                %字符串移位概率
pStrReverse = 0.3;                               %字符串逆转概率
pCharReCompose = 0.3;                            %字符重组概率
MaxIterateNum = 100;                             %最大迭代次数
%数据初始化
mPopulation = zeros(N-1,N);
mRandM = randperm(N-1);                          %最优路径
mRandM = mRandM + 1;
for rol = 1:N-1
    mPopulation(rol,:) = randperm(N);           %产生初始抗体
    mPopulation(rol,:) = DisplaceInit(mPopulation(rol,:));  %预处理
end
%迭代
count = 0;
figure(2);
while count < MaxIterateNum
    %产生新抗体
    B = Mutation(mPopulation, [pCharChange pStrChange pStrReverse pCharReCompose]);
    %计算所有抗体的亲和力和所有抗体与最优抗体的排斥力
    mPopulation = SelectAntigen(mPopulation,B);
    hold on
    plot(count,TmpResult(end),'o');
    drawnow
    % display(TmpResult(end));
    % display(TmpResult1(end));
    count = count + 1;
end
hold on
plot(TmpResult,'-r');
title('最佳适应度变化趋势');xlabel('迭代数');ylabel('最佳适应度')
% mRandM

%%
```

```matlab
function result = CharRecompose(A)
global D;
index = A(1,2:end);
tmp = A(1,1);
result = [tmp];
[m,n] = size(index);
while n>=2
    len = D(tmp,index(1));
    tmpID = 1;
    for s = 2:n
        if len > D(tmp,index(s))
            tmpID = s;
            len = D(tmp,index(s));
        end
    end
    tmp = index(tmpID);
    result = [result,tmp];
    index(:,tmpID) = [];
    [m,n] = size(index);
end
result = [result,index(1)];
end

%% 预处理
function result = DisplaceInit(A)
[m,n] = size(A);
tmpCol = 0;
for col = 1:n
    if A(1,col) == 1
        tmpCol = col;
        break;
    end
end
if tmpCol == 0
    result = [];
else
    result = [A(1,tmpCol:n), A(1,1:(tmpCol-1))];
end
end

%%
function result = DisplaceStr(inMatrix, startCol, endCol)
[m,n] = size(inMatrix);
if n <= 1
    result = inMatrix;
    return;
end
switch nargin
    case 1
        startCol = 1;
        endCol = n;
    case 2
        endCol = n;
end
mMatrix1 = inMatrix(:,(startCol + 1):endCol);
```

```
result = [mMatrix1, inMatrix(:, startCol)];
end


%%
function result = InitAntigen(A, B)
[m,n] = size(A);
global D;
Index = 1:n;
result = [B];
tmp = B;
Index(:,B) = [];
for col = 2:n
    [p,q] = size(Index);
    tmplen = D(tmp,Index(1,1));
    tmpID = 1;
    for ss = 1:q
        if D(tmp,Index(1,ss)) < tmplen
            tmpID = ss;
            tmplen = D(tmp,Index(1,ss));
        end
    end
    tmp = Index(1,tmpID);
    result = [result tmp];
    Index(:,tmpID) = [];
    End
end
end


%%
function result = Mutation(A, P)
[m,n] = size(A);
%字符换位
n1 = round(P(1)*m);
m1 = randperm(m);
cm1 = randperm(n-1)+1;
B1 = zeros(n1,n);
c1 = cm1(n-1);
c2 = cm1(n-2);
for s = 1:n1
    B1(s,:) = A(m1(s),:);
    tmp = B1(s,c1);
    B1(s,c1) = B1(s,c2);
    B1(s,c2) = tmp;
end

%字符串移位
n2 = round(P(2)*m);
m2 = randperm(m);
cm2 = randperm(n-1)+1;
B2 = zeros(n2,n);
c1 = min([cm2(n-1),cm2(n-2)]);
c2 = max([cm2(n-1),cm2(n-2)]);
for s = 1:n2
    B2(s,:) = A(m2(s),:);
    B2(s,c1:c2) = DisplaceStr(B2(s,:),c1,c2);
```

```
    end

%字符串逆转
n3 = round(P(3)*m);
m3 = randperm(m);
cm3 = randperm(n-1)+1;
B3 = zeros(n3,n);
c1 = min([cm3(n-1),cm3(n-2)]);
c2 = max([cm3(n-1),cm3(n-2)]);
for s = 1:n3
    B3(s,:) = A(m3(s),:);
    tmp1 = [[c2:-1:c1]',B3(s,c1:c2)'];
    tmp1 = sortrows(tmp1,1);
    B3(s,c1:c2) = tmp1(:,2)';
end

%字符重组
n4 = round(P(4)*m);
m4 = randperm(m);
cm4 = randperm(n-1)+1;
B4 = zeros(n4,n);
c1 = min([cm4(n-1),cm4(n-2)]);
c2 = max([cm4(n-1),cm4(n-2)]);
for s = 1:n4
    B4(s,:) = A(m4(s),:);
    B4(s,c1:c2) = CharRecompose(B4(s,c1:c2));
end
result = [B1;B2;B3;B4];
end

%%
function result = SelectAntigen(A,B)
global D;
[m,n] = size(A);
[p,q] = size(B);
index = [A;B];
rr = zeros((m+p),2);
rr(:,2) = [1:(m+p)]';
for s = 1:(m+p)
    for t = 1:(n-1)
        rr(s,1) = rr(s,1)+D(index(s,t),index(s,t+1));
    end
    rr(s,1) = rr(s,1) + D(index(s,n),index(s,1));
end
rr = sortrows(rr,1);
ss = [];
tmplen = 0;
for s = 1:(m+p)
    if tmplen ~= rr(s,1)
        tmplen = rr(s,1);
        ss = [ss;index(rr(s,2),:)];
    end
end
global TmpResult;
TmpResult = [TmpResult;rr(1,1)];
```

```
global TmpResult1;
TmpResult1 = [TmpResult1;rr(end,1)];
result = ss(1:m,:);
end
```

运行以上代码，输出如图 13-11 所示的最佳适应度变化趋势。

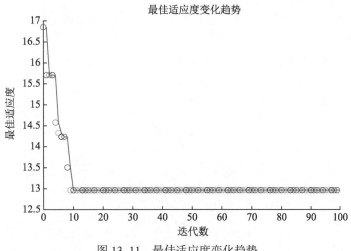

图 13-11 最佳适应度变化趋势

在 MATLAB 命令行窗口输入最优路径变量 mRandM，可以得到：

```
>> mRandM
mRandM =
     2    8    6    3    7    4    5
```

即 8 个城市的最优路径为 2→8→6→3→7→4→5。

13.3.4 故障检测问题

免疫算法的基础就在于如何计算抗原与抗体、抗体与抗体之间相似度，因此免疫算法在处理相似性方面有着独特的优势。

基于人工免疫的故障检测和诊断模型如图 13-12 所示。

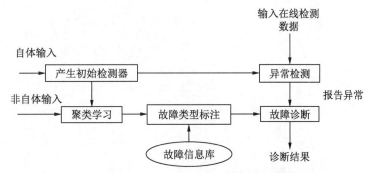

图 13-12 基于人工免疫的故障检测和诊断模型

在此模型中，用一个 N 维特征向量表示系统工作状态的数据。为了减少时间的复杂度，对系统工作状态的检测分为如下两个层次：

（1）异常检测：负责报告系统的异常工作状态。

（2）故障诊断：确定故障类型和发生的位置。

描述系统正常工作的自体为第 1 类抗原，用于产生原始抗体；描述系统工作异常的非自体作为第 2 类抗原，用于刺激抗体进行变异和克隆进化，使其成熟。

下面举例讲解采用免疫算法对诊断的获取技术。

【例 13-5】随机设置一组故障编码和 3 种故障类型编码，通过免疫算法，求得故障编码属于故障类型编码的概率。

解： 根据故障检测模型，编写的 MATLAB 代码如下：

```
clear,clc
global popsize length min max N code;
N=11;                                    %每个染色体段数（十进制编码位数）
M=110;                                   %进化代数
popsize=20;                              %设置初始参数，群体大小
length=10;                               %length 为每段基因的二进制编码位数
chromlength=N*length;                    %染色体（个体）的二进制编码长度
pc=0.7;
%设置交叉概率，本例中交叉概率是定值，若想设置变化的交叉概率可用表达式表示
%或重写一个交叉概率函数，例如用神经网络训练得到的值作为交叉概率
pm=0.3;                                  %设置变异概率，同理也可设置为变化的
bound={-100*ones(popsize,1),zeros(popsize,1)};min=bound{1};max=bound{2};
pop=initpop(popsize,chromlength);
%运行初始化函数，随机产生初始群体
ymax=500;
K=1;

%故障类型编码，每一行为一种! code(1,:)，正常；code(2,:)，50%；code(3,:)，100%
code =[-0.8180   -1.6201  -14.8590  -17.9706  -24.0737  -33.4498  -43.3949  -53.3849
-63.3451  -73.0295  -79.6806  -74.3230;  -0.7791   -1.2697  -14.8682  -26.2274
  -30.2779  -39.4852  -49.4172  -59.4058   -69.3676  -79.0657  -85.8789  -81.0905;
  -0.8571   -1.9871  -13.4385  -13.8463  -20.4918  -29.9230  -39.8724
-49.8629  -59.8215  -69.4926  -75.9868  -70.6706];
%设置故障数据编码
Unnoralcode=[-0.5164   -5.6743  -11.8376  -12.6813  -20.5298  -39.9828  -43.9340
  -49.9246  -69.8820  -79.5433  -65.9248   -8.9759];


for i=1:3
%3 种故障模式，每种模式应该产生 popsize 种监测器（抗体），每种监测器的长度和故障编码的长度相同
  for k=1:M                              %判断每种模式适应度值
    [objvalue]=calobjvalue(pop,i);       %计算目标函数
    fitvalue=calfitvalue(objvalue);
    favg(k)=sum(fitvalue)/popsize;       %计算群体中每个个体的适应度
    newpop=selection(pop,fitvalue);
    objvalue=calobjvalue(newpop,i);      %选择
    newpop=crossover(newpop,pc,k);
    objvalue=calobjvalue(newpop,i);      %交叉
    newpop=mutation(newpop,pm);
    objvalue=calobjvalue(newpop,i);      %变异
    for j=1:N                            %译码
      temp(:,j)=decodechrom(newpop,1+(j-1)*length,length);
      %将 newpop 每行（个体）每列（每段基因）转化成十进制数
      x(:,j)=temp(:,j)/(2^length-1)*(max(j)-min(j))+min(j);
```

```
                    %popsize×N 将二值域中的数转化为变量域的数
        end
        [bestindividual,bestfit]=best(newpop,fitvalue);
        %求出群体中适应度值最大的个体及其适应度值
        if bestfit<ymax
            ymax=bestfit;
            K=k;
        end
        %y(k)=bestfit;
        if ymax<10                                  %如果最大值小于设定阈值，停止进化
            X{i}=x;
            break
        end
        if k==1
            fitvalue_for=fitvalue;
            x_for=x;
        end
        result=resultselect(fitvalue_for,fitvalue,x_for,x);
        fitvalue_for=fitvalue;
        x_for=x;
        pop=newpop;
    end
    X{i}=result;
%第 i 类故障的 popsize 个监测器
    distance=0;
    %计算 Unnoralcode 属于每一类故障的概率
    for j=1:N
        distance=distance+(result(:,j)-Unnoralcode(j)).^2;    %将得 N 个不同的距离
    end
    distance=sqrt(distance);
    D=0;
    for p=1:popsize
        if distance(p)<40                           %预设阈值
            D=D+1;
        end
    end
    P(i)=D/popsize                                  %Unnoralcode 隶属每种故障类型的概率
end

X;                                                  %结果为(i*popsize)个监测器（抗体）
plot(1:M,favg)
title('个体适应度变化趋势')
xlabel('迭代数')
ylabel('个体适应度')

%%%%%%%%子函数%%%%%%%%%
%求出群体中适应值最大的个体及其适应度值
function [bestindividual,bestfit]=best(pop,fitvalue)
global popsize N length;
bestindividual=pop(1,:);
bestfit=fitvalue(1);
for i=2:popsize
    if fitvalue(i)>bestfit                          %最大的个体
        bestindividual=pop(i,:);
```

```
            bestfit=fitvalue(i);
        end
end


%计算个体的适应度值，目标：产生可比较的非负数值
function fitvalue=calfitvalue(objvalue)
fitvalue=objvalue;
global popsize;
Cmin=0;
for i=1:popsize
   if objvalue(i)+Cmin>0                    %objvalue 为一列向量
       temp=Cmin+objvalue(i);
   else
       temp=0;
   end
   fitvalue(i)=temp;                        %得到一向量
end
end


%实现目标函数的计算、交叉
function [objvalue]=calobjvalue(pop,i)
global length N min max code;
% 默认染色体的二进制长度 length=10
distance=0;
for j=1:N
   temp(:,j)=decodechrom(pop,1+(j-1)*length,length);
   %将 pop 每行(个体)、每列（每段基因）数转化成十进制数
   x(:,j)=temp(:,j)/(2^length-1)*(max(j)-min(j))+min(j);
   % popsize×N 将二值域中的数转化为变量域的数
   distance=distance+(x(:,j)-code(i,j)).^2;
   %将得到 popsize 个不同的距离
end
objvalue=sqrt(distance);
%计算目标函数值：欧氏距离
end


function newpop=crossover(pop,pc,k)
global N length M;
pc=pc-(M-k)/M*1/20;
A=1:N*length;
% A=randcross(A,N,length);                  %将数组 A 的次序随机打乱（可实现两两随机配对）
for i=1:length
   n1=A(i);n2=i+10;                         %随机选中的要进行交叉操作的两个染色体
   for j=1:N                                %N 点（段）交叉
        cpoint=length-round(length*pc);     %这两个染色体中随机选择的交叉的位置
        temp1=pop(n1,(j-1)*length+cpoint+1:j*length);temp2=pop(n2,(j-1)*length+
cpoint+1:j*length);
        pop(n1,(j-1)*length+cpoint+1:j*length)=temp2;pop(n2,(j-1)*length+cpoint+
1:j*length)=temp1;
   end
   newpop=pop;
end
end


%产生 [2^n 2^(n-1) … 1] 的行向量，然后求和，将二进制数转化为十进制数
```

```
function pop2=decodebinary(pop)
[px,py]=size(pop);                                    %求 pop 行数和列数
for i=1:py
pop1(:,i)=2.^(py-1).*pop(:,i);
%pop 的每一个行向量（用二进制数表示）
py=py-1;
%乘上权重
end
pop2=sum(pop1,2);
%求 pop1 的每行之和，即得到每行二进制表示值变为十进制表示值，实现二进制数到十进制数的转换
end
```

```
%将二进制编码转换成十进制编码，参数 spoint 表示待解码的二进制串的起始位置
%对于多个变量而言，如有两个变量，采用 20 位表示，每个变量 10 位，则第 1 个变量从 1 开始，另一个变量
%从 11 开始。本例为 1
%参数 1ength 表示所截取的长度
function pop2=decodechrom(pop,spoint,length)
pop1=pop(:,spoint:spoint+length-1);
%将从第 spoint 位开始到第 spoint+length-1 位（这段码位表示一个参数）取出
pop2=decodebinary(pop1);
%利用函数 decodebinary(pop) 将用二进制表示的个体基因转化为十进制数，得到 popsize×1 列向量
end
```

```
%置换
function B=hjjsort(A)
N=length(A);t=[0 0];
for i=1:N
    temp(i,2)=A(i);
    temp(i,1)=i;
end
for i=1:N-1                                            %沉底法将 A 排序
    for j=2:N+1-i
        if temp(j,2)<temp(j-1,2)
            t=temp(j-1,:);temp(j-1,:)=temp(j,:);temp(j,:)=t;
        end
    end
end
for i=1:N/2                                            %将排好的 A 逆序
    t=temp(i,2);temp(i,2)=temp(N+1-i,2);temp(N+1-i,2)=t;
end
for i=1:N
    A(temp(i,1))=temp(i,2);
end
B=A;
```

```
%初始化编码
%initpop.m 函数的功能是实现群体的初始化，popsize 表示群体的大小，chromlength 表示染色体的长度
%(二值数的长度)
%长度大小取决于变量的二进制编码的长度
function pop=initpop(popsize,chromlength)
pop=round(rand(popsize,chromlength));
%rand 随机产生每个单元为 {0,1} 行数为 popsize，列数为 chromlength 的矩阵
%round 对矩阵的每个单元进行圆整，这样产生随机的初始种群
end
```

```
%变异操作
function [newpop]=mutation(pop,pm)
global popsize N length;
for i=1:popsize
    if(rand<pm)                              %产生一随机数与变异概率比较
        mpoint=round(rand*N*length);         %个体变异位置
        if mpoint<=0
            mpoint=1;
        end
        newpop(i,:)=pop(i,:);
        if newpop(i,mpoint)==0
            newpop(i,mpoint)=1;
        else
            newpop(i,mpoint)=0;
        end
    else
        newpop(i,:)=pop(i,:);
    end
end


function result=resultselect(fitvalue_for,fitvalue,x_for,x);
global popsize;
A=[fitvalue_for;fitvalue];B=[x_for;x];
N=2*popsize;
t=0;
for i=1:N
    temp1(i)=A(i);
    temp2(i,:)=B(i,:);
end
for i=1:N-1                                   %沉底法将 A 排序
    for j=2:N+1-i
        if temp1(j)<temp1(j-1)
            t1=temp1(j-1);t2=temp2(j-1,:);
            temp1(j-1)=temp1(j);temp2(j-1,:)=temp2(j,:);
            temp1(j)=t1;temp2(j,:)=t2;
        end
    end
end
for i=1:popsize                              %将 A 的低适应度值（前一半）的序号取出
    result(i,:)=temp2(i,:);
end


function [newpop]=selection(pop,fitvalue)
global popsize;
fitvalue=hjjsort(fitvalue);
totalfit=sum(fitvalue);                       %求适应度值之和
fitvalue=fitvalue/totalfit;                   %单个个体被选择的概率
fitvalue=cumsum(fitvalue);          %如 fitvalue=[4 2 5 1]，则 cumsum(fitvalue)=[4 6 11 12]
ms=sort(rand(popsize,1));
%从小到大排列，将 rand(px,1)产生的一列随机数变成轮盘赌选择法表示的形式，由小到大排列
fitin=1;
%fitvalue 是一向量，fitin 代表向量中元素位，即 fitvalue(fitin)代表第 fitin 个个体的单个个体被
%选择的概率
newin=1;
```

```
while newin<=popsize
    if (ms(newin))<fitvalue(fitin)
%ms(newin)表示的是ms列向量中第newin位数值
        newpop(newin,:)=pop(fitin,:);
%赋值，即将旧种群中的第fitin个个体保留到下一代(newpop)
        newin=newin+1;
    else
        fitin=fitin+1;
    end
end
```

运行以上代码，得到个体适应度变化趋势如图 13-13 所示。

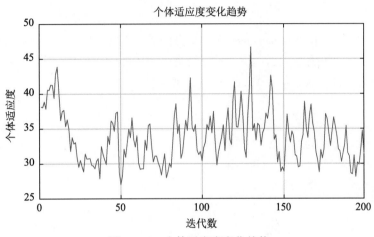

图 13-13　个体适应度变化趋势

设置的故障数据属于 3 种故障类型的概率 P 值如下：

```
P =
    0
P =
    0    0.7500
P =
    0    0.7500    0.8500
```

这表示故障数据属于故障一的概率为 0%，属于故障二的概率为 75%，属于故障三的概率为 85%。

13.4　本章小结

随着研究领域问题的不断深入，常规的确定性算法越来越不能满足人们的需求，包括免疫算法在内的智能算法的应用越来越广泛。本章全面介绍了免疫算法的基本概念及其算法实现步骤；然后介绍了免疫遗传算法的流程及其应用；最后通过举例说明免疫算法在克隆选择、路径规划问题、旅行商问题和故障检测问题上的应用。通过本章的学习，读者可以尽快掌握免疫算法的 MATLAB 的实现方法。

第 14 章

粒子群优化算法

粒子群优化（Particle Swarm Optimization，PSO）算法是近年发展起来的一种新的进化算法。该算法以其实现容易、精度高、收敛快等优点引起了学术界的重视，并且在解决实际问题中展示了其优越性。本章主要讲解粒子群优化算法的原理及其在 MATLAB 中的实现方法。

学习目标：

（1）了解粒子群优化算法的基本概念；

（2）掌握粒子群优化算法的 MATLAB 实现；

（3）熟练掌握粒子群权重控制算法的应用；

（4）熟练掌握混合粒子群优化算法的应用。

14.1 算法的基本概念

粒子群优化算法（也称为粒子群算法）属于进化算法的一种，和模拟退火算法相似，也是从随机解出发，通过迭代寻找最优解，通过适应度来评价解的品质，但它比遗传算法的规则更简单，它没有遗传算法的交叉和变异操作，它通过追随当前搜索到的最优值来寻找全局最优解。

粒子群优化算法从模型中得到启示并用于解决优化问题。在 PSO 算法中，每个优化问题的潜在解都是搜索空间中的粒子。所有的粒子都有一个被优化的函数决定的适应度值（Fitness Value），每个粒子还有一个速度决定它们"飞行"的方向和距离，然后粒子们就追随当前的最优粒子在解空间中搜索。

每代粒子位置的更新方式如图 14-1 所示。其中，x 表示粒子起始位置，v 表示粒子飞行的速度，p 表示搜索到的粒子的最优位置。

PSO 算法先将粒子群初始化为一群随机粒子（随机解），然后通过迭代找到最优解。在每一次迭代中，粒子通过跟踪两个极值来更新自己；一个极值是粒子本身所找到的最优解，这个解称为个体极值；另一个极值是整个种群目前找到的最优解，这个极值是全局极值。另外，也可以不用整个种群而只是用其中一部分作为粒子的邻居，那么在所有邻居中的极值就是局部极值。

假设在一个 D 维的目标搜索空间中，有 N 个粒子组成一个群落，其中第 i 个粒子表示为一个 D 维的向量

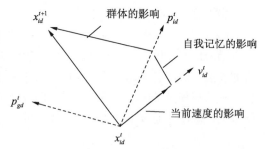

图 14-1　每代粒子位置的更新方式

$$\boldsymbol{X}_i = (x_{i1}, x_{i2}, \cdots, x_{iD}), \quad i = 1, 2, \cdots, N$$

第 i 个粒子的飞行速度也是一个 D 维的向量，记为

$$\boldsymbol{V}_i = (v_{i1}, v_{i2}, \cdots, v_{iD}), \quad i = 1, 2, \cdots, N$$

第 i 个粒子迄今为止搜索到的最优位置称为个体极值，记为

$$\boldsymbol{p}_{\text{best}} = \text{best}(p_{i1}, p_{i2}, \cdots, p_{iD}), \quad i = 1, 2, \cdots, N$$

整个粒子群迄今为止搜索到的最优位置为全局极值，记为

$$\boldsymbol{g}_{\text{best}} = \text{best}(p_{g1}, p_{g2}, \cdots, p_{gD})$$

在找到这两个最优值时，粒子根据以下公式来更新自己的速度和位置：

$$v_{id}(t+1) = w \cdot v_{id}(t) + c_1 r_1(t) \left[p_{id}(t) - x_{id}(t) \right] + c_2 r_2(t) \left[p_{gd} - x_{id}(t) \right]$$

$$x_{id}(t+1) = x_{id}(t) + v_{id}(t+1)$$

其中，c_1 和 c_2 为学习因子，也称加速常数（Acceleration Constant）；r_1 和 r_2 为[0,1]内均匀随机数，用于增加粒子飞行的随机性；$d = 1, 2, \cdots, D$；w 为惯性权重；v_{id} 为粒子的速度，且 $v_{id} \in (-v_{\max}, v_{\max})$，$v_{\max}$ 为常数，由用户设定来限制粒子的速度，它由以下 3 部分组成：

（1）"惯性（Inertia）"或"动量（Momentum）"部分，反映了粒子的运动"习惯（Habit）"，代表粒子有维持自己先前速度的趋势。

（2）"认知（Cognition）"部分，反映了粒子对自身历史经验的记忆（Memory）或回忆（Remembrance），代表粒子有向自身历史最佳位置逼近的趋势。

（3）"社会（Social）"部分，反映了粒子间协同合作与知识共享的群体历史经验，代表粒子有向群体或邻域历史最佳位置逼近的趋势。

由于粒子群优化算法具有高效的搜索能力，有利于得到多目标意义下的最优解；通过代表整个解集种群，按并行方式同时搜索多个非劣解，即搜索到多个 Pareto 最优解。同时，粒子群优化算法的通用性比较好，适合处理多种类型的目标函数和约束，并且容易与传统的优化方法结合，从而改进自身的局限性，以更高效地解决问题。因此，将粒子群优化算法应用于解决多目标优化问题具有很大的优势。

14.1.1　算法构成要素

基本粒子群优化算法构成要素主要包括：

（1）粒子群编码方法。基本粒子群优化算法使用固定长度的二进制符号串来表示群体中的个体，其等位基因是由二值符号集{0,1}所组成的。初始群体中各个个体的基因值可用均匀分布的随机数来生成。

（2）个体适应度评价。通过确定局部最优迭代达到全局最优收敛，得出结果。

（3）基本粒子群优化算法的运行参数。基本粒子群优化算法有下述 7 个运行参数需要提前设定。

① r：粒子群优化算法的种子数，对粒子群优化算法，其种子数值可以随机生成也可以固定为一个初始的数值，要求能涵盖目标函数的范围内。

② N：粒子群群体大小，即群体中所含个体的数量，一般取 20～100。在变量较多时可以取 100 以上。

③ max_d：一般为最大迭代次数，以满足最小误差的要求。粒子群优化算法的最大迭代次数，也是终止条件数。

④ $r1, r2$：两个在[0,1]变化的加速度权重系数，随机产生。

⑤ $c1, c2$：加速度数，随机取 2 左右的值。

⑥ w：为惯性权重。

⑦ *vk*, *xk*：为一个粒子的速度和位移数值，用粒子群优化算法迭代出每一组数值。

14.1.2 算法参数设置

PSO 算法最大的一个优点是不需要调节太多的参数，但是算法中少数几个参数却直接影响着算法的性能以及收敛性。由于 PSO 算法的理论研究依然处于初始阶段，所以算法的参数设置在很大程度上还依赖于经验。

PSO 算法中控制参数主要有如下 6 个。

（1）群体规模 N：通常取 20～40。试验表明，对于大多数问题来说，30 个粒子就可以取得很好的结果，对于较难或特殊类别的问题，N 可以取到 100～200。粒子数目越多，算法搜索的空间范围就越大，也就更容易发现全局最优解，然而，算法运行的时间也越长。

（2）粒子长度 l：每个粒子的维数，由具体优化问题而定。

（3）粒子范围 $[-x_{max}, x_{max}]$：由具体优化问题决定，通常将问题的参数取值范围设置为粒子的范围。同时，粒子每一维也可以设置不同的范围。

（4）粒子最大速度 v_{max}：粒子最大速度决定了粒子在一次飞行中可以移动的最大距离。如果 v_{max} 太大，粒子可能会飞过好解；如果 v_{max} 太小，粒子不能在局部好区间之外进行足够的搜索，导致陷入局部最优值。通常设定 $v_{d\,max} = k \cdot x_{d\,max}$，$0.1 \leqslant k \leqslant 1$，每一维都采用相同的设置方法。

（5）惯性权重 w：w 使粒子保持运动惯性，使其有扩展搜索空间的趋势，有能力探索新的区域。取值范围通常为 $[0.2,1.2]$。早期的实验将 w 固定为 1，动态惯性权重因子能够获得比固定值更为优越的寻优结果，使算法在全局搜索前期有较高的探索能力以得到合适的种子。

动态惯性权重因子可以在 PSO 算法搜索过程中线性变化，亦可根据 PSO 算法的某个测度函数而动态改变，如模糊规则系统。目前采用较多的动态惯性权重因子是线性递减权值策略，即

$$f_w = f_{max} - \frac{f_{max} - f_{min}}{\text{max\_d}}$$

其中，max_d 为最大进化代数，f_{max} 为初始惯性值，f_{min} 为迭代至最大代数时的惯性权值。经典取值 $f_{max}=0.8$，$f_{min}=0.2$。

（6）加速常数 c_1 和 c_2：c_1 和 c_2 代表每个粒子的统计加速项的权重。低的值允许粒子在被拉回之前可以在目标区域外徘徊，而高的值则导致粒子突然地冲向或越过目标区域。c_1 和 c_2 是固定常数，早期实验中一般取 2。有些文献也用了其他取值，但一般都限定 c_1 和 c_2 相等并且取值范围为 $[0,4]$。

14.1.3 算法的基本流程

基本粒子群优化算法的流程如图 14–2 所示。

其具体过程如下：

（1）初始化粒子群，包括群体规模 N，每个粒子的位置 x_i 和速度 v_i。

（2）计算每个粒子的适应度值 Fit[i]。

（3）对每个粒子，用它的适应度值 Fit[i] 和个体极值 $p_{best}(i)$ 比较，如果 Fit[i]>$p_{best}(i)$，则用 Fit[i] 替换 $p_{best}(i)$。

（4）对每个粒子，用它的适应度值 Fit[i] 和全局极值 g_{best} 比较，如果 Fit[i]>$g_{best}(i)$，则用 Fit[i] 替换 $g_{best}(i)$。

（5）根据公式 $x_{id} = x_{id} + v_{id}$ 和 $v_{id} = w v_{id} + c_1 r_1 (p_{id} - x_{id}) + c_2 r_2 (p_{gd} - x_{id})$ 更新粒子的位置 x_i 和速度 v_i。

（6）如果满足结束条件（误差足够好或到达最大循环次数）退出，否则返回步骤（2）。

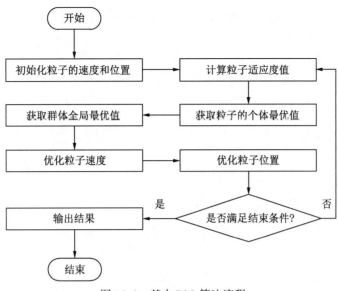

图 14-2　基本 PSO 算法流程

14.1.4　算法的 MATLAB 实现

基本粒子群优化算法使用固定长度的二进制符号串来表示群体中的个体，其等位基因是由二值符号集 {0,1} 所组成的。初始群体中各个个体的基因值可用均匀分布的随机数来生成。

基本粒子群优化算法描述如下：

```
begin
    Initialize ;                      %包括初始化粒子群体个体数目，粒子初始速度和位置
        [x,xd]=judge(x,pop_size);     %调用 judge()函数，初始化第一次值
    for num=2:最大迭代次数
        wk=wmax-num*(wmax-wmin)/max_gen;              %计算惯性权重
        r1= ; r2=                     %随机产生加速权重
        PSO 算法
    迭代求 vk,xk;
    While 判断 vk 是否满足条件
            再次生成加速权重系数 r1;r2
            PSO 算法
            再次迭代求 vk;xk 数值
     end
     调用[x,xd]=judge(x,pop_size);重新计算出目标函数值
     判断并重新生成 pj 数值;
     判断并重新生成 pjd 数值;
     if 迭代前数值>迭代后的数值
            累加迭代次数值
     end
     输出随机数种子、进度、最优迭代次数、每个函数的数值和目标函数的数值
     用 ASCII 保存粒子位置的数值
     用 ASCII 保存粒子速度的数值
    end
```

在 "编辑器" 窗口中编写实现的基本粒子群优化算法基本函数为 PSO()。其调用格式如下：

```
[xm,fv]=PSO(fitness,N,c1,c2,w,M,D)
```

其中，fitness 为待优化的目标函数，也称适应度函数。N 是粒子数目，c1 是学习因子 1，c2 是学习因子 2，w 是惯性权重，M 是最大迭代数，D 是自变量的个数，xm 是目标函数取最小值时的自变量，fv 是目标函数的最小值。

在"编辑器"窗口中编写基本粒子群优化算法的优化函数 PSO( )，代码如下：

```
function[xm,fv]=PSO(fitness,N,c1,c2,w,M,D)
%%%%%给定初始化条件%%%%%
% fitness 为待优化的目标函数，N 为初始化群体个体数目，c1 为学习因子 1，c2 为学习因子 2
% w 为惯性权重，M 为最大迭代次数，D 为搜索空间维数

%%%%%初始化种群的个体(可以在这里限定位置和速度的范围) %%%%%%
format long;
for i=1:N
    for j=1:D
        x(i,j)=randn;                    %随机初始化位置
        v(i,j)=randn;                    %随机初始化速度
    end
end

%%%%%%先计算各个粒子的适应度，并初始化 pi 和 pg%%%%%%
for i=1:N
    p(i)=fitness(x(i,:));
    y(i,:)=x(i,:);
end
pg=x(N,:);                               %pg 为全局最优
for i=1:(N-1)
    if fitness(x(i,:)) < fitness(pg)
        pg=x(i,:);
    end
end

%%%%%进入主要循环，按照公式依次迭代，直到满足精度要求%%%%%
for t=1:M
    for i=1:N                            %更新速度、位移
        v(i,:)=w*v(i,:)+c1*rand*(y(i,:)-x(i,:))+c2*rand*(pg-x(i,:));
        x(i,:)=x(i,:)+v(i,:);
        if fitness(x(i,:)) < p(i)
            p(i)=fitness(x(i,:));
            y(i,:)=x(i,:);
        end
        if p(i)<fitness(pg)
            pg=y(i,:);
        end
    end
    Pbest(t)=fitness(pg);
end

%%%%%%给出计算结果%%%%%
disp('*************************************************')
disp('目标函数取最小值时的自变量：')
xm=pg'
disp('目标函数的最小值为：')
fv=fitness(pg)
disp('*************************************************')
```

将上面的函数保存到 MATLAB 可搜索路径中，即可调用该函数。再定义不同的目标函数 fitness() 和其他输入量，就可以用粒子群优化算法求解不同问题。

14.1.5　适应度函数

适应度表示个体 x 对环境的适应程度，分为两类：一类为针对被优化的目标函数的优化型适应度，另一类为针对约束函数的约束型适应度。

优化型适应度：

$$F_{obj}(X) = f(x)$$

约束型适应度：

$$F_i(X) = \begin{cases} 0, & g_i(X) \leqslant 0 \\ g_i(X), & g_i(X) > 0 \end{cases}$$

定义不同约束条件的权重为 w_i，则总的约束型适应度为

$$f_{con}(x) = \sum_{i=1}^{m} w_i F_i(X)$$

其中，$\sum_{i=1}^{m} w_i = 1, 0 \leqslant w_i \leqslant 1$，这里，$w_i$ 随机获得，任意选取 k 组 w_i，获得的 k 个适应度值的均值作为最终总的约束型适应度。

粒子群优化算法使用的函数有很多种，下面介绍 3 个常用的适应度函数。

1. Griewank() 函数

Griewank() 函数的 MATLAB 代码如下：

```
function y=Griewank(x)
%输入x，给出相应的y值，在x=(0,0,…,0)处有全局极小点（位置）0
[row,col]=size(x);
if row>1
    error('输入的参数错误');
end
y1=1/4000*sum(x.^2);
y2=1;
for h=1:col
    y2=y2*cos(x(h)/sqrt(h));
end
y=y1-y2+1;
y=-y;
```

绘制 Griewank() 函数图形的 DrawGriewank() 函数代码如下：

```
function DrawGriewank()
x=[-8:0.1:8];
y=x;
[X,Y]=meshgrid(x,y);
[row,col]=size(X);
for l=1:col
    for h=1:row
```

```
        z(h,l)=Griewank([X(h,l),Y(h,l)]);
    end
end
surf(X,Y,z);
shading interp
```

运行程序，可以得到如图 14-3 所示的 Griewank() 函数图像。

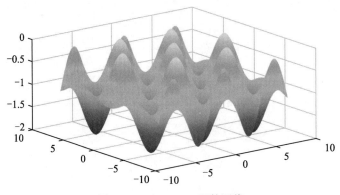

图 14-3 Griewank() 函数图像

2. Rastrigin() 函数

Rastrigin() 函数的 MATLAB 代码如下：

```
function y=Rastrigin(x)
%输入 x，给出相应的 y 值，在 x=(0,0,…,0) 处有全局极小点 0
[row,col]=size(x);
if row>1
    error('输入的参数错误');
end
y=sum(x.^2-10*cos(2*pi*x)+10);
y=-y;
```

绘制 Rastrigin() 函数图形的 DrawRastrigin() 函数代码如下：

```
function DrawRastrigin()
x=[-4:0.05:4];
y=x;
[X,Y]=meshgrid(x,y);
[row,col]=size(X);
for l=1:col
    for h=1:row
        z(h,l)=Rastrigin([X(h,l),Y(h,l)]);
    end
end
surf(X,Y,z);
shading interp
```

运行程序，可以得到如图 14-4 所示的 Rastrigin() 函数图像。

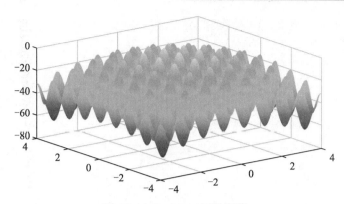

图 14-4 Rastrigin()函数图像

3. RA()函数

RA()函数的 MATLAB 代码如下：

```
function y=RA(x)
%输入 x,并给出相应的 y 值,在 x=(0,0,…,0)处有全局极小点 0
[row,col]=size(x);
if row>1
    error('输入的参数错误');
end
y=sum(x.^2-10*cos(2*pi*x)+10);
y=-y;
```

【例 14-1】利用基本粒子群优化算法，求解函数 $f(x) = \sum_{i=1}^{10} x_i^2 + 2x_i - 3$ 的最小值。

解：利用 PSO 算法求解最小值，需要首先确认不同迭代步数对结果的影响。设定题中函数的最小点均为 0，粒子群规模为 40，惯性权值为 0.6，学习因子 1 为 1.2，学习因子 2 为 2.2，迭代步数为 100 和 300。

（1）在"编辑器"窗口中建立目标函数，代码如下：

```
function F=fitnessA(x)
F=0;
for i=1:10
    F=F+x(i)^2+2*x(i)-3;
end
```

（2）编写函数最小值求解代码：

```
clear,clc
x=zeros(1,10);
[xm,fv]=PSO(@fitnessA,40,1.2,2.2,0.6,100,10);
```

运行后得到自变量和目标函数最小值：

```
目标函数取最小值时的自变量:
xm =
 -0.999047610301838
 -1.000167711924916
 -1.002434926707148
 -0.997509720383734
 -0.998668611101255
 -0.997357117816384
 -1.005356615637108
```

```
    -1.007432926982811
    -0.996556682139123
    -0.996111538331053
目标函数的最小值为：
fv =
  -39.999867258736643
```

（3）当迭代步数为 300，其他参数保持不变，继续求解：

```
clear,clc
x=zeros(1,10);
[xm,fv]=PSO(@fitness,40,1.2,2.2,0.6,300,10);
```

运行后得到如下结果：

```
目标函数取最小值时的自变量：
xm =
  -0.999167608666782
  -1.000651150731285
  -0.998288518516341
  -0.999842582970857
  -1.001734404212912
  -0.997779983276688
  -1.000494709626516
  -0.998087873234064
  -1.002992895690611
  -0.998721638675077
目标函数的最小值为：
fv =
  -39.999973499947501
```

PSO 算法是一种随机算法，同样的参数也会算出不同的结果，且迭代步数越大，获得解的精度不一定越高。在粒子群优化算法中，要想获得精度高的解，关键需要各个参数之间的合理搭配。

14.2 粒子群优化算法的权重控制

惯性权重控制前一变化量对当前变化量的影响，如果 w 较大，能够搜索以前未能达到的区域，整个算法的全局搜索能力加强；若 w 较小，则前一部分的影响较小，主要是在当前解的附近搜索，局部搜索能力较强。设计合理的惯性权重，是避免陷入局部最优并实现高效搜索的关键。常见的 POS 算法有自适应权重法、随机权重法和线性递减权重法等。

14.2.1 自适应权重法

粒子适应度是反应粒子当前位置优劣的一个参数。对应某些具有较高适应度的粒子 p_i，在 p_i 所在的局部区域可能存在能够更新全局最优的点 p_x，即 p_x 表示的解要优于全局最优。

为了使全局最优能够迅速更新，从而迅速找到 p_x，应该减小粒子 p_i 惯性权重以增强其局部寻优能力；而对于适应度较低的粒子，当前位置较差，所在区域存在优于全局最优解的概率较低，为了跳出当前的区域，应当增大惯性权重，增强全局搜索能力。

下面介绍两种自适应修改权重的方法。

1. 依据早熟收敛程度和适应度值进行调整

根据群里的早熟收敛程度和个体适应度值，可以确定惯性权重的变化。

设定粒子 p_i 的适应度值为 f_i，最优粒子适应度值是 f_m，则粒子群的平均适应度值是 $f_{avg} = \frac{1}{n}\sum_{i=1}^{n} f_i$；将优于平均适应度值的粒子适应度值求平均（记为 f_{avg}'），定义 $\varDelta = \left| f_m - f_{avg}' \right|$。

依据 f_i、f_m、f_{avg} 将群体分为 3 个子群，分别进行不同的自适应操作。其惯性权重的调整如下：

（1）如果 f_i 优于 f_{avg}'，那么 $w = w - (w - w_{min}) \cdot \left| \dfrac{f_i - f_{avg}'}{f_m - f_{avg}'} \right|$。

（2）如果 f_i 优于 f_{avg}'，且次于 f_m，则惯性权重不变。

（3）如果 f_i 次于 f_{avg}'，则 $w = 1.5 - \dfrac{1}{1 + k_1 \cdot \exp(-k_2 \cdot \varDelta)}$。

其中，k_1、k_2 为控制参数，k_1 用来控制 w 的上限，k_2 主要用来控制 $w = 1.5 - \dfrac{1}{1 + k_1 \cdot \exp(-k_2 \cdot \varDelta)}$ 的调节能力。

当算法停止时，如果粒子的分布分散，则 $\varDelta$ 比较大，w 变小，此时算法局部搜索能力加强，从而使得群体趋于收敛；若粒子的分布聚集，则 $\varDelta$ 比较小，w 变大，使得粒子具有较强的探查能力，从而有效地跳出局部最优。

2. 根据全局最优点的距离进行调整

一些学者认为惯性权重的大小还和其距全局最优点的距离有关，并提出了各个不同粒子惯性权重不仅随迭代次数的增加而递减，还随距全局最优点距离的增加而递增，即权重 w 根据粒子的位置不同而动态变化。目前大多采用非线性动态惯性权重系数公式：

$$w = \begin{cases} w_{min} - \dfrac{(w_{max} - w_{min}) \cdot (f - f_{min})}{f_{avg} - f_{min}} & , f \leqslant f_{avg} \\ w_{max}, & f > f_{avg} \end{cases}$$

其中，f 表示粒子实时的目标函数值，f_{avg} 和 f_{min} 分别表示当前所有粒子的平均值和最小目标值。从上面公式可以看出，惯性权重随着粒子目标函数值的改变而改变。

当粒子目标值分散时，减小惯性权重；粒子目标值一致时，增加惯性权重。

根据全局最优点的距离调整算法的基本步骤如下：

（1）随机初始化种群中各个粒子的位置和速度。

（2）评价每个粒子的适应度，将粒子的位置和适应度值存储在粒子的个体极值 $\boldsymbol{p}_{best}$ 中，将所有 $\boldsymbol{p}_{best}$ 中最优适应度值的个体位置和适应度值保存在全局极值 $\boldsymbol{g}_{best}$ 中。

（3）更新粒子位置和速度。

$$x_{i,j}(t+1) = x_{i,j}(t) + v_{i,j}(t+1) \ , \ j = 1, 2, \cdots, d$$
$$v_{i,j}(t+1) = \omega \cdot v_{i,j}(t) + c_1 r_1 [p_{i,j} - x_{i,j}(t)] + c_2 r_2 [p_{g,j} - x_{i,j}(t)]$$

（4）更新权重

$$w = \begin{cases} w_{min} - \dfrac{(w_{max} - w_{min}) \cdot (f - f_{min})}{f_{avg} - f_{min}} & , f \leqslant f_{avg} \\ w_{max}, & f > f_{avg} \end{cases}$$

（5）将每个粒子的适应度值与粒子的最好位置比较，如果相近，则将当前值作为粒子最好的位置。比较当前所有的 p_{best} 和 g_{best}，更新 g_{best}。

（6）当算法达到其停止条件，则停止搜索并输出结果；否则返回到步骤（3）继续搜索。

在"编辑器"窗口中编写自适应权重的优化函数 PSO_adaptation()，代码如下：

```
function [xm,fv] = PSO_adaptation(fitness,N,c1,c2,wmax,wmin,M,D)
% fitness 为待优化的目标函数，N 为初始化群体个体数目，c1 为学习因子 1，c2 为学习因子 2
% w 为惯性权重，wmax 为惯性权重最大值，wmin 为惯性权重最小值，M 为最大迭代次数，D 为搜索空间维数
% xm 为目标函数取最小值时的自变量，fv 为目标函数最小值
format short;

%%%%%%初始化种群的个体%%%%%%
for i=1:N
    for j=1:D
        x(i,j)=randn;
        v(i,j)=randn;
    end
end

%%%%%%先计算各个粒子的适应度%%%%%%
for i=1:N
    p(i)=fitness(x(i,:));
    y(i,:)=x(i,:);
end
pg=x(N,:);                              %pg 表示全局最优
for i=1:(N-1)
    if fitness(x(i,:))<fitness(pg)
        pg=x(i,:);
    end
end

%%%%%%进入主循环%%%%%%
for t=1:M
    for j=1:N
        fv(j) = fitness(x(j,:));
    end
    fvag = sum(fv)/N;
    fmin = min(fv);
    for i=1:N
        if fv(i) <= fvag
            w = wmin + (fv(i)-fmin)*(wmax-wmin)/(fvag-fmin);
        else
            w = wmax;
        end
        v(i,:)=w*v(i,:)+c1*rand*(y(i,:)-x(i,:))+c2*rand*(pg-x(i,:));
        x(i,:)=x(i,:)+v(i,:);
        if fitness(x(i,:))<p(i)
            p(i)=fitness(x(i,:));
            y(i,:)=x(i,:);
        end
        if p(i)<fitness(pg)
            pg=y(i,:);
        end
    end
```

```
end
%得到计算结果
disp('目标函数取最小值时的自变量: ');
xm=pg'
disp('目标函数的最小值为: ')
fv=fitness(pg)
end
```

【例 14-2】用自适应权重法求解以下函数的最小值。其中，粒子数为 40，学习因子均为 1.5，惯性权重取值[0.7 0.7]，迭代步数为 200。

$$f(x) = \frac{\cos^2 \sqrt{x_1^2 - x_2^2} - \sin \sqrt{x_1^2 + x_2^2} + 2}{[3 + 0.2(x_1^2 + x_2^2)]^2} - 0.9$$

解：（1）建立目标函数：

```
function y=fitnessB(x)
    y=((cos(sqrt(x(1)^2-x(2)^2))^2)-sin(sqrt(x(1)^2+ x(2)^2))+2)/((3+0.2*(x(1)^2+
x(2)^2))^2)-0.9;
end
```

（2）编写求解目标函数最小值的代码如下：

```
clear,clc
x=zeros(1,10);
[xm,fv] = PSO_adaptation(@fitnessB,40,1.5,1.5,0.7,0.7,200,2);
```

（3）运行程序获得求解结果如下：

```
目标函数取最小值时的自变量:
xm =
   1.0e+04 *
  -3.4993
  -0.3755
目标函数的最小值为:
fv =
  -0.9000
```

14.2.2　随机权重法

随机权重法的原理是将标准 PSO 算法中的惯性权重 w 设定为随机数，这种处理的优势在于：

（1）当粒子在起始阶段就接近最好点，随机产生的 w 可能产生相对较小的值，由此可以加快算法的收敛速度。

（2）克服 w 线性递减造成的算法不能收敛到最好点的局限。

随机权重的修改公式如下：

$$\begin{cases} w = \mu + \sigma \cdot N(0,1) \\ \mu = \mu_{min} + (\mu_{max} - \mu_{min}) \cdot \text{rand}(0,1) \end{cases}$$

其中，$N(0,1)$表示标准状态分布的随机数。

随机权重法的计算步骤如下：

（1）随机设置各个粒子的速度和位置。

（2）评价每个粒子的适应度，将粒子的位置和适应度值存储在粒子的个体极值 p_{best} 中，将所有 p_{best} 中最优适应度值的个体位置和适应度值保存在全局极值 g_{best} 中。

（3）更新粒子位置和速度：

$$x_{i,j}(t+1) = x_{i,j}(t) + v_{i,j}(t+1) \quad , \quad j = 1, 2, \cdots, d$$

$$v_{i,j}(t+1) = w \cdot v_{i,j}(t) + c_1 r_1 [p_{i,j} - x_{i,j}(t)] + c_2 r_2 [p_{g,j} - x_{i,j}(t)]$$

（4）更新权重：

$$\begin{cases} w = \mu + \sigma \cdot \mathrm{N}(0,1) \\ \mu = \mu_{\min} + (\mu_{\max} - \mu_{\min}) \cdot \mathrm{rand}(0,1) \end{cases}$$

（5）将每个粒子的适应度值与粒子的最好位置比较，如果相近，则将当前值作为粒子最好位置。比较当前所有的 p_{best} 和 g_{best}，更新 g_{best}。

（6）当算法达到其停止条件，则停止搜索并输出结果；否则返回到步骤（3）继续搜索。

在"编辑器"窗口中编写随机权重的优化函数 PSO_rand()，代码如下：

```
function [xm,fv] = PSO_rand(fitness,N,c1,c2,wmax,wmin,rande,M,D)
%fitness 为待优化的目标函数，N 为初始化群体个体数目，c1 为学习因子 1，c2 为学习因子 2，rande 为
%随机权重方差
%w 为惯性权重，wmax 为惯性权重最大值，wmin 为惯性权重最小值，M 为最大迭代次数，D 为搜索空间维数
%xm 为目标函数取最小值时的自变量，fv 为目标函数最小值
format short;

%%%%%%初始化种群的个体%%%%%%
for i=1:N
    for j=1:D
        x(i,j)=randn;
        v(i,j)=randn;
    end
end

%%%%%%先计算各个粒子的适应度，并初始化 pi 和 pg%%%%%%
for i=1:N
    p(i)=fitness(x(i,:));
    y(i,:)=x(i,:);
end
pg = x(N,:);                              %pg 为全局最优
for i=1:(N-1)
    if fitness(x(i,:))<fitness(pg)
        pg=x(i,:);
    end
end

%%%%%%进入主循环，按照公式依次迭代%%%%%%
for t=1:M
    for i=1:N
        miu = wmin + (wmax - wmin)*rand();
        w = miu + rande*randn();
        v(i,:)=w*v(i,:)+c1*rand*(y(i,:)-x(i,:))+c2*rand*(pg-x(i,:));
        x(i,:)=x(i,:)+v(i,:);
        if fitness(x(i,:))<p(i)
            p(i)=fitness(x(i,:));
            y(i,:)=x(i,:);
        end
        if p(i)<fitness(pg)
            pg=y(i,:);
```

```
            end
        end
        Pbest(t)=fitness(pg);
    end
%得到计算结果
disp('目标函数取最小值时的自变量: ');
xm=pg'
disp('目标函数的最小值为: ')
fv=fitness(pg)
end
```

【例 14-3】用随机权重法求解例 14-2 中的函数的最小值。其中，粒子数为 50，学习因子均为 2，惯性权重取值为[0.6 0.8]，随机权重平均值的方差为 0.3，迭代步数为 100。

解：在命令行窗口中输入：

```
>> [xm,fv] = PSO_rand(@fitnessB,50,2,2,0.8,0.6,0.3,100,2)
目标函数取最小值时的自变量:
xm =
   1.0e+04 *
   -3.6230
    0.6386
目标函数的最小值为:
fv =
   -0.9000
```

14.2.3 线性递减权重法

针对 PSO 算法容易早熟及后期容易在全局最优解附近产生振荡的现象，提出了线性递减权重法，即使惯性权重依照线性从大到小递减，其变化公式为

$$w = w_{max} - \frac{t \cdot (w_{max} - w_{min})}{t_{max}}$$

其中，w_{max} 表示惯性权重最大值，w_{min} 表示惯性权重最小值，t 表示当前迭代步数。

线性递减权重法的计算步骤如下：

（1）随机设置各个粒子的速度和位置。

（2）评价每个粒子的适应度，将粒子的位置和适应度值存储在粒子的个体极值 $\boldsymbol{p}_{best}$ 中，将所有 $\boldsymbol{p}_{best}$ 中最优适应度值的个体位置和适应度值保存在全局极值 $\boldsymbol{g}_{best}$ 中。

（3）更新粒子位置和速度：

$$x_{i,j}(t+1) = x_{i,j}(t) + v_{i,j}(t+1) \ , \ j = 1, 2, \cdots, d$$
$$v_{i,j}(t+1) = w \cdot v_{i,j}(t) + c_1 r_1 [p_{i,j} - x_{i,j}(t)] + c_2 r_2 [p_{g,j} - x_{i,j}(t)]$$

（4）更新权重：

$$w = w_{max} - \frac{t \cdot (w_{max} - w_{min})}{t_{max}}$$

（5）将每个粒子的适应度值与粒子的最好位置比较，如果相近，则将当前值作为粒子最好的位置。比较当前所有的 $\boldsymbol{p}_{best}$ 和 $\boldsymbol{g}_{best}$，更新 $\boldsymbol{g}_{best}$。

（6）当算法达到其停止条件，则停止搜索并输出结果；否则返回到步骤（3）继续搜索。

在"编辑器"窗口中编写线性递减权重的优化函数 PSO_lin()：

```
function [xm,fv] = PSO_lin(fitness,N,c1,c2,wmax,wmin,M,D)
%fitness 为待优化的目标函数，N 为初始化群体个体数目，c1 为学习因子 1，c2 为学习因子 2
%w 为惯性权重，wmax 为惯性权重最大值，wmin 为惯性权重最小值，M 为最大迭代次数，D 为搜索空间维数
%xm 为目标函数取最小值时的自变量，fv 为目标函数最小值
format short;

%%%%%%初始化种群的个体%%%%%%
for i=1:N
    for j=1:D
        x(i,j)=randn;
        v(i,j)=randn;
    end
end

%%%%%%先计算各个粒子的适应度，并初始化 Pi 和 Pg%%%%%%
for i=1:N
    p(i)=fitness(x(i,:));
    y(i,:)=x(i,:);
end
pg = x(N,:);                                    %pg 为全局最优
for i=1:(N-1)
    if fitness(x(i,:))<fitness(pg)
        pg=x(i,:);
    end
end

%%%%%%主循环，按照公式依次迭代%%%%%%
for t=1:M
    for i=1:N
        w = wmax - (t-1)*(wmax-wmin)/(M-1);
        v(i,:)=w*v(i,:)+c1*rand*(y(i,:)-x(i,:))+c2*rand*(pg-x(i,:));
        x(i,:)=x(i,:)+v(i,:);
        if fitness(x(i,:))<p(i)
            p(i)=fitness(x(i,:));
            y(i,:)=x(i,:);
        end
        if p(i)<fitness(pg)
            pg=y(i,:);
        end
    end
    Pbest(t)=fitness(pg);
end
%得到计算结果
disp('目标函数取最小值时的自变量：');
xm=pg'
disp('目标函数的最小值为：')
fv=fitness(pg)
end
```

【**例 14-4**】用线性递减权重法求解下列函数的函数最小值。其中，粒子数为 60，学习因子均为 1.2，惯性权重取值[0.6, 0.9]，迭代步数为 700。

$$f(x) = 11(x_1^2 - x_2)^2 - (1-x_2)^2 + 2(1+x_2)^2 + 0.7$$

解：（1）建立目标函数：

```
function y= fitnessC(x)
    y=11*((x(1)^2-x(2))^2)-(1-x(2))^2+2*(1+x(2))^2+0.7;
end
```

（2）编写求解目标函数最小值的代码：

```
clear,clc
x=zeros(1,10);
[xm,fv] = PSO_lin(@fitnessC,60,1.2,1.2,0.9,0.6,700,2);
```

（3）运行程序获得求解结果：

```
目标函数取最小值时的自变量：
xm =
    0.0000
   -0.2500
目标函数的最小值为：
fv =
    0.9500
```

以上结果说明，用线性递减权重的方法得到了精确的最优点。需要注意的是，惯性权重并不是对所有的问题都有效，具体问题需要具体分析，找到最合适的方法。

例如，使用线性递减权重法求例 14-2 中的函数，在命令行窗口中输入：

```
>> [xm,fv] = PSO_lin(@fitnessB,50,2,2,0.8,0.4,1000,2);
目标函数取最小值时的自变量：
xm =
    1.0e+04 *
   -4.4261
    2.2686
目标函数的最小值为：
fv =
   -0.9000
```

14.3　混合粒子群优化算法

混合粒子群优化算法就是将其他进化算法、传统优化算法或其他技术应用到 PSO 算法中，用于提高粒子多样性、增强粒子的全局探索能力，或者提高局部开发能力、增强收敛速度与精度。常用的粒子群混合方法主要有以下两种：

（1）利用其他优化技术自适应调整收缩因子/惯性权值、加速常数等。

（2）将 PSO 算法与其他进化算法操作算子或其他技术结合。

下面将主要介绍基于杂交、自然选择、免疫、模拟退火等粒子群优化算法。

14.3.1　基于杂交的粒子群优化算法

基于杂交的粒子群优化算法借鉴遗传算法中杂交的概念，在每次迭代中，根据杂交率选取指定数量的粒子放入杂交池内，池内的粒子随机两两杂交，产生同样数目的子代粒子（n），并用子代粒子代替父代粒子（m）。子代位置由父代位置进行交叉得到：

$$nx = i \times mx(1) + (1-i) \times mx(2)$$

其中，mx 表示父代粒子的位置，nx 表示子代粒子的位置，i 是 0～1 的随机数。

子代的速度由下式计算：

$$nv = \frac{mv(1) + mv(2)}{|mv(1) + mv(2)|}|mv|$$

其中，mv 表示父代粒子的速度，nv 表示子代粒子的速度。

基于杂交的粒子群优化算法步骤如下：

（1）随机设置各个粒子的速度和位置。

（2）评价每个粒子的适应度，将粒子的位置和适应度值存储在粒子的个体极值 $\boldsymbol{p}_{\text{best}}$ 中，将所有 $\boldsymbol{p}_{\text{best}}$ 中最优适应度值的个体位置和适应度值保存在全局极值 $\boldsymbol{g}_{\text{best}}$ 中。

（3）更新粒子位置和速度：

$$x_{i,j}(t+1) = x_{i,j}(t) + v_{i,j}(t+1) \;\;, \;\; j = 1, 2, \cdots, d$$

$$v_{i,j}(t+1) = w \cdot v_{i,j}(t) + c_1 r_1 [p_{i,j} - x_{i,j}(t)] + c_2 r_2 [p_{g,j} - x_{i,j}(t)]$$

（4）将每个粒子的适应度值与粒子的最好位置比较，如果相近，则将当前值作为粒子最好的位置。比较当前所有的 $\boldsymbol{p}_{\text{best}}$ 和 $\boldsymbol{g}_{\text{best}}$，更新 $\boldsymbol{g}_{\text{best}}$。

（5）根据杂交概率选取指定数量的粒子，并将其放入杂交池中，池中的粒子随机两两杂交产生同样数目的子代粒子，子代粒子的位置和速度计算公式如下：

$$\begin{cases} nx = i * mx(1) + (1-i) * mx(2) \\ nv = \dfrac{mv(1) + mv(2)}{|mv(1) + mv(2)|}|mv| \end{cases}$$

其中，保持 $\boldsymbol{p}_{\text{best}}$ 和 $\boldsymbol{g}_{\text{best}}$ 不变。

（6）当算法达到其停止条件，则停止搜索并输出结果；否则返回到步骤（3）继续搜索。

在"编辑器"窗口中编写基于杂交的粒子群优化算法优化函数 PSO_breed()，代码如下：

```matlab
function [xm,fv] = PSO_breed(fitness,N,c1,c2,w,bc,bs,M,D)
%fitness 为待优化的目标函数，N 为初始化群体个体数目，c1 为学习因子 1，c2 为学习因子 2
%w 为惯性权重，bc 为杂交概率，bs 为杂交池的大小比例，M 为最大迭代次数，D 为搜索空间维数
%xm 为目标函数取最小值时的自变量，fv 为目标函数最小值
format short;

%%%%%%初始化种群的个体%%%%%%
for i=1:N
    for j=1:D
        x(i,j)=randn;                        %随机初始化位置
        v(i,j)=randn;                        %随机初始化速度
    end
end

%%%%%%先计算各个粒子的适应度，并初始化 pi 和 pg%%%%%%
for i=1:N
    p(i)=fitness(x(i,:));
    y(i,:)=x(i,:);
end
pg = x(N,:);                             %pg 为全局最优
for i=1:(N-1)
    if fitness(x(i,:))<fitness(pg)
        pg=x(i,:);
    end
```

```
end
%%%%%%进入主循环，按照公式依次迭代%%%%%%
for t=1:M
    for i=1:N
        v(i,:)=w*v(i,:)+c1*rand*(y(i,:)-x(i,:))+c2*rand*(pg-x(i,:));
        x(i,:)=x(i,:)+v(i,:);
        if fitness(x(i,:))<p(i)
            p(i)=fitness(x(i,:));
            y(i,:)=x(i,:);
        end
        if p(i)<fitness(pg)
            pg=y(i,:);
        end
        r1 =rand();
        if r1 < bc
            numPool = round(bs*N);
            PoolX = x(1:numPool,:);
            PoolVX = v(1:numPool,:);
            for i=1:numPool
                seed1 = floor(rand()*(numPool-1)) + 1;
                seed2 = floor(rand()*(numPool-1)) + 1;
                pb = rand();
                childx1(i,:) = pb*PoolX(seed1,:) + (1-pb)*PoolX(seed2,:);
                 childv1(i,:) = (PoolVX(seed1,:) + PoolVX(seed2,:))*norm(PoolVX
(seed1,:))/ ...
                        norm(PoolVX(seed1,:) + PoolVX(seed2,:));
            end
            x(1:numPool,:) = childx1;
            v(1:numPool,:) = childv1;
        end
    end
end
%得到计算结果
disp('目标函数取最小值时的自变量：');
xm=pg'
disp('目标函数的最小值为：')
fv=fitness(pg)
end
```

【例 14-5】使用基于杂交的粒子群优化算法，求解下列函数最小值，其中 $-10 \leqslant x_i \leqslant 10$。粒子数为 50，学习因子均为 2，惯性权重取值为 0.8，杂交概率为 0.8，杂交池比例为 0.1，迭代步数为 1000。

$$f(x) = \frac{1}{1+\sum\limits_{i=1}^{5}\dfrac{i}{1+(x_i+1)^2}} + 0.5$$

解： 首先建立目标函数代码如下：

```
function y=BreedFunc(x)
y=0;
for i=1:5
    y=y+i/(1+(x(i)+1)^2);
end
y=1/(1+y)+0.5;
end
```

在命令行窗口中输入：

```
>> [xm,fv] = PSO_breed(@BreedFunc,50,2,2,0.8,0.8,0.1,100,5);
目标函数取最小值时的自变量：
xm =
  -0.9957
  -1.0032
  -0.9988
  -0.9985
  -1.0008
目标函数的最小值为：
fv =
   0.5625
```

以上结果表明，基于杂交的粒子群优化算法精度也比较高。

14.3.2　基于自然选择的粒子群优化算法

基于自然选择的粒子群优化算法是借鉴自然选择的机理，在每次迭代中，根据粒子群适应度值将粒子群排序，用群体中最好的一半粒子替换最差的一半粒子，同时保留原来每个个体所记忆的历史最优值。

该算法步骤如下：

（1）随机设置各个粒子的速度和位置。

（2）评价每个粒子的适应度，将粒子的位置和适应度值存储在粒子的个体极值 p_{best} 中，将所有 p_{best} 中最优适应度值的个体位置和适应度值保存在全局极值 g_{best} 中。

（3）更新粒子位置和速度：

$$x_{i,j}(t+1) = x_{i,j}(t) + v_{i,j}(t+1) \ , \ j = 1,2,\cdots,d$$

$$v_{i,j}(t+1) = w \cdot v_{i,j}(t) + c_1 r_1[p_{i,j} - x_{i,j}(t)] + c_2 r_2[p_{g,j} - x_{i,j}(t)]$$

（4）将每个粒子的适应度值与粒子的最好位置比较，如果相近，则将当前值作为粒子最好的位置。比较当前所有的 p_{best} 和 g_{best}，更新 g_{best}。

（5）根据适应度值对粒子群排序，用群体中最好的一半粒子替换最差的一半粒子，同时保留原来每个个体所记忆的历史最优值。

（6）当算法达到其停止条件，则停止搜索并输出结果；否则返回到步骤（3）继续搜索。

在"编辑器"窗口中编写基于自然选择的粒子群优化算法优化函数 PSO_nature()，代码如下：

```
function [xm,fv] = PSO_nature(fitness,N,c1,c2,w,M,D)
%fitness 为待优化的目标函数，N 为初始化群体个体数目，c1 为学习因子 1，c2 为学习因子 2
%w 为惯性权重，wmax 为惯性权重最大值，wmin 为惯性权重最小值
%M 为最大迭代次数，D 为搜索空间维数（未知数个数）
%xm 为目标函数取最小值时的自变量，fv 为目标函数最小值
format short;

%%%%%%初始化种群的个体%%%%%%
for i=1:N
    for j=1:D
        x(i,j)=randn;                    %初始化位置
        v(i,j)=randn;                    %初始化速度
    end
end
```

```
%%%%%%先计算各个粒子的适应度，并初始化 pi 和 pg%%%%%%
for i=1:N
    p(i)=fitness(x(i,:));
    y(i,:)=x(i,:);
end
pg = x(N,:);                                    %pg 为全局最优
for i=1:(N-1)
    if fitness(x(i,:))<fitness(pg)
        pg=x(i,:);
    end
end
%%%%%%主循环，按照公式依次迭代%%%%%%
for t=1:M
    for i=1:N
        v(i,:)=w*v(i,:)+c1*rand*(y(i,:)-x(i,:))+c2*rand*(pg-x(i,:));
        x(i,:)=x(i,:)+v(i,:);
        fx(i) = fitness(x(i,:));
        if fx(i)<p(i)
            p(i)=fx(i);
            y(i,:)=x(i,:);
        end
        if p(i)<fitness(pg)
            pg=y(i,:);
        end
    end
    [sortf,sortx] = sort(fx);
    exIndex = round((N-1)/2);
    x(sortx((N-exIndex+1):N)) = x(sortx(1:exIndex));      %替换位置
    v(sortx((N-exIndex+1):N)) = v(sortx(1:exIndex));      %替换速度
end
%得到计算结果
disp('目标函数取最小值时的自变量: ');
xm=pg'
disp('目标函数的最小值为: ')
fv=fitness(pg)
end
```

【例 14-6】使用基于自然选择的粒子群优化算法，求解下列函数的最小值，其中 $-10 \leqslant x_i \leqslant 10$。粒子数为 50，学习因子均为 2，惯性权重取值为 0.9，迭代步数为 1000。

$$f(x) = \frac{1}{0.3 + \sum_{i=1}^{5} \frac{i-1}{(x_i+1)^2}}$$

解： 首先建立目标函数，代码如下：

```
function y=natureFunc(x)
y=0;
for i=1:5
    y=y+(i-1)/((x(i)+1)^2);
end
y=1/(0.3+y);
end
```

在命令行窗口中输入：

```
>> [xm,fv] = PSO_nature(@natureFunc,50,2,2,0.8,100,5);
目标函数取最小值时的自变量：
xm =
   -4.0047
   -0.4520
   -0.3082
   -0.7253
   -1.0000
目标函数的最小值为：
fv =
   1.3435e-12
```

以上结果表明，基于自然选择的粒子群优化算法精度也非常高。

14.3.3 基于免疫的粒子群优化算法

基于免疫的粒子群优化算法是在免疫算法的基础上采用粒子群优化对抗体群体进行更新，可以解决免疫算法收敛速度慢的缺点。算法流程如图 14-5 所示。

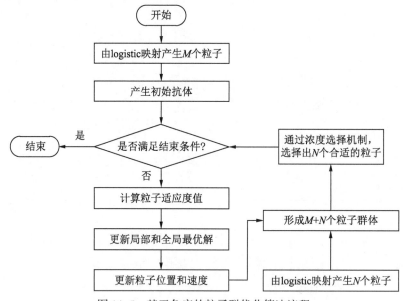

图 14-5 基于免疫的粒子群优化算法流程

算法步骤如下：

（1）确定学习因子 c_1 和 c_2、粒子（抗体）群体个数 M。

（2）由 logistic 映射产生 M 个粒子 x_i 及其速度 v_i，其中 $i=1, 2, \cdots, N$，最后形成初始粒子（抗体）群体 P_0。

（3）产生免疫记忆粒子：计算当前粒子群体 P 中粒子的适应度值并判断算法是否满足结束条件，如果满足，则结束并输出结果，否则继续运行。

（4）更新局部和全局最优解，并根据下面公式更新粒子位置和速度。

$$x_{i,j}(t+1) = x_{i,j}(t) + v_{i,j}(t+1) \ , \quad j = 1, 2, \cdots, d$$

$$v_{i,j}(t+1) = w \cdot v_{i,j}(t) + c_1 r_1 [p_{i,j} - x_{i,j}(t)] + c_2 r_2 [p_{g,j} - x_{i,j}(t)]$$

（5）由 logistic 映射产生 N 个新的粒子。

（6）基于浓度的粒子选择：用群体中相似抗体百分比计算产生 $N+M$ 个新粒子的概率，依照概率大小选择 N 个粒子形成粒子群 P，然后转入步骤（3）。

在"编辑器"窗口中编写基于免疫的粒子群优化算法优化函数 PSO_immu()，代码如下：

```
function [xm,fv,Result]=PSO_immu(fitness,N,c1,c2,w,MaxDT,D,eps,DS,replaceP,minD,Psum)
format short;
%%%%%%给定初始化条件%%%%%%
%c1 为学习因子 1，c2 为学习因子 2，w 为惯性权重，MaxDT 为最大迭代次数，D 为搜索空间维数（未知数个数）
%N 为初始化群体个体数目，eps 为设置精度(在已知最小值时用)，DS 为每隔 DS 次循环就检查最优个体是否变优
%replaceP 为粒子的概率，替换概率大于 replaceP 将被免疫替换，minD 为粒子间的最小距离，Psum 为个体
%最佳的和
range=100;
count = 0;
%% %%%%初始化种群的个体%%%%%%
for i=1:N
    for j=1:D
        x(i,j)=-range+2*range*rand;                  %随机初始化位置
        v(i,j)=randn;                                 %随机初始化速度
    end
end

%% %%先计算各个粒子的适应度，并初始化 pi 和 pg%%%%%%
for i=1:N
    p(i)=feval(fitness,x(i,:));
    y(i,:)=x(i,:);
end
pg=x(1,:);                                            %pg 为全局最优
for i=2:N
    if feval(fitness,x(i,:))<feval(fitness,pg)
        pg=x(i,:);
    end
end
%% %%%%主循环，按照公式依次迭代，直到满足精度要求%%%%%%
for t=1:MaxDT
    for i=1:N
        v(i,:)=w*v(i,:)+c1*rand*(y(i,:)-x(i,:))+c2*rand*(pg-x(i,:));
        x(i,:)=x(i,:)+v(i,:);
        if feval(fitness,x(i,:))<p(i)
            p(i)=feval(fitness,x(i,:));
            y(i,:)=x(i,:);
        end
        if p(i)<feval(fitness,pg)
            pg=y(i,:);
            subplot(1,2,1);
            bar(pg,0.25);
            axis([0 3 -40 40]);
```

```
                title (['Iteration ', num2str(t)]); pause (0.1);
                subplot(1,2,2);
                plot(pg(1,1),pg(1,2),'rs','MarkerFaceColor','r', 'MarkerSize',8)
                hold on;
                plot(x(:,1),x(:,2),'k.');
                set(gca,'Color','g')
                hold off;
                grid on;
                axis([-100 100 -100 100 ]) ;
                title(['Global Min = ',num2str(p(i))]);
                xlabel(['Min_x= ',num2str(pg(1,1)),'  Min_y= ',num2str(pg(1,2))]);

        end
    end
    Pbest(t)=feval(fitness,pg) ;
%       if Foxhole(pg,D)<eps                            %如果结果满足精度要求，则跳出循环
%           break;
%       end
%%%%%开始进行免疫%%%%%
    if t>DS
        if mod(t,DS)==0 && (Pbest(t-DS+1)-Pbest(t))<1e-020  %如果连续 DS 代数，群体中的最
                                                            %优没有明显变优，则进行免疫
        %在函数测试的过程中发现，经过一定代数的更新，个体最优不完全相等，但变化非常小
            for i=1:N                                    %先计算出个体最优的和
                Psum=Psum+p(i);
            end

            for i=1:N                                    %免疫程序

                for j=1:N                                %计算每个个体与个体 i 的距离
                    distance(j)=abs(p(j)-p(i));
                end
                num=0;
                for j=1:N                                %计算与第 i 个个体的距离小于 minD 的个数
                    if distance(j)<minD
                        num=num+1;
                    end
                end
                PF(i)=p(N-i+1)/Psum;                      %计算适应度概率
                PD(i)=num/N;                              %计算个体浓度

                a=rand;                                   %随机生成计算替换概率的因子
                PR(i)=a*PF(i)+(1-a)*PD(i);                %计算替换概率
            end

            for i=1:N
                if PR(i)>replaceP
                    x(i,:)=-range+2*range*rand(1,D);
                    count=count+1;
                end
            end
```

```
            end
        end
end


%% %%%%%输出计算结果%%%%%%
%得到计算结果
disp('目标函数取最小值时的自变量: ');
xm=[pg(1,1);pg(1,2)]
disp('目标函数的最小值为: ')
fv=fitness(pg)
Result=feval(fitness,pg);
% fv=feval(fitness,pg)
end


%% %%%%%算法结束%%%%%%
function probability(N,i)
PF=p(N-i)/Psum;                              %适应度概率
disp(PF);
for jj=1:N
    distance(jj)=abs(P(jj)-P(i));
end
num=0;
for ii=1:N
    if distance(ii)<minD
        num=num+1;
    end
end
PD=num/N;                                    %个体浓度
PR=a*PF+(1-a)*PD;                            %替换概率
end
```

【例 14-7】 使用基于免疫的粒子群优化算法，求解下列函数的最小值，其中 $-10 \leqslant x_i \leqslant 10$。粒子数为 50，学习因子均为 2，免疫替换常数取值为 0.6，迭代步数为 1000。

$$f(x) = \frac{\cos\sqrt{x_1^2 + x_2^2} - 1}{\left[1 + (x_1^2 - x_2^2)\right]^2} + 0.5$$

解： 首先建立目标函数：

```
function y=immuFunc(x)
    y=(cos(x(1)^2+ x(2)^2)-1)/((1+ (x(1)^2- x(2)^2))^2)+0.5;
end
```

在命令行窗口中输入：

```
>> [xm,fv] = PSO_immu(@immuFunc,50,2,2,0.8,100,5,1e-20,10,0.6,1e-20,0);
目标函数取最小值时的自变量:
xm =
    3.8110
   -3.9400
目标函数的最小值为:
fv =
  -1.0624e+11
```

得到目标函数取最小值时的自变量 xm 变化图，如图 14-6 所示。

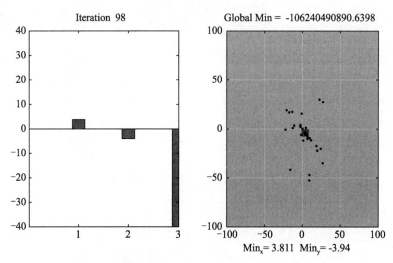

图 14-6　目标函数取最小值时的自变量 xm 变化图

14.3.4　基于模拟退火的粒子群优化算法

基于模拟退火的粒子群优化算法在搜索过程中具有突跳的能力，可以有效地避免搜索陷入局部极小解。该算法步骤如下：

（1）随机设置各个粒子的速度和位置。

（2）评价每个粒子的适应度，将粒子的位置和适应度值存储在粒子的个体极值 p_{best} 中，将所有 p_{best} 中最优适应度值的个体位置和适应度值保存在全局极值 g_{best} 中。

（3）确定初始温度。

（4）根据下式确定当前温度下各粒子 p_i 的适应度值：

$$\text{TF}(p_i) = \frac{e^{-(f(p_i)-f(p_g))/t}}{\sum_{i=1}^{N} e^{-(f(p_i)-f(p_g))/t}}$$

（5）从所有 p_i 中确定全局最优的替代值 p_i'，并根据下面两个公式更新各粒子的位置和速度；

$$x_{i,j}(t+1) = x_{i,j}(t) + v_{i,j}(t+1) \ , \ j=1,2,\cdots,d$$
$$v_{i,j}(t+1) = \varphi\{v_{i,j}(t) + c_1 r_1[p_{i,j} - x_{i,j}(t)] + c_2 r_2[p_{g,j} - x_{i,j}(t)]\}$$

$$\varphi = \frac{2}{2-(c_1+c_2)-\sqrt{(c_1+c_2)^2 - 4(c_1+c_2)}}$$

（6）计算粒子目标值，并更新 p_{best} 和 g_{best}，然后进行退温操作。

（7）当算法达到其停止条件，则停止搜索并输出结果；否则返回到步骤（4）继续搜索。

（8）初始温度和退温方式对算法有一定的影响，一般采用如下的初始温度和退温方式：

$$t_{k+1} = \lambda t_k, t_0 = f(p_g)/\ln 5$$

在"编辑器"窗口中编写基于模拟退火的粒子群优化算法优化函数 PSO_lamda()，代码如下：

```
function [xm,fv] = PSO_lamda(fitness,N,c1,c2,lamda,M,D)
format short
```

```
%N 为初始化群体个体数目、c1 为学习因子 1、c2 为学习因子 2
%lamda 为退火常数惯性权重、M 为最大迭代次数、D 为搜索空间维数
%%%%%%初始化种群的个体%%%%%%
for i=1:N
    for j=1:D
        x(i,j)=randn;                  %初始化位置
        v(i,j)=randn;                  %初始化速度
    end
end
%%%%%%先计算各个粒子的适应度，并初始化 Pi 和 Pg%%%%%%
for i=1:N
    p(i)=fitness(x(i,:));
    y(i,:)=x(i,:);
end
pg = x(N,:);                           %pg 为全局最优
for i=1:(N-1)
    if fitness(x(i,:))<fitness(pg)
        pg=x(i,:);
    end
end
%%%%%主循环，按照公式依次迭代%%%%%%
T = - fitness(pg)/log(0.2);
for t=1:M
    groupFit = fitness(pg);
    for i=1:N
        Tfit(i) = exp( - (p(i) - groupFit)/T);
    end
    SumTfit = sum(Tfit);
    Tfit = Tfit/SumTfit;
    pBet = rand();
    for i=1:N
        ComFit(i) = sum(Tfit(1:i));
        if pBet <= ComFit(i)
            pg_plus = x(i,:);
            break;
        end
    end
    C = c1 + c2;
    ksi = 2/abs( 2 - C - sqrt(C^2 - 4*C));
    for i=1:N
        v(i,:)=ksi*(v(i,:)+c1*rand*(y(i,:)-x(i,:))+c2*rand*(pg_plus-x(i,:)));
        x(i,:)=x(i,:)+v(i,:);
        if fitness(x(i,:))<p(i)
            p(i)=fitness(x(i,:));
            y(i,:)=x(i,:);
        end
        if p(i)<fitness(pg)
            pg=y(i,:);
        end
    end
    T = T * lamda;
    Pbest(t)=fitness(pg);
end
```

```
xm = pg';
fv = fitness(pg);
end
```

【例 14-8】使用基于模拟退火的粒子群优化算法，求解下列函数的最小值，其中 $-10 \leqslant x_i \leqslant 10$。粒子数为 50，学习因子均为 2，退火常数取值为 0.6，迭代步数为 1000。

$$f(x) = \frac{1}{0.7 + \sum_{i=1}^{5} \frac{i+2}{(x_i-1)^2 + 0.5}}$$

解： 首先建立目标函数，代码如下：

```
function y=lamdaFunc(x)
y=0;
for i=1:5
    y=y+(i+2)/(((x(i)-1)^2)+0.5);
end
y=1/(0.7+y);
end
```

在命令行窗口中输入：

```
>> [xm,fv] = PSO_lamda(@lamdaFunc,50,2,2,0.5,100,5)
```

得到结果如下：

```
xm =
    1.0108
    0.4793
    0.6018
    1.1022
    1.4880
fv =
    0.0246
```

以上结果表明，基于模拟退火的混合粒子群优化算法精度也非常高。

14.4　本章小结

PSO 算法起源于对简单社会系统的模拟，具有很好的生物背景。PSO 算法易理解，参数少，易实现，对非线性、多峰问题均具有较强的全局搜索能力，是一种很好的优化工具，在科学研究与工程实践中得到了广泛关注。

本章首先介绍了粒子群优化算法的基础，包括其研究内容、特点和应用领域等；然后对基本粒子群优化算法的原理、流程等内容做了详细的介绍，并介绍了多种权重改进粒子群优化算法；最后，针对粒子群不同的混合对象，举例说明了粒子群优化算法的各种混合应用。

第 15 章

小 波 变 换

小波变换（分析）属于时频分析的一种。传统的信号分析是建立在傅里叶变换的基础上的，但是傅里叶变换分析使用的是一种全局的变换，即要么完全在时域，要么完全在频域，因此无法表述信号的时频局域性质，但是时频局域性质恰恰是非平稳信号最根本和最关键的性质。而小波变换则能解决此类问题。基于此，本章重点介绍小波变换的基本理论、MATLAB 常用小波变换函数及其应用。

学习目标：

（1）了解小波变换原理；

（2）掌握 MATLAB 中小波变换的函数；

（3）熟练掌握小波变换的图像分解和压缩；

（4）掌握小波变换在去噪和压缩中的应用。

15.1 傅里叶变换到小波分析

为了分析和处理非平稳信号，人们对傅里叶变换进行了根本性的变革，提出并发展了小波变换、分数阶傅里叶变换、线性调频小波变换、循环统计量理论和调幅–调频信号分析等。其中，短时傅里叶变换和小波变换也是因传统的傅里叶变换不能够满足信号处理的要求而产生的。

小波变换是一种信号的时间–尺度（时间–频率）分析方法，具有多分辨率分析（Multi-resolution Analysis）的特点，而且在时域和频域都具有表征信号局部特征的能力，是一种窗口大小固定不变，但其形状可改变，时间窗和频率窗都可以改变的时频局部化分析方法。

15.1.1 傅里叶变换

傅里叶变换是众多科学领域（特别是信号处理、图像处理、量子物理等）中的重要应用工具之一。从实用的观点看，当人们考虑傅里叶分析时，通常是指（积分）傅里叶变换和傅里叶级数。

函数 $f(t) \in L_1(\mathbf{R})$ 的连续傅里叶变换定义为：

$$F(\omega) = \int_{-\infty}^{\infty} e^{-i\omega t} f(t) dt$$

$F(\omega)$ 的傅里叶逆变换定义为：

$$f(t) = \frac{1}{2\pi} \int_{-\infty}^{\infty} e^{-i\omega t} F(\omega) d\omega$$

为了计算傅里叶变换，需要用数值积分，即取 $f(t)$ 在 $\mathbf{R}$ 上的离散点上的值来计算这个积分。在实际应用中，我们希望在计算机上实现信号的频谱分析及其他方面的处理工作，对信号的要求是：在时域和频域应是离散的，且都应是有限长的。下面给出离散傅里叶变换（Discrete Fourier Transform，DFT）的定义。

给定实的或复的离散时间序列 $f_0, f_1, \cdots, f_{N-1}$，设该序列绝对可积，即满足：

$$\sum_{n=0}^{N-1} |f_n| < \infty$$

则

$$X(k) = F(f_n) = \sum_{n=0}^{N-1} f_n e^{-i\frac{2\pi k}{N}n}$$

为序列 $\{f_n\}$ 的离散傅里叶变换；

$$f_n = \frac{1}{N}\sum_{k=0}^{N-1} X(k) e^{i\frac{2\pi k}{N}n}, \quad k = 0, 1, \cdots, N-1$$

为序列 $\{X(k)\}$ 的离散傅里叶逆变换（IDFT）。

n 相当于对时间域的离散化，k 相当于频率域的离散化，且它们都是以 N 点为周期的。离散傅里叶变换序列 $\{X(k)\}$ 是以 $2p$ 为周期的，且具有共轭对称性。

若 $f(t)$ 是实轴上以 $2p$ 为周期的函数，即 $f(t) \in L_2(0, 2p)$，则 $f(t)$ 可以表示成傅里叶级数的形式，即

$$f(t) = \sum_{n=-\infty}^{\infty} C_n e^{i\pi nt/p}$$

其中，C_n 为傅里叶展开系数。

傅里叶变换是时域到频域互相转化的工具，从物理意义上讲，傅里叶变换的实质是把 $f(t)$ 这个波形分解成许多不同频率的正弦波的叠加和，这样就可将对原函数 $f(t)$ 的研究转换为对其权系数，即其傅里叶变换 $F(\omega)$ 的研究。

从傅里叶变换中可以看出，这些标准基是由正弦波及其高次谐波组成的，因此它在频域内是局部化的。

【例 15-1】在某工程实际应用中，有一信号的主要频率成分由 30Hz 和 500Hz 的正弦信号组成，该信号被一白噪声污染，现对该信号进行采样，采样频率为 100Hz。通过傅里叶变换对其频率成分进行分析。

解：该问题实质上是利用傅里叶变换对信号进行频域分析。在"编辑器"窗口中编写代码如下：

```
clear,clc
t=0:0.01:3;                         %时间间隔为 0.01，说明采样频率为 100Hz
x=sin(2*pi*30*t)+sin(2*pi*500*t);   %产生主要频率为 30Hz 和 500Hz 的信号
f=x+3.4*randn(1,length(t));         %在信号中加入白噪声
subplot(121); plot(f);              %画出原始信号的波形图
ylabel('幅值');xlabel('时间');title('原始信号');
y=fft(f,1024);                      %对原始信号进行离散傅里叶变换，参加 DFT 的采样点个数为 1024
p=y.*conj(y)/1024;                  %计算功率谱密度
ff=100*(0:511)/1024;                %计算变换后不同点所对应的频率值
subplot(122); plot(ff,p(1:512));    %画出信号的频谱图
ylabel('功率谱密度');xlabel('频率');title('信号功率谱图');
```

程序运行结果如图 15-1 所示。

原始图中看不出任何频域的性质，但从信号的功率谱图中，可以明显地看出该信号是由频率为 30Hz 和 500Hz 的正弦信号和频率分布广泛的白噪声信号组成的，也可以明显地看出信号的频率特性。

虽然傅里叶变换能够将信号的时域特征和频域特征联系起来，能分别从信号的时域和频域观察，但不能把二者有机地结合起来。这是因为信号的时域波形中不包含任何频域信息，而其傅里叶谱是信号的统计特性。

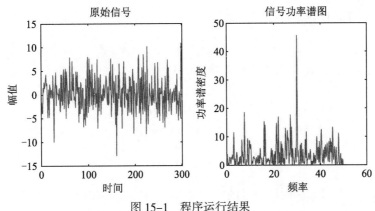

图 15-1 程序运行结果

从其表达式中也可以看出，它是整个时间域内的积分，没有局部化分析信号的功能，完全不具备时域信息，也就是说，对于傅里叶谱中的某一频率，不能够知道这个频率是在什么时候产生的。这样在信号分析中就面临一对最基本的矛盾：时域和频域的局部化矛盾。

在实际的信号处理过程中，尤其是对非平稳信号的处理中，信号在任一时刻附近的频域特征都很重要。如柴油机缸盖表面的振动信号就是由撞击或冲击产生的，是一瞬变信号，单从时域或频域上来分析是不够的。

这就促使人们去寻找一种新方法，能将时域和频域结合起来描述观察信号的时频联合特征，构成信号的时频谱。这就是所谓的时频分析法，亦称为时频局部化方法。

15.1.2 小波分析

小波分析是一种窗口大小（即窗口面积）固定但其形状可改变，时间窗和频率窗都可改变的时频局部化分析方法，即在低频部分具有较高的频率分辨率和较低的时间分辨率，在高频部分具有较高的时间分辨率和较低的频率分辨率，所以被誉为"数学显微镜"。正是这种特性，使小波变换具有对信号的自适应性。

小波分析被看成调和分析这一数学领域半个世纪以来的工作成果，已经广泛地应用于信号处理、图像处理、量子场论、地震勘探、语音识别与合成、音乐、雷达、CT成像、彩色复印、流体湍流、天体识别、机器视觉、机械故障诊断与监控、分形以及数字电视等科技领域。

从原理上讲，传统上使用傅里叶分析的地方，都可以用小波分析取代。小波分析优于傅里叶变换的地方是，它在时域和频域同时具有良好的局部化性质。

设 $y(t) \in L_2(\mathbf{R})$（$L_2(\mathbf{R})$ 表示平方可积的实数空间，即能量有限的信号空间），其傅里叶变换为 $Y(\omega)$。当 $Y(\omega)$ 满足允许条件（Admissible Condition）：

$$C_\psi = \int_{\mathbf{R}} \frac{\left|\hat{\psi}(\omega)\right|}{|\omega|} \mathrm{d}\omega < \infty$$

时，称 $y(t)$ 为一个基本小波或母小波（Mother Wavelet）。将 $y(t)$ 经伸缩和平移后，就可以得到一个小波序列。

对于连续的情况，小波序列为：

$$\psi_{a,b}(t) = \frac{1}{\sqrt{|a|}} \psi\left(\frac{t-b}{a}\right), \quad a,b \in \mathbf{R}; \ a \neq 0$$

其中，a 为伸缩因子；b 为平移因子。

对于离散的情况，小波序列为：

$$\psi_{j,k}(t) = 2^{\frac{-j}{2}} \psi(2^{-j}t - k), \quad j,k \in \mathbf{Z}$$

对于任意的函数 $f(t) \in L_2(\mathbf{R})$ 的连续小波变换为：

$$W_f(a,b) = <f, \psi_{a,b}> = |a|^{-1/2} \int_{\mathbf{R}} f(t) \overline{\psi\left(\frac{t-b}{a}\right)} dt$$

其逆变换为：

$$f(t) = \frac{1}{C_\psi} \int_{\mathbf{R}^+} \int_{\mathbf{R}} \frac{1}{a^2} W_f(a,b) \psi\left(\frac{t-b}{a}\right) dadb$$

小波变换的时频窗口特性与短时傅里叶的时频窗口不一样。其窗口形状为两个矩形$[b-aDy，b+aDy]$，$[(\pm\omega_0 -DY)/a，(\pm\omega_0 +DY)/a]$，窗口中心为$(b,\pm\omega_0/a)$，时窗和频窗宽分别为 aDy 和 DY/a。其中，b 仅影响窗口在相平面时间轴上的位置，而 a 不仅影响窗口在频率轴上的位置，也影响窗口的形状。

这样小波变换对不同的频率在时域上的取样步长是调节性的：在低频时，小波变换的时间分辨率较低，而频率分辨率较高；在高频时，小波变换的时间分辨率较高，而频率分辨率较低，这正符合低频信号变化缓慢而高频信号变化迅速的特点。

这便是它优于经典的傅里叶变换与短时傅里叶变换的地方。

注意：从总体上来说，小波变换比短时傅里叶变换具有更好的时频窗口特性。

【例 15-2】比较小波分析和傅里叶变换分析的信号去除噪声能力。

解：在"编辑器"窗口中编写代码如下：

```
clear,clc
snr=4;                              %设置信噪比
init=2055615866;                    %设置随机数初值
rng('default');
[si,xi]=wnoise(1,11,snr,init);      %产生矩形波信号和含白噪声信号
lev=5;
xd=wden(xi,'heursure','s','one',lev,'sym8');
subplot(231);plot(si);
axis([1 2048 -15 15]); title('原始信号');
subplot(232);plot(xi);
axis([1 2048 -15 15]); title('含噪声信号');
ssi=fft(si);
ssi=abs(ssi);
xxi=fft(xi);
absx=abs(xxi);
subplot(233);plot(ssi);
title('原始信号的频谱');
subplot(234);plot(absx);
title('含噪信号的频谱');            %进行低通滤波
indd2=200:1800;
xxi(indd2)=zeros(size(indd2));
xden=ifft(xxi);                     %进行傅里叶逆变换
xden=real(xden);
xden=abs(xden);
subplot(235);plot(xd);
```

```
axis([1 2048 -15 15]); title('小波消噪后的信号');
subplot(236);plot(xden);
axis([1 2048 -15 15]); title('傅里叶分析消噪后的信号');
```

运行结果如图 15-2 所示。

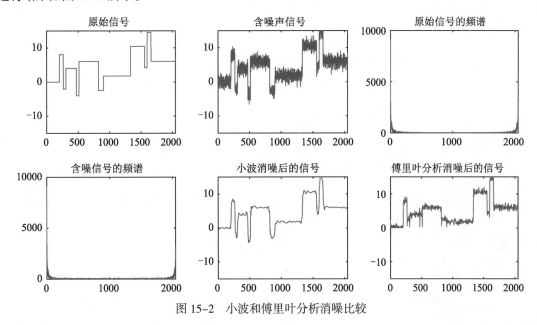

图 15-2　小波和傅里叶分析消噪比较

15.2　小波分析的常用函数

与标准傅里叶变换相比，小波分析中所用到的小波函数具有不唯一性，即小波函数 $y(x)$ 具有多样性。但小波分析在工程应用中的一个十分重要的问题是最优小波基的选择问题，这是因为用不同的小波基分析同一个问题会产生不同的结果。目前，主要是通过用小波分析方法处理信号的结果与理论结果的误差来判定小波基的好坏，并由此选定小波基。

根据不同的标准，小波函数具有不同的类型，这些标准如下。

（1）y、Y、f 和 F 的支撑长度，即当时间或频率趋向无穷大时，y、Y、f 和 F 从一个有限值收敛到 0 的速度。

（2）在图像处理中，对称性对于避免移相是非常有用的。

（3）y 和 f 如果存在消失矩阶数，对于压缩是非常有用的。

（4）正则性对信号或图像的重构获得较好的平滑效果是非常有用的。

但在众多小波基函数（也称核函数）的家族中，有一些小波函数被实践证明是非常有用的。可以通过 waveinfo() 函数获得工具箱中的小波函数的主要性质，小波函数 y 和尺度函数 f 可以通过 wavefun() 函数计算，滤波器可以通过 wfilters() 函数产生。

15.2.1　查询小波函数的基本信息

MATLAB 中利用 waveinfo() 函数可以查询小波函数的基本信息，函数使用格式如下：

```
waveinfo('wname')
```

1. RbioNr.Nd()小波

RbioNr.Nd()函数是 reverse 双正交小波。在 MATLAB 命令行窗口输入 waveinfo('rbio')，得到该函数的主要性质如下：

```
>> waveinfo('rbio')
 Information on reverse biorthogonal spline wavelets.

    Reverse Biorthogonal Wavelets

    General characteristics: Compactly supported
    biorthogonal spline wavelets for which
    symmetry and exact reconstruction are possible
    with FIR filters (in orthogonal case it is
    impossible except for Haar).

    Family              Biorthogonal
    Short name          rbio
    Order Nd,Nr         Nd = 1 , Nr = 1, 3, 5
    r for reconstruction    Nd = 2 , Nr = 2, 4, 6, 8
    d for decomposition     Nd = 3 , Nr = 1, 3, 5, 7, 9
                        Nd = 4 , Nr = 4
                        Nd = 5 , Nr = 5
                        Nd = 6 , Nr = 8

    Examples            rbio3.1, rbio5.5

    Orthogonal          no
    Biorthogonal        yes
    Compact support     yes
    DWT                 possible
    CWT                 possible

    Support width       2Nd+1 for rec., 2Nr+1 for dec.
    Filters length      max(2Nd,2Nr)+2 but essentially
    rbio Nd.Nr              lr                  ld
               effective length    effective length
                  of Hi_D             of Lo_D


    rbio 1.1            2                   2
    rbio 1.3            6                   2
    rbio 1.5            10                  2
    rbio 2.2            5                   3
    rbio 2.4            9                   3
    rbio 2.6            13                  3
    rbio 2.8            17                  3
    rbio 3.1            4                   4
    rbio 3.3            8                   4
    rbio 3.5            12                  4
    rbio 3.7            16                  4
    rbio 3.9            20                  4
    rbio 4.4            9                   7
    rbio 5.5            9                   11
    rbio 6.8            17                  11
```

```
Regularity for
psi rec.              Nd-1 and Nd-2 at the knots
Symmetry              yes
Number of vanishing
moments for psi dec.    Nd

Remark: rbio 4.4 , 5.5 and 6.8 are such that reconstruction and
decomposition functions and filters are close in value.

Reference: I. Daubechies,
Ten lectures on wavelets,
CBMS, SIAM, 61, 1994, 271-280.

See Information on biorthogonal spline wavelets.
```

2. Gaus()小波

Gaus()小波是从高斯函数派生出来的，其表达式为

$$f(x) = C_p e^{-x^2}$$

其中，整数 p 是参数，由 p 的变化导出一系列的 $f(p)$，它满足如下条件：

$$\left\| f^{(p)} \right\|^2 = 1$$

在 MATLAB 中输入 waveinfo('gaus')可以获得该函数的主要性质，具体如下：

```
>> waveinfo('gaus')
Information on Gaussian wavelets.

    Gaussian Wavelets

    Definition: derivatives of the Gaussian
    probability density function.

    gaus(x,n) = Cn * diff(exp(-x^2),n) where diff denotes
    the symbolic derivative and where Cn is such that
    the 2-norm of gaus(x,n) = 1.

    Family              Gaussian
    Short name          gaus

    Wavelet name        'gausN'  Valid choices for N are 1,2,3, …8

    Orthogonal          no
    Biorthogonal        no
    Compact support     no
    DWT                 no
    CWT                 possible

    Support width       infinite
    Effective support   [-5 5]
    Symmetry            yes
                n even ==> Symmetry
                n odd  ==> Anti-Symmetry
```

3. Dmey()小波

Dmey()函数可以进行快速小波变换,是 Meyer 函数的近似。在 MATLAB 命令行窗口,输入 waveinfo('dmey')

得到该函数的主要性质如下：

```
>> waveinfo('dmey')
Information on "Discrete" Meyer wavelet.

    "Discrete" Meyer Wavelet

    Definition: FIR based approximation of the Meyer Wavelet.

    Family                  DMeyer
    Short name              dmey

    Orthogonal              yes
    Biorthogonal            yes
    Compact support         yes
    DWT                     possible
    CWT                     possible

    Reference: P. Abry,
    Ondelettes et turbulence,
    Diderot ed., Paris, 1997, p. 268.

    See Information on Meyer wavelet.
```

4. Cgau()小波

Cgau()函数是复数形式的高斯小波，它是从复数的高斯函数中构造出来的，其表达式为：

$$f(x) = C_p \mathrm{e}^{-\mathrm{i}x} \mathrm{e}^{-x^2}$$

其中，整数 p 是参数，由 p 的变化导出一系列的 $f(p)$，它满足如下条件：

$$\|f(p)\|^2 = 1$$

在 MATLAB 命令行窗口中输入 waveinfo('cgau') 可以获得该函数的主要性质：

```
>> waveinfo('cgau')
 Information on complex Gaussian wavelets.

    Complex Gaussian Wavelets.

    Definition: derivatives of the complex Gaussian
    function

    cgau(x) = Cn * diff(exp(-i*x)*exp(-x^2),n) where diff denotes
    the symbolic derivative and where Cn is a constant

    Family              Complex Gaussian
    Short name          cgau

    Wavelet name        'cgauN' Valid choices for N are 1,2,3,···8

    Orthogonal          no
    Biorthogonal        no
    Compact support     no
    DWT                 no
    Complex CWT         possible
```

```
        Support width          infinite
        Symmetry               yes
                       n even ==> Symmetry
                       n odd  ==> Anti-Symmetry
```

5. Cmor()小波

Cmor()是复数形式的 Morlet()小波，其表达式为：

$$\psi(x) = \sqrt{\pi f_b}\, e^{2i\pi f_c x} e^{\frac{x}{f_b}}$$

其中，f_b 是带宽参数，f_c 是小波中心频率。

在 MATLAB 命令行窗口中输入 waveinfo('cmor')，可以获得该函数的主要性质如下：

```
>> waveinfo('cmor')
 Information on complex Morlet wavelet.

    Complex Morlet Wavelet

    Definition: a complex Morlet wavelet is
        cmor(x) = (pi*Fb)^{-0.5}*exp(2*i*pi*Fc*x)*exp(-(x^2)/Fb)
    depending on two parameters:
        Fb is a bandwidth parameter
        Fc is a wavelet center frequency

    Family               Complex Morlet
    Short name           cmor

    Wavelet name         cmor"Fb"-"Fc"

    Orthogonal           no
    Biorthogonal         no
    Compact support      no
    DWT                  no
    complex CWT          possible

    Support width        infinite

    Reference: A. Teolis,
    Computational signal processing with wavelets,
    Birkhauser, 1998, 65.
```

6. Fbsp()小波

Fbsp()是复频域 B 样条小波，表达式为：

$$\psi(x) = \sqrt{f_b}\left(\sin\left(\frac{f_b x}{m}\right)\right)^m e^{2i\pi f_c x}$$

其中，m 是整数型参数；f_b 是带宽参数；f_c 是小波中心频率。

在 MATLAB 命令行窗口中输入 waveinfo('fbsp')，可以获得该函数的主要性质如下：

```
>> waveinfo('fbsp')
 Information on complex Frequency B-Spline wavelet.

    Complex Frequency B-Spline Wavelet

    Definition: a complex Frequency B-Spline wavelet is
```

```
      fbsp(x) = Fb^{0.5}*(sinc(Fb*x/M))^M *exp(2*i*pi*Fc*x)
depending on three parameters:
       M is an integer order parameter (>=1)
       Fb is a bandwidth parameter
       Fc is a wavelet center frequency

For M = 1, the condition Fc > Fb/2 is sufficient to ensure
that zero is not in the frequency support interval.

Family                 Complex Frequency B-Spline
Short name             fbsp

Wavelet name           fbsp"M"-"Fb"-"Fc"

Orthogonal             no
Biorthogonal           no
Compact support        no
DWT                    no
complex CWT            possible

Support width          infinite

Reference: A. Teolis,
Computational signal processing with wavelets,
Birkhauser, 1998, 63.
```

7. Shan()小波

Shan()函数是复数形式的 Shannon 小波。在 B 样条频率小波中，令参数 $m=1$，就得到了 Shan()小波，其表达式为：

$$\psi(x) = \sqrt{f_b} \sin(f_b x) e^{2j\pi f_c x}$$

其中，f_b 是带宽参数；f_c 是小波中心频率。

在 MATLAB 命令行窗口中输入 waveinfo('shan')，可以获得该函数的主要性质如下：

```
>> waveinfo('shan')
 Information on complex Shannon wavelet.

   Complex Shannon Wavelet

   Definition: a complex Shannon wavelet is
        shan(x) = Fb^{0.5}*sinc(Fb*x)*exp(2*i*pi*Fc*x)
   depending on two parameters:
        Fb is a bandwidth parameter
        Fc is a wavelet center frequency

   The condition Fc > Fb/2 is sufficient to ensure that
   zero is not in the frequency support interval.

   Family                 Complex Shannon
   Short name             shan

   Wavelet name           shan"Fb"-"Fc"

   Orthogonal             no
```

```
Biorthogonal          no
Compact support       no
DWT                   no
complex CWT           possible

Support width         infinite

Reference: A. Teolis,
Computational signal processing with wavelets,
Birkhauser, 1998, 62.
```

15.2.2　小波滤波器函数

MATLAB 中的小波滤波器函数是 wfilters()，其调用格式如下：

`[Lo_D,Hi_D,Lo_R,Hi_R]= wfilters ('wname')`	%用于计算正交小波或双正交小波 wname 相关的 %4 个滤波器

这 4 个滤波器分别为：

（1）Lo_D——分解低通滤波器。

（2）Hi_D——分解高通滤波器。

（3）Lo_R——重构低通滤波器。

（4）Hi_R——重构高通滤波器。

`[F1,F2]= wfilters ('wname', 'type')`	%根据 type 参数值返回滤波器

参数值的含义如下：

type=d，返回分解滤波器 Lo_D 和 Hi_D。

type=r，返回重构滤波器 Lo_R 和 Hi_R。

type=l，返回低通滤波器 Lo_D 和 Lo_R。

type=h，返回高通滤波器 Hi_D 和 Hi_R。

【例 15-3】wfilters()函数、stem()函数的用法和底层绘图技法的属性设置示例。

解： 在"编辑器"窗口中编写代码如下：

```
clear,clc;
[Lo_D,Hi_D,Lo_R,Hi_R]= wfilters ('db45');
% stem 实现画出杆状图
subplot(221);stem(Lo_D,'color','r');
xlim([0 95]);
title('分解低通滤波器','fontsize',10);
axis tight;xlabel('x');ylabel('y');
subplot(222);stem(Hi_D,'color','r');
xlim([0 95]);
title('分解高通滤波器','fontsize',10);
axis tight;xlabel('x');ylabel('y');
subplot(223);stem(Lo_R,'color','r');
xlim([0 95]);
title('重构低通滤波器','fontsize',10);
axis tight;xlabel('x');ylabel('y');
subplot(224);stem(Hi_R,'color','r');
xlim([0 95]);
title('重构高通滤波器','fontsize',10);
axis tight;xlabel('x');ylabel('y');
```

运行后，得到的结果如图 15-3 所示。

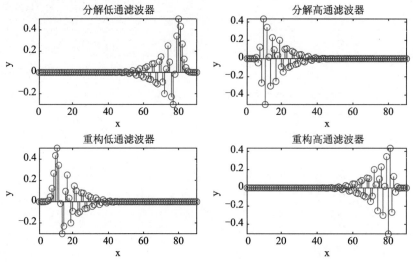

图 15-3　小波滤波器

15.2.3　单层一维小波分解函数

函数 dwt() 是使用特定的小波 wname 或者特定的小波分解滤波器 Lo_D 和 Hi_D 执行单层一维小波分解。其调用格式如下：

```
[cA,cD]=dwt(X,'wname')或[cA,cD]=dwt(X, Lo_D,Hi_D)
```

【例 15-4】使用 dwt() 函数实现 haar 系数和 dB2 系数。

解： 在"编辑器"窗口中编写代码如下：

```
clear,clc;
a=randn(1,256);
b=1.5*sin(1:256);
s=a+b;
[ca1,cd1]=dwt(s,'haar');
subplot(311);plot(s,'k-');
title('原始信号','fontsize',10);
axis tight;xlabel('x');ylabel('y');
subplot(323);plot(ca1,'k-');
title('haar 低频系数','fontsize',10);
axis tight;xlabel('x');ylabel('y');
subplot(324);plot(cd1,'k-');
title('haar 高频系数','fontsize',10);
axis tight;xlabel('x');ylabel('y');
%计算两个相关的分解滤波器，并直接使用该滤波器计算低频和高频系数
[Lo_D,Hi_D]=wfilters('haar','d');
[ca1,cd1]=dwt(s,Lo_D,Hi_D);
%进行单尺度 db2 离散小波变换并观察最后系数的边缘效果
[ca2,cd2]=dwt(s,'db2');                    %db2 也是一种小波函数
subplot(325);plot(ca2,'k-');
title('db2 低频系数','fontsize',10);
axis tight;xlabel('x');ylabel('y');
```

```
subplot(326);plot(cd2,'k-');
title('db2高频系数','fontsize',10);
axis tight;xlabel('x');ylabel('y');
```

运行后，得到结果如图 15-4 所示。

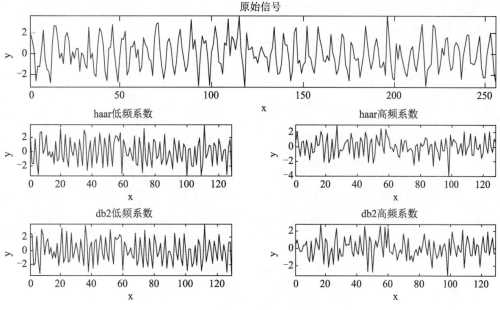

图 15-4 单层一维小波分解示意图

15.2.4 多尺度一维小波分解函数

函数 wavedec()使用给定的小波 wname 或者滤波器 Lo_D 和 Hi_D 进行多尺度一维小波分解。格式如下：

```
[C,L]= wavedec (X,N, 'wname');
```

返回信号 X 在 N 层的小波分解。N 必须是正整数。输出的结果包含分解向量 C 和相应的记录向量 L。

```
[C,L]= wavedec (X,N, Lo_D,Hi_D)
```

使用指定的低通和高通分解滤波器，返回分解结构。

15.2.5 一维小波系数的单支重构函数

函数 wrcoef()是基于指定的小波 wname 或者重构滤波器 Lo_R 和 Hi_R，以及小波分解结构[C,L]，进行一维小波系数的单支重构。其调用格式为：

```
X =wrcoef ('type',C,L, 'wname',N)
```

基于小波分解结构[C,L]在 N 层计算重构系数向量。N 为正整数。type 决定重构的系数是低频（type=a）还是高频（type=d）。

```
X =wrcoef ('type',C,L, Lo_R,Hi_R,N)
```

根据指定的重构滤波器进行系数重构。

【例 15-5】使用 wrcoef()函数进行一维小波系数的单支重构。

解： 在"编辑器"窗口中编写代码如下：

```
clear,clc;
N=80;
t=1:N;
sig1=sin(0.2*t);                                    %生成正弦信号
sig2(1:40)=((1:40)-1)/40;sig2(41:N)=(80-(41:80))/40;  %生成三角波信号
x=sig1+sig2;
[c,l]=wavedec(x,2,'db6');                           %进行两层小波分解
a2=wrcoef('a',c,l,'db6',2);
a1=wrcoef('a',c,l,'db6',1);                         %重构第 1~2 层逼近系数
d2=wrcoef('d',c,l,'db6',2);
d1=wrcoef('d',c,l,'db6',1);                         %重构第 1~2 层细节系数
subplot(511);
plot(x,'linewidth',2);ylabel('原始信号');xlabel('信号序列');
subplot(512);
plot(a2,'linewidth',2);ylabel('a2');xlabel('信号序列');
subplot(513);
plot(a1,'linewidth',2);ylabel('a1');xlabel('信号序列');
subplot(514);
plot(d2,'linewidth',2);ylabel('d2');xlabel('信号序列');
subplot(515);
plot(d1,'linewidth',2);ylabel('d1');xlabel('信号序列');
```

运行程序，结果如图 15-5 所示。

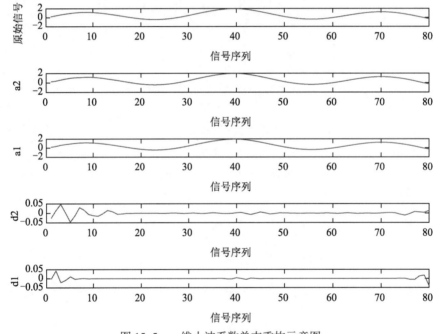

图 15-5　一维小波系数单支重构示意图

15.3　图像的分解和量化

15.3.1　一维小波变换

一维离散信号的小波分解是将信号分为低频和高频两部分。如果是多次分解，那么就继续对上一次所

得到的低频部分用同样的方法进行分解，得到新的低频和高频部分，直到达到分解次数要求为止。

在分解后，系统会保留最后分解所得到的低频部分和各次分解所得到的高频部分，以实现图像的重建。

MATLAB 就是通过函数 dwt() 和 idwt() 实现一维信号的分解与重建的。

【例 15-6】构建长度为 512 的一维原始信号，用函数 idwt() 实现该一维信号的分解与重建。

解： 在"编辑器"窗口中编写代码如下：

```
clear,clc
N=512;
S=randn(1,N);                      %构建长度为 512 的原始信号 S
[C1,L1]=dwt(S,'db1');              %对信号进行第 1 次分解
[C2,L2]=dwt(C1,'db1');            %对信号进行第 2 次分解
[C3,L3]=dwt(C2,'db1');            %对信号进行第 3 次分解
c2=idwt(C3,L3,'db1');             %重建得到第 2 次分解时的低频部分
c1=idwt(c2,L2,'db1');             %重建得到第 1 次分解时的低频部分
s=idwt(c1,L1,'db1');              %重建原始信号
subplot(6,1,1);plot(S);
ylabel('S');xlabel('信号序列'); title('原始信号 S');
subplot(6,1,2);plot(C3);
ylabel('C3');xlabel('信号序列'); title('三次分解后的低频部分');
subplot(6,1,3);plot(L1);
ylabel('L1');xlabel('信号序列'); title('一次分解后的高频部分');
subplot(6,1,4);plot(L2);
ylabel('L2');xlabel('信号序列'); title('二次分解后的高频部分');
subplot(6,1,5);plot(L3);
ylabel('L3');xlabel('信号序列'); title('三次分解后的高频部分');
subplot(6,1,6);plot(s);
ylabel('s');xlabel('信号序列'); title('重建信号 S');
```

运行后，得到结果如图 15-6 所示。

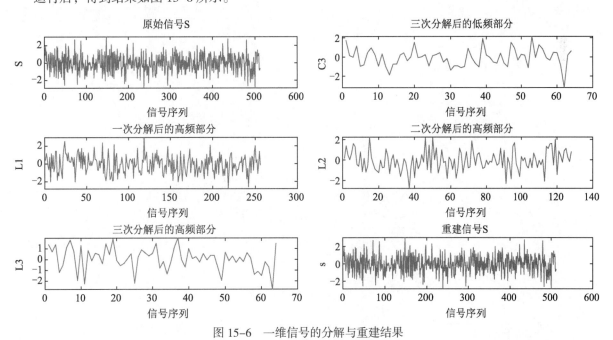

图 15-6　一维信号的分解与重建结果

通过图 15-6 中重构后的信号与原信号相比，可以看出，误差在试验许可范围内，小波分解是可行的。

15.3.2 二维变换体系

假定二维尺度函数可分离，则有：

$$\varphi(x,y) = \varphi(x)\varphi(y)$$

其中，$\varphi(x)$、$\varphi(y)$ 是两个一维尺度函数。若 $\psi(x)$ 是相应的小波，那么下列 3 个二维基本小波：

$$\psi^1_{(x,y)} = \varphi(x)\psi(y)$$

$$\psi^2_{(x,y)} = \psi(x)\varphi(y)$$

$$\psi^3_{(x,y)} = \psi(x)\psi(y)$$

与 $\varphi(x,y)$ 一起建立了二维小波变换的基础。

【例 15-7】使用 dwt()函数，对如图 15-7 所示的原始图像实现二维小波变换。

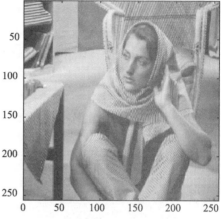

图 15-7　原始图像

解：根据 dwt()函数的使用格式和二维小波变换，编写以下 MATLAB 代码：

```matlab
clear,clc;
T=256;                       %图像维数
SUB_T=T/2;                   %子图维数
%调原始图像矩阵
load wbarb;                  %下载图像
f=X;                         %原始图像
%进行二维小波分解
l=wfilters('db10','l');      %db10（消失矩为10)低通分解滤波器冲击响应（长度为20）
L=T-length(l);
l_zeros=[l,zeros(1,L)];      %矩阵行数与输入图像一致，为2的整数幂
h=wfilters('db10','h');      %db10（消失矩为10)高通分解滤波器冲击响应（长度为20）
h_zeros=[h,zeros(1,L)];      %矩阵行数与输入图像一致，为2的整数幂
for i=1:T;                   %列变换
    row(1:SUB_T,i)=dyaddown( ifft( fft(l_zeros).*fft(f(:,i)') ) ).'; %圆周卷积<->FFT
    row(SUB_T+1:T,i)=dyaddown( ifft( fft(h_zeros).*fft(f(:,i)') ) ).';%圆周卷积<->FFT
end;
for j=1:T;                   %行变换
    line(j,1:SUB_T)=dyaddown( ifft( fft(l_zeros).*fft(row(j,:)) ) ); %圆周卷积<->FFT
    line(j,SUB_T+1:T)=dyaddown( ifft( fft(h_zeros).*fft(row(j,:)) ) );%圆周卷积<->FFT
end;
decompose_pic=line;          %分解矩阵
%图像分为四块
lt_pic=decompose_pic(1:SUB_T,1:SUB_T);          %在矩阵左上方为低频分量--fi(x)*fi(y)
rt_pic=decompose_pic(1:SUB_T,SUB_T+1:T);        %矩阵右上为--fi(x)*psi(y)
lb_pic=decompose_pic(SUB_T+1:T,1:SUB_T);        %矩阵左下为--psi(x)*fi(y)
rb_pic=decompose_pic(SUB_T+1:T,SUB_T+1:T);      %右下方为高频分量--psi(x)*psi(y)
%分解结果显示
figure(1);
colormap(map);
subplot(2,1,1);
image(f);
title('原始图像');
subplot(2,1,2);
image(abs(decompose_pic));
```

```
title('分解后图像');
figure(2);
colormap(map);
subplot(2,1,1);
image(abs(lt_pic));                                %左上方为低频分量--fi(x)*fi(y)
title('低频分量');
subplot(2,1,2);
image(abs(rb_pic));
title('高频分量');
%重构源图像及结果显示
l_re=l_zeros(end:-1:1);                             %重构低通滤波
l_r=circshift(l_re',1)';                            %位置调整
h_re=h_zeros(end:-1:1);                             %重构高通滤波
h_r=circshift(h_re',1)';                            %位置调整

top_pic=[lt_pic,rt_pic];                            %图像上半部分
t=0;
for i=1:T;                                          %行插值低频

    if (mod(i,2)==0)
        topll(i,:)=top_pic(t,:);                    %偶数行保持
    else
        t=t+1;
        topll(i,:)=zeros(1,T);                      %奇数行为零
    end
end;
for i=1:T;                                          %列变换
    topcl_re(:,i)=ifft( fft(l_r).*fft(topll(:,i)') )';   %圆周卷积<->FFT
end;

bottom_pic=[lb_pic,rb_pic];                         %图像下半部分
t=0;
for i=1:T;                                          %行插值高频
    if (mod(i,2)==0)
        bottomlh(i,:)=bottom_pic(t,:);             %偶数行保持
    else
        bottomlh(i,:)=zeros(1,T);                   %奇数行为零
        t=t+1;
    end
end;
for i=1:T;                                          %列变换
    bottomch_re(:,i)=ifft( fft(h_r).*fft(bottomlh(:,i)') )';  % 圆周卷积<->FFT
end;

construct1=bottomch_re+topcl_re;                    %列变换重构完毕

left_pic=construct1(:,1:SUB_T);                     %图像左半部分
t=0;
for i=1:T;                                          %列插值低频

    if (mod(i,2)==0)
        leftll(:,i)=left_pic(:,t);                  %偶数列保持
    else
```

```
            t=t+1;
            leftll(:,i)=zeros(T,1);                      %奇数列为零
        end
    end;
    for i=1:T;                                           %行变换
        leftcl_re(i,:)=ifft( fft(l_r).*fft(leftll(i,:)) );  %圆周卷积<->FFT
    end;

    right_pic=construct1(:,SUB_T+1:T);                   %图像右半部分
    t=0;
    for i=1:T;                                           %列插值高频
        if (mod(i,2)==0)
            rightlh(:,i)=right_pic(:,t);                 %偶数列保持
        else
            rightlh(:,i)=zeros(T,1);                     %奇数列为零
            t=t+1;
        end
    end;
    for i=1:T;                                           %行变换
        rightch_re(i,:)=ifft( fft(h_r).*fft(rightlh(i,:)) );  %圆周卷积<->FFT
    end;

    construct_pic=rightch_re+leftcl_re;                  %重建全部图像

    %结果显示
    figure(3);
    colormap(map);
    subplot(1,2,1);
    image(f);
    title('源图像显示');
    subplot(1,2,2);
    image(abs(construct_pic));
    title('重构源图像显示');
    error=abs(construct_pic-f);
    figure(4);
    mesh(error);                                         %误差三维图像
    title('重构图像与原始图像误差值');
```

运行后，得到分解前后图像对比如图 15-8 所示。重构图像误差值与原始图像的误差值如图 15-9 所示。

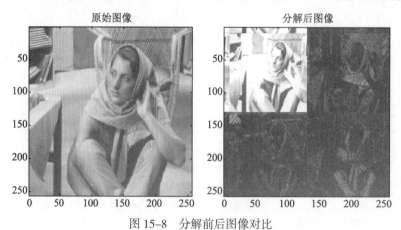

图 15-8　分解前后图像对比

重构图像与原始图像误差值

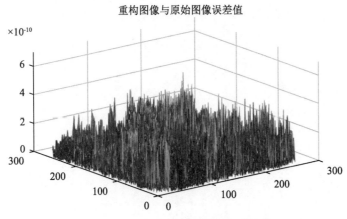

图 15-9　重构图像与原始图像误差值

15.4　小波变换经典案例

15.4.1　去噪

噪声一般可理解为妨碍人的视觉器官对所接收的声音、图形或图像源进行理解或分析的各种因素。噪声对声音、图形或图像处理十分重要，它影响声音、图形或图像的输入、采集、处理的各个环节。

如果噪声不能很好地抑制，必然影响处理的全过程和输出结果。因此，有目的地从测量数据中获取有效信息，去除噪声，就成为许多分析过程中的一个重要环节。

【例 15-8】利用小波分析对有噪声的信号进行去噪处理以恢复其原始信号。

解： 在 MATLAB 命令行窗口中输入以下程序：

```
clear,clc
load leleccum;                          %装载采集的信号
s=leleccum(1:2000);                     %将信号中第 1 到第 1000 个采样点赋给 s
ls=length(s);
subplot(2,2,1);plot(s);
title('原始信号图形');
grid on
%用 db1 小波对原始信号进行 3 层分解并提取系数
[c,l]=wavedec(s,3,'db1');
ca3=appcoef(c,l,'db1',3);
cd3=detcoef(c,l,3);
cd2=detcoef(c,l,2);
cd1=detcoef(c,l,1);
%对信号进行强制性去噪处理并显示结果
cdd3=zeros(1,length(cd3));
cdd2=zeros(1,length(cd2));
cdd1=zeros(1,length(cd1));
c1=[ca3 cdd3 cdd2 cdd1];
s1=waverec(c1,l,'db1');
subplot(2,2,3);plot(s1);
title('强制去噪后的信号');
grid on
%用默认阈值对信号进行去噪处理并显示结果
```

```
%用 ddencmp()函数获得信号的默认阈值，使用 wdencmp()命令函数实现去噪过程
[thr,sorh,keepapp]=ddencmp('den','wv',s);
s2=wdencmp('gbl',c,l,'db1',3,thr,sorh,keepapp);
subplot(2,2,2);
plot(s2);
title('默认阈值去噪后的信号');
grid on
%用给定的软阈值进行去噪处理
cd1soft=wthresh(cd1,'s',2.65);
cd2soft=wthresh(cd2,'s',1.53);
cd3soft=wthresh(cd3,'s',1.76);
c2=[ca3 cd3soft cd2soft cd1soft];
s3=waverec(c2,l,'db1');
subplot(2,2,4);plot(s3);
title('给定软阈值去噪后的信号');
grid on
```

运行后，得到信号去噪结果如图 15-10 所示。从图中可以看出，应用强制去噪处理后的信号较为光滑，但是它很可能丢失了信号中的一些有用成分。在实际使用中，默认阈值去噪和给定软阈值去噪这两种处理方法在实际中应用得更为广泛一些。

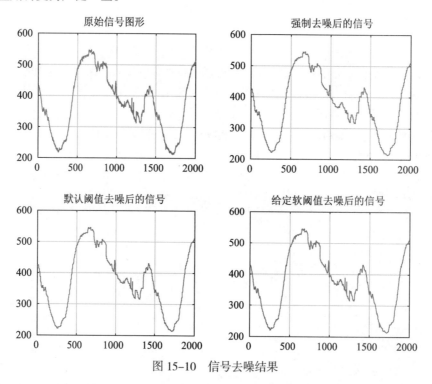

图 15-10　信号去噪结果

【例 15-9】利用小波分析对含噪正弦波进行去噪。

解：编写 MATLAB 代码如下：

```
clear,clc
N=150;
t=1:N;
x=sin(0.4*t);
%加噪声
```

```
load noissin;
ns=noissin;
%显示波形
subplot(3,1,1);plot(t,x);
title('原始正弦信号');
subplot(3,1,2);plot(ns);
title('含噪正弦波');
%小波去噪
xd=wden(ns,'minimaxi','s','one',4,'db3');
subplot(3,1,3);plot(xd);
title('去噪后的正波形信号');
```

运行后，得到结果如图 15-11 所示。去噪后的信号大体上恢复了原始信号的形状，并明显地去除了噪声所引起的干扰，这在图 15-11 中可以看出。但恢复后的信号和原始信号相比，有明显的改变。这是因为在进行去噪处理的过程中，所用的分析小波和细节系数阈值不恰当所导致的。

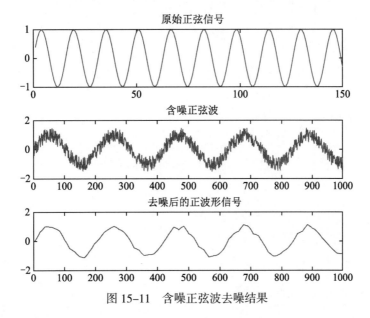

图 15-11　含噪正弦波去噪结果

15.4.2　压缩

图像或声音信号压缩在图像或声音的传输和存储中起着至关重要的作用。小波变换由于具有良好的时域局部化性能，有效地克服了傅里叶变换在处理非平稳的复杂图像或声音信号时的局限性，因而在图像或声音压缩领域得到了广泛的重视。

【例 15-10】利用小波分析对给定信号进行压缩处理。

解： 使用函数 wdcbm()获取信号压缩阈值，然后采用函数 wdencmp()实现信号压缩。代码如下：

```
clear,clc
load nelec;                              %装载信号
index=1:256;
x=nelec(index);
[c,l]=wavedec(x,6,'haar');               %用小波 haar 对信号进行 6 层分解
alpha=1.3;
[thr,nkeep]=wdcbm(c,l,alpha);            %获取信号压缩的阈值
```

```
[xd,cxd,lxd,perf0,perfl2]=wdencmp('lvd',c,l,'haar',6,thr,'s');
%对信号进行压缩
subplot(2,1,1);
plot(index,x);
title('初始信号');
subplot(2,1,2);
plot(index,xd);
title('经过压缩处理的信号');
```

运行后，得到结果如图 15-12 所示。

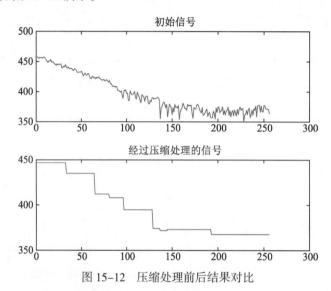

图 15-12　压缩处理前后结果对比

【例 15-11】利用小波分析对图 15-7 进行局部压缩。

解：根据小波算法，编写 MATLAB 代码如下：

```
clear,clc
load wbarb
%使用 sym4 小波对信号进行一层小波分解
[ca1,ch1,cv1,cd1]=dwt2(X,'sym4');
codca1=wcodemat(ca1,192);
codch1=wcodemat(ch1,192);
codcv1=wcodemat(cv1,192);
codcd1=wcodemat(cd1,192);
%将 4 个系数图像组合为一个图像
codx=[codca1,codch1,codcv1,codcd1];
%复制原图像的小波系数
rca1=ca1;
rch1=ch1;
rcv1=cv1;
rcd1=cd1;
%将 3 个细节系数的中部置零
rch1(33:97,33:97)=zeros(65,65);
rcv1(33:97,33:97)=zeros(65,65);
rcd1(33:97,33:97)=zeros(65,65);
codrca1=wcodemat(rca1,192);
codrch1=wcodemat(rch1,192);
codrcv1=wcodemat(rcv1,192);
```

```
codrcd1=wcodemat(rcd1,192);
%将处理后的系数图像组合为一个图像
codrx=[codrca1,codrch1,codrcv1,codrcd1];
%重建处理后的系数
rx=idwt2(rca1,rch1,rcv1,rcd1,'sym4');
subplot(221);
image(wcodemat(X,192)),colormap(map);
title('原始图像'),
subplot(222);
image(codx),colormap(map);title('一层分解后各层系数图像');
subplot(223);
image(wcodemat(rx,192)),colormap(map);
title('压缩图像');
subplot(224);
image(codrx),colormap(map);
title('处理后各层系数图像');
%求压缩信号的能量成分
per=norm(rx)/norm(X)
%求压缩信号与原信号的标准差
err=norm(rx-X)
```

运行后得到结果如图 15-13 所示。在编写的代码中把图像中部的细节系数都设置为零，从压缩图像中可以很明显地看出只有中间部分变得模糊，而其他部分的细节信息仍然可以分辨得很清楚。

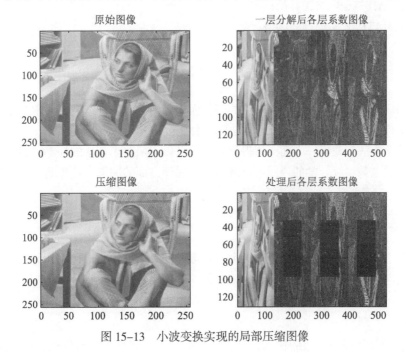

图 15-13 小波变换实现的局部压缩图像

15.5 本章小结

小波分析在信号处理中有众多的应用，本章首先介绍了小波变换的原理及 MATLAB 函数的使用，然后重点介绍了小波分析对图像的分解和量化，并对小波算法在去噪和压缩方面的应用做了举例说明，以帮助读者尽快掌握小波分析在 MATLAB 中的实现方法。

第 16 章

神 经 网 络

人工神经网络（Artificial Neural Networks，ANN）简称神经网络（Neural Networks，NN），是一种模仿动物神经网络行为特征、进行分布式并行信息处理的优化算法模型。该算法依靠系统的复杂程度，通过调整内部大量节点之间相互连接的关系，从而达到处理信息的目的。随着 MATLAB 和神经网络的发展，MATLAB 神经网络工具箱提供的神经网络函数越来越多，极大提高了神经网络算法的应用。

学习目标：

（1）了解神经网络基本概念；

（2）掌握 MATLAB 神经网络工具箱；

（3）熟练运用 MATLAB 实现神经网络运算。

16.1　神经网络基本概念

神经网络的构建理念是受到神经网络功能的启发而产生的。人工神经网络通常基于数学统计学方法进行优化，所以人工神经网络也是数学统计学方法的一种实际应用。

通过数学统计学方法，我们一方面能够得到大量的可以用函数来表达的局部结构空间，另一方面在人工智能感知领域，通过数学统计学的应用可以来做人工感知方面的决策，这比起正式的逻辑学推理演算更具有优势。

16.1.1　神经网络结构

神经网络模型主要考虑网络连接的拓扑结构、神经元的特征和学习规则等。目前，已有近 40 种神经网络模型，其中有反向传播网络、感知器、自组织特征映射网络、Hopfield 网络、玻耳兹曼机等。根据连接的拓扑结构，神经网络模型可以分为以下两种。

1. 前向网络

网络中各个神经元接收前一级的输入，并输出到下一级，网络中没有反馈，可以用一个有向无环路图表示。这种网络实现信号从输入空间到输出空间的变换，它的信息处理能力来自简单非线性函数的多次复合。

图 16-1 所示为两层前向神经网络，该网络只有输入层和输出层，其中，x 为输入，W 为权值，y 为输出。输出层神经元为计算节点，其传递函数取符号函数 f。该网络一般用于线性分类。

图 16-2 所示为多层前向神经网络，该网络有一个输入层、一个输出层和多个隐含层，其中隐含层和输出层神经元为计算节点。多层前向神经网络传递函数可以取多种形式。如果所有的计算节点都取符号函数，则网络称为多层离散感知器。

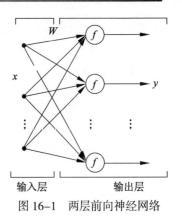

图 16-1　两层前向神经网络

前向网络结构简单，易于实现。反传网络是一种典型的前向网络。

2. 反馈网络

网络内神经元间有反馈，可以用一个无向的完备图表示。这种神经网络的信息处理是状态的变换，可以用动力学系统理论处理。系统的稳定性与联想记忆功能有密切关系。Hopfield 网络、玻耳兹曼机均属于这种类型。

以两层前馈神经网络模型（输入层为 n 个神经元）为例，反馈神经网络如图 16-3 所示。

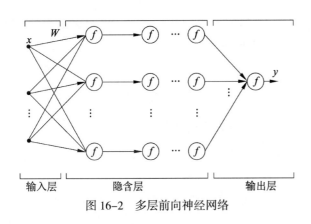

图 16-2　多层前向神经网络

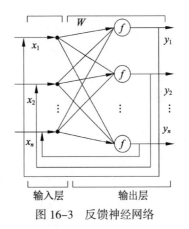

图 16-3　反馈神经网络

16.1.2　神经网络学习

神经网络学习是神经网络研究的一个重要内容，神经网络的适应性是通过学习实现的。根据环境的变化，神经网络对权值进行调整，改善系统的行为。

由 Hebb 提出的 Hebb 学习规则为神经网络的学习算法奠定了基础。Hebb 规则认为学习过程最终发生在神经元之间的突触部位，突触的联系强度随着突触前后神经元的活动而变化。

在此基础上，人们提出了各种学习规则和算法，以适应不同网络模型的需要。有效的学习算法，使得神经网络能够通过连接权值的调整，构造客观世界的内在表示，形成具有特色的信息处理方法，信息存储和处理体现在网络的连接中。

根据学习环境不同，神经网络的学习方式可分为监督学习和非监督学习。

（1）在监督学习中，将训练样本的数据加到网络输入端，同时将相应的期望输出与网络输出相比较，得到误差信号，以此控制权值连接强度的调整，经多次训练后收敛到一个确定的权值。当样本情况发生变化时，经学习可以修改权值以适应新的环境。使用监督学习的神经网络模型有反传网络、感知器等。

（2）非监督学习时，事先不给定标准样本，直接将网络置于环境之中，学习阶段与工作阶段成为一体。此时，学习规律的变化服从连接权值的演变方程。

根据神经网络模型的不同，常用的神经网络学习规则有如下 4 种。

（1）误差修正型规则：它是一种有监督的学习方法，根据实际输出和期望输出的误差进行网络连接权值的修正，最终网络误差小于目标函数达到预期结果。

在误差修正法中，权值的调整与网络的输出误差有关，它包括 δ 学习规则、Widrow-Hoff 学习规则、感知器学习规则和误差反向传播（Back Propagation，BP）学习规则等。

（2）竞争型规则：无监督学习过程，网络仅根据提供的一些学习样本进行自组织学习，没有期望输出，通过神经元相互竞争对外界刺激模式响应的权利进行网络权值的调整来适应输入的样本数据。对于无监督学习的情况，事先不给定标准样本，直接将网络置于"环境"之中，学习（训练）阶段与应用（工作）阶段成为一体。

（3）Hebb 型规则：利用神经元之间的活化值（激活值）来反映它们之间连接性的变化，即根据相互连接的神经元之间的活化值（激活值）来修正其权值。在 Hebb 学习规则中，学习信号简单地等于神经元的输出。Hebb 学习规则代表一种纯前馈、无导师学习。该学习规则至今在各种神经网络模型中起着重要作用。典型的应用如利用 Hebb 规则训练线性联想器的权矩阵。

（4）随机型规则：在学习过程中结合了随机、概率论和能量函数的思想，根据目标函数（即网络输出均方差）的变化调整网络的参数，最终使网络目标函数达到收敛值。

16.2 神经网络工具函数

MATLAB 包含进行神经网络应用设计和分析的许多工具箱函数。初学者可以利用该工具箱来深刻理解各种算法的内在实质；对研究者而言，该工具箱强大的扩充功能将令其工作起来游刃有余。最关键的是 MATLAB 丰富的函数可以节约大量的编程时间。

16.2.1 常用神经元激活函数

激活函数是一个神经网络的重要特征。对于多层神经网络来说，可以将前一层的输出作为后一层的输入，层层计算，最终得到神经网络的输出。

在神经网络工具箱中，对于给定输入矩阵 **P**、权矩阵 **W** 和偏差矩阵 **B** 的单层神经网络，在选用相应的激活函数后，就可以求出网络的输出矩阵 **A**。对于单层神经网络，所有运算均是直接以矩阵的形式完成的。

下面介绍几种常用的 MATLAB 神经元激活函数。

1. 限制函数hardlim()

hardlim()函数是限制函数，其输出范围是{0,1}，调用格式如下：

```
A = hardlim(N,FP)
```

N 为输入向量，FP 为功能参数（可省略）。

【例 16-1】限制函数 hardlim()应用示例。

解：在"编辑器"窗口中编写如下代码：

```
clear,clc
a = -2:0.05:2;
b = hardlim(a);
plot(a,b),grid on
```

运行后，输出如图 16-4 所示的 hardlim()函数图形。

2. 二值函数hardlims()

hardlims()函数为二值函数，其输出值为{-1,1}，调用格式如下：

```
A = hardlims(N,FP)
```

N 为输入向量，FP 为功能参数（可省略）。

如果需要在一个网络中使用该函数作为传递函数，可以使用如下语句：

```
net.layers{i}.transferFcn = 'hardlims';
```

【例 16-2】二值函数 hardlims()应用示例。

解：在"编辑器"窗口中编写如下代码：

```
a = -2:0.05:2;
b = hardlims(a);
plot(a,b),grid on
```

运行后，输出如图 16-5 所示的 hardlims()函数图形。

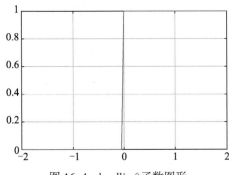

图 16-4　hardlim()函数图形

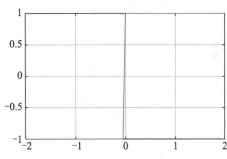

图 16-5　hardlims()函数图形

3. 线性函数purelin()

purelin()函数是线性函数，斜率为 1，其调用格式如下：

```
A = purelin(N,FP)
```

N 为输入向量，FP 为功能参数（可省略）。

【例 16-3】线性函数 purelin()应用示例。

解：在"编辑器"窗口中编写如下代码：

```
a = -2:0.05:2;
b = purelin(a);
plot(a,b),grid on
```

运行后，输出如图 16-6 所示的 purelin()函数图形。

4. 对数S型函数logsig()

logsig()函数调用格式如下：

```
A = logsig (N,FP)
```

N 为输入向量，FP 为功能参数（可省略）。

【例 16-4】对数 S 型函数 logsig()应用示例。

解：在"编辑器"窗口中编写如下代码：

```
a = -2:0.05:2;
b = logsig(a);
plot(a,b),grid on
```

运行后，输出如图 16-7 所示的 logsig() 函数图形。

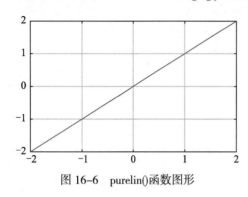

图 16-6　purelin() 函数图形

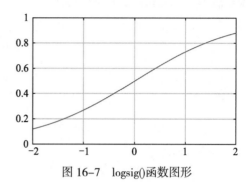

图 16-7　logsig() 函数图形

5. 双正切函数tansig()

tansig() 函数是一个双正切函数。其调用格式如下：

```
A = tansig (N,FP)
```

N 为输入向量，FP 为功能参数（可省略）。

【例 16-5】双正切函数 tansig() 应用示例。

解： 在"编辑器"窗口中编写如下代码：

```
a = -2:0.05:2;
b = tansig(a);
plot(a,b),grid on
```

运行后，输出如图 16-8 所示的 tansig() 函数图形。

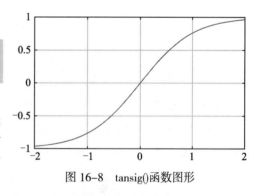

图 16-8　tansig() 函数图形

【例 16-6】一个具有 tansig() 激活函数的单层网络，输入矢量有 4 组，每组有 4 个分量，输出矢量有 5 个神经元。假定输入矢量和权矢量均取值为 1，现使用 MATLAB 计算神经网络的输出。

解： 在"编辑器"窗口中输入以下代码：

```
clear,clc
a=4; b=4; c=5;                    %a 为列数，b 为行数，c 为神经元个数
W=ones(c,b);
B=ones(c,a);
P=ones(b,a);
x=W*P+B;                          %计算神经网络加权输入
A=tansig(x)                       %计算神经网络输出
```

运行以上程序，得到输出结果如下：

```
A =
    0.9999    0.9999    0.9999    0.9999
    0.9999    0.9999    0.9999    0.9999
    0.9999    0.9999    0.9999    0.9999
    0.9999    0.9999    0.9999    0.9999
    0.9999    0.9999    0.9999    0.9999
```

16.2.2 神经网络通用函数

在 MATLAB 神经网络工具箱中,有些函数几乎可以用于所有种类的神经网络,如神经网络初始化函数 init()、神经网络仿真函数 sim()等,称为神经网络的通用函数。本节介绍几个经典的神经网络通用函数。

1. 神经网络初始化函数init()

利用神经网络初始化函数 init()可以对一个已经存在的神经网络参数进行初始化,即修正该网络的权值和偏差值等参数。该函数的调用格式为:

```
net=init(NET)
```

NET 是没有初始化的神经网络;net 是经过初始化的神经网络。

【例 16-7】建立一个感知器神经网络,训练后再对其进行初始化,查看代码运行的结果。

解:首先使用 configure()函数建立一个感知器神经网络,在"编辑器"窗口中输入如下代码:

```
clear, clc
x = [0 1 0 1; 0 0 1 1];
t = [0 0 0 1];
net = perceptron;
net = configure(net,x,t);
net.iw{1,1}
net.b{1}
```

运行结果如下:

```
ans =
     0     0
ans =
     0
```

上述结果表示建立的感知器权值和偏差值均为默认值 0。

再用常用的 train()对建立的感知器神经网络进行训练:

```
%%%%%训练所建立的神经网络%%%%%%
net = train(net,x,t);
net.iw{1,1}
net.b{1}
```

感知器神经网络训练过程如图 16-9 所示。

经过训练后,感知器神经网络的权值和偏差值分别如下:

```
ans =
     1     2
ans =
    -3
```

从以上结果可知,感知器神经网络的权值和偏差值已经发生改变。

对完成训练的感知器神经网络再次初始化,在编辑器窗口中输入:

```
%%%%%%初始化训练后的感知器神经网络%%%%%
net = init(net);
net.iw{1,1}
net.b{1}
```

运行结果如下:

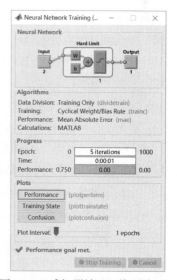

图 16-9 感知器神经网络训练过程

```
ans =
     0     0
ans =
     0
```

此时，感知器神经网络的权值和偏差值重新被初始化，即神经网络权值和偏差值变为 0。

2. 单层神经网络初始化函数initlay()

函数 initlay()是对层–层结构神经网络进行初始化，即修正该网络的权值和偏差值。其调用格式如下：

```
net=initlay(NET)
```

NET 是没有初始化的神经网络；net 是经过初始化的神经网络。

3. 神经网络单层权值和偏差值初始化函数initwb()

函数 initwb()可以对神经网络的某一层权值和偏差值进行初始化修正，该神经网络的每层权值和偏差值按照预先设定的修正方式来完成。其调用格式如下：

```
net=initwb(NET,i)
```

NET 是没有初始化的神经网络；i 为需要进行权值和偏差值修正的层；net 是第 i 层经过初始化的神经网络。

4. 神经网络训练函数train()

函数 train()可以训练一个神经网络，是一种通用的学习函数。训练函数不断重复地把一组输入向量应用到某一个神经网络，实时更新神经网络的权值和偏差值，当神经网络训练达到设定的最大学习步数、最小误差梯度或误差目标等条件后，停止训练。函数调用格式为：

```
[net,tr,Y,E] = train(NET,X,T,Xi,Ai)
```

NET 为需要训练的神经网络；X 为神经网络的输入；T 为训练神经网络的目标输出，默认值为 0；Xi 表示初始输入延时，默认值为 0；Ai 表示初始的层延时，默认值为 0；net 表示完成训练的神经网络；tr 表示神经网络训练的步数，Y 为神经网络的输出；E 表示网络训练误差。

在调用该训练函数之前，需要首先设定训练函数、训练步数、训练目标误差等参数，如果这些参数没有设定，train()函数将调用系统默认的训练参数对神经网络进行训练。

5. 神经网络仿真函数sim()

神经网络完成训练后，其权值和偏差值也就确认了，利用 sim()函数可以检测已经完成训练的神经网络的性能。其调用格式如下：

```
[Y,Xf,Af,E] = sim(net,X,Xi,Ai,T)
```

net 是要训练的神经网络；X 为神经网络的输入；Xi 表示初始输入延时，默认值为 0；Ai 表示初始的层延时，默认值为 0；T 为训练神经网络的目标输出，默认值为 0；Y 为神经网络的输出；Xf 为最终输入延时；Af 为最终的层延时；E 表示网络误差。

6. 神经网络输入和函数netsum()

神经网络输入和函数 netsum()是通过某一层的加权输入和偏差值相加作为该层的输入。调用格式为：

```
N = netsum({Z1,Z2,…,Zn},FP)
```

Zi 是 S × Q 维矩阵，FP 为功能参数（可省略）。

【例 16-8】使用 netsum()函数将两个权值和一个偏差值相加。

解： 在"编辑器"窗口中编写如下代码：

```
z1 = [1 2 4; 3 4 1]
z2 = [-1 2 2; -5 -6 1]
b = [0; -1]
n = netsum({z1,z2,concur(b,3)})
```

运行后，得到神经网络输入：

```
n =
     0    4    6
    -3   -3    1
```

7. 权值点积函数dotprod()

神经网络输入向量与权值的点积可以得到加权输入。dotprod()函数调用格式如下：

```
Z = dotprod(W,P,FP)
```

W 为权值矩阵，P 为输入向量，FP 为功能参数（可省略），Z 为权值矩阵与输入向量的点积。

【例 16-9】利用 dotprod()函数求得一个点积。

解： 在"编辑器"窗口中编写如下代码：

```
W = rand(4,3);
P = rand(3,1);
Z = dotprod(W,P)
```

运行结果如下：

```
Z =
    0.3732
    0.4010
    0.4149
    0.3629
```

8. 网络输入的积函数netprod()

函数 netprod()是将神经网络某一层加权输入和偏差值相乘的结果，作为该层的输入。其调用格式如下：

```
N = netprod({Z1,Z2,…,Zn})
```

Zi 为 $Z \times Q$ 维矩阵。

【例 16-10】利用 netprod()函数求积。

解： 在"编辑器"窗口中编写如下代码：

```
Z1 = [1 2 4;3 4 1];
Z2 = [-1 2 2; -5 -6 1];
B = [0; -1];
Z = {Z1, Z2, concur(B,3)};
N = netprod(Z)
```

运行结果如下：

```
N =
     0    0    0
    15   24   -1
```

16.2.3 感知器函数

在神经网络工具箱中有大量与感知器相关的函数。下面介绍部分感知器函数及其基本功能。

1. 绘制样本点函数plotpv()

函数 plotpv()可以在坐标图中绘制出样本点及其类别，不同类别使用不同的符号。其调用格式为：

```
plotpv(P,T)
```

P 为 n 个二维或三维的样本矩阵；T 表示各个样本点的类别。

【例 16-11】绘制样本点函数示例。

解： 在"编辑器"窗口中编写如下代码：

```
p = [0 0 1 1; 0 1 0 1];
t = [0 0 0 1];
plotpv(p,t), grid on
```

运行程序后，可以得到如图 16-10 所示的样本分类图。从图中可以看出，除了点(1,1)用"+"表示之外，其他 3 个点均用圆圈表示。

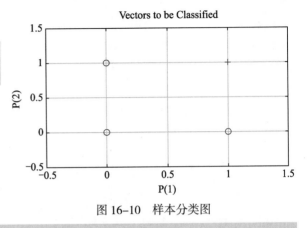

图 16-10　样本分类图

2. 绘制分类线函数plotpc()

函数 plotpc()是在已知的样本分类图中，画出样本分类线。其调用格式为：

```
plotpc(W,B)
```

W 和 B 分别是神经网络的权矩阵和偏差值向量。

3. 感知器学习函数learnp()

感知器学习函数用于调整网络的权值和偏差值，使得感知器平均绝对误差最小，以便对网络输入向量正确分类。感知器学习函数只能训练单层网络。该函数的调用格式为：

```
[dW,LS] = learnp(P,T,E)
```

P 为输入向量矩阵；T 为目标向量；E 为误差向量；dW、LS 分别是权值和偏差值变化矩阵。

4. 平均绝对误差函数mae()

函数 mae()可以获得平均绝对误差，该函数的调用格式为：

```
perf = mae(E,Y,X,FP)
```

E 为感知器输出误差矩阵；Y 为感知器的输出向量；X 为感知器的权值和偏差值向量。

【例 16-12】利用 mae()函数求解一个神经网络的平均绝对误差。

解： 首先利用 configure()函数建立一个神经网络，然后再用 mae()求解神经网络的平均绝对误差。在"编辑器"窗口中输入如下代码：

```
clear, clc
net = perceptron;
net = configure(net,0,0);
p = [-10 -5 0 5 10];
t = [0 0 1 1 1];
y = net(p);
e = t-y;
perf = mae(e)
```

运行以上代码，得到网络平均绝对误差为：

```
perf =
    0.4000
```

16.2.4　线性神经网络函数

MATLAB 神经网络工具箱提供了大量的线性神经网络工具箱函数。下面介绍一些线性神经网络函数及其基本功能。

1. 误差平方和函数sse()

误差平方和函数 sse()用于调整其权值和偏差值，使得网络误差的平方和最小。误差平方和函数的调用格式为：

```
perf = sse(net,t,y,ew)
```

net 为建立的神经网络；t 为目标向量；y 为网络输出向量；ew 为权值误差；perf 为误差平方和。

【例16-13】新建一个神经网络，并求误差平方和。

解： 在"编辑器"窗口中编写如下代码：

```
clear, clc
[x,t] = simplefit_dataset;
net = fitnet(10);
net.performFcn = 'sse';
net = train(net,x,t);
y = net(x);
e = t-y;
perf = sse(net,t,y)
```

运行以上代码，得到误差平方和为：

```
perf =
  7.8987e-04
```

2. 计算线性层最大稳定学习速率函数maxlinlr()

函数 maxlinlr()用于计算用 Widrow–Hoff 准则训练出的线性神经网络的最大稳定学习速率。其调用格式为：

```
lr = maxlinlr(P,'bias')
```

P 为输入向量；bias 为神经网络的偏差值；lr 为学习速率。

注意： 一般而言，学习速率越大，网络训练所需要的时间越短，网络收敛速度越快，但神经网络学习越不稳定，所以在选取学习速率的时候要注意平衡时间和神经网络稳定性的影响。

【例16-14】获得网络的学习速率示例。

解： 在"编辑器"窗口中编写如下代码：

```
P = [1 2 -4 7; 0.1 3 10 6];
lr = maxlinlr(P,'bias')
```

运行以上代码，得到网络的学习速率为：

```
lr =
  0.0067
```

3. 网络学习函数learnwh()

网络学习函数 learnwh()调用格式为：

```
[dW,LS] = learnwh(W,P,Z,N,A,T,E,gW,gA,D,LP,LS)
```

其中，dw 为权值变化矩阵，LS 为新的学习状态；W 为权值矩阵；P 为输入向量；Z 为权值输入向量；N 为神经网络输入向量；A 为神经网络输出向量；T 为目标向量；E 为误差向量；gW 为权值梯度向量；gA 为输出梯度向量；D 为神经元间隔；LP 为学习函数；LS 为学习状态。

【例16-15】获取神经网络权值调整值。

解： 在"编辑器"窗口中编写如下代码：

```
clear, clc
p = rand(2,1);
e = rand(3,1);
lp.lr = 0.5;
dW = learnwh([],p,[],[],[],[],e,[],[],[],lp,[])
```

运行代码，得到的权值调整值为：

```
dW =
    0.1018    0.1125
    0.2449    0.2706
    0.1969    0.2175
```

4. 线性神经网络设计函数newlind()

函数 newlind()能设计出可以直接使用的线性神经网络。该函数的调用格式为：

```
net = newlind(P,T,Pi)
```

P 为输入向量；T 为目标向量；Pi 为神经元起始状态参数；net 为建立的线性神经网络。

【**例 16-16**】利用函数 newlind()建立一个线性神经网络并测试其性能。

解： 在"编辑器"窗口中编写程序如下：

```
clear, clc
P = {1 2 1 3 3 2};
Pi = {1 3};
T = {5.0 6.1 4.0 6.0 6.9 8.0};
net = newlind(P,T,Pi);        %根据设置的参数，建立线性神经网络
Y = sim(net,P,Pi)             %检测上一步建立的神经网络性能
```

运行结果如下：

```
Y =
  1×6 cell 数组
    {[4.9824]}    {[6.0851]}    {[4.0189]}    {[6.0054]}    {[6.8959]}    {[8.0122]}
```

在使用 newlind()函数时，Pi 可以省略。例 16-16 中，如果不使用 Pi，其代码如下：

```
clear, clc
P = {1 2 1 3 3 2};
T = {5.0 6.1 4.0 6.0 6.9 8.0};
net = newlind(P,T);
Y = sim(net,P)
```

运行结果如下：

```
Y =
  1×6 cell 数组
    {[5.0250]}    {[6]}    {[5.0250]}    {[6.9750]}    {[6.9750]}    {[6]}
```

16.2.5　BP 神经网络函数

神经网络工具箱提供了大量的 BP（反向传播）神经网络工具箱函数，下面来介绍一些常用的 BP 神经网络函数及其基本功能。

1. 均方误差函数mse()

均方误差函数 mse()用于不断地调整神经网络的权值和偏差值，使网络输出的均方误差最小。均方误差函数调用格式为：

```
perf = mse(net,t,y,ew)
```

net 为建立的神经网络；t 为目标向量；y 为网络输出向量；ew 为所有权值和偏差值向量；perf 为均方误差。

【例 16-17】 使用 mse() 函数求均方误差。

解： 在"编辑器"窗口中编写如下代码：

```
[x,t] = bodyfat_dataset;
net = feedforwardnet(10);
net.performParam.regularization = 0.01;
net.performFcn = 'mse';
net = train(net,x,t);
y = net(x);
perf = perform(net,t,y);
perf = mse(net,x,t,'regularization',0.01)
```

运行结果如下：

```
perf =
   3.9749e+03
```

2. 误差平方和函数sumsqr()

函数 sumsqr() 是计算输入向量误差平方和函数，其调用格式为：

```
[s,n] = sumsqr(x)
```

x 为输入向量；s 为有限值的平方和；n 为有限值的个数。

【例 16-18】 使用 sumsqr() 函数求误差平方和。

解： 在"编辑器"窗口中编写如下代码：

```
m = sumsqr([1 2;3 4]);
[m,n] = sumsqr({[1 2; NaN 4], [4 5; 2 3]})
```

运行结果如下：

```
m =
    75
n =
    7
```

3. 计算误差曲面函数errsurf()

利用函数 errsurf() 可以计算单输入神经元输出误差平方和。其调用格式为：

```
errsurf(P,T,WV,BV,F)
```

P 为输入向量；T 为目标向量；WV 为权值矩阵；BV 为偏差值矩阵；F 为传输函数。

【例 16-19】 使用 errsurf 函数求误差平方和。

解： 在"编辑器"窗口中编写如下代码：

```
p = [-6.0 -6.1 -4.1];
t = [+0.0 +0.1 +.97];
wv = -0.5:.5:0.5; bv = -2:2:2;
es = errsurf(p,t,wv,bv,'logsig')
```

运行结果如下：

```
es =
    1.1543    0.7384    0.9168
    1.6451    0.6309    0.7379
    1.7854    1.3934    0.3305
```

4. 绘制误差曲面图函数plotes()

利用函数 plotes()可以绘制误差的曲面图，其调用格式为：

```
plotes(WV,BV,ES,V)
```

WV 为权值矩阵；BV 为偏差值矩阵；ES 为误差曲面，V 为期望的视角。

【**例 16-20**】使用 plotes 函数绘制误差曲面图。

解： 在"编辑器"窗口中编写如下代码：

```
p = [-6.0 -6.1 -4.1 -4.0 +4.0 +4.1 +6.0 +6.1];
t = [+0.0 +0.0 +.97 +.99 +.01 +.03 +1.0 +1.0];
wv = -1:.1:1;
bv = -2.5:.25:2.5;
es = errsurf(p,t,wv,bv,'logsig');
plotes(wv,bv,es,[60 30])
```

运行程序，得到的误差曲面图如图 16-11 所示。

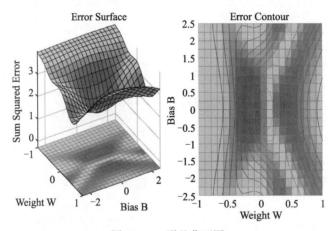

图 16-11   误差曲面图

5. 在误差曲面图上绘制权值和偏差值的位置函数plotep()

函数 plotep()在由函数 plotes()产生的误差曲面图上画出单输入网络权值 W 与偏差 B 所对应的误差 e 的位置。该函数的调用格式为：

```
h=plotep(W,B,e)
```

W 为权值矩阵；B 为偏差值向量（阈值）；e 为输出误差。

```
h=plotep(W,B,e,H)
```

H 是权值和阈值在上一时刻的位置信息向量；h 是当前的权值和阈值位置信息向量。

【**例 16-21**】使用 plotep 函数在误差曲面图上绘制权值和偏差值的位置。

解： 在"编辑器"窗口中编写如下代码：

```
clear, clc,clf
P = [1.0 -1.2];                          %输入向量
T = [0.5 1.0];                           %目标向量
wr = -4:0.4:4; br = wr;
ES = errsurf(P,T,wr,br,'logsig');
plotes(wr,br,ES,[60 30])
net=newlind(P,T);                        %设计线性网络
```

```
A=sim(net,P);                              %对训练后的网络进行仿真
SSE=sumsqr(T-A);                           %求平均误差的和,其中 T-A 为神经元误差
plotep(net.IW{1,1},net.b{1},SSE)
```

运行程序,得到如图 16–12 所示的权值和偏差值在误差曲面上的位置。

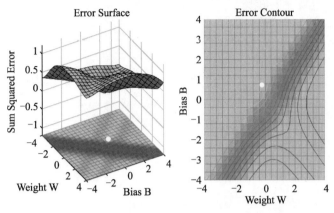

图 16–12　在误差曲面上显示权值和偏差值的位置

16.2.6　径向基神经网络函数

MATLAB 神经网络工具箱提供了大量的径向基(RBF)神经网络工具箱函数。下面介绍一些常用的径向基神经网络函数及其基本功能。

1. 计算向量间的距离函数dist()

大多数神经网络的输入可以通过表达式 $Y = WX + B$ 得到,其中,W 和 B 分别是神经网络的权向量和偏差值向量。但有些神经元的输入可以由函数 dist() 计算,该函数是一个欧氏距离权值函数,它对输入进行加权,得到被加权的输入。该函数的调用格式为:

```
Z = dist(W,P,FP)
```

W 为神经网络的权值矩阵;P 为输入向量。

```
D = dist(pos)
```

Z 和 D 均为输出距离矩阵;pos 为神经元位置参数矩阵。

【例 16-22】定义一个神经网络的权值矩阵和输入向量,并计算向量间距离。

解: 在"编辑器"窗口中编写如下代码:

```
W = rand(4,3);
P = rand(3,1);
Z = dist(W,P)
```

运行得到结果为:

```
Z =
    0.2581
    0.4244
    1.0701
    0.1863
```

下面定义一个两层神经网络,且每层神经网络包含 3 个神经元。用函数 dist() 计算该神经网络所有神经元之间的距离,代码如下:

```
pos = rand(2,3);
D = dist(pos)
```

运行以上代码可以得到：

```
D =
         0    0.4310    0.1981
    0.4310         0    0.3454
    0.1981    0.3454         0
```

2. 径向基传输函数radbas()

函数 radbas()作用于径向基神经网络输入矩阵的每一个输入量，其调用格式为：

```
A = radbas(N)
```

N 为网络的输入矩阵；A 为函数的输出矩阵。

【例 16-23】获取径向基传输函数图形。

解： 在"编辑器"窗口中编写如下代码：

```
n = -5:0.1:5;
a = radbas(n);
plot(n,a),grid on
```

运行程序可以得到图 16–13 所示的径向基传输函数图形。
通过以下代码可以将第 i 层径向基神经网络的传输函数修改为 radbas。

```
net.layers{i}.transferFcn = 'radbas';
```

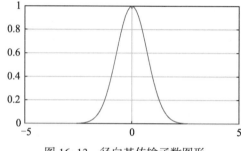

图 16–13　径向基传输函数图形

3. 建立径向基神经网络函数newrb()

利用函数 newrb()可以重新创建一个径向基神经网络，其调用格式为：

```
net = newrb(P,T,goal,spread,MN,DF)
```

P 是输入向量；T 为目标向量；goal 为均方误差；spread 为径向基函数的扩展速度；MN 为神经元的最大数目；DF 为两次显示之间所添加的神经元数目；net 为生成的径向基神经网络。

【例 16-24】利用 newrd()函数建立径向基神经网络，实现函数逼近。

解： 根据神经网络函数编写代码如下：

```
close,clear,clc
X=0:0.1:2;                          %神经网络输入值
T=cos(X*pi);                        %神经网络目标值
%%%%%绘出此函数上的采样点%%%%
figure(1)
plot(X,T,'+');
title('待逼近的函数样本点');xlabel('输入值');ylabel('目标值');grid on
%%%%%建立网络并仿真%%%%%%
n=-4:0.1:4;
a1=radbas(n);
a2=radbas(n-1.5);
a3=radbas(n+2);
a=a1+1*a2+0.5*a3;
figure(2);
plot(n,a1,n,a2,n,a3,n,a,'x');
title('径向基函数的加权和');xlabel('输入值');ylabel('输出值');grid on
%径向基函数网络隐含层中每个神经元的权重和阈值指定了相应的径向基函数的位置和宽度
%每一个线性输出神经元都由这些径向基函数的加权和组成
net=newrb(X,T,0.03,2);              %设置平方和误差参数为 0.03
```

```
X1=0:0.01:2;
y=sim(net,X1);
figure(3);
plot(X1,y,X,T,'+');
title('仿真结果');xlabel('输入');ylabel('网络输出及目标输出');grid on
legend('网络输出','目标输出','Location','north')
```

运行代码可以得到待逼近的函数样本点图形如图 16–14 所示,建立的径向基传输函数加权和如图 16–15 所示。建立的径向基神经网络仿真结果如图 16–16 所示。

利用函数 newrb()建立的径向基神经网络,能够在给定的误差目标范围内找到能解决问题的最小网络。因为径向基神经网络需要更多的隐含层神经元来完成训练,所以径向基神经网络不可以取代其他前馈网络。

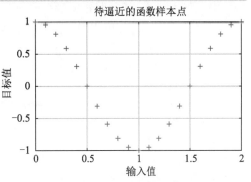

图 16–14 待逼近的函数样本点图形

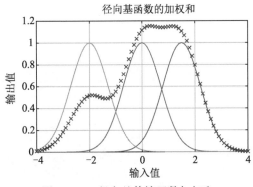

图 16–15 径向基传输函数加权和

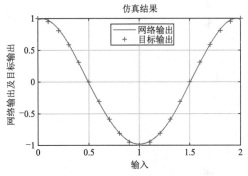

图 16–16 径向基神经网络仿真结果

4. 建立严格径向基神经网络函数newrbe()

建立严格径向基神经网络函数 newrbe()调用格式为:

```
net = newrbe(P,T,spread)
```

P 为输入向量;T 为目标向量;spread 为径向基函数的扩展速度,默认值为 1;net 为生成的神经网络。利用函数 newrbe()建立的径向基神经网络,可以不经过训练而直接使用。

【例 16-25】建立一个严格径向基神经网络。

解:在"编辑器"窗口中编写如下代码:

```
P = [1 2 3];
T = [2.0 4.1 5.9];
net = newrbe(P,T);
P = 2;
Y = sim(net,P)
```

运行以上代码可以得到:

```
Y =
    4.1000
```

由以上结果可以看出,建立的径向基神经网络正确地预测了输出值。

5. 建立广义回归径向基神经网络函数newgrnn()

广义回归神经网络（GRNN）常用于函数的逼近，其训练速度快，非线性映射能力强。函数 newgrnn() 调用格式为：

```
net = newgrnn(P,T,spread)
```

P 为输入向量；T 为目标向量；spread 为径向基函数的扩展速度，默认值为 1；net 为生成的神经网络。一般来说，spread 取值越小，神经网络逼近效果越好，但逼近过程越不平滑。

【例 16-26】建立广义回归径向基神经网络。

解：在"编辑器"窗口中编写如下代码：

```
P = [1 2 3];
T = [2.0 4.1 5.9];
net = newgrnn(P,T);
Y = sim(net,P)
```

运行以上代码可以得到：

```
Y =
    2.8280    4.0250    5.1680
```

6. 向量变换函数ind2vec()

函数 ind2vec() 用于对向量进行变换，其调用格式为：

```
vec=ind2vec(ind)
```

ind 是 n 维数据索引行向量；vec 为 m 行 n 列的稀疏矩阵。

【例 16-27】向量变换函数应用示例。

解：在命令行窗口中输入如下代码：

```
>> ind = [1 3 2 3]
>> vec = ind2vec(ind)
ind =
     1     3     2     3
vec =
    (1,1)        1
    (3,2)        1
    (2,3)        1
    (3,4)        1
```

7. 向量组变换为数据索引向量函数vec2ind()

函数 vec2ind() 用于对向量组进行变换，其调用格式为：

```
ind = vec2ind (vec)
```

vec 为 m 行 n 列的稀疏矩阵；ind 是 n 维数据索引行向量。

【例 16-28】向量组变换为数据索引向量函数应用示例。

解：在命令行窗口中输入以下代码：

```
>> vec = [1 0 0 0; 0 0 1 0; 0 1 0 1]
vec =
     1     0     0     0
     0     0     1     0
     0     1     0     1
>> ind = vec2ind(vec)
ind =
     1     3     2     3
```

8. 概率径向基函数newpnn()

利用 newpnn()函数可建立一个概率径向基神经网络，建立的径向基神经网络具有训练速度快、结构简单等特点，适合解决模式分类问题，其调用格式如下：

```
net = newpnn(P,T,spread)
```

P 为输入向量；T 为目标向量；spread 为径向基函数的扩展速度，net 为新生成的网络。

该函数建立的网络可以不经过训练直接使用。

【例 16-29】建立一个概率径向基神经网络并进行仿真。

解：在"编辑器"窗口中编写如下代码：

```
P = [1 2 3 4 5 6 7];
Tc = [1 2 3 2 2 3 1];
T = ind2vec(Tc)           %将类别向量转化为神经网络可以使用的目标向量
net = newpnn(P,T);
Y = sim(net,P)
Yc = vec2ind(Y)           %将仿真结果转化为类别向量
```

运行以上代码可以得到：

```
T =
    (1,1)        1
    (2,2)        1
    (3,3)        1
    (2,4)        1
    (2,5)        1
    (3,6)        1
    (1,7)        1
Y =
    1    0    0    0    0    0    1
    0    1    0    1    1    0    0
    0    0    1    0    0    1    0
Yc =
    1    2    3    2    2    3    1
```

16.2.7 自组织特征映射神经网络函数

神经网络工具箱为用户提供了大量的自组织特征映射神经网络函数。下面介绍一些常用的自组织特征映射神经网络函数及其基本功能。

1. 建立竞争神经网络函数newc()

利用函数 newc()可以建立一个竞争神经网络，其调用格式为：

```
net=newc(P,S)
```

P 为决定输入列向量最大值和最小值取值范围的矩阵，S 表示神经网络中神经元的个数，net 表示建立的竞争神经网络。

【例 16-30】建立竞争神经网络函数应用示例。

解：在命令行窗口中输入以下代码：

```
>> P=[1 8 1 9;2 4 1 6];
>> net=newc([-1 1;-1 1],3);
>> net=train(net,P);
>> y=sim(net,P),
y =
    1    0    0    0
```

```
      0      1      0      1
      0      0      1      0
>> yc=vec2ind(y)
yc =
      1      2      3      2
```

2. 竞争传输函数compet()

compet()函数可以对竞争神经网络的输入进行转换，使得网络中有最大输入值的神经元的输出为 1，且其余神经元的输出为 0。其调用格式为：

```
A = compet(N)
```

A 为输出向量矩阵，N 为输入向量。

【例 16-31】竞争传输函数应用示例。

解： 在命令行窗口中输入以下代码，可以得到输入和输出向量图形，如图 16-17 所示。

```
>> n = [0; 1; -0.5; 0.5];
>> a = compet(n);
>> subplot(2,1,1), bar(n), ylabel('n'), title('输入向量')
>> subplot(2,1,2), bar(a), ylabel('a') , title ('输出向量')
```

从图中可以看出，输入向量 *n* 的第二个值最大为 1，此时对应的输出值 *a* 为 1，其余输出值为 0。

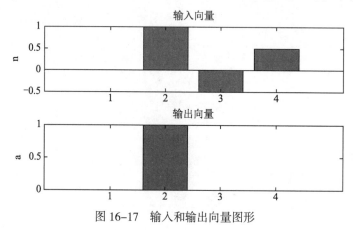

图 16-17   输入和输出向量图形

3. 产生一定类别的样本向量函数nngenc()

函数 nngenc()的调用格式为：

```
x = nngenc(bounds,clusters,points,std_dev);
```

x 是产生具有一定类别的样本向量，bounds 是指类中心的范围，clusters 是指类别数目，points 指每一类的样本点数目，std_dev 指每一类的样本点的标准差。

【例 16-32】产生一定类别的样本向量函数应用示例。

解： 在"编辑器"窗口中编写如下代码：

```
% 创建输入样本向量
bounds = [0 1; 0 1];              % 类中心的范围
clusters = 3;                     % 类的种类
points = 5;                       % 每个类的点数
std_dev = 0.05;                   % 每一个样本点的标准差
x = nngenc(bounds,clusters,points,std_dev);
%绘制输入的样本向量
```

```
plot(x(1,:),x(2,:),'+r');
title('输入向量');xlabel('x(1)');ylabel('x(2)');
```

运行以上代码得到结果如图 16-18 所示。从图中可以看出，输入样本被分为了 3 类，每类包含 5 个样本点。

4. 绘制自组织特征映射网络权值向量函数plotsom()

plotsom()函数在神经网络的每个神经元权向量对应坐标处画点，并用实线连接起神经元权值点。其调用格式为：

```
plotsom(pos)
```

pos 是表示 N 维坐标点的 N × S 维矩阵。

【例 16-33】绘制自组织特征映射网络权值向量函数应用示例。

解： 在命令行窗口中输入以下代码：

```
>> pos = randtop(2,2);              %随机分配神经元对应坐标点
>> plotsom(pos)
```

运行以上代码得到结果如图 16-19 所示。

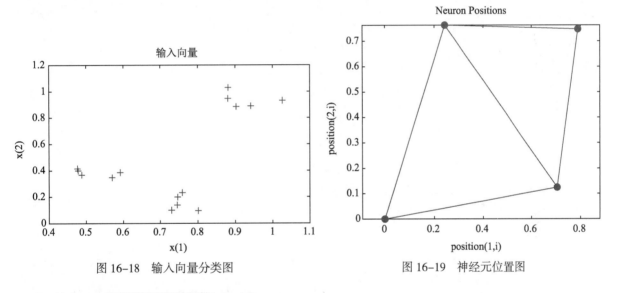

图 16-18　输入向量分类图　　　　图 16-19　神经元位置图

5. Kohonen权值学习规则函数learnk()

函数 learnk()根据 Konohen 权值学习规则计算神经网络的权值变化矩阵。其调用格式为：

```
[dW,LS] = learnk(W,P,Z,N,A,T,E,gW,gA,D,LP,LS)
```

其中，dW 为权值变化矩阵，LS 为新的学习状态，W 为权值矩阵，P 为输入向量，Z 为权值输入向量，N 为神经网络输入向量，A 为神经网络输出向量，T 为目标向量，E 为误差向量，gW 为性能参数的权值梯度向量，gA 为性能参数的输出梯度向量，D 为神经元间隔，LP 为学习函数（默认为 0.01），LS 为学习状态。

【例 16-34】Kohonen 权值学习规则函数应用示例。

解： 在命令行窗口中输入以下代码：

```
>> clear, clc
>> p = rand(2,1);
>> a = rand(3,1);
>> w = rand(3,2);
>> lp.lr = 0.5;
>> dW = learnk(w,p,[],[],a,[],[],[],[],[],lp,[])
```

```
dW =
    0.2811   -0.3572
    0.0255   -0.4420
    0.0943   -0.3787
```

6. Hebb 权值学习规则函数learnh()

函数 learnh()的原理是 $\Delta w(i,j) = \eta * y(i) * x(j)$，即第 j 个输入和第 i 个神经元之间的权值变化量与神经元输入和输出的乘积成正比。该函数的调用格式为：

```
[dW,LS] = learnh(W,P,Z,N,A,T,E,gW,gA,D,LP,LS)
```

函数各个变量的含义同 learnk 中使用的变量含义一致。

【例 16-35】Hebb 权值学习规则函数应用示例。

解： 在命令行窗口中输入以下代码：

```
>> clear, clc
>> p = rand(2,1);
>> a = rand(3,1);
>> w = rand(3,2);
>> lp.lr = 0.5;
>> dW = learnh([],p,[],[],a,[],[],[],[],[],lp,[])
dW =
    0.0395    0.0005
    0.2245    0.0029
    0.3538    0.0046
```

7. 计算输入向量加权值函数negdist()

函数 negdist()的调用格式为：

```
Z = negdist(W,P)
```

Z 为负向量距离矩阵，W 为权值函数，P 为输入矩阵。

【例 16-36】计算输入向量加权值函数应用示例。

解： 在命令行窗口中输入以下代码：

```
>> clear, clc
>> W = rand(4,3);
>> P = rand(3,1);
>> Z = negdist(W,P)
Z =
   -0.6175
   -0.7415
   -0.6476
   -0.1927
```

16.3　神经网络的 MATLAB 实现

神经网络由基本神经元相互连接，能模拟人的神经处理信息的方式，也可以解决很多利用传统方法无法解决的难题。利用 MATLAB 工具箱函数可以完成各种神经网络的设计、训练和仿真。

本节重点介绍几种经典的 MATLAB 神经网络应用。

16.3.1　BP 神经网络在函数逼近中的应用

BP 神经网络算法是在 BP 神经网络现有算法的基础上提出的，是通过任意选定的一组权值，将给定的目标输出直接作为线性方程的代数和来建立线性方程组求解，不存在传统方法的局部极小及收敛速度慢的问题，且更易理解。

BP 神经网络有很强的映射能力，主要用于模式识别分类、函数逼近、函数压缩等。下面通过实例来说明 BP 神经网络在函数逼近方面的应用。

【例 16-37】使用 MATLAB 设计一个 BP 神经网络，要求逼近函数 $g(x) = 1 + \sin\left(k \cdot \dfrac{\pi x}{2}\right)$，其中，分别令 $k=1$，5，10 进行仿真，通过调节参数得出信号的频率与隐含层节点之间、隐含层节点与函数逼近能力之间的关系。

解： 假设频率参数 $k=1$，绘制要逼近的非线性函数的目标曲线。MATLAB 代码如下：

```
clear,clc
k=1;
p=[-2:0.05:8];
t=1+cos(k*pi/2*p);
figure(1); plot(p,t,'-');
title('待逼近非线性函数');
xlabel('时间');ylabel('非线性函数');
```

运行代码后，得到目标曲线如图 16-20 所示。

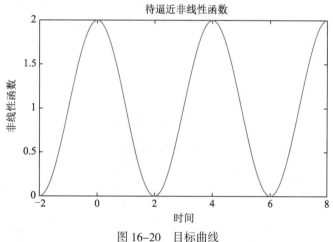

图 16-20　目标曲线

用 MATLAB 神经网络工具箱的 newff()函数建立 BP 神经网络结构。其中，隐含层神经元数目 n 暂设为 7，输出层有一个神经元。选择隐含层和输出层神经元传输函数分别为 tansig()函数和 purelin()函数，网络训练的算法采用 Levenberg–Marquardt 算法 trainlm。

```
n=7;
% net = newff(minmax(p),[n,1],{'tansig' 'purelin'},'trainlm');    %旧语法
net = newff(p,t,[n],{'tansig' 'purelin'},'trainlm');             %新语法
y1=sim(net,p);
figure(2);plot(p,t,'-',p,y1,':')
title('未训练网络的输出结果');
xlabel('时间');ylabel('仿真输出(原函数)');
legend('目标曲线','未经训练的曲线','Location','southeast');
```

运行后得到网络输出曲线与原函数的比较如图 16-21 所示。

因为使用 newff()函数建立网络时，权值和阈值的初始化是随机的，所以网络输出结构很差，根本达不到函数逼近的目的，每次运行的结果也不同。

在 MATLAB 中应用 train()函数对神经网络进行训练之前，需要预先设置网络训练参数。将训练时间设置为 300，训练精度设置为 0.3，其余参数使用默认值。训练神经网络的 MATLAB 代码如下：

```
net.trainParam.epochs=300;      %网络训练时间设置为 300
net.trainParam.goal=0.3;        %网络训练精度设置为 0.3
net=train(net,p,t);             %开始训练网络
```

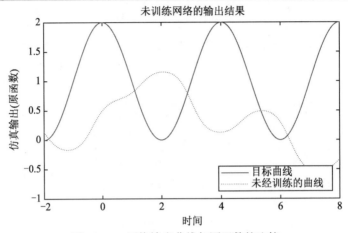

图 16-21　网络输出曲线与原函数的比较

运行后得到训练结果如图 16-22 所示。从图中可以看出，神经网络运行一步网络输出误差就达到设定的训练精度。

对于训练好的网络进行仿真：

```
y2=sim(net,p);
figure(3);plot(p,t,'-',p,y1,':',p,y2, '--')
title('训练前后结果对比');
xlabel('时间');ylabel('仿真输出');
legend('目标曲线','未经训练的曲线','经过训练的曲线','Location','southeast');
```

绘制网络输出曲线，并与原始非线性函数曲线以及未训练网络的输出结果曲线相比较，结果如图 16-23 所示。

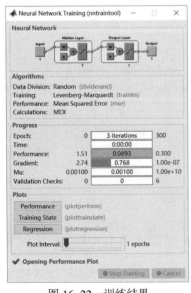

图 16-22　训练结果

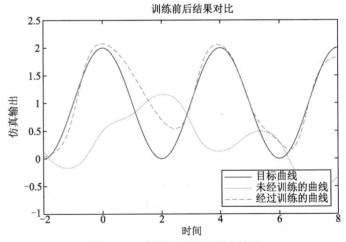

图 16-23　训练后网络的输出结果

相对于没有训练的曲线，经过训练之后的曲线和原始的目标曲线更接近。这说明经过训练后，BP 神经网络对非线性函数的逼近效果比较好。

改变非线性函数的频率和 BP 函数隐含层神经元的数目，对于函数逼近的效果有一定的影响。

当频率参数 $k=5$，隐含层神经元数目保持不变，运行后，得到训练前后网络的输出结果，如图 16-24 所示。

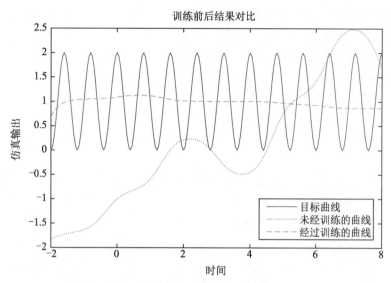

图 16-24　训练前后网络的输出结果（$k=5$）

当频率参数 $k=10$，隐含层神经元数目保持不变，运行后，得到训练前后网络的输出结果，如图 16-25 所示。

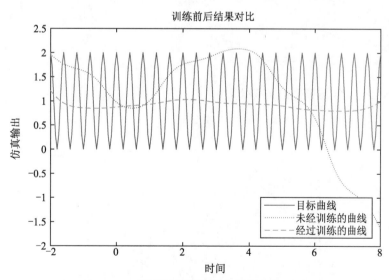

图 16-25　训练前后网络的输出结果（$k=10$）

通过上述仿真结果可知，当 $k=10$ 时，BP 神经网络对函数取得了较好的逼近效果，k 取不同的值对函数逼近的效果有很大的影响。

改变非线性函数的频率和 BP 函数隐含层神经元的数目，对于函数逼近的效果有一定的影响。网络非线性程度越高，对于 BP 神经网络的要求越高，则相同的网络逼近效果要差一些；隐含层神经元的数目对于网络逼近效果也有一定影响，一般来说隐含层神经元数目越多，则 BP 神经网络逼近非线性函数的能力越强。

16.3.2　RBF 神经网络在函数曲线拟合中的应用

曲线拟合是用连续曲线近似地刻画或比拟平面上离散点组所表示的坐标之间的函数关系的一种数据处理方法，是用解析表达式比较离散数据的一种方法。

RBF 神经网络具有良好的推广能力，在完成函数拟合任务时速度最快，结构也比较简单，在用于对具有复杂函数关系的问题做泛函逼近时，具有较高的精确度。

【例 16-38】 利用 MATLAB 神经网络工具箱，建立 RBF 网络拟合未知函数 $y = 18 + x_1^2 - 8\sin(2\pi x_1) + 5x_2^2 - 3\cos(2\pi x_2)$。

解： 按照 RBF 神经网络的原理，首先需要随机产生输入变量 x_1、x_2，并根据产生的输入变量和未知函数求得输出变量 y。

将输入变量 x_1、x_2 和输出变量 y 作为 RBF 神经网络的输入数据和输出数据，建立近似和精确 RBF 神经网络进行回归分析，并评价拟合效果。

建立 RBF 神经网络的 MATLAB 代码如下：

```
clear,clc,clf
x1=-2:0.02:2;
x2=-2:0.02:2;
y=18+x1.^2-8*sin(2*pi*x1)+5*x2.^2-3*cos(2*pi*x2);    %产生输出变量 y
net=newrbe([x1;x2],y);                               %建立 RBF 神经网络
t=sim(net,[x1;x2]);                                  %网络仿真
figure(1);plot3(x1,x2,y,'rd');
hold on;
plot3(x1,x2,t,'b-.');
view(100,25)
title('拟合效果')
xlabel('x1');ylabel('x2');zlabel('y')
grid on
```

运行代码，得到如图 16-26 所示的拟合效果。

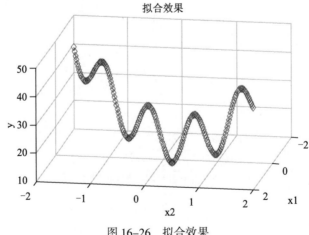

图 16-26　拟合效果

继续利用 RBF 神经网络对函数进行拟合，具体 MATLAB 代码如下：

```
clear,clc
x=rand(2,300);
x=(x-0.5)*1*2;
x1=x(1,:);
x2=x(2,:);
y=18+x1.^2-8*sin(2*pi*x1)+5*x2.^2-3*cos(2*pi*x2);
net=newrb(x,y);
[n,m]=meshgrid(-1:0.1:1);
row=size(n);
tx1=n(:);tx1=tx1';
tx2=m(:);tx2=tx2';
tx=[tx1;tx2];
t=sim(net,tx);
p=reshape(t,row);
subplot(1,3,1);mesh(n,m,p);zlim([0,50])
title('仿真结果图')
%目标函数图像
[x1, x2]=meshgrid(-1:0.1:1);
y=30+x1.^2-5*cos(2*pi*x1)+3*x2.^2-5*cos(2*pi*x2);
subplot(1,3,2);mesh(x1,x2,y);zlim([0,50])
title('目标函数图')
%目标函数图像和仿真函数图像的误差图像
subplot(1,3,3);mesh(x1,x2,y-p);zlim([-0.1,0.05])
title('误差图')
set(gcf,'position')
```

运行后，得到结果如图 16-27 所示。

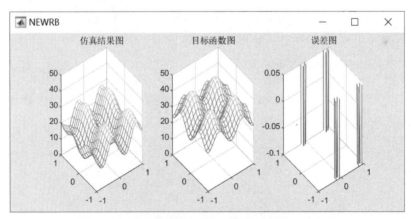

图 16-27　用 RBF 神经网络对函数进行拟合的结果

在 MATLAB 命令行窗口显示的 RBF 神经网络仿真输出和目标函数值之间的差值如下：

```
NEWRB, neurons = 0, MSE = 39.5558
NEWRB, neurons = 50, MSE = 0.00550273
NEWRB, neurons = 100, MSE = 3.27741e-06
NEWRB, neurons = 150, MSE = 7.21737e-07
NEWRB, neurons = 200, MSE = 1.40031e-07
NEWRB, neurons = 250, MSE = 7.30529e-08
NEWRB, neurons = 300, MSE = 1.76428e-08
  空的 0×0 cell 数组
```

16.3.3　Hopfield 神经网络在稳定平衡点中的应用

Hebb 学习规则是 Hopfield 神经网络常用的学习算法，该算法多用于在控制系统设计中求解约束优化问题，此外在系统的辨识中也有广泛的应用。

【例 16-39】 假设有两个目标向量，使用 newhop() 函数建立具有两个稳定点的 Hopfield 神经网络。

解：根据题中所假设的条件，建立 Hopfield 神经网络的 MATLAB 代码如下：

```
clear,clc
T = [-1 1; 1 -1;-1 -1];                    %定义具有两列的目标向量
%绘制 Hopfield 神经网络稳定空间图形
axis([-1 1 -1 1 -1 1])
set(gca,'box','on');
axis manual;
hold on;
plot3(T(1,:),T(2,:),T(3,:),'r*')
title('Hopfield Network State Space')
xlabel('x(1)');ylabel('x(2)');zlabel('x(3)');
view([35 16 50]);
```

两个稳定点的 Hopfield 神经网络稳定空间图形如图 16-28 所示。

```
net = newhop(T);                           %创建 Hopfield 神经网络
a = {rands(3,1)};                          % 随机起始点
[y,Pf,Af] = net({1 10},{},a);              %设定 Hopfield 仿真参数
%设定一个稳定空间内的活动点
record = [cell2mat(a) cell2mat(y)];
start = cell2mat(a);
hold on
plot3(start(1,1),start(2,1),start(3,1),'bx',record(1,:),record(2,:),record(3,:))
```

在稳定空间内设定一个活动的点的图形如图 16-29 所示。

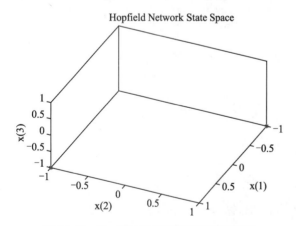

图 16-28　Hopfield 神经网络稳定空间图形

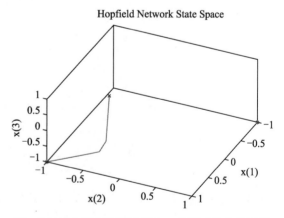

图 16-29　在稳定空间内设定一个活动的点的图形

```
color = 'rgbmy';
for i=1:30                                 %循环模拟 30 个初始条件
    a = {rands(3,1)};
    [y,Pf,Af] = net({1 10},{},a);
    record=[cell2mat(a) cell2mat(y)];
    start=cell2mat(a);
```

```
    plot3(start(1,1),start(2,1),start(3,1),'kx',record(1,:),record(2,:),
record(3,:),color(rem(i,5)+1))
end
```

重复模拟 30 个起始点得到的稳定空间如图 16-30 所示图形。

```
cla                              %清除坐标区
%使用输入向量 P 仿真 Hopfield 神经网络
P = [ 0.1 -1 -0.6 1 1 1; 0  0   0 0 0 0; -0.1  1  0.6 -1 -1 -1];
plot3(T(1,:),T(2,:),T(3,:),'r*')
color = 'rgbmy';
for i=1:6
    a = {P(:,i)};
    [y,Pf,Af] = net({1 10},{},a);
    record=[cell2mat(a) cell2mat(y)];
    start=cell2mat(a);
    plot3(start(1,1),start(2,1),start(3,1),'kx',record(1,:),record(2,:),
record(3,:),color(rem(i,5)+1))
end
```

运行以上代码，得到两个目标稳定点之间的起始点都进入稳定空间的中心，具体如图 16-31 所示。

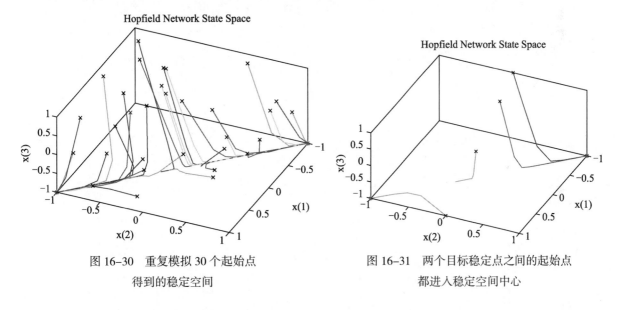

图 16-30　重复模拟 30 个起始点　　　　图 16-31　两个目标稳定点之间的起始点
　　　　　得到的稳定空间　　　　　　　　　　　都进入稳定空间中心

16.3.4　自组织特征映射神经网络在数据分类中的应用

生物学研究表明，在人脑的感觉通道上，神经元的组织是有序排列的。大脑皮层中神经元的响应特点不是先天安排好的，而是通过后天的学习自组织形成的。

自组织特征映射神经网络是无导师学习网络，它通过自动寻找样本中的内在规律和本质属性，自组织、自适应地改变网络参数与结构。

自组织特征映射（SOM）神经网络是一个神经网络接收外界输入模式时，将会分为不同的对应区域，各区域对输入模式有不同的响应特征，而这个过程是自动完成的。其通常作为一种样本特征检测器，在样本排序、样本分类以及样本检测方面有广泛的应用。

【例 16-40】随机设定 13 个数据样本，每个样本包含 7 个数据，设计一个 SOM 神经网络对不同特性的数据进行分类。

解： 根据题意设置，编写以下 MATLAB 代码：

```
clear,clc
% 设置样本数据
m=13; n=7;
P=rand(m,n);
for i=1:m
    for j=1:n
        if P(i,j)>0.7
            P(i,j)=1;
        else
            P(i,j)=0;
        end
    end
end
P=P';
net=newsom(minmax(P),[7 9]);              %建立 SOM 网络,竞争层为 7×9=63 个神经元
plotsom(net.layers{1}.positions)

a=[5 20 40 80 160 320 640 1280];          %设置仿真步数,本例取前 4 种训练步数的仿真
yc=rands(13,13);                          %随机初始化一个向量

net.trainparam.epochs=a(1);               %训练步数为 5 时的仿真
net=train(net,P);                         %训练网络和查看分类
%仿真网络
y=sim(net,P);
yc(1,:)=vec2ind(y);
subplot(2,2,1);
plotsom(net.IW{1,1},net.layers{1}.distances)

net.trainparam.epochs=a(2);               %训练步数为 20 时的仿真
net=train(net,P);                         %训练网络和查看分类
%仿真网络
y=sim(net,P);
yc(2,:)=vec2ind(y);
subplot(2,2,2);
plotsom(net.IW{1,1},net.layers{1}.distances)

net.trainparam.epochs=a(3);               %训练步数为 40 时的仿真
net=train(net,P);                         %训练网络
%仿真网络
y=sim(net,P);
yc(3,:)=vec2ind(y);
subplot(2,2,3);
plotsom(net.IW{1,1},net.layers{1}.distances)

net.trainparam.epochs=a(4);               %训练步数为 80 时的仿真
net=train(net,P);                         %训练网络
%仿真网络
y=sim(net,P);
yc(4,:)=vec2ind(y);
subplot(2,2,4);
plotsom(net.IW{1,1},net.layers{1}.distances)
```

运行后得到神经网络神经元的位置示意图如图 16-32 所示。训练 5、20、40 和 80 步神经网络，得到的权值变化如图 16-33 所示。

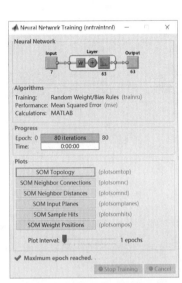

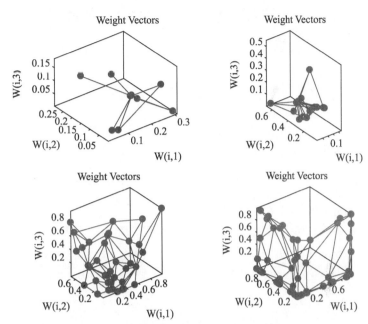

图 16-32　神经元的位置示意图

图 16-33　不同神经网络训练步数得到权值的变化

其中，训练次数为 80 时，用输入样本仿真得到的输出为：

```
>> yc
yc =
    7.0000    7.0000   57.0000    1.0000    5.0000    1.0000   63.0000   14.0000
    7.0000   63.0000   14.0000   57.0000    2.0000
   62.0000   60.0000    7.0000    7.0000   36.0000   14.0000   36.0000   63.0000
   62.0000   43.0000   63.0000    8.0000   29.0000
   56.0000   63.0000   57.0000   50.0000   14.0000   55.0000   14.0000    1.0000
   56.0000    7.0000    1.0000   58.0000   13.0000
   35.0000   14.0000    1.0000   29.0000   63.0000   32.0000   61.0000   57.0000
   35.0000   52.0000   57.0000    5.0000   56.0000
   -0.1740    0.2750   -0.7020   -0.5440   -0.0434   -0.0841   -0.0056    0.1756
   -0.2589   -0.4291   -0.6771    0.1466    0.2970
   -0.1700   -0.0749   -0.3165   -0.5390   -0.1495    0.0482    0.2582    0.9719
   -0.8962   -0.0953    0.1206    0.4155    0.5951
    0.8202   -0.6154   -0.3063    0.2186   -0.5114    0.8945    0.8178   -0.9186
    0.4166   -0.6989   -0.2148    0.6673    0.7005
    0.4085   -0.7570   -0.3076    0.1715   -0.5692   -0.6014   -0.1176    0.8829
   -0.5680   -0.3958    0.7287   -0.6556   -0.4577
    0.2571   -0.5656   -0.8770    0.7700    0.2015   -0.5578   -0.7294   -0.9041
   -0.9028   -0.4660   -0.1369    0.3233   -0.6034
   -0.7162    0.2372    0.1541   -0.2522   -0.9802   -0.7279   -0.0757    0.2032
   -0.4721   -0.7632   -0.0727    0.6494   -0.1555
   -0.7245   -0.8315   -0.7497    0.2643   -0.4316   -0.5737    0.2970    0.5667
   -0.9628   -0.2353   -0.9101    0.3883    0.3579
    0.8758    0.7755   -0.9877    0.6451   -0.2747    0.6770   -0.7715    0.2235
    0.4196    0.2380   -0.8980   -0.5681   -0.8745
```

```
    0.7493    -0.9630    0.9730    0.8614    -0.8371    0.1499    -0.8916    -0.1223
   -0.3245    -0.3393    -0.7133    -0.9777    0.6827
```

16.3.5 模糊神经网络在函数逼近中的应用

函数逼近问题即在选定的一类函数中寻找某个函数 m，近似表示已知函数 n，并求出用 m 近似表示 n 而产生的误差。

模糊神经网络就是模糊理论同神经网络相结合的产物，它汇集了神经网络与模糊理论的优点，集学习、联想、识别、信息处理于一体。

模糊神经网络结合了神经网络系统和模糊系统的长处，它在处理非线性、模糊性等问题上有很大的优越性，在函数逼近方面存在巨大的潜力。

【例 16-41】已知目标函数为 $y = \dfrac{1}{4}\left(\pi x_1^2\right)\cos(\pi x_2^2)$，利用 MATLAB 实现模糊神经网络函数在区间 $x_1 \in [0,1], x_2 \in [0,1]$ 上逼近目标函数。

解： 在"编辑器"窗口中编写代码如下：

```
clear,clc
[x1,x2]=meshgrid(0:0.05:1,0:0.05:1);
y=0.25*(pi*(x1.^2)).*cos(pi*x2.^2);              %求得函数输出值
x11=reshape(x1,441,1);                           %将输入变量变为列向量
x12=reshape(x2,441,1);
y1=reshape(y,441,1);                             %将输出变量变为列向量
trnData=[x11(1:2:441) x12(1:2:441) y1(1:2:441)]; %构造训练数据
chkData=[x11 x12 y1];                            %构造测试数据
numMFs=6;                                        %定义隶属函数个数
mfType='gbellmf';                                %定义隶属函数类型
epoch_n=30;                                      %定义训练次数
in_fisMat=genfis1(trnData,numMFs,mfType);        %由训练数据直接生成模糊推理系统
out_fisMat=anfis(trnData,in_fisMat,30);          %训练模糊系统
y11=evalfis(out_fisMat,chkData(:,1:2));          %用测试数据测试系统
x111=reshape(x11,21,21);
x112=reshape(x12,21,21);
y111=reshape(y11,21,21);
figure(1)
subplot(2,2,1),mesh(x1,x2,y);title('期望输出');
subplot(2,2,2),mesh(x111,x112,y111);title('实际输出');
subplot(2,2,3),mesh(x1,x2,(y-y111));title('误差');
[x,mf]=plotmf(in_fisMat,'input',1);
[x,mf1]=plotmf(out_fisMat,'input',1);
subplot(2,2,4),plot(x,mf,'r-',x,mf1,'k--');title('隶属度函数变化');
figure(2)
gensurf(out_fisMat);title('推理输入和输出关系图');
xlabel('输入 x1');  ylabel('输入 x2'); zlabel('输出 y');
```

运行后得到如下结果：

```
ANFIS info:
    Number of nodes: 101
    Number of linear parameters: 108
```

```
    Number of nonlinear parameters: 36
    Total number of parameters: 144
    Number of training data pairs: 221
Number of checking data pairs: 0
Number of fuzzy rules: 36

Start training ANFIS ...
    1      0.00268845
    2      0.00243027
    3      0.00218547
    4      0.00195118
    5      0.00172707
Step size increases to 0.011000 after epoch 5.
    6      0.00151197
    7      0.00127853
    8      0.00105327
    9      0.00124834
    10     0.000993436
    11     0.00103557
    12     0.000938884
Step size decreases to 0.009900 after epoch 12.
    13     0.000876452
    14     0.000861791
    15     0.000765811
Step size increases to 0.010890 after epoch 15.
    16     0.000806366
    17     0.000720051
    18     0.000761641
    19     0.000627302
Step size decreases to 0.009801 after epoch 19.
    20     0.000714668
    21     0.000525431
    22     0.000590952
    23     0.000543567
Step size decreases to 0.008821 after epoch 23.
    24     0.00056926
    25     0.000438212
    26     0.000542543
    27     0.000404414
Step size decreases to 0.007939 after epoch 27.
    28     0.000518967
    29     0.000350055
    30     0.000450622
Designated epoch number reached --> ANFIS training completed at epoch 30.
Minimal training RMSE = 0.000350
```

运行代码后得到结果如图 16-34 所示，推理输入和输出关系图如图 16-35 所示。

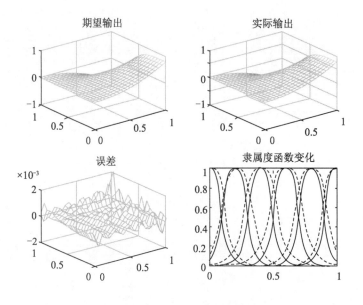

图 16-34　代码运行结果图

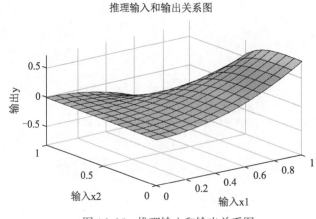

图 16-35　推理输入和输出关系图

16.4　本章小结

　　人工神经网络就是模拟人思维的第二种方式。这是一个非线性动力学系统，其特色在于信息的分布式存储和并行协同处理。大量神经元构成的网络系统所能实现的行为却是极其丰富多彩的。

　　本章首先讲解了神经网络的基本概念，然后对 MATLAB 神经网络函数做了重点介绍，最后详细介绍了几种神经网络的经典应用。

第四部分
拓展应用

❑ 第 17 章　分形维数应用
❑ 第 18 章　经济金融优化应用

分形维数应用

被誉为大自然的几何学的分形（Fractal）理论，是现代数学的一个新分支，但其本质却是一种新的方法论。分形维数反映了复杂形体占有空间的有效性，它是复杂形体不规则性的量度。本章初步介绍分形维数在 MATLAB 中的实现方法。

学习目标：

（1）了解分形维数概念；

（2）掌握 MATLAB 在二维分形维数的应用；

（3）了解 MATLAB 在分形插值算法中的应用。

17.1　分形维数概述

分形几何的概念是数学家曼德布罗特（B.B.Mandelbrot）1975 年首先提出的。1934 年，贝塞考维奇（A.S.Besicovitch）更深刻地提示了豪斯道夫测度的性质和奇异集的分数维，他在豪斯道夫测度及其几何的研究领域中做出了主要贡献，从而产生了豪斯道夫–贝塞考维奇维数概念。

以后，这一领域的研究工作没有引起更多人的注意，先驱们的工作只是作为分析与拓扑学教科书中的反例而流传开来。

分形包括规则分形和无规则分形两种。规则分形是指可以由简单的迭代或是按一定规律所生成的分形，如 Cantor 集、Koch 曲线、Sierpinski 海绵等。这些分形图形具有严格的自相似性。

分形维数是分形几何理论及应用中最为重要的概念和内容，它是度量物体或分形体复杂性和不规则性的最主要的指标，是定量描述分形自相似性程度大小的参数。

整数维数是被包含在分数维数中的。相对于整数维数反映对象的静态特征，分数维数则表征的是对象动态的变化过程。

将其扩展到自然界的动态行为和现象中，那么分数维数就是自然现象中由细小局部特征构成整体系统行为的相关性的一种表征，即对于一个对象，只有通过使用非整数数值的维数尺度去度量它，才能准确地反映其所具有的不规则性和复杂程度，那么这个非整数数值的维数就称为分形维数。

【例 17-1】使用 MATLAB 代码实现 Koch 分形曲线：从一条直线段开始，将线段中间的三分之一部分用一个等边三角形的两边代替，形成如图 17-1 所示的山丘图形。在新的图形中，又将图中每一直线段中间的三分之一部分都用一个等边三角形的两条边代替，再次形成新的图形，如此迭代，形成 Koch 分形曲线。

图 17-1　山丘图形

解： 考虑 2 个点产生 5 个点的过程。在图 17-1 中，设 P_1 和 P_5 分别为原始直线段的两个端点，现需要在直线段的中间依次插入 3 个点 P_2、P_3、P_4。其中，P_2 位于线段三分之一处，P_4 位于线段三分之二处，P_3 点的位置可看成由 P_4 点以 P_2 点为轴心，逆时针旋转 $60°$ 得到。

（1）旋转由正交矩阵 $A = \begin{bmatrix} \cos(\pi/3) & -\sin(\pi/3) \\ \sin(\pi/3) & \cos(\pi/3) \end{bmatrix}$ 实现。根据题意，在"编辑器"窗口中编写以下代码：

```
function koch(a1,b1,a2,b2,n)
a1=0;b1=1;a2=8;b2=2;                % a1,b1,a2,b2 为初始线段两端点坐标,n 为迭代次数
n=5;
[A,B]=sub_koch1(a1,b1,a2,b2);
for  i=1:n
    for j=1:length(A)/5;
        w=sub_koch2(A(1+5*(j-1):5*j),B(1+5*(j-1):5*j));
        for k=1:4
            [AA(5*4*(j-1)+5*(k-1)+1:5*4*(j-1)+5*(k-1)+5),...
                BB(5*4*(j-1)+5*(k-1)+1:5*4*(j-1)+5*(k-1)+5)]...
                    =sub_koch1(w(k,1),w(k,2),w(k,3),w(k,4));
        end
    end
    A=AA;B=BB;
end
plot(A,B),hold on
axis equal
end


function [A,B]=sub_koch1(ax,ay,bx,by)
%由以(ax,ay),(bx,by)为端点的线段生成新的中间 3 点坐标
%并把这 5 点横、纵坐标依次存储在数组中
cx=ax+(bx-ax)/3;
cy=ay+(by-ay)/3;
ex=bx-(bx-ax)/3;
ey=by-(by-ay)/3;
L=sqrt((ex-cx).^2+(ey-cy).^2);
alpha=atan((ey-cy)./(ex-cx));
if (ex-cx)<0
    alpha=alpha+pi;
end
dx=cx+cos(alpha+pi/3)*L;
dy=cy+sin(alpha+pi/3)*L;
A=[ax,cx,dx,ex,bx];
B=[ay,cy,dy,ey,by];
end


function w=sub_koch2(A,B)
a11=A(1);b11=B(1);a12=A(2);b12=B(2);
a21=A(2);b21=B(2);a22=A(3);b22=B(3);
a31=A(3);b31=B(3);a32=A(4);b32=B(4);
a41=A(4);b41=B(4);a42=A(5);b42=B(5);
w=[a11,b11,a12,b12;a21,b21,a22,b22;a31,b31,a32,b32;a41,b41,a42,b42];
end
```

运行后得到 Koch 分形曲线，如图 17-2 所示。

（2）如果将一条直线形成如图 17-3 所示的图形。编写代码实现 Koch 分形凸形线，此时旋转矩阵为：

$$A = \begin{bmatrix} \cos(\pi/2) & -\sin(\pi/2) \\ \sin(\pi/2) & \cos(\pi/2) \end{bmatrix} = \begin{bmatrix} 0 & -1 \\ 1 & 0 \end{bmatrix}$$

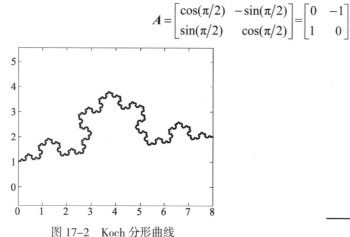

图 17-2　Koch 分形曲线

图 17-3　凸形线

在"编辑器"窗口中编写以下代码：

```
clear,clc
p=[1 1;10 10];                    %初始点坐标
n=2;                             %节点数
A=[0 -1;1 0];                    %旋转矩阵
for k=1:4
    d=diff(p)/3;
    m=5*n-4;                     %迭代公式
    q=p(1:n-1,:);               %以原点为起点,前n-1个点的坐标为终点形成向量
    p(6:5:m,:)=p(2:n,:);        %迭代后处于5k+1位置上的点的坐标为迭代前的相应坐标
    p(2:5:m,:)=q+d;             %用向量方法计算迭代后处于5k+2位置上的点的坐标
    p(3:5:m,:)=q+d+d*A';        %用向量方法计算迭代后处于5k+3位置上的点的坐标
    p(4:5:m,:)=q+2*d+d*A';      %用向量方法计算迭代后处于5k+4位置上的点的坐标
    p(5:5:m,:)=q+2*d;           %用向量方法计算迭代后处于5k位置上的点的坐标
    n=m;                        %迭代后新的节点数目
end
figure
plot(p(:,1),p(:,2))
axis([0 10 0 10])
```

运行后得到 Koch 分形凸形线如图 17-4 所示。

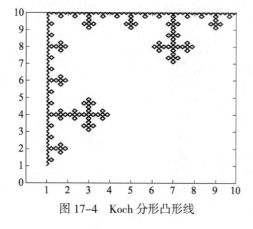

图 17-4　Koch 分形凸形线

17.2　二维分形维数的 MATLAB 应用

分形几何的主要工具就是其多种形式的维数。通常，一条（光滑的）曲线称为一维，而一个曲面称为二维。事实上，对于分形集来说，它们的维数却是分数。分形可以分为规则分形和不规则分形。它们的维数计算方法也有很多，下面主要介绍不规则分形的盒维数计算方法。

假设有一个平面分形体为 A，盒子边长为 ε，$N_A(\varepsilon)$ 为至少包含一个 A 中点的盒子数。不断减小 ε，就可以得到一系列 $N_A(\varepsilon)$。如果

$$\lim_{\varepsilon \to 0} \frac{\ln N_A(\varepsilon)}{-\ln \varepsilon}$$

存在，则称这个极限值为集 A 的盒维数，记为 $\dim_B(A)$。

盒维数法也适用于一维和三维的不规则分形。对于一维空间中的分形，用等分的直线段来测量；对三维空间中的分形，可以用等分成小立方体的网格来进行测量。

【例 17-2】利用 MATLAB 实现分形树。

解：分形树即是一条直线分形为如图 17-5 所示的树形图。

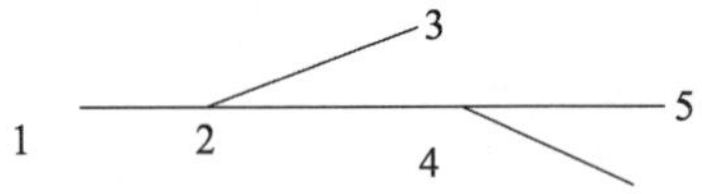

创建实现分形树的 MATLAB 函数是 tree()，代码如下：

图 17-5　单个树形图

```
function tree(n,a,b)
clear,clc
n=9;
a=pi/9;b=pi/9;
x1=0;y1=0;
x2=0;y2=1;
plot([x1,x2],[y1,y2]),
hold on
[X,Y]=tree1(x1,y1,x2,y2,a,b);
hold on
W=tree2(X,Y);
w1=W(:,1:4);
w2=W(:,5:8);
% w 为 2^k*4 维矩阵，存储第 k 次迭代产生的分支两端点的坐标
% w 的第 i(i=1,2,…,2^k)行数字对应第 i 个分支两端点的坐标
w=[w1;w2];
for k=1:n
        for i=1:2^k
        [X,Y]=tree1(w(i,1),w(i,2),w(i,3),w(i,4),a,b);
        W(i,:)=tree2(X,Y);
        end
    w1=W(:,1:4);
    w2=W(:,5:8);
    w=[w1;w2];
end
end

%%
function [X,Y]=tree1(x1,y1,x2,y2,a,b)
L=sqrt((x2-x1)^2+(y2-y1)^2);
if (x2-x1)==0
   a=pi/2;
   else if (x2-x1)<0
```

```
      a=pi+atan((y2-y1)/(x2-x1));
    else
      a=atan((y2-y1)/(x2-x1));
  end
end
x3=x2+L*2/3*cos(a+b);
y3=y2+L*2/3*sin(a+b);
x4=x2+L*2/3*cos(a-b);
y4=y2+L*2/3*sin(a-b);
a=[x3,x2,x4];
b=[y3,y2,y4];
plot(a,b)
axis equal
hold on
X=[x2,x3,x4];
Y=[y2,y3,y4];
end

%% 把由函数 tree1() 生成的 X,Y 顺次划分为两组，分别对应两分支
%% 两个端点的坐标，并存储在一维数组中
function w=tree2(X,Y)
a1=X(1);b1=Y(1);
a2=X(2);b2=Y(2);
a3=X(1);b3=Y(1);
a4=X(3);b4=Y(3);
w=[a1,b1,a2,b2,a3,b3,a4,b4];
end
```

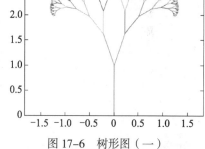

图 17-6 树形图（一）

运行后，得到如图 17-6 所示树形图。

还可以根据旋转矩阵编写如下代码：

```
clear,clc
p=[1 1;9 9];
n=2;                                    %节点数
A=[cos(pi/3) -sin(pi/3);sin(pi/3) cos(pi/3)];
B=[cos(-pi/3) -sin(-pi/3);sin(-pi/3) cos(-pi/3)];
%旋转矩阵 A 对应于第 1 次逆时针旋转 60°，旋转矩阵 B 对应于第 2 次顺时针旋转 60°
for k=1:5
    d=diff(p)/3;
    d1=d(1:2:n,:);                      %取每条线段对应的向量
    m=5*n;                              %迭代公式
    q1=p(1:2:n-1,:);
    p(10:10:m,:)=p(2:2:n,:);
    p(1:10:m,:)=p(1:2:n,:);            %迭代后处于 10k 与 10k+1 位置上的点的坐标为迭代前的相应坐标
p(2:10:m,:)=q1+d1;
%用向量方法计算迭代后处于 10k+2,10k+3,10k+5 位置上的点的坐标,都相同
    p(3:10:m,:)=p(2:10:m,:);
    p(4:10:m,:)=q1+d1+d1*A';            %用向量方法计算迭代后处于 10k+4 位置上的点的坐标
    p(5:10:m,:)=p(2:10:m,:);
p(6:10:m,:)=q1+2*d1;
%用向量方法计算迭代后处于 10k+6,10k+7,10k+9 位置上的点的坐标,都相同
    p(7:10:m,:)=p(6:10:m,:);
```

```
    p(8:10:m,:)=q1+2*d1+d1*B';
    p(9:10:m,:)=p(6:10:m,:);
    n=m;                %迭代后新的节点数目
end
plot(p(:,1),p(:,2)) %绘出每相邻两个点的连线
axis([0 10 0 10])
```

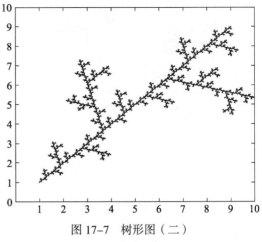

图 17-7　树形图（二）

运行后，得到另一种树形图，如图 17-7 所示。

【**例 17-3**】使用 MATLAB 编写 IFS 算法实现画 Sierpinski 三角形程序、Julia 集程序和 Helix 曲线。

解：IFS（Iterator Function System，迭代函数系统）算法是一种分形几何系统，主要通过仿射坐标转换来生成几何系统，仿射坐标转换是旋转、扭曲、平移 3 种效果的叠加。

（1）Sierpinski 三角形的 MATLAB 实现程序如下：

```
function sierpinski_ifs(n,w1,w2,w3)
%w1,w2,w3 出现频率
n=1000;
w1=1/4;w2=1/4;w3=1/4;
M1=[0.5 0 0   0 0.5 0];
M2=[0.5 0 0.5 0 0.5 0];
M3=[0.5 0 0.25 0 0.5 0.5];
x=1;y=1;
% r 为[0,1]区间内产生的 n 维随机数组
r=rand(1,n);
B=zeros(2,n);
k=1;
% 当 0<r(i)<1/3 时,进行 M1 对应的压缩映射
% 当 1/3=<r(i)<2/3 时,进行 M2 对应的压缩映射
% 当 2/3=<r(i)<1 时,进行 M3 对应的压缩映射
for i=1:n
    if r(i)<w1
        a=M1(1); b=M1(2); e=M1(3);
        c=M1(4); d=M1(5); f=M1(6);
    else if  r(i)<w1+w2
            a=M2(1); b=M2(2);
            e=M2(3); c=M2(4);
            d=M2(5); f=M2(6);
        else if  r(i)<w1+w2+w3
                a=M3(1); b=M3(2);
                e=M3(3); c=M3(4);
                d=M3(5); f=M3(6);
            end
        end
    end
    x=a*x+b*y+e;
    y=c*x+d*y+f;
    B(1,k)=x; B(2,k)=y;
    k=k+1;
end
plot(B(1,:),B(2,:),'.','markersize',0.2)
```

运行后，得到如图 17-8 所示 Sierpinski 三角形。

（2）Julia 集的 MATLAB 实现程序如下：

```
function julia_ifs(n,cx,cy)
n=1000;
cx=-0.88;cy=0.09;
x=0;y=0;
B=zeros(2,n);
k=1;
% A 为产生的服从标准正态分布的 n 维随机数组
A=randn(1,n);
for i=1:n
    wx=x-cx; wy=y-cy;
    if wx>0
        alpha=atan(wy/wx);
    end
    if wx<0
        alpha=pi+atan(wy/wx);
    end
    if wx==0
        alpha=pi/2;
    end
    alpha=alpha/2;
    r=sqrt(wx^2+wy^2);
    if A(i)<0
        r=-sqrt(r);
    else
        r=sqrt(r);
    end
    x=r*cos(alpha); y=r*sin(alpha);
    B(1,k)=x; B(2,k)=y;
    k=k+1;
end
plot(B(1,:),B(2,:),'.','markersize',0.1)
```

运行后，输出如图 17-9 所示的图形。

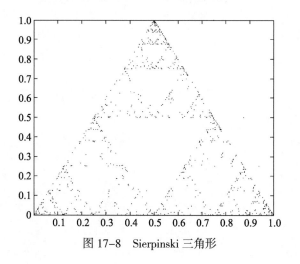

图 17-8　Sierpinski 三角形

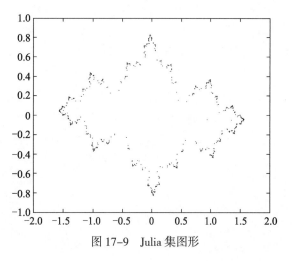

图 17-9　Julia 集图形

（3）Helix 曲线的 MATLAB 实现代码如下：

```
function helix_ifs(n,w1,w2,w3)
%w1,w2,w3 为出现频率
n=20000;
w1=0.7;w2=0.08;w3=0.08;
M1=[0.786879  -0.426242  1.758647 0.242624  0.853868  1.408465];
M2=[-0.121112 0.255276  -6.724254 0.053203  0.05283  1.377236];
M3=[0.181418  -0.136324  6.082307 0.092309 0.181218  1.568025];
x=0;y=0;
% r 为[0,1]区间内产生的 n 维随机数组
r=rand(1,n);
B=zeros(2,n);
k=1;
% 当 0<r(i)<1/3 时,进行 M1 对应的压缩映射
% 当 1/3=<r(i)<2/3 时,进行 M2 对应的压缩映射
% 当 2/3=<r(i)<1 时,进行 M3 对应的压缩映射
for i=1:n
    if r(i)<w1
        a=M1(1);  b=M1(2);  e=M1(3);
        c=M1(4);  d=M1(5);  f=M1(6);
    else if  r(i)<w1+w2
            a=M2(1);  b=M2(2);  e=M2(3);
            c=M2(4);  d=M2(5);  f=M2(6);
        else if  r(i)<w1+w2+w3
                a=M3(1);  b=M3(2);  e=M3(3);
                c=M3(4);  d=M3(5);  f=M3(6);
            end
        end
    end
    x=a*x+b*y+e;  y=c*x+d*y+f;
    B(1,k)=x;  B(2,k)=y;
    k=k+1;
end
plot(B(1,:),B(2,:),'.','markersize',0.1)
end
```

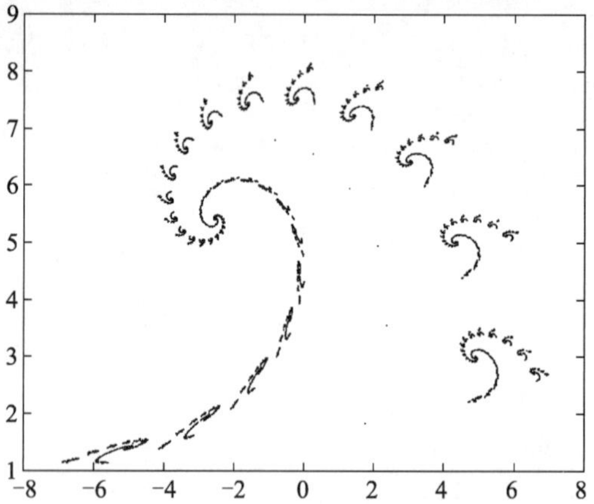

图 17-10　Helix 曲线

运行后，得到如图 17-10 所示 Helix 曲线。

【例 17-4】用元胞自动机算法画 Sierpinski 三角形。

解：元胞自动机分为一维元胞自动机和二维元胞自动机，下面分别用一维和二维元胞自动机求解 Sierpinski 三角形。

1. 一维元胞自动机

一维元胞自动机的 MATLAB 程序实现如下：

```
function sierpinski_ca1(m,n)
m=1300;n=3500;
x=0;y=0;
t=1;
w=zeros(2,m*n);
s=zeros(m,n);
s(1,fix(n/3))=1;
for i=1:m-1
```

```
    for j=2:n-1
        if (s(i,j-1)==1&s(i,j)==0&s(i,j+1)==0)|(s(i,j-1)==0&s(i,j)==0&s(i,j+1)==1)
            s(i+1,j)=1;
            w(1,t)=x+3+3*j;
            w(2,t)=y+5*i;
            t=t+1;
        end
    end
end
plot(w(1,:),w(2,:),'.','markersize',1)
end
```

运行代码，输出如图 17-11 所示的 Sierpinski 三角形。

2. 二维元胞自动机

实现二维元胞自动机的 MATLAB 代码如下：

```
function sierpinski_ca2(m,n)
m=600;n=600;
t=1;
w=zeros(2,m*n);
s=zeros(m,n);
s(m/2,n/2)=1;
for i=[m/2:-1:2,m/2:m-1]
    for j=[n/2:-1:2,n/2:n-1]
        if mod(s(i-1,j-1)+s(i,j-1)+s(i+1,j-1)+s(i-1,j)…
                +s(i+1,j)+s(i-1,j+1)+s(i,j+1)+s(i+1,j+1),2)==1
            s(i,j)=1;
            w(1,t)=i;
            w(2,t)=j;
            t=t+1;
        end
    end
end
plot(w(1,:),w(2,:),'.','markersize',0.1)
end
```

运行代码，输出如图 17-12 所示的 Sierpinski 三角形。

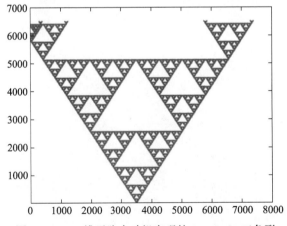

图 17-11 一维元胞自动机实现的 Sierpinski 三角形

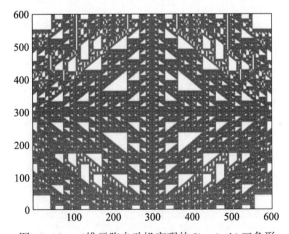

图 17-12 二维元胞自动机实现的 Sierpinski 三角形

17.3　分形插值算法的应用

分形插值算法的原理是根据分形几何自相似性原理和迭代函数系统（IFS）理论，将已知数据插值成具有自相似结构的曲线或曲面，其中每个局部都与整体自相似或统计自相似。因此，分形插值算法可以有效地避免传统插值算法对相邻插值点间局部变化特征的掩盖。

绝大多数情况下，图像处理的目的是改善图像的视觉质量。因此，如何评价图像的质量是一个十分重要的问题。

在图像中，有些像素与相邻像素间灰度值存在突变，即存在灰度不连续性。这些具有灰度值突变的像素就是图像中描述对象的轮廓或纹理图像的边缘像素。在图像放大中，对这些具有不连续灰度特性的像素，如果采用常规的插值算法生成新增加的像素，势必会使放大图像的轮廓和纹理模糊，降低图像质量。

迭代系统函数对于处理规则分形图形有明显的优势，但是对于自然界现象用随机分形来描述会更加形象逼真。

图 17-13　原始图像

【例 17-5】首先，使用 MATLAB 对图 17-13 进行二值化处理，再分别用 3 种分形插值算法（最邻近插值、双线性插值、三次插值）处理图形。

解：根据题意要求，编写以下 MATLAB 代码：

```
clear,clc
%对图像二值化处理
I=imread('people.png');
I1=rgb2gray(I);
level=graythresh(I1);
I2=im2bw(I1,level);
I3=~I2;
I4=bwareaopen(I3,50);
I5=~I4;
figure(1)
imshow(I5);title('二值化图像');

%分别利用 3 种插值算法处理图像
figure(2)
subplot(2,2,1)
imshow(I);title('原图');

A=imresize(I,2,'nearest');          %最邻近插值
subplot(2,2,2)
imshow(A);title('最邻近插值图');

B=imresize(I,2,'bilinear');         %双线性插值
subplot(2,2,3)
imshow(B);title('双线性插值图');

C=imresize(I,2,'bicubic');          %三次插值
subplot(2,2,4)
imshow(C);title('三次插值图');;
```

运行后，得到二值化处理结果如图 17-14 所示，3 种插值算法处理图像前后的对比图如图 17-15 所示。

原图

最邻近插值图

二值化图像

双线性插值图   三次插值图

图 17-14   二值化处理后的图像   图 17-15   3 种插值算法处理图像前后对比图

【例 17-6】当牛顿法的起点不接近函数的零点时，全局行为可能是不可预测的。从复平面的起始点区域到收敛的迭代计数等高线图可以生成奇特的分形图像。试观察函数 $f(x) = x^3 - 2x - 5$ 基于牛顿法的迭代计数等高线图，了解函数的全局分形行为。

解：牛顿法需要用到函数的导数，即 $f'(x) = 3x^2 - 2$ 。

（1）在"编辑器"窗口中编写如下代码：

```
clear,clc
F = @(z) z.^3-2*z-5;          %函数
Fprime = @(z) 3*z.^2-2;       %函数的导数
fractals(F,Fprime,0,30,512)   %以原始区域为中心，半宽为30，复平面从原点被分成3份，极角为±π/3

%牛顿迭代函数，该函数是从复平面中的指定点开始的，返回结果零和达到该值所需的迭代次数，这些计数是分
%形图像的基础
function [z,kount] = newton(F,Fprime,z)
%z 为初始标量复点，F 为待求函数，Fprime 为函数的导数；返回收敛值 z 和迭代 kount
sqrteps = sqrt(eps(2));
kount = 0;
w = Inf;
while abs(z-w) > sqrteps
    kount = kount+1;
    w = z;
    z = z - F(z)./Fprime(z);
end
end

%分形图生成函数，该函数使用 contourf 生成两个彩色等高线图。第 1 个显示起始点的正方形网格的迭代数，
%第 2 个是计算出的零点极角。第 2 个图中只有 3 个等高线级别，对应于立方体的 3 个零
function fractals(F,Fprime,z0,d,n);
%牛顿法生成函数 F 的分形图，Fprime 为导数，网格从-(n+1)～(n+1)，z0 为起始中心点，d 为半宽
xs = real(z0)+[-1:2/n:1]*d;
ys = imag(z0)+[-1:2/n:1]*d;
[y,x] = ndgrid(ys,xs);
z = x+i*y;
kounts = zeros(size(z));
for k = 1:length(z(:))
```

```
    [z(k),kounts(k)] = newton(F,Fprime,z(k));
end
figure(1)
levels = min(kounts(:)) + [0:10];
contourf(xs,ys,kounts,levels)
colorbar
axis square
figure(2)
zone = round(atan2(imag(z),real(z))/pi);
contourf(xs,ys,zone,-1:1)
colorbar('Ticks',(2/3)*(-1:1),'Ticklabels',{'-2\pi/3',0,'2*\pi/3'})
c = [1 1 0; 0 1 1; 1 0 1];
colormap(c)
axis square
end
```

运行程序后，可以得到如图 17-16 所示的起始点的迭代图及如图 17-17 所示的零点极角图。

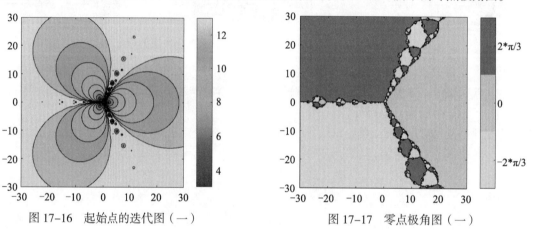

图 17-16　起始点的迭代图（一）　　　　图 17-17　零点极角图（一）

由图 17-16 和图 17-17 可知所有分形行为都发生在其中一个分离器附近。不在分隔器附近开始的迭代则收敛到零，而且大多数迭代从距离原点大于 30 开始，至少需要十几步才能收敛。

（2）继续放大 10 倍显示，半宽改为 3。在命令行窗口中输入：

```
fractals(F,Fprime,0,3,512)
```

运行程序后，可以得到如图 17-18 所示的起始点的迭代图及如图 17-19 所示的零点极角图。

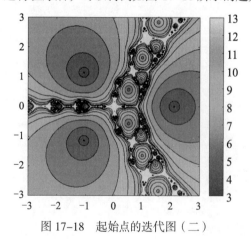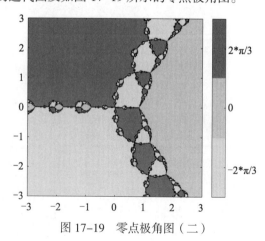

图 17-18　起始点的迭代图（二）　　　　图 17-19　零点极角图（二）

由图 17-18 和图 17-19 可知，函数计数最低的 3 个轮廓分别围绕着 3 个零，这就是牛顿法的优势所在；从接近零开始，迭代将在几步内收敛到该零。分离 3 个极小值的区域具有更高的迭代次数和更复杂的行为。导数 $f'(x)$ 的零点 $x = \pm\sqrt{2/3}$，因此牛顿迭代器在该两点上有极点。二阶导数 $f''(x) = 6x$ 在原点为零。等高线图显示原点处的四向分支模式和正极处的三向分支模式，这两种模式在分形的所有尺度上重复出现。

（3）再放大 30 倍显示，半宽改为 0.1。继续在命令行窗口中输入：

```
fractals(F,Fprime,0,0.1,512)
```

运行程序后，可以得到如图 17-20 所示的起始点的迭代图及如图 17-21 所示的零点极角图。

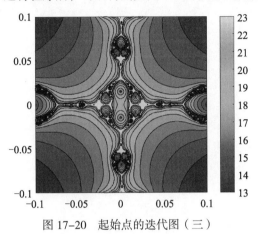

图 17-20 起始点的迭代图（三）

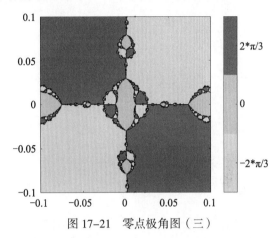

图 17-21 零点极角图（三）

此时，可以更详细地看到四向分支模式。在第 2 个等高线图中，该区域的大部分颜色为洋红色或黄色，表明大多数迭代收敛到左半平面中的一个复零。相对较小的部分为青色，表示在正实轴上收敛到零的频率较低。

（4）修改参数，在命令行窗口中输入：

```
fractals(F,Fprime,.825,1/16,512);
```

运行程序后，可以得到如图 17-22 所示的起始点的迭代图及如图 17-23 所示的零点极角图。

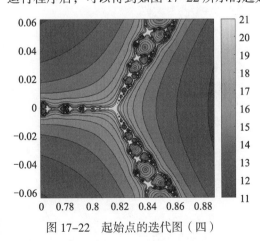

图 17-22 起始点的迭代图（四）

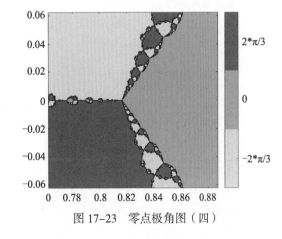

图 17-23 零点极角图（四）

在 $x=0.816$ 处向右平移，可以看到一个三向分离器，3 种颜色（品红、黄色和青色）的面积都相同。在极点附近开始的迭代同样可能收敛到 3 个零中的每一个。

17.4　本章小结

近年来，分形理论不断发展，运用到多个学科，主要原因是分形可以将以前不能定量描述或者难以描述的复杂对象，通过一种较为便捷的定量方法表达。

本章首先介绍了分形维数的基本概念，然后重点介绍了二维分形维数和分形插值算法在 MATLAB 中的应用，并举例进行了说明。

第 18 章

经济金融优化应用

经济学对理解与指导中国经济的改革与发展，帮助人们在日常工作与生活中进行理性决策都具有十分重要的作用。经济与金融专业的学习可为众多的职业打下坚实的基础。MATLAB 的强大的计算分析能力，可以很好地解决经济金融中遇到的问题。

学习目标：

（1）了解期权定价基本概念；

（2）了解收益风险和有效前沿的计算方法；

（3）掌握投资组合绩效分析方法；

（4）了解久期和凸度的计算方法。

18.1 期权定价分析

期权合约的权利类型包括认购期权和认沽期权两种类型。认购期权是指买方有权在特定日期按照特定价格买入约定数量合约标的期权合约。认沽期权是指买方有权在特定日期按照特定价格卖出约定数量合约标的期权合约。行权价格是指期权合约规定的、在期权买方行权时买入、卖出合约标的交易价格。

斯克尔斯与他的同事——已故数学家费雪·布莱克（Fischer Black）在 20 世纪 70 年代初合作提出了一个期权定价的复杂公式（看涨和看跌）。默顿扩展了原模型的内涵，使它同样运用于许多其他形式的金融交易。瑞士皇家科学协会赞誉他们在期权定价方面的研究成果是今后 25 年经济科学中的最杰出贡献。

在经济金融中，有 BLACK–SCHOLES 期权定价模型，其假设条件包括：

（1）金融资产收益率服从对数正态分布（股票价格走势遵循几何布朗运动）。

（2）在期权有效期内，无风险利率和金融资产收益变量是恒定的。

（3）市场无摩擦，即不存在税收和交易成本。

（4）该期权是欧式期权，即在期权到期前不可实施。

（5）金融资产在期权有效期内无红利及其他所得（该假设后被放弃）。

BLACK–SCHOLES 定价公式为：

$$c = SN(d_1) - Le^{-rT} N(d_2)$$

$$d_1 = \frac{\ln(S/L) + (r + \sigma^2/2)T}{\sigma\sqrt{T}}$$

$$d_2 = \frac{\ln(S/L) + (r - \sigma^2/2)T}{\sigma\sqrt{T}} = d_1 - \sigma\sqrt{T}$$

其中，C 为期权初始合理价格，L 为期权交割价格，S 为所交易金融资产现价，T 为期权有效期，r 为连续复利计无风险利率，σ^2 为年度化方差（波动率），N 为正态分布变量的累积概率分布函数。

【例 18-1】假设欧式股票期权 6 个月后到期，执行价格为 95 元，现价为 152 元，无股利支付，股价年化波动率为 56%，无风险利率为 6%，计算期权价格，并画出期权价格与波动率关系图。

解： 根据 BLACK–SCHOLES 定价模型，在"编辑器"窗口中编写代码：

```
clear,clc
Price=152;
Strike=95;
Rate=0.06;
Time=6/12=0.5;
Volatility=0.56;
[CallDelta, PutDelta] = blsprice(Price, Strike, Rate, Time, Volatility)

%期权价格与波动率关系分析
Volatility=0.08:0.01:0.5;
N=length(Volatility)
Call=zeros(1,N);
Put=zeros(1,N);
for i=1:N
    [Call(i), Put(i)] = blsprice(Price, Strike, Rate, Time, Volatility(i));
end
plot(Call,'b--');
hold on
plot(Put,'b');
xlabel('Volatility'),ylabel('price'),legend('期权价格','波动率')
title('期权价格与波动率关系')
```

运行后，得到如下结果：

```
CallDelta =
   62.0860
PutDelta =
   2.2783
N =
   43
```

即期权价格为 2.2783，期权价格与波动率关系图如图 18-1 所示。

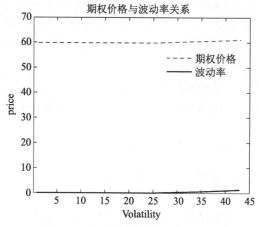

图 18-1　期权价格与波动率关系图

【例 18-2】假设欧式股票期权 6 个月后到期，执行价格为 90 元，现价为 102 元，无股利支付，股价年化波动率为 55%，无风险利率为 8%，计算期权 Delta，并绘制 Price 与 Time、Delta 的三维关系。

解： 在"编辑器"窗口中编写代码：

```
clear,clc
Price=102;
Strike=90;
Rate=0.08;
Time=6/12;
Volatility=0.55;
[CallDelta, PutDelta] = blsdelta(Price, Strike, Rate, Time, Volatility)

%分析 Price、Time 和 Delta 三维关系图
Price=60:1:102;
Strike=90;
Rate=0.08;
Time=(1:1:12)/12;
Volatility=0.55;
[Price,Time]=meshgrid(Price,Time);
[Calldelta, Putdelta] = blsdelta(Price, Strike, Rate, Time, Volatility);
mesh(Price, Time, Putdelta);
xlabel('Stock Price ');ylabel('Time (year)');zlabel('Delta');
title('Price、Time 和 Delta 三维关系图')
```

运行后，得到如下结果：

```
CallDelta =
    0.7321
PutDelta =
   -0.2679
```

Price、Time、Delta 的三维关系图如图 18-2 所示。

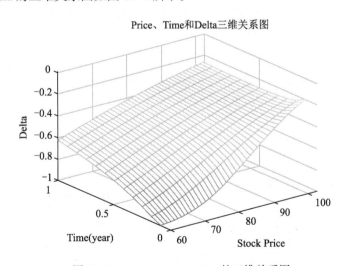

图 18-2　Price、Time、Delta 的三维关系图

期权的计算是从二叉树图的末端（时刻 T）开始向后倒退进行的。T 时刻期权的价值 V_n^N 已知。对于一个看涨期权来说，有

$$V_n^N = \max(S_n^N - K, 0)$$

对于一个看跌期权来说，有

$$V_n^N = \max(K - S_n^N, 0)$$

其中，$n=0,1,2,\cdots,N$，K 为执行价格。

在风险为中性的条件下，$T - \Delta t$ 时刻的每个节点上的期权值都可以用 T 时刻期权价值的期望值在时间 Δt 内用利率 r 贴现求出；同理，$T - 2\Delta t$ 时刻的每个节点的期权值可以用 $T - \Delta t$ 时刻的期望值在 Δt 时间内用利率 r 贴现求出，其他节点依次类推。

如果对于美式期权，必须检查二叉树图的每个节点，以确定提前执行是否比继续持有 Δt 时间更为有利。最后，向后倒推通过所有节点就求出了当前时刻的期权价值 V_0。

下面对美式期权定价问题进行研究。美式看涨期权被提前执行时，其内涵价值为

$$V_n^m = \max(S_n^m - K, 0)$$

对于看跌期权来说，有

$$V_n^m = \max(K - S_n^m, 0)$$

其中，$n=0,1,2,\cdots,m$。

在 $m\Delta t$ 时刻从节点 (m,n) 向 $(m+1)\Delta t$ 时刻的节点 $(m+1,n+1)$ 移动的概率为 p；向 $(m+1)\Delta t$ 时刻的节点 $(m+1,n)$ 移动的概率为 $1-p$。

假设期权不提前执行，有

$$V_n^m = e^{-r\Delta t}\left[pV_{n+1}^{m+1} + (1-p)V_n^{m+1}) \right]$$

若期权提前执行，必须与内涵价值相比较。那么，对于看涨期权，有

$$V_n^m = \max\left\{\max(S_n^m - K, 0), e^{-r\Delta t}\left[pV_{n+1}^{m+1} + (1-p)V_n^{m+1}) \right]\right\}$$

对于看跌期权，有

$$V_n^m = \max\left\{\max(K - S_n^m, 0), e^{-r\Delta t}\left[pV_{n+1}^{m+1} + (1-p)V_n^{m+1}) \right]\right\}$$

【例 18-3】假设欧式股票期权 3 个月后到期，执行价格为 80 元，现价为 105 元，无股利支付，股价年化波动率为 65%，无风险利率为 15%，编写 MATLAB 代码计算美式期权的二叉树定价矩阵。

解：编写 MATLAB 代码如下：

```
clear,clc
Price=105;
Strike=80;
Rate=0.15;
Time=4/12;
flag=1;
Increment=1/12;
Volatility=0.65;
[AssetPrice, OptionValue] = binprice(Price, Strike, Rate, Time, Increment, Volatility,
flag)
```

运行后，得到如下结果：

```
AssetPrice =
  105.0000  126.6718  152.8165  184.3575  222.4085
        0   87.0360  105.0000  126.6718  152.8165
```

```
        0        0    72.1453   87.0360  105.0000
        0        0        0     59.8023   72.1453
        0        0        0        0      49.5710
OptionValue =
   32.8817   50.6403   74.7917  105.3513  142.4085
        0     16.8591   28.9948   47.6655   72.8165
        0        0      5.7721   12.0126   25.0000
        0        0        0        0        0
        0        0        0        0        0
```

18.2 收益、风险和有效前沿的计算

在公司经营活动中，实际上所有的财务活动都有一个共同点，即需要估计预期的结果和影响这一结果不能实现的可能性。一般说来，预期的结果就是所谓的预期收益，而影响这一结果不能实现的可能性就是风险。

所谓收益（Return）是指投资所得的收入超过支出的部分，所谓风险（risk）是指预期收益发生变动的可能性，或者说是预期收益的不确定性。

有效前沿是一个经济术语，指对于一个理性的投资者而言，他们都是厌恶风险而偏好收益的。对于相同的风险水平，他们会选择能提供最大收益率的组合；对于相同的预期收益率，他们会选择风险最小的组合，能同时满足这两个条件的投资组合就是有效前沿。

【例 18-4】从 Wind 咨询金融终端分别下载 3 只股票（MH 集团、SH 油服和 SK 股份）从某年年初至年终的日收盘价价格，经过相关处理得出 3 只股票的收益率均值、收益率标准差以及协方差矩阵等数据，如表 18-1 所示。现根据表格数据进行关于收益、风险和有效前沿的计算。

表 18-1 3 只股票数据

股 票	收益率均值	收益率标准差	协方差矩阵		
MH集团A	0.0017	0.0312	0.001	0.0004	0.0005
SH油服B	0.0015	0.0411	0.0004	0.0016	0.0003
SK股份C	0.0005	0.0361	0.0005	0.0003	0.0013

（1）假设等权重配置 A、B、C 3 只股票，计算资产组合的风险和收益。

解：在 MATLAB 中编写以下代码：

```
clear,clc
ExpReturn=[0.0017,0.0015,0.0005];
ExpCovariance=[0.0010,0.0004,0.0005; 0.0004,0.0016,0.0003; 0.0005,0.0003,0.0013];
PortWts=1/3*ones(1,3);
[PortRisk, PortReturn] = portstats(ExpReturn, ExpCovariance,PortWts)  %风险和收益计算
```

运行后，得到结果为：

```
PortRisk =
    0.0265
PortReturn =
    0.0012
```

（2）当希望资产组合为最优组合，计算 3 只股票的最优配置。

解： 依题意，编写以下 MATLAB 代码：

```
clear,clc
ExpReturn=[0.0017,0.0015,0.0005];
ExpCovariance=[0.0010,0.0004,0.0005; 0.0004,0.0016,0.0003; 0.0005,0.0003,0.0013];
NumPorts=10;                        %有效前沿上点的个数，默认为10
TargetReturn = [ 0.07; 0.08; 0.09 ];

p = Portfolio;                      %为均值-方差投资组合优化和分析创建投资组合对象
p = setAssetMoments(p, ExpReturn, ExpCovariance);
p = setDefaultConstraints(p);

PortWts = estimateFrontierByReturn(p);
[PortRisk, PortReturn] = estimatePortMoments(p, PortWts);

disp('有效目标: ');
disp([PortReturn, TargetReturn]);
disp('风险: ');PortRisk            %风险
disp('收益: ');PortReturn          %收益
disp('有效前沿矩阵: ');PortWts      %有效前沿
```

运行后，得到：

```
Efficient    Target
   0.0017    0.0700
   0.0017    0.0800
   0.0017    0.0900
风险
PortRisk =
   0.0316
   0.0316
   0.0316
收益
PortReturn =
   0.0017
   0.0017
   0.0017
有效前沿矩阵
PortWts =
   1.0000    1.0000    1.0000
   0.0000    0.0000    0.0000
        0         0         0
```

即 3 只股票等额配置最优。

（3）当各个资产投资上限为 50%，计算其有效前沿。

解： 编写 MATLAB 代码如下：

```
clear,clc
ExpReturn=[0.0017,0.0015,0.0005];
```

```
ExpCovariance=[0.0010,0.0004,0.0005; 0.0004,0.0016,0.0003; 0.0005,0.0003,0.0013];
NumPorts=10;
AssetBounds=[0,0,0;0.5,0.5,0.5];
% [PortRisk, PortReturn, PortWts] = frontcon(ExpReturn,ExpCovariance, NumPorts,[],
AssetBounds)
LowerBound = AssetBounds(1,:);
UpperBound = AssetBounds(2,:);


p = Portfolio;
p = setAssetMoments(p, ExpReturn, ExpCovariance);
p = setDefaultConstraints(p);
p = setBounds(p, LowerBound, UpperBound);


PortWts = estimateFrontier(p, NumPorts);
[PortRisk, PortReturn] = estimatePortMoments(p, PortWts);


disp('风险'); PortRisk                %风险
disp('收益'); PortReturn              %收益
disp('有效前沿矩阵'); PortWts         %有效前沿
```

运行后，得到结果：

```
%风险
PortRisk =
    0.0262
    0.0263
    0.0263
    0.0264
    0.0266
    0.0270
    0.0274
    0.0279
    0.0285
    0.0292
%收益
PortReturn =
    0.0013
    0.0013
    0.0014
    0.0014
    0.0014
    0.0015
    0.0015
    0.0015
    0.0016
    0.0016
%有效前沿矩阵
PortWts =
    0.4312    0.4579    0.4845    0.5000    0.5000    0.5000    0.5000    0.5000    0.5000    0.5000
    0.2661    0.2692    0.2724    0.2890    0.3242    0.3593    0.3945    0.4297    0.4648    0.5000
    0.3028    0.2729    0.2431    0.2110    0.1758    0.1407    0.1055    0.0703    0.0352         0
```

（4）假如配置 A、B、C 3 个资产，A 最大配置 60%，B 最大配置 70%，C 最大配置 50%，A 为资产集合一，B、C 组成资产集合二，资产集合一的最大配置为 70%，资产集合二的最大配置为 50%，资产集合一的配置不能超过资产集合二的 3 倍，编写 MATLAB 程序求解 3 个资产的最优配置。

解：编写 MATLAB 代码如下：

```
clear,clc
ExpReturn=[0.0017,0.0015,0.0005];
ExpCovariance=[0.0010,0.0004,0.0005; 0.0004,0.0016,0.0003; 0.0005,0.0003,0.0013];
NumPorts=5;
NumAssets = 3;
PVal = 1;
AssetMin = 0;
AssetMax=[0.6,0.7,0.5];
GroupA = [1 0 0];
GroupB = [0 1 1];
GroupMax =[0.7,0.5];
AtoBmax = 3;
ConSet = portcons('PortValue', PVal, NumAssets,'AssetLims',...
AssetMin, AssetMax, NumAssets, 'GroupComparison',GroupA, NaN,...
AtoBmax, GroupB,GroupMax );

A = ConSet(:,1:end-1);
b = ConSet(:,end);

p = Portfolio;
p = setAssetMoments(p, ExpReturn, ExpCovariance);
p = setInequality(p, A, b);

PortWts = estimateFrontier(p, NumPorts);
[PortRisk, PortReturn] = estimatePortMoments(p, PortWts);
disp('风险'); PortRisk              %风险
disp('收益'); PortReturn            %收益
disp('有效前沿矩阵'); PortWts       %有效前沿
```

运行后得到结果：

```
%风险
PortRisk =
    0.0262
    0.0264
    0.0267
    0.0273
    0.0284
%收益
PortReturn =
    0.0013
    0.0014
    0.0015
    0.0015
    0.0016
%有效前沿矩阵
PortWts =
    0.4312    0.4950    0.5588    0.6000    0.6000
```

| 0.2661 | 0.2736 | 0.2812 | 0.3159 | 0.4000 |
| 0.3028 | 0.2314 | 0.1600 | 0.0841 | 0.0000 |

18.3　投资组合绩效分析

自格雷厄姆和多德最早提出价值投资理论以来，在资本市场尤其是机构投资者中得到了广泛应用，并涌现出以巴菲特为代表的价值投资大师群体。传统理论认为，价值投资者首先通过评估某一金融资产的基础内在价值，并将它与市场价格进行比较，如果价格低于价值形成一定的安全边际，则进行买入持有操作。

在投资过程中，通过多个维度的基本面指标分析寻找有估值优势，同时又有较强的持续稳定增长的股票进行投资。

一方面利用可横向比较的估值型因子指标筛选低估值股票，构建投资组合在市场波动时的安全边界；另一方面，利用股票自身特有的成长指标筛选高成长股票，分享成长股潜力释放过程中的高收益机会。

【例 18-5】已知 3 只股票（股 A、股 B、股 C）和一只指数（指 A）的部分日收盘价数据，根据这些数据对股 A、股 B、股 C 和指 A 进行投资组合绩效分析。

解：（1）画出 3 只股票和一只指数曲线图，代码如下：

```
clear,clc
load GZ.mat
figure;hold on
plot(GZ(:,1)/GZ(1,1),'g')
plot(GZ(:,2)/GZ(1,2),'b-.')
plot(GZ(:,3)/GZ(1,3),'r--')
plot(GZ(:,4)/GZ(1,4),'ko')
title('股票和指数曲线')
xlabel('时间');ylabel('价格');legend('指A','股A','股B','股C')
```

运行后，得到股票和指数曲线图如图 18-3 所示。

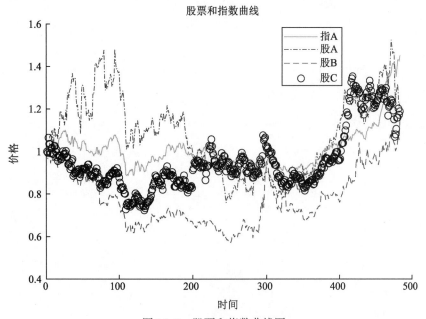

图 18-3　股票和指数曲线图

（2）以指 A 作为市场收益，计算 3 只股票的 Alpha 值：

```
Rate=price2ret(GZ);
zz800=Rate(:,1);
hljz=Rate(:,2);
hydc=Rate(:,3);
hfcj=Rate(:,4);
daynum=fix(length(Rate)/2);
cash=(1+0.03)^(1/daynum)-1;
cash=cash*ones(daynum,1);
RatioHL2013=daynum*portalpha(hljz(1:daynum),zz800(1:daynum),cash,'capm')
RatioHL2014=daynum*portalpha(hljz(daynum+1:2*daynum),zz800(daynum+1:2*daynum),
cash,'capm')
RatioHY2013=daynum*portalpha(hydc(1:daynum),zz800(1:daynum),cash,'capm')
RatioHY2014=daynum*portalpha(hydc(daynum+1:2*daynum),zz800(daynum+1:2*daynum),
cash,'capm')
RatioHF2014=daynum*portalpha(hfcj(1:daynum),zz800(1:daynum),cash,'capm')
RatioHF2013=daynum*portalpha(hfcj(daynum+1:2*daynum),zz800(daynum+1:2*daynum),
cash,'capm')
```

运行后得到：

```
RatioGA2013 =
  -0.0969
RatioGA2014 =
  -0.0413
RatioGB2013 =
  -0.4380
RatioGB2014 =
   0.1599
RatioGC2014 =
   0.0314
RatioGC2013 =
  -0.1979
```

（3）计算股 A、股 B 和股 C 的夏普比率，代码如下：

```
Rate=price2ret(GZ);
hljz=Rate(:,2);
hydc=Rate(:,3);
hfcj=Rate(:,4);
daynum=fix(length(Rate)/2);
Cash=(1+0.03)^(1/daynum)-1;
RatioGA2013=sharpe(hljz(1:daynum),Cash)
RatioGA2014=sharpe(hljz(daynum+1:2*daynum),Cash)
RatioGBDC2013=sharpe(hydc(1:daynum),Cash)
RatioGBDC2014=sharpe(hydc(daynum+1:2*daynum),Cash)
RatioGC2013=sharpe(hfcj(1:daynum),Cash)
RatioGC2014=sharpe(hfcj(daynum+1:2*daynum),Cash)
```

运行后得到股 A、股 B 和股 C 的夏普比率分别为：

```
RatioGA2013 =
    -0.0272
RatioGA2014 =
     0.0599
RatioGBDC2013 =
    -0.1055
RatioGBDC2014 =
     0.0925
RatioGC2013 =
    -0.0089
RatioGC2014 =
     0.0306
```

（4）以指 A 作为业绩比较基准，继续计算到股 A、股 B 和股 C 的信息比率，代码如下：

```
Rate=price2ret(GZ);
zz800=Rate(:,1);
hljz=Rate(:,2);
hydc=Rate(:,3);
hfcj=Rate(:,4);
daynum=fix(length(Rate)/2);
RatioGA2013=inforatio(hljz(1:daynum),zz800(1:daynum))
RatioGA2014=inforatio(hljz(daynum+1:2*daynum),zz800(daynum+1:2*daynum))
RatioGBDC2013=inforatio(hydc(1:daynum),zz800(1:daynum))
RatioGBDC2014=inforatio(hydc(daynum+1:2*daynum),zz800(daynum+1:2*daynum))
RatioGC2013=inforatio(hfcj(1:daynum),zz800(1:daynum))
RatioGC2014=inforatio(hfcj(daynum+1:2*daynum),zz800(daynum+1:2*daynum))
```

运行后得到股 A、股 B 和股 C 的信息比率为：

```
RatioGA2013 =
   -0.0181
RatioGA2014 =
   -0.0100
RatioGBDC2013 =
   -0.1238
RatioGBDC2014 =
    0.0362
RatioGC2013 =
    0.0079
RatioGC2014 =
   -0.0500
```

（5）根据股 A 的数据计算最大回撤，代码如下：

```
TRate=GZ(:,2)/GZ(1,2)-1;
[MaxDD,MaxDDIndex]=maxdrawdown(TRate,'arithmetic')
plot(TRate)
hold on
```

```
plot(MaxDDIndex,TRate(MaxDDIndex),'r-o','MarkerSize',10)
title('根据股 A 的数据得到的最大回撤曲线')
```

运行后得到计算结果为：

```
MaxDD =
    0.7223
MaxDDIndex =
    94
   245
```

最大回撤曲线如图 18-4 所示。

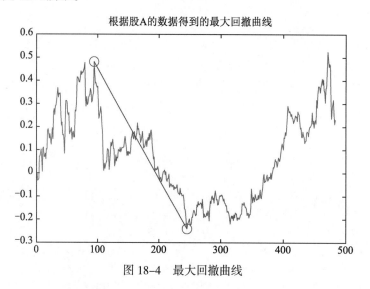

图 18-4　最大回撤曲线

如要根据指 A 数据画出最大收益回撤，编写 MATLAB 代码：

```
ZZ800price=GZ(:,1);
N=length(ZZ800price);
RetraceRatio=zeros(N,1);
for i=2:N
    C=max(ZZ800price(1:i));
    if C==ZZ800price(i)
        RetraceRatio(i)=0;
    else
        RetraceRatio(i)=(ZZ800price(i)-C)/C;
    end
end
TRate=ZZ800price/ZZ800price(1)-1;
f=figure;
fill([1:N,N],[RetraceRatio;0],'r')
hold on
plot(TRate);
xlabel('time');ylabel('Rate/RetraceRatio')
title('根据指 A 数据得到的最大收益回撤图')
```

运行后，得到如图 18-5 所示最大收益回撤图。

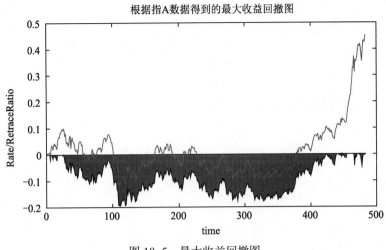

图 18-5　最大收益回撤图

18.4　固定收益证券的久期和凸度计算

固定收益证券是指持券人可以在特定的时间内取得固定的收益并预先知道取得收益的数量和时间，如固定利率债券、优先股股票等。固定收益证券（fixed-income instrument）也称为债务证券，承诺在将来支付固定的现金数量。

我国市场上的固定收益类产品主要有国债、中央银行票据、企业债、结构化产品和可转债。从存量来看，国债和央行票据构成了我国固定收益类证券的主体，可转债、结构化产品以及无担保企业债也正在快速发展。

久期是债券价格与利率关系的一阶导数，凸度是债券价格对利率的二阶导数。当两个债券的久期相同时，它们的风险不一定相同，因为它们的凸度可能是不同的。

在收益率增加相同单位时，凸度大的债券价格减少幅度较小；在收益率减少相同单位时，凸度大的债券价格增加幅度较大。因此，在久期相同的情况下，凸度大的债券其风险较小。数学上讲，凸度是债券价格对到期收益率二次微分，再除以债券价格，或者说是个二阶导数。

现实中的应用是若预测收益率将下降，对于久期相同的债券，选择凸度较大的品种较为有利，反之则反。

一张 T 年期债券，t 时刻的现金支付为 C_t（$1 \leqslant t \leqslant T$），与债券的风险程度相适应的收益率为 y，则债券的价格为：

$$P = \sum_{t=1}^{T} \frac{C_t}{(1+y)^t}$$

其久期为：

$$D = \sum_{t=1}^{T} t \left[\frac{\dfrac{C_t}{(1+y)^t}}{P} \right]$$

其中，C_t 表示 t 时的现金流，y 为到期收益率（每期），P 为债券的现价，T 为到期前的时期数；t 为收到现金流的时期。

凸度实际上是价格–收益曲线斜率的变化率。

付息周期数为 n，周期收益率为 y 的债券的凸度计算公式如下：

$$凸度 = \frac{1}{P(1+y)^2} \sum_{t=1}^{n} \frac{t(t+1)C_t}{(1+y)^t}$$

其中，C_t 为 t 时刻的现金支付。

【例 18-6】已知 3 只国债的相关信息如表 18-2 所示，编写 MATLAB 程序计算国定收益证券的久期和凸度。

表 18-2 3 只国债的相关信息

证券编号	固定收益证券	到期收益率	票面利率	结算日	到期日	计息方式
150008	16附息国债08	3.0450	3.5400	16–Apr–15	16–Apr–22	每年付息一次
150027	16附息国债27	3.0600	3.0500	22–Oct–15	22–Oct–22	每年付息一次
150018	16附息国债18	2.9050	3.1400	8–Sep 15	8–Sep–20	每年付息一次

解：（1）计算 3 种债券的价格及计算日的利息，代码如下：

```
clear,clc
%计算 16 附息国债 08 的价格和结算日利息
Yield=[0.03045];
CouponRate=0.0354;
Settle='16-Apr-2015';
Maturity='16-Apr-2022';
Period=1;
Basis=0;
[Price08,AccruedInt08]=bndprice(Yield,CouponRate,Settle,Maturity,Period,Basis);
disp('16 附息国债 08 的价格');
Price08
disp('16 附息国债 08 的结算日利息');
AccruedInt08

%计算 17 附息国债 27 的价格和结算日利息
Yield=[0.036];
CouponRate=0.0305;
Settle='22-Oct-2015';
Maturity='22-Oct-22';
Period=1;
Basis=0;
[Price27,AccruedInt27]=bndprice(Yield,CouponRate,Settle,Maturity,Period,Basis);
disp('16 附息国债 27 的价格');
Price27
disp('16 附息国债 27 的结算日利息');
AccruedInt27

%计算 16 附息国债 18 的价格和结算日利息
Yield=[0.02905];
CouponRate=0.0314;
Settle='8-Sep-2015';
Maturity='8-Sep-2020';
Period=1;
```

```
Basis=0;
[Price18,AccruedInt18]=bndprice(Yield,CouponRate,Settle,Maturity,Period,Basis)
disp('16 附息国债 18 的价格');
Price18
disp('16 附息国债 18 的结算日利息');
AccruedInt18
```

运行后结果为：

```
16 附息国债 08 的价格
Price08 =
  102.9320
16 附息国债 08 的结算日利息
AccruedInt08 =
     0
16 附息国债 27 的价格
Price27 =
   96.4564
16 附息国债 27 的结算日利息
AccruedInt27 =
     0
Price18 =
  100.9817
AccruedInt18 =      0

16 附息国债 18 的价格
Price18 =
  100.9817
16 附息国债 18 的结算日利息
AccruedInt18 =
```

（2）根据债券价格计算 3 种债券久期，代码如下：

```
clear,clc
clc
%16 附息国债 08 的久期计算
Price=[102.9320];
CouponRate=0.0354;
Settle='16-Apr-2015';
Maturity='16-Apr-2022';
Period=1;
Basis=0;
[ModDuration08, YearDuration08, PerDuration08]=bnddurp(Price,CouponRate, Settle,
Maturity, Period, Basis)

%16 附息国债 27 的久期计算
Price=[96.4564];
CouponRate=0.0305;
Settle='22-Oct-2015';
Maturity='22-Oct-22';
Period=1;
Basis=0;
[ModDuration27, YearDuration27, PerDuration27]=bnddurp(Price,CouponRate, Settle,
Maturity, Period, Basis)

%16 附息国债 18 的久期计算
```

```
Price=[100.9817];
CouponRate=0.0314;
Settle='8-Sep-2015';
Maturity='8-Sep-2020';
Period=1;
Basis=0;
[ModDuration18, YearDuration18, PerDuration18]=bnddurp(Price,CouponRate, Settle,
Maturity, Period, Basis)
```

运行结果为：

```
ModDuration08 =
    6.2380
YearDuration08 =
    6.3330
PerDuration08 =
    12.6660
ModDuration27 =
    6.2823
YearDuration27 =
    6.3954
PerDuration27 =
    12.7908
ModDuration18 =
    4.6390
YearDuration18 =
    4.7064
PerDuration18 =
    9.4127
```

（3）根据债券收益率计算久期，代码如下：

```
% 根据债券收益率计算久期
clear,clc
%16 附息国债 08 的久期计算
Yield=[0.03045];
CouponRate=0.0354;
Settle='16-Apr-2015';
Maturity='16-Apr-2022';
Period=1;
Basis=0;
[ModDuration08, YearDuration08, PerDuration08]=bnddurp(Yield,CouponRate, Settle,
Maturity, Period, Basis)

% 16 附息国债 27 的久期计算
Yield=[0.036];
CouponRate=0.0305;
Settle='22-Oct-2015';
Maturity='22-Oct-22';
Period=1;
Basis=0;
[ModDuration27, YearDuration27, PerDuration27]=bnddurp(Yield,CouponRate, Settle,
Maturity, Period, Basis)

%16 附息国债 18 的久期计算
Yield=[0.02905];
```

```
CouponRate=0.0314;
Settle='8-Sep-2015';
Maturity='8-Sep-2020';
Period=1;
Basis=0;
[ModDuration18, YearDuration18, PerDuration18]=bnddurp(Yield,CouponRate, Settle,
Maturity, Period, Basis)
```

运行后结果为:

```
ModDuration08 =
    0.0931
YearDuration08 =
    1.0086
PerDuration08 =
    2.0172
ModDuration27 =
    0.1093
YearDuration27 =
    1.0118
PerDuration27 =
    2.0236
ModDuration18 =
    0.0966
YearDuration18 =
    1.0093
PerDuration18 =
    2.0185
```

（4）根据价格计算凸度，代码如下：

```
clear,clc
% 16 附息国债 08 的凸度计算
Price=[102.9320];
CouponRate=0.0354;
Settle='16-Apr-2015';
Maturity='16-Apr-2022';
Period=1;
Basis=0;
[YearConvexity08,PerConvexity08]=bndconvp(Price,CouponRate, Settle, Maturity,
Period, Basis)

%16 附息国债 27 的凸度计算
Price=[96.4564];
CouponRate=0.0305;
Settle='22-Oct-2015';
Maturity='22-Oct-22';
Period=1;
Basis=0;
[YearConvexity27,PerConvexity27]=bndconvp(Price,CouponRate, Settle, Maturity,
Period, Basis)

% 16 附息国债 18 的凸度计算
Price=[100.9817];
CouponRate=0.0314;
Settle='8-Sep-2015';
```

```
Maturity='8-Sep-2020';
Period=1;
Basis=0;
[YearConvexity18,PerConvexity18]=bndconvp(Price,CouponRate, Settle, Maturity,
Period, Basis)
```

运行后结果为：

```
YearConvexity08 =
    44.4010
PerConvexity08 =
   177.6039
YearConvexity27 =
    44.7740
PerConvexity27 =
   179.0958
YearConvexity18 =
    24.5867
PerConvexity18 =
    98.3467
```

（5）根据收益率计算凸度，代码如下：

```
clear,clc
%16 附息国债 08 的凸度计算
Yield=[0.03045];
CouponRate=0.0354;
Settle='16-Apr-2015';
Maturity='16-Apr-2022';
Period=1;
Basis=0;
[YearConvexity08,PerConvexity08]=bndconvp(Yield,CouponRate, Settle, Maturity,
Period, Basis)

%16 附息国债 27 的凸度计算
Yield=[0.036];
CouponRate=0.0305;
Settle='22-Oct-2015';
Maturity='22-Oct-22';
Period=1;
Basis=0;
[YearConvexity27,PerConvexity27]=bndconvy(Yield,CouponRate, Settle, Maturity,
Period, Basis)

%16 附息国债 18 的凸度计算
Yield=[0.02905];
CouponRate=0.0314;
Settle='8-Sep-2015';
Maturity='8-Sep-2020';
Period=1;
Basis=0;
[YearConvexity,PerConvexity]=bndconvy(Yield,CouponRate, Settle, Maturity, Period,
Basis)
```

运行后结果为：

```
YearConvexity08 =
    0.0131
PerConvexity08 =
    0.0522
YearConvexity27 =
   44.7740
PerConvexity27 =
  170.0958
YearConvexity =
   24.5867
PerConvexity =
   98.3467
```

限于篇幅，如果读者需要更深入地学习使用 MATLAB 解决金融数量分析问题，请查阅 MATLAB 帮助文件。

18.5　本章小结

作为科学性较强的一门学科，经济学本身的发展充满了活力，其研究和应用具有广阔的前景，而金融则是经济学应用最为广泛与深入的领域之一。

本章首先通过示例简要讲解了期权定价的基本概念，然后结合 MATLAB 应用示例讲解收益、风险与有效前沿的计算，对投资组合绩效、久期和凸度计算做了简要说明，使读者能够初步利用 MATLAB 解决经济金融中的最优化问题。

参 考 文 献

[1] 刘浩. MATLAB R2020a 完全自学一本通[M]. 北京：电子工业出版社，2020.

[2] 邢文训，谢金星. 现代优化计算方法[M]. 北京：清华大学出版社，2000.

[3] 温正. 精通 MATLAB 智能算法[M]. 北京：清华大学出版社，2015.

[4] 孙文瑜，徐成贤，朱德通. 最优化方法[M]. 北京：高等教育出版社，2014.

[5] 陈宝林. 最优化理论与算法[M]. 北京：清华大学出版社，2005.

[6] 解可新，韩健，林友联. 最优化方法（修订版）[M]. 天津：天津大学出版社，2004.

[7] 张威. MATLAB 基础与编程入门[M]. 西安：西安电子科技大学出版社，2004.

[8] 黄友锐. 智能优化算法及其应用[M]. 北京：国防工业出版社，2008.

[9] 曹弋，赵阳. MATLAB 实用教程[M]. 北京：电子工业出版社，2004.

[10] 王志新，等. MATLAB 程序设计及其数学建模应用[M]. 北京：科学出版社，2013.

[11] Dorf R C, Bishop R H. Modern Control Systems[M]. England: Addison−Wesley Publishing Company, 2001.

[12] 张光澄. 非线性最优化计算方法[M]. 北京：高等教育出版社，2005.

[13] 韦增欣，陆莎. 非线性优化算法[M]. 北京：科学出版社，2015.

[14] 张忠桢. 二次规划——非线性规划与投资组合的算法[M]. 武汉：武汉大学出版社，2006.

[15] Edward B M. MATLAB 原理与工程应用[M]. 高会生，李新叶，胡智奇，等译. 北京：电子工业出版社，2002.

[16] Franklin G F, Powell J D, Emami−Naeini A. Feedback Control of Dynamic Systems[M]. New Jersoy: Prentice Hall, 2002.

[17] 史峰，等. MATLAB 智能算法 30 个案例分析[M]. 北京：北京航空航天大学出版社，2011.

[18] 王凌. 智能优化算法及其应用[M]. 北京：科学出版社，2004.

[19] Chapman S J. MATLAB Programming for Engineers [M]. CA: Brooks/Cole, 2002.